GÉOMÉTRIE DESCRIPTIVE

PAR

T. CHOLLET & P. MINEUR

ANCIEN ÉLÈVE DE L'ÉCOLE NORMALE   ANCIEN ÉLÈVE DES ÉCOLES NORMALES
LICENCIÉ DES SCIENCES MATHÉMATIQUES   AGRÉGÉ DES SCIENCES MATHÉMATIQUES
PROFESSEUR AU LYCÉE CARNOT   PROFESSEUR AU LYCÉE ROLLIN

PREMIÈRE PARTIE

À L'USAGE

DES ÉLÈVES DE PREMIÈRE C ET D
ET DES CANDIDATS AU BACCALAURÉAT

*Avec des compléments destinés aux candidats aux Écoles
(Navale, Saint-Cyr, Institut agronomique)*

SEIZIÈME ÉDITION

PARIS
LIBRAIRIE VUIBERT

AF341423

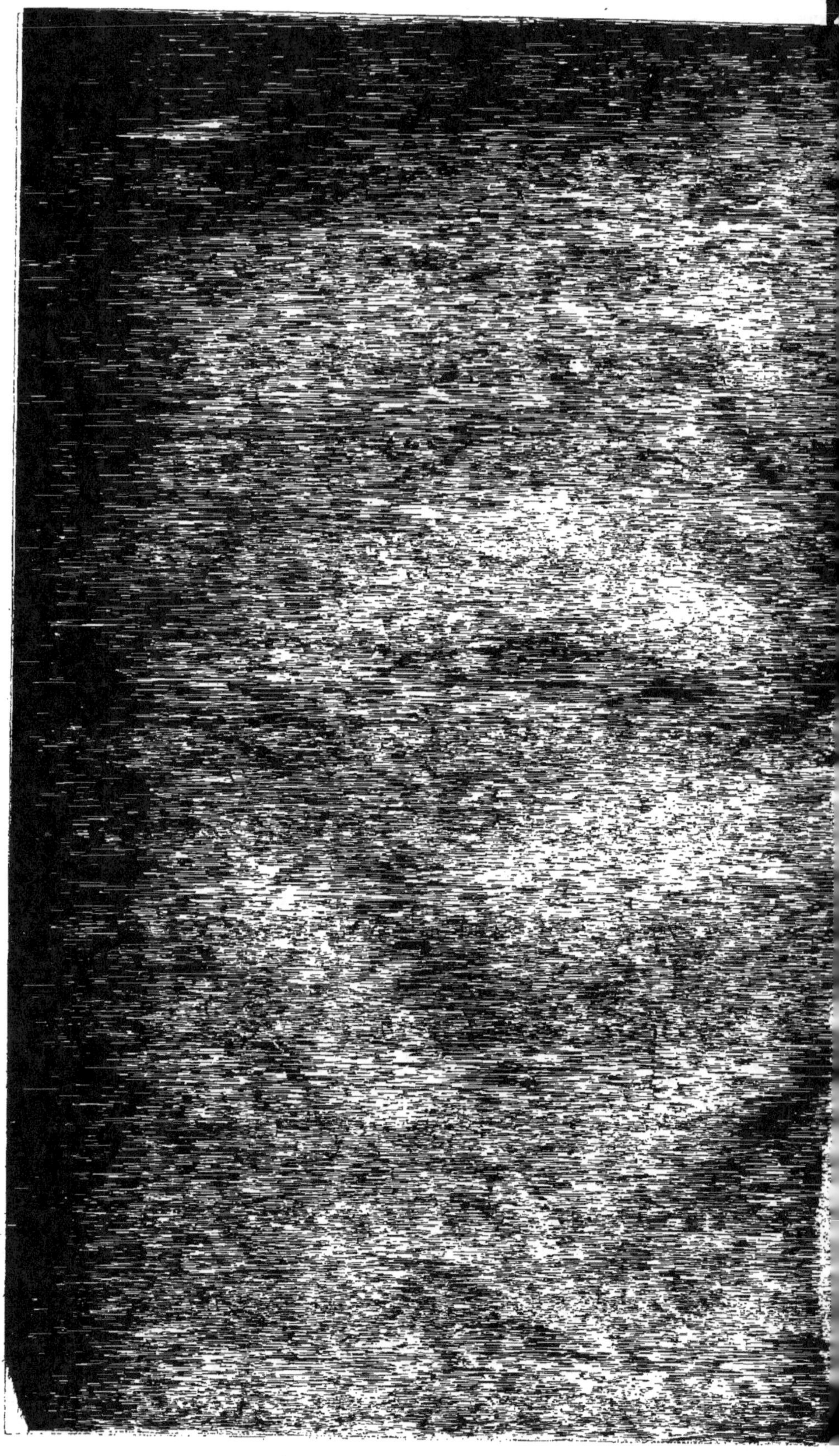

TRAITÉ DE GÉOMÉTRIE DESCRIPTIVE

(Première partie)

8° V
46640

A la même librairie :

Problèmes et épures de géométrie descriptive, à l'usage des élèves des classes de Mathématiques et des aspirants au Baccalauréat, par P. MINEUR, ancien élève de l'École normale supérieure, professeur agrégé au lycée Rollin. — Vol. 22/14^{cm} avec nombreuses figures et épures dans le texte. . . . . 9 fr. 75

TRAITÉS DE MATHÉMATIQUES
(Vol. 22/14^{cm}, brochés.)

Arithmétique (classe de Mathématiques), par A. GRÉVY, docteur ès sciences, professeur au lycée Saint-Louis. . . . . . 8 fr. 25

Algèbre (cl. de Mathématiques), par A. GRÉVY. . . . 18 fr. »

Géométrie, par A. GRÉVY. — 3 vol. . . . . 26 fr. 25

On vend séparément :

    Géométrie plane (classes de 2e C et D). . . . . . 9 fr. 75
    Géométrie dans l'espace (classes de 1re C et D). . . . 8 fr. 25
    Compléments de Géométrie (cl. de Mathém.). . . . 8 fr. 25

Géométrie descriptive, par T. CHOLLET, professeur agrégé au lycée Carnot, et P. MINEUR, professeur agrégé au lycée Rollin :

    I. Classes de Première C et D. . . . . 11 fr. »
    II. Classe de Mathématiques. . . . . 11 fr. »

Mécanique (classe de Mathém.), par C. GUICHARD, membre correspondant de l'Institut, professeur à la Sorbonne. . . 9 fr. 75

Cosmographie (classe de Mathém.), par A. GRIGNON. — Vol. illustré, avec 11 planches hors texte et carte céleste. . . . 9 fr. 75

Trigonométrie (classes de 1re C et D et de Mathém.), par A GRÉVY. — Vol. 18/12^{cm}, cart. toile. . . . . 7 fr. 50

Traité de Géométrie (classes de Seconde et Première C et D et Mathématiques), par C. GUICHARD. — Volume 22/14^{cm}, 4e édition. . . . . 19 fr. »

Méthodes de Résolution et de Discussion des Problèmes de Géométrie, par G. LEMAIRE. — Vol. 22/14^{cm}, 8e édition. . . . . 11 fr. »

Questions d'Algèbre élémentaire (Homogénéité, Symétrie, Calcul rapide), par G. LEMAIRE. — Vol. 22/14^{cm}, 3e édition. 8 fr. 25

Lecture et Emploi de la carte d'État-Major, par P. GRÉSILLON, capitaine d'artillerie. — Vol. 18/12^{cm}, avec figures et trois planches hors texte et un tableau des signes et abréviations pour la lecture de la carte de France au 80 000e, 3e édition. . . . . 6 fr. 75

TRAITÉ

DE

GÉOMÉTRIE DESCRIPTIVE

PAR

T. CHOLLET   **&**   **P. MINEUR**

ANCIEN ÉLÈVE DE L'ÉCOLE NORMALE   ANCIEN ÉLÈVE DE L'ÉCOLE NORMALE

AGRÉGÉ DES SCIENCES MATHÉMATIQUES   AGRÉGÉ DES SCIENCES MATHÉMATIQUES

PROFESSEUR AU LYCÉE CARNOT   PROFESSEUR AU LYCÉE ROLLIN

PREMIÈRE PARTIE

A L'USAGE

DES ÉLÈVES DE PREMIÈRE C ET D
ET DES CANDIDATS AU BACCALAURÉAT

avec des Compléments destinés aux candidats aux Écoles
(Navale, Saint-Cyr, Institut agronomique)

SEIZIÈME ÉDITION

PARIS
LIBRAIRIE VUIBERT

BOULEVARD SAINT-GERMAIN, 63

1925

(Tous droits réservés.)

PROGRAMME OFFICIEL

fixé par l'arrêté du 4 mai 1912 (*).

Projection et cote d'un point.

Représentation de la droite. Pente. Distance de deux points. Droites concourantes. Droites parallèles.

Représentation du plan. Échelle de pente. Plans parallèles.

Rabattement sur un plan horizontal. Angle de deux droites. Distance d'un point à une droite.

Intersections de droites et de plans.

Droites et plans perpendiculaires. Distance d'un point à un plan.

Angle d'une droite et d'un plan. Angle de deux plans.

Représentation du point, de la droite et du plan à l'aide de deux plans de projection.

Intersections de droites et de plans. Droites et plans parallèles.

Droites et plans perpendiculaires.

Rabattement d'un plan sur un plan horizontal.

Changement du plan vertical.

Reprendre les problèmes précédemment annoncés relatifs aux distances, angles.

(*) L'arrêté du 4 mai 1912 a allégé le programme de Géométrie descriptive dans la classe de Première C et D en supprimant du programme maximum du 27 juillet 1905 les applications relatives à la construction des polyèdres simples, aux problèmes d'ombres et de sections planes des prismes et des pyramides. Ces matières n'ont pas été reportées au programme de la classe de Mathématiques, de sorte que les élèves terminent leurs études secondaires sans avoir eu l'occasion d'appliquer les théories générales de la Géométrie descriptive aux polyèdres.

Dans ce Traité, nous avons tenu à présenter une exposition complète du programme de 1905 et nous y avons maintenu la recherche des sections planes et des ombres. (Voir *Compléments*, chapitres V, VI, VII, pages 226 et suivantes). Nous répondons ainsi aux besoins des candidats aux écoles Navale, Saint-Cyr, Institut Agronomique, car dans les épures données aux concours d'admission figurent presque toujours la mise en place d'un polyèdre et la recherche de son intersection avec un autre solide.

PRÉFACE

Ce volume contient l'exposé du programme de géométrie descriptive de la classe de Première (Sections C et D). Nous n'avons pas suivi exactement l'ordre du programme officiel, usant en cela de la liberté laissée par les instructions relatives à l'enseignement des mathématiques, qui débutent ainsi : « Les programmes de mathématiques doivent être considérés comme des tables des matières à enseigner dans les différentes classes ; toute latitude est laissée au professeur pour adopter tel ordre qui lui conviendra, pour employer les méthodes qui lui paraîtront les plus profitables aux élèves qu'il dirige. »

Nous avons développé au début de ce traité la *méthode des plans cotés*, mais la rédaction adoptée permet tout aussi bien d'entreprendre en premier lieu l'étude de la *méthode des deux plans de projection* ; il suffit, à cet effet, d'aborder directement la lecture de la deuxième partie du traité (page 73), dont la compréhension n'exige pas la connaissance de la première partie (pages 9 à 72).

Nous n'avons pas hésité à appliquer les méthodes générales à de nombreux exemples. C'est là, en effet, avec la pratique de la règle et du compas, le meilleur moyen de faire acquérir à l'élève l'habitude des constructions et de l'accoutumer à choisir, dans chaque cas particulier, les méthodes les plus simples. S'il peut en outre résoudre quelques exercices d'application, il s'assimilera facilement la géométrie descriptive et y prendra rapidement goût.

Pour ne pas interrompre l'exposition des résultats fondamentaux et des méthodes générales, nous avons rejeté dans deux notes placées à la fin du volume le développement des propriétés relatives aux plans bissecteurs et les solutions de quelques problèmes sur les droites de profil et les plans parallèles à la ligne de terre. Ces questions sont en effet d'importance secondaire ; aussi, dans une première étude, elles doivent être laissées de côté ; mais dans une revision, elles pourront être étudiées avec profit par les bons élèves qui y trouveront des applications intéressantes des théories générales.

Enfin, dans une courte note historique, nous avons cru utile de donner quelques détails au sujet de l'influence décisive exercée par Monge sur la création de la géométrie descriptive.

TRAITÉ

DE

GÉOMÉTRIE DESCRIPTIVE

(Première partie : Classes de Première C et D)

NOTIONS PRÉLIMINAIRES

---

§ I.

Objet de la géométrie descriptive.

1. En regardant une photographie ou un dessin exécuté d'après les règles ordinaires de la perspective, on n'aperçoit qu'une partie des objets représentés. En outre, ce mode de représentation ne permet pas la détermination des dimensions des corps (angles, distances, surfaces, etc.). Par exemple, le croquis d'une maison ne laisse voir que la façade : la distribution intérieure des pièces, leurs dimensions restent cachées aux yeux qui regardent le croquis. Le dessin ordinaire est donc insuffisant pour représenter et pour étudier complètement les corps.

La géométrie descriptive remédie à cette insuffisance ; elle permet, par l'application des principes et des théorèmes de la géométrie proprement dite, et grâce à certaines conventions simples, d'exécuter des dessins d'après lesquels on peut se rendre compte des moindres détails des objets représentés et calculer leurs dimensions.(*)

2. Avant d'aborder la géométrie descriptive, nous rappellerons les principes de géométrie qui seront plus particulièrement utiles dans la suite.

(*) Pour de plus amples détails sur ce sujet, nous conseillons au lecteur de lire la note historique placée à la fin du volume (page 294).

§ II.

Projections des figures sur un plan.

3. Définitions. — On appelle *projection* d'un point A sur un plan P le pied *a* de la perpendiculaire abaissée de ce point sur le plan (*fig.* 1).

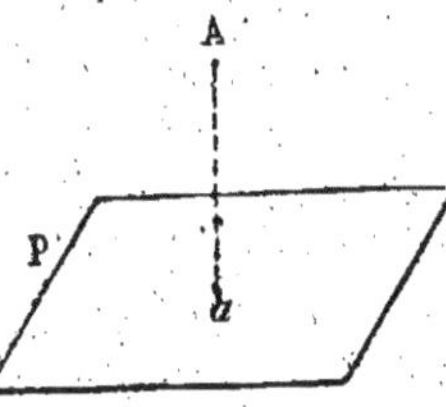

Fig. 1

La perpendiculaire A*a* est appelée la *projetante* du point A.

Si le point A appartient au plan P, il coïncide évidemment avec sa projection.

La projection sur un plan P d'une ligne quelconque (L) de l'espace (*fig.* 2) est le lieu géométrique des projections *a*, *b*, *c*,... sur le plan P des divers points A, B, C,... de cette ligne ; les points *a*, *b*, *c*,... forment généralement une ligne continue (*l*) qui est dite la projection de la ligne (L) sur le plan P.

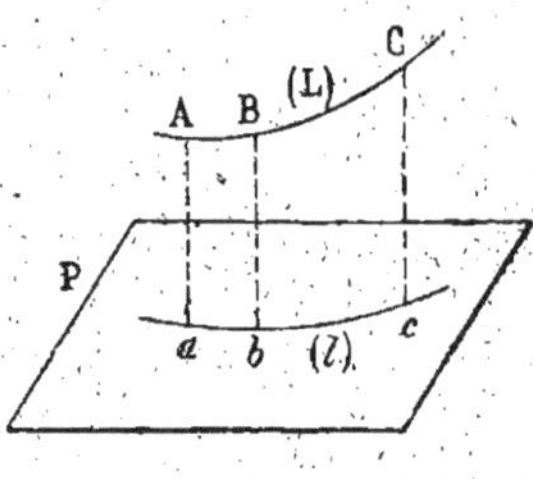

Fig. 2

4. Théorème. — *La projection d'une droite non perpendiculaire au plan de projection est une droite.*

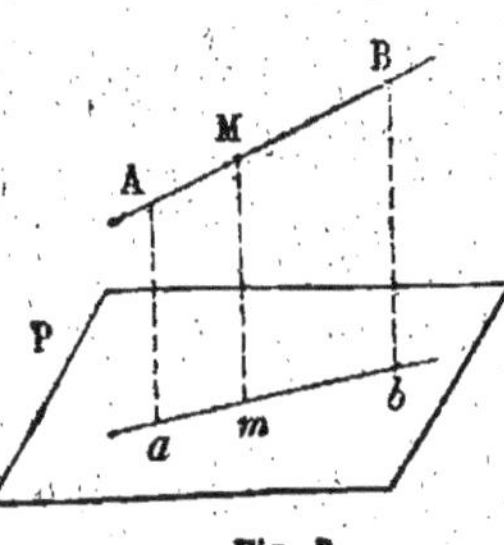

Fig. 3

En effet, les projetantes A*a*, B*b*, M*m*,... des divers points de la droite AB (*fig.* 3) sont distinctes et parallèles entre elles, puisqu'elles sont toutes perpendiculaires au plan de projection P ; elles appartiennent donc au plan déterminé par la droite AB et l'une d'entre elles, A*a* par exemple ; par suite, le lieu de leurs points de rencontre avec le plan P est la droite *ab* suivant laquelle ce plan coupe le plan P.

Le plan A*ab*B, qui est le lieu géométrique des projetantes des divers points de la droite AB, est appelé le *plan projetant* cette droite ; on peut dire alors que la projection d'une droite sur un plan est l'intersection du plan de projection avec le plan projetant la droite.

5. Remarques. — I. Lorsque la droite AB est perpendiculaire au plan

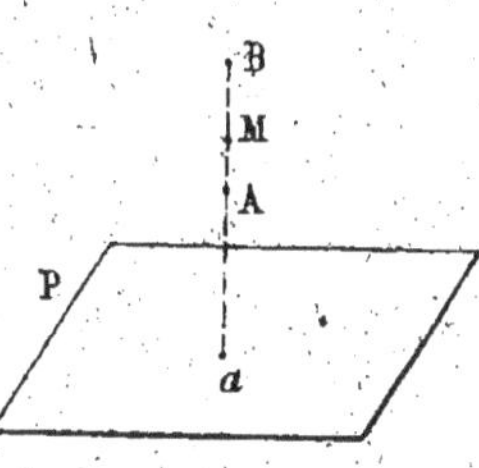

Fig. 4

de projection P (*fig.* 4), le plan projetant n'est plus défini, car AB et Aa sont confondues; la droite AB est elle-même la projetante de tous ses points A, B, M,... : sa projection se réduit alors au point a où elle perce le plan P.

II. — Lorsque la droite AB n'est pas perpendiculaire au plan de projection (*fig.* 5 et 6), sa projection est la droite ab qui joint les projections de deux points quelconques A et B de cette droite. Le segment ab est dit la projection du segment AB.

Si la droite AB n'est ni parallèle ni perpendiculaire au plan P (*fig.* 5), elle coupe ce plan en un point O qui est à lui-même sa projection ; il en résulte que la projection ab de la droite AB passe par le point O.

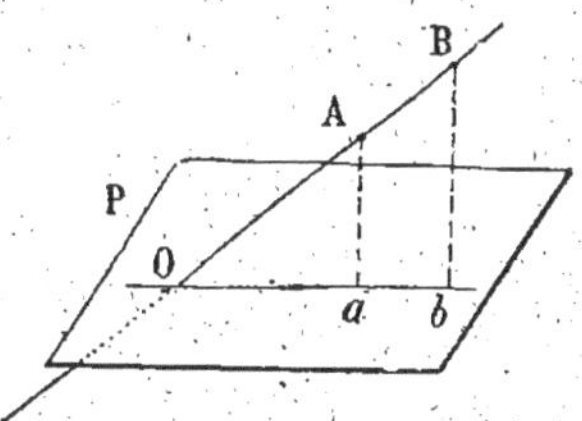

Fig. 5

III. — Si la droite AB est parallèle au plan P (*fig.* 6), sa projection ab lui est parallèle, car tout plan

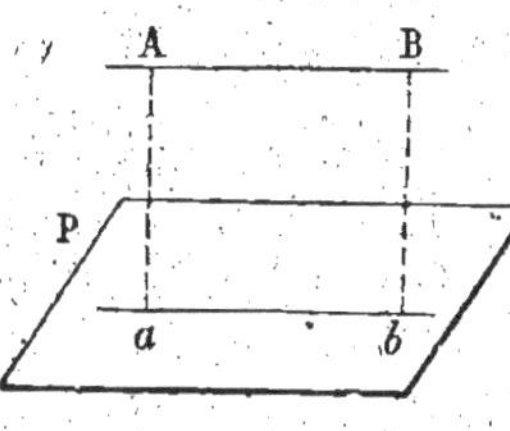

Fig. 6

passant par AB, et en particulier le plan projetant cette droite, coupe le plan P suivant une droite parallèle à AB.

Dans ce cas, tout segment AB de la droite est égal à sa projection ab, car la figure ABba est un rectangle, et les côtés opposés AB et ab de ce rectangle sont égaux.

6. Théorème. — *Les projections sur un même plan de deux droites parallèles sont des droites parallèles.*

Soient AB, CD deux droites parallèles dans l'espace, ab, cd leurs projections sur un plan P (*fig.* 7) : les plans projetant respectivement les deux droites AB et CD sont parallèles, car le premier est déterminé par la droite AB et la projetante A*a*, droites respectivement parallèles à CD et à la projetante C*c*, qui déterminent le second. Ces plans étant

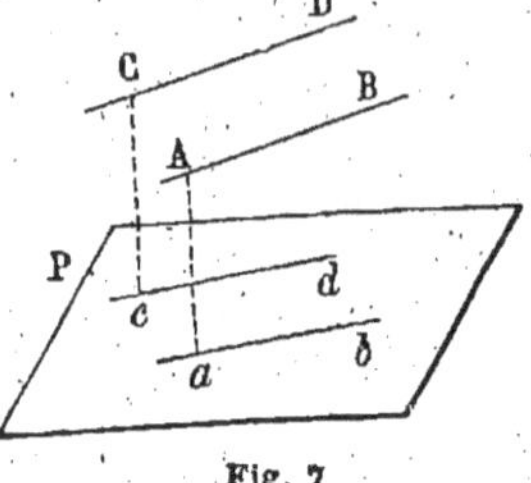

parallèles, leurs intersections *ab* et *cd* avec le plan P sont des droites parallèles.

REMARQUE. — Le théorème précédent est évidemment en défaut lorsque les droites AB et CD sont perpendiculaires au plan P, puisque leurs projections se réduisent dans ce cas à deux points *a* et *c*.

Fig. 7

7. Théorème. — *Le rapport de deux segments parallèles est égal au rapport de leurs projections sur un même plan.*

Soient AB, CD deux segments parallèles, *ab*, *cd* leurs projections sur un plan P (*fig.* 7).

1° D'abord, si les segments AB et CD sont parallèles au plan P, on a AB = *ab*, CD = *cd* (5, III), et la proportion $\dfrac{AB}{CD} = \dfrac{ab}{cd}$ est évidente.

2° Supposons maintenant que les segments AB et CD ne soient ni pa-

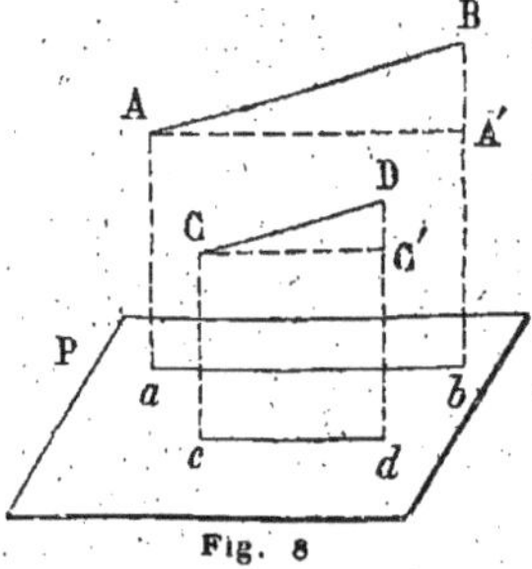

Fig. 8

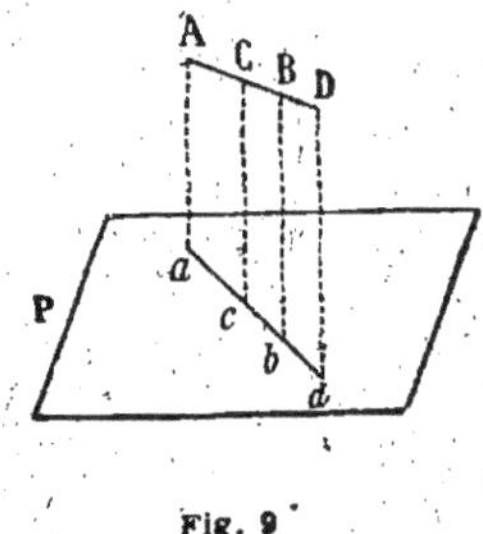

Fig. 9

rallèles ni perpendiculaires au plan de projection (*fig.* 8); dans le plan AB*ba* qui projette le segment AB, menons AA′ parallèle à *ab* ; de même, dans le plan CD*dc* projetant CD, menons CC′ parallèle à *cd* ; dans les rectangles AA′*ba* et CC′*dc*, on a AA′ = *ab*, CC′ = *cd*. D'autre part, *ab* et *cd* sont parallèles (6); par suite AA′ et CC′ sont aussi parallèles, et les triangles rectangles ABA′, CDC′ sont semblables comme ayant leurs côtés parallèles ; on a donc

$$\frac{AB}{CD} = \frac{AA'}{CC'}, \qquad \text{ou} \qquad \frac{AB}{CD} = \frac{ab}{cd}. \qquad \text{C. q. f. d.}$$

3° Si les segments AB, CD sont situés sur la même droite (*fig.* 9), la démonstration est évidente. En effet les projetantes des quatre points A, B, C, D sont des parallèles qui interceptent des segments proportionnels sur les droites AB et *ab*. On a donc

$$\frac{AB}{CD} = \frac{ab}{cd}.$$

8. Corollaire. — *Les projections sur un même plan de deux segments égaux portés par une même droite ou par des droites parallèles sont des segments égaux.*

En effet, si les segments parallèles AB, CD sont égaux, AB = CD, la proportion $\dfrac{AB}{CD} = \dfrac{ab}{cd}$ entraîne $ab = cd$.

Conséquences. — I. Le milieu d'un segment se projette au milieu du segment projection.

II. — Les médianes d'un triangle se projettent suivant les médianes du triangle projection.

Par suite, le point de concours des médianes d'un triangle se projette au point de concours des médianes du triangle projection.

9. La projection d'une ligne brisée ABCD... de l'espace est une

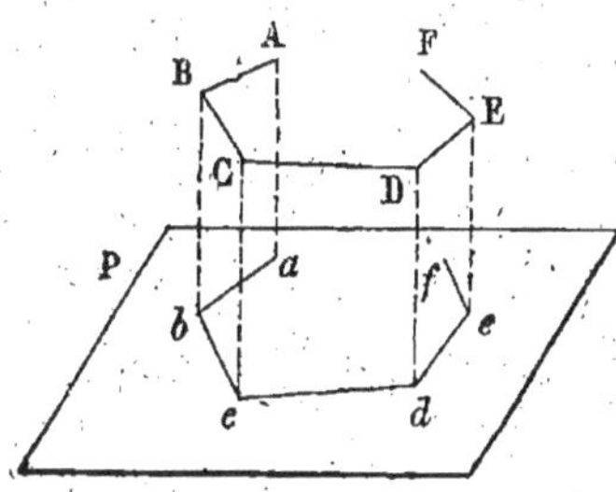
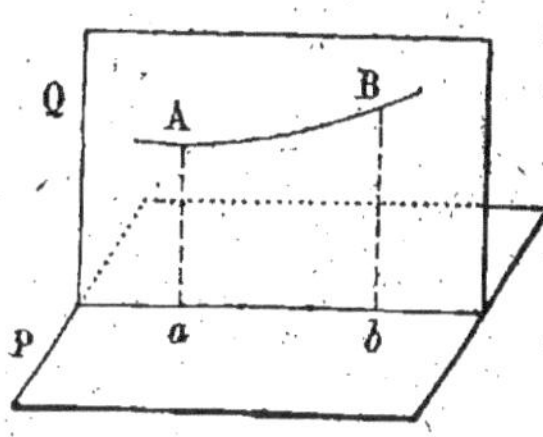

Fig. 10   Fig. 11

ligne brisée *abcd*..., dont les sommets sont les projections des sommets de la première (*fig.* 10).

La projection d'une ligne courbe est généralement une ligne courbe (*fig.* 2).

Remarque. — Lorsqu'une ligne, brisée ou courbe, est *plane et contenue dans un plan Q perpendiculaire au plan de projection* P (*fig.* 11), les projetantes A*a*, B*b*,... des divers points de cette ligne appartiennent toutes au plan Q; les projections de ces points sont donc situées sur

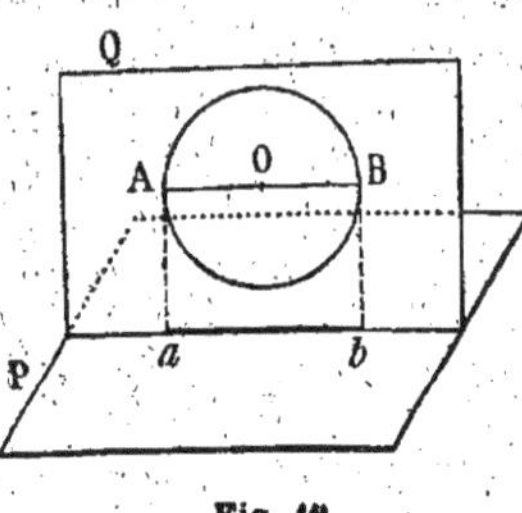

Fig. 12

la droite *ab* suivant laquelle le plan Q coupe le plan P, et la projection de la ligne considérée est la droite *ab* ou un segment de cette droite.

Par exemple, la projection d'un cercle O du plan Q (*fig.* 12) est la projection *ab* du diamètre AB de ce cercle parallèle au plan de projection P.

§ III.

Méthodes de la géométrie descriptive.

10. Nous avons vu que, lorsqu'on se donne un point de l'espace, sa projection sur un plan *donné* est détermînée.

La réciproque n'est pas vraie : si l'on se donne la projection *a* sur un plan P d'un point de l'espace, *ce point n'est pas déterminé; on sait simplement qu'il se trouve sur la perpendiculaire élevée en a au plan* P, autrement dit on connaît sa projetante; de là, la nécessité d'un second élément de construction qui achèvera de déterminer complètement le point.

On peut, par exemple, se donner une deuxième projection du point sur un *deuxième plan de projection non parallèle au premier*, ce qui permettra de connaître *une deuxième projetante du point, non parallèle à la première*; ces deux projetantes pourront alors, sous certaines conditions que nous examinerons plus loin, se rencontrer; leur point d'intersection sera le point cherché.

Ou bien l'on peut adjoindre à la projection *a* du point sur un plan la distance de ce point au plan de projection, distance qu'on nomme la *cote* du point; le point cherché est alors situé sur la perpendiculaire élevée en *a* au plan de projection, à une distance du point *a* égale à sa cote; cette distance pouvant être portée dans deux sens différents à partir du point *a*, pour faire disparaître toute ambiguïté, on convient d'affecter du signe + les cotes des points situés d'un certain côté du plan de projection, du signe — les cotes des points situés de l'autre côté.

De là deux méthodes pour définir un point de l'espace :

1º la *méthode des plans cotés* ou *Géométrie cotée* ;

2º la *méthode des deux plans de projection*, qui constitue la *Géométrie descriptive* proprement dite.

Ces deux méthodes ne sont pas d'ailleurs essentiellement distinctes ; pour les appliquer l'une et l'autre, on fait appel aux mêmes théorèmes de géométrie, théorèmes dont la démonstration est évidemment indépendante de l'application qu'on en peut faire. Si les deux systèmes sont employés concurremment, c'est que certaines constructions sont plus simples en géométrie cotée qu'en *géométrie descriptive ordinaire* ; que d'autres, au contraire, se font plus rapidement en appliquant la méthode des deux plans de projection qu'en se servant de la méthode des plans cotés. Au surplus, nous verrons qu'il est aisé, connaissant la représentation d'une figure dans l'un des systèmes, de passer à sa représentation dans l'autre.

11. Dans le système des plans cotés, le plan de projection est supposé horizontal. Lorsqu'on fait usage de deux plans de projection, ces plans sont supposés, l'un horizontal, l'autre vertical, ce qui exige qu'ils soient perpendiculaires entre eux. Cela tient à ce que, dans les applications pratiques de la géométrie descriptive (stéréotomie, charpente, levé de plans, etc.), les plans de projection sont effectivement horizontaux ou verticaux.

PREMIÈRE PARTIE

GÉOMÉTRIE COTÉE

CHAPITRE I

LE POINT ET LA LIGNE DROITE

§ I.

Projection et cote d'un point.

12. En Géométrie cotée, on n'emploie qu'un plan de projection.
Ce plan, qui est toujours horizontal, se nomme le *plan de comparaison*.
La projetante d'un point est la *verticale* de ce point. Un point A de
l'espace est alors défini par sa *projection* a sur le plan de comparaison
et sa *cote*, qui est la distance du point A au plan de comparaison, ou,
plus exactement, le nombre qui mesure cette distance avec l'unité de
longueur choisie (le centimètre ou le mètre, par exemple).

Les cotes des points situés au-dessus du plan de comparaison sont posi-
tives, celles des points situés au-dessous du plan de comparaison sont néga-
tives. Généralement, on suppose le plan de comparaison suffisamment
bas pour que tous les points d'une même figure aient des cotes
positives.

On désigne les points de l'espace par de grandes lettres A, B, C,...
et leurs projections par les petites lettres correspondantes a, b, c,...

La cote d'un point s'écrit, entre parenthèses, près de la lettre désignant sa projection.

L'ensemble ainsi formé s'appelle la *projection cotée du point* ou *épure du point.* — Ainsi, le point $a(3,2)$ (*fig.* 13) représente le point A de l'espace, situé sur la verticale qui perce le plan de comparaison au point a, à une distance au-dessus de ce plan égale à 3 unités 2 dixièmes.

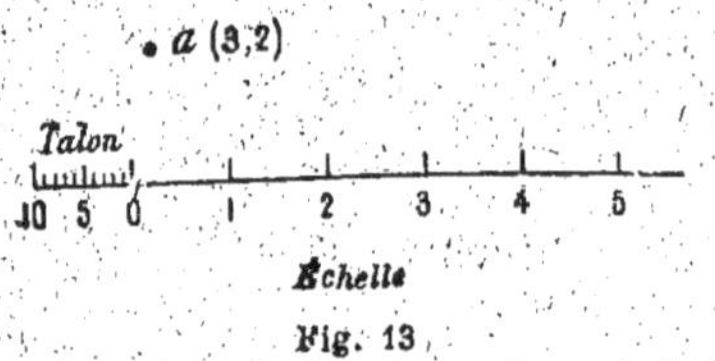

On appelle *points de cote ronde* ceux dont la cote est mesurée par un nombre entier.

Les points du plan de comparaison ont une *cote nulle;* ils coïncident avec leur projection. Ainsi le point $a(o)$ (*fig.* 14) représente le point A du plan horizontal, qui est d'ailleurs confondu avec a.

13. Projection cotée ou épure d'une figure quelconque. — Lorsqu'on connaît la position d'une figure F dans l'espace, il est possible de construire les projections des points et des lignes qui servent à la définir. On peut aussi inscrire les cotes des différents points de la figure près de leurs projections. L'ensemble des projections cotées des points de la figure F constitue la *projection cotée de la figure* ou encore *l'épure de la figure.*

Inversement, lorsqu'on a la projection cotée d'une figure de l'espace, on peut connaître sa position, puisque la position occupée par chaque point de la figure est déterminée par sa projection cotée (12). Nous verrons plus tard qu'on peut déterminer la grandeur de tous les éléments de la figure.

14. Échelle numérique; échelle graphique. — Il arrive souvent que les dimensions des projections de l'objet à représenter sont trop grandes pour pouvoir être portées sur la feuille de papier qu'on suppose placée dans le plan de comparaison et sur laquelle on dessine la projection cotée de l'objet. Dans ce cas, on réduit dans le même rapport toutes les longueurs de l'espace et de la projection horizontale. Ce rapport numérique s'appelle l'*échelle numérique ou de réduction.*

Par exemple, faire l'épure d'une figure à l'échelle de 1/50, veut dire qu'une longueur de la projection ou de l'espace doit être figurée sur l'épure par la longueur *cinquante fois plus petite.*

Cette réduction revient à remplacer la projection réelle de la figure par une figure semblable, le rapport de similitude des deux figures étant 1/5o. Les cotes sont réduites aussi dans le même rapport, mais *les angles restent invariables*.

Inversement, on passe d'une longueur obtenue sur l'épure à la longueur correspondante de la projection réelle, en prenant une longueur 5o fois plus grande.

Pour éviter les calculs nécessités par l'usage de l'échelle numérique, on a recours à l'*échelle graphique*.

Une échelle graphique est une ligne droite tracée généralement au-dessous de l'épure (*fig.* 13) et sur laquelle on a porté bout à bout plusieurs fois l'unité de longueur choisie, ou cette unité réduite d'après l'échelle numérique adoptée; les points de division sont numérotés o, 1, 2, 3,... de gauche à droite. Pour qu'on puisse mesurer les longueurs à 1/10 près, on prolonge l'échelle graphique d'une division vers la gauche et l'on partage cette division en 10 parties égales, chiffrées, cette fois de droite à gauche, de o à 10. Cette partie de l'échelle est le *talon*.

Pour mesurer une distance à l'aide de l'échelle graphique, on place une bande de papier rectiligne sur l'épure, de façon que son bord passe par les points dont on veut connaître la distance et l'on marque ces points sur la feuille avec un crayon; ou bien encore on place, à chacune des extrémités de la longueur à mesurer, les pointes d'un compas convenablement ouvert. On porte ensuite la longueur obtenue sur l'échelle, de façon que l'une de ses extrémités tombe exactement sur l'une des divisions de l'échelle et l'autre dans le talon.

Si la première extrémité se trouve par exemple sur la division 8 de l'échelle, et l'autre extrémité entre les divisions 4 et 5 du talon, la longueur cherchée est comprise entre 8 unités 4 dixièmes et 8 unités 5 dixièmes.

L'échelle graphique sert également à la mesure des cotes.

§ II.

La ligne droite.

15. Représentation de la ligne droite. — Si la droite n'est pas perpendiculaire au plan de comparaison, sa projection est une droite qu'on obtient en joignant les projections de deux de ses points (4).

Exemple. — La droite définie par les points $a(3,2)$, $b(7,8)$ (*fig.* 15) a pour projection la droite ab.

Horizontale. — Une *horizontale* est une droite parallèle au plan de comparaison.

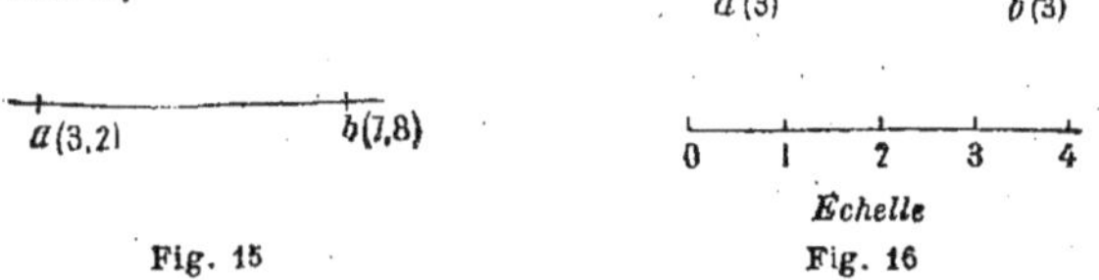

Fig. 15

Fig. 16

Par suite, tous ses points ont la même cote.

Elle peut donc être définie par deux points de même cote : $a(3)$ et $b(3)$ (*fig.* 16).

D'après la Remarque III du n° 5, le segment ab est égal à la longueur AB de l'espace.

Verticale. — Une *verticale* est une perpendiculaire au plan de comparaison ; tous ses points ont leurs projections confondues avec sa trace sur le plan de comparaison (5, I).

Une verticale est donc définie par sa trace v sur le plan de projection (*fig.* 17); on la représente sur l'épure par cette trace, sans inscrire aucune cote à côté de ce point.

Le point v dans la figure est déterminé par l'intersection de deux droites.

Fig. 17

16. Rabattement d'un plan vertical sur le plan de comparaison. — *Rabattre* un plan vertical V (c'est-à-dire un plan perpendiculaire au plan de comparaison H) sur le plan H (*fig.* 18), c'est faire tourner V, dans un sens déterminé, autour de son intersection xy avec H jusqu'à ce qu'il soit confondu avec H. Après cette rotation effectuée, un point A du plan V vient occuper la position a' sur H : le point a' s'appelle le *rabattement* de A.

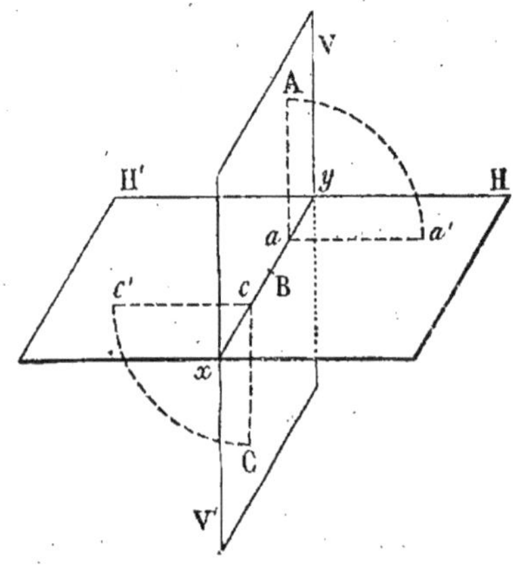

Fig. 18

L'axe xy de cette rotation s'appelle la *charnière* du rabattement

17. Problème. — *Connaissant la projection cotée a(3) d'un point du plan vertical* V, *déterminer son rabattement a' sur* H.

Remarquons (*fig.* 18) que la projetante Aa perpendiculaire au plan de comparaison H est aussi perpendiculaire à la charnière xy, et reste perpendiculaire à cette droite pendant la rotation du plan V. Après le rabattement, Aa coïncide donc avec la perpendiculaire élevée en a à xy dans le plan de comparaison, et A se trouve rabattu au point a' de cette perpendiculaire tel que $aa' = $ Aa (cote du point A).

D'où la règle suivante, que nous formulons à cause de son application fréquente :

Règle. — *Lorsqu'on rabat un plan vertical sur le plan de comparaison, le rabattement d'un point de ce plan vertical s'obtient en abaissant de la projection du point la perpendiculaire sur la charnière et en portant sur cette perpendiculaire, à partir de la charnière, une longueur égale à la cote du point.*

Supposons, par exemple, que le point A (*fig.* 18) ait une cote égale à 3. La feuille du dessin étant supposée placée sur le plan de comparaison H, le plan vertical V est défini par sa trace xy (*fig.* 19) :

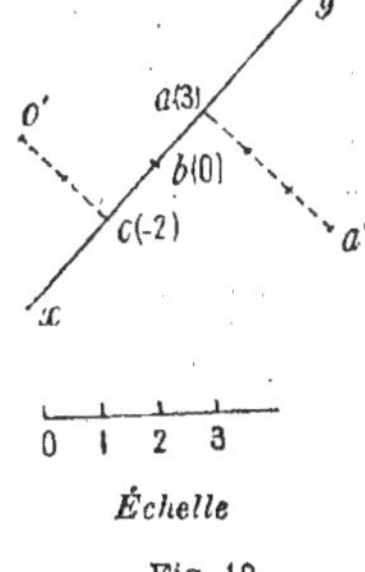

Fig. 19

ce plan est mené par xy perpendiculairement au plan de la feuille du dessin. La projection a du point A est sur xy, d'après la remarque du n° 9.

Pour appliquer la règle précédente, on remarque que xy est la charnière du rabattement ; on obtient le rabattement a' du point A en élevant en a la perpendiculaire à xy et en portant sur cette perpendiculaire la longueur aa' égale à 3 unités de l'échelle.

Remarque I. — Si l'on prend un point B du plan vertical V sur la charnière (*fig.* 18), le rabattement le laisse immobile, puisqu'il est sur l'axe de rotation. Son rabattement coïncide donc avec sa projection b (*fig.* 19).

Remarque II. — Un point C du plan V (*fig.* 18), de cote négative, se rabat du côté de la charnière opposé à celui où se rabattent les points de cote positive, comme A ; en effet, à cause du sens choisi pour la rotation, si le demi-plan V vient sur le demi-plan H, le demi-plan V' vient sur le demi-plan H'.

Il en résulte que le point C de cote (-2) a pour rabattement le point c' situé sur la perpendiculaire élevée en c à xy, à 2 unités de xy du côté opposé à a' *(fig. 19)*.

§ III.

Pente et intervalle d'une droite.

18. Pente d'une droite. — Définition. — *La pente d'une droite est la tangente trigonométrique de l'angle de cette droite avec le plan horizontal de comparaison.*

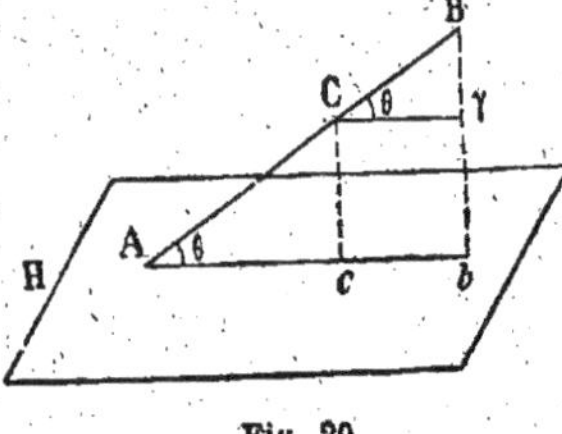

Fig. 20

Ainsi, si l'on désigne par θ l'angle de la droite AB *(fig. 20)* avec le plan horizontal H, c'est-à-dire l'angle qu'elle forme avec sa projection Ab sur ce plan, par p sa pente, on a

$$p = \operatorname{tg} \theta.$$

Or, si l'on considère le triangle rectangle ABb, on a

$$p = \operatorname{tg} \theta = \frac{Bb}{Ab}.$$

En projetant un autre point C de la droite en c et en menant Cγ parallèle à ab, le triangle rectangle CγB donne de même

$$p = \operatorname{tg} \theta = \frac{B\gamma}{C\gamma} = \frac{Bb - Cc}{bc}.$$

Si l'on remarque que $Bb - Cc$ est la différence entre les cotes des points B et C et que bc est la distance des projections de ces points, on peut énoncer le théorème suivant :

Théorème. — *La pente d'une droite est égale au rapport de la différence des cotes de deux points quelconques de la droite à la distance des projections horizontales de ces deux points.*

Remarque. — Même lorsque la pente est un nombre entier,

comme 2 par exemple, pour rappeler cette forme du rapport, on lui

donne souvent la forme fractionnaire, en l'écrivant $\dfrac{2}{1}$.

Cas particuliers. — 1° Si la droite est horizontale, l'angle θ est nul ; donc la pente d'une horizontale est nulle.

2° Si la droite est verticale, la pente n'est plus définie. Mais si l'on suppose que la droite varie et tend à devenir verticale, l'angle θ se rapproche d'un angle droit et la pente $\operatorname{tg}\theta$ croît indéfiniment. Aussi dit-on qu'une verticale a une *pente infinie*.

19. Intervalle d'une droite. — On appelle *intervalle* ou *module d'une droite, le nombre qui mesure la distance des projections horizontales de deux points dont les cotes diffèrent d'une unité.*

Cette distance se mesure avec la même unité que celle qui sert à mesurer les cotes, c'est-à-dire avec l'unité de l'échelle graphique.

Le mot *intervalle*, par une confusion courante, désigne non seulement le nombre qui mesure la distance des projections de deux points dont les cotes diffèrent d'une unité, mais encore cette distance elle-même.

Théorème. — *La pente et l'intervalle d'une droite sont deux nombres inverses l'un de l'autre.*

En effet, on a vu (18) qu'en prenant sur une droite deux points quelconques B et C projetés en b et c (*fig.* 20) la pente p de la droite est donnée par la formule

$$p = \frac{\mathrm{B}\gamma}{bc}.$$

Si l'on suppose que les cotes de B et C diffèrent d'une unité, $\mathrm{B}\gamma = 1$, on a $p = \dfrac{1}{bc}$. Or, le nombre qui mesure bc est par définition l'intervalle de la droite. Donc, si l'on désigne cet intervalle par i, on a bien $p = \dfrac{1}{i}$.

Corollaire. — *L'intervalle d'une droite est égal à la cotangente de l'angle formé par cette droite avec le plan horizontal de comparaison.*

En effet, si θ désigne l'angle d'une droite avec le plan horizontal, la pente p de cette droite est (18)

$$p = \operatorname{tg} \theta.$$

L'intervalle i de la droite étant l'inverse de la pente, on a

$$(2) \qquad i = \frac{1}{\operatorname{tg} \theta} = \operatorname{cotg} \theta.$$

Pentes et intervalles remarquables. — Si l'on donne à θ les valeurs 45°, 30°, 60°, la trigonométrie donne pour valeurs de p et de i :

1° $\quad \theta = 45°, \qquad p = \operatorname{tg} 45° = \frac{1}{1}, \qquad i = \frac{1}{p} = 1;$

2° $\quad \theta = 30°, \qquad p = \operatorname{tg} 30° = \frac{1}{\sqrt{3}}, \qquad i = \frac{1}{p} = \sqrt{3}$

3° $\quad \theta = 60°, \qquad p = \operatorname{tg} 60° = \frac{\sqrt{3}}{1}, \qquad i = \frac{1}{p} = \frac{1}{\sqrt{3}}.$

Si $\theta = 0$, la droite est horizontale, sa pente est nulle et son intervalle est infini.

Si $\theta = 90°$, la droite est verticale, sa pente est infinie et son intervalle nul.

Or, dans la pratique, on ne parle jamais de la pente ou de l'intervalle des horizontales et des verticales.

Dans les problèmes sur la droite où interviennent l'intervalle et la pente, on suppose *a priori* que la droite n'est ni horizontale ni verticale.

§ IV.

Problèmes sur la droite.

20. Problème. — *Connaissant les projections cotées de deux points d'une droite, trouver la pente et l'intervalle de cette droite.*

Soient les deux points donnés $a(2)$ et $b(7)$ (*fig.* 21). D'après le théorème démontré (18), on obtient la pente cherchée p en divisant la différence des cotes des deux points donnés par la mesure de la distance *ab* de leurs projections faite avec l'échelle graphique. Dans la figure cette mesure est 17, d'où

$$p = \frac{5}{17}.$$

L'intervalle, qui est l'inverse de la pente (19), a donc pour mesure

$$i = \frac{17}{5} = 3,4.$$

21. Problème. — *Une droite est définie par les projections cotées de deux de ses points ; trouver la cote d'un point de cette droite, connaissant sa projection horizontale.*

Soit, par exemple (*fig. 21*), à trouver la cote de celui des points de la droite $a(2)\, b(7)$ projeté en *m*.

1° Méthode graphique. — On rabat le plan vertical V projetant la

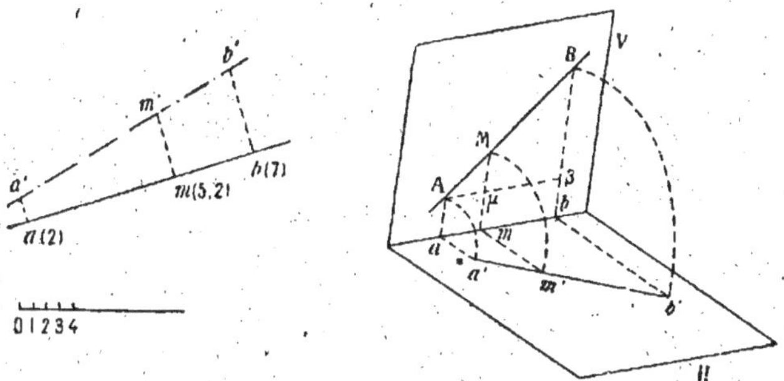

Fig. 21   Fig. 22

droite AB sur le plan de comparaison (*fig. 22*). La charnière du rabattement n'est autre que la projection *ab* de la droite AB, et les rabattements *a'* et *b'* des points A et B s'obtiennent, d'après la règle établie (17), en menant les perpendiculaires en *a* et *b* à *ab* et en portant sur ces perpendiculaires les longueurs *aa'* et *bb'* respectivement égales à 2 et à 7 unités de l'échelle (*fig. 21*). *a'b'* est alors le rabattement de la droite AB. Le point M de cette droite se rabat évidemment sur *a'b'*, et comme, d'après la règle du rabattement, il se rabat aussi sur la perpendiculaire élevée à la charnière *ab* au point m, son rabattement est le point m' où cette perpendiculaire rencontre $a'b'$. D'après la règle du rabattement, sa cote est la longueur mm'. On peut mesurer cette longueur à l'aide de l'échelle et inscrire le nombre obtenu (environ 5,2 dans l'épure) près du point m.

2° MÉTHODE NUMÉRIQUE. — La construction précédente peut être remplacée par un calcul.

Désignons par x la cote inconnue du point m et calculons de deux façons la pente p de la droite AB à l'aide du théorème du n° 18, en utilisant d'abord les points $a(2)$ et $m(x)$ et ensuite les points $a(2)$ et $b(7)$. On obtient ainsi l'équation

$$p = \frac{x - 2}{am} = \frac{7 - 2}{ab},$$

d'où on tire

$$x - 2 = 5\,\frac{am}{ab},$$

$$(1) \qquad x = 2 + 5\,\frac{am}{ab}.$$

On mesure les longueurs am et ab de l'épure, *avec une même unité arbitraire*, qui peut être celle de l'échelle graphique, on détermine la valeur numérique du rapport $\dfrac{am}{ab}$ en remplaçant chaque terme par la mesure trouvée et on calcule x par la formule (1).

Dans la figure 21, on trouve comme mesure en millimètres $ab = 27$, $am = 17,5$ et le calcul effectué donne $x = 5,2$ à un dixième près.

Cas particulier. — Si m est le milieu de ab, Mm est la droite équidistante des bases du trapèze AabB (*fig.* 21), et d'après une propriété connue du trapèze

$$Mm = \frac{Aa + Bb}{2}.$$

Autrement dit, la cote du milieu d'un segment de droite AB est la moyenne arithmétique des cotes des points A et B.

REMARQUES. — I. La méthode précédente se prête à une évaluation *rapide* de la cote du point projeté en m.

L'évaluation de la valeur numérique du rapport $\dfrac{am}{ab}$ peut se faire, à vue d'œil, d'une manière approchée.

Ainsi, dans la figure 23, le point m est *à vue*, sensiblement au tiers de ab à partir du point a. Une valeur approchée du rapport $\dfrac{am}{ab}$ est

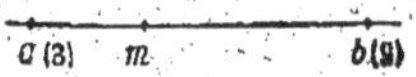

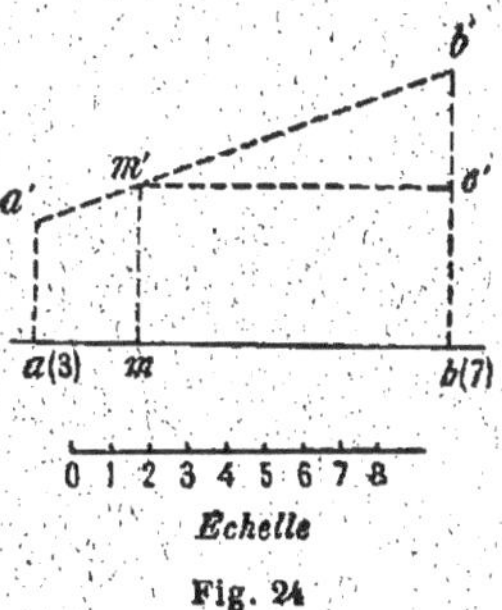

le nombre $\dfrac{1}{3}$, la cote approchée de m est donc

$$3 + 6 \times \frac{1}{3} = 3 + 2 = 5.$$

Fig. 23

Cette évaluation *approximative* de la cote est suffisante dans beaucoup de cas.

II. — Lorsque la droite donnée est horizontale, la solution du problème est immédiate, car tous les points de l'horizontale ont la même cote.

Si la droite est verticale, le problème est indéterminé, car un point n'est pas défini par la seule donnée de sa projection (10).

22. Problème inverse. — *Une droite est définie par les projections cotées de deux de ses points, déterminer la projection d'un point de cette droite connaissant sa cote.*

Soit à déterminer sur la droite $a(3)$ $b(7)$ la projection du point de cote 4 (fig. 24).

1° MÉTHODE GRAPHIQUE. — Comme dans le problème précédent, on rabat le plan vertical projetant la droite $a(3)$ $b(7)$ sur le plan de comparaison ; on obtient en $a'b'$ le rabattement de cette droite. Le rabattement m' du point cherché se trouve d'une part sur $a'b'$; d'autre part, d'après la règle du rabattement d'un plan vertical (17), il est à une distance de la charnière égale à la cote du point. On obtient donc un lieu du point cherché m' en portant sur bb' la longueur bc' égale à 4 unités de l'échelle et en menant par c' la parallèle à ab. L'intersection m' de cette parallèle et de $a'b'$ est le rabattement du point cherché. On en déduit la projection m du point en abaissant la perpendiculaire $m'm$ sur ab (règle du rabattement, 12).

Fig. 24

Le problème a donc une solution et une seule, si la droite n'est pas horizontale.

2° Méthode numérique. — En calculant, comme dans le problème précédent, la pente p de la droite ab de deux façons, on obtient l'équation

$$p = \frac{1}{am} = \frac{4}{ab},$$

d'où on tire

$$m = \frac{ab}{4}.$$

On est ramené à construire le point m qui est au quart de ab à partir du point a. On peut employer la construction indiquée en géométrie, ou bien on peut mesurer ab avec l'unité de l'échelle, prendre le quart de cette mesure et le porter sur ab à partir du point a.

Remarque. — Ce problème comprend comme cas particulier la détermination de la *trace horizontale* de la droite, point de cote *zéro* de cette droite.

23. Graduation d'une droite. — Si l'on marque sur la projection d'une droite les projections *des points de cote ronde*, c'est-à-dire

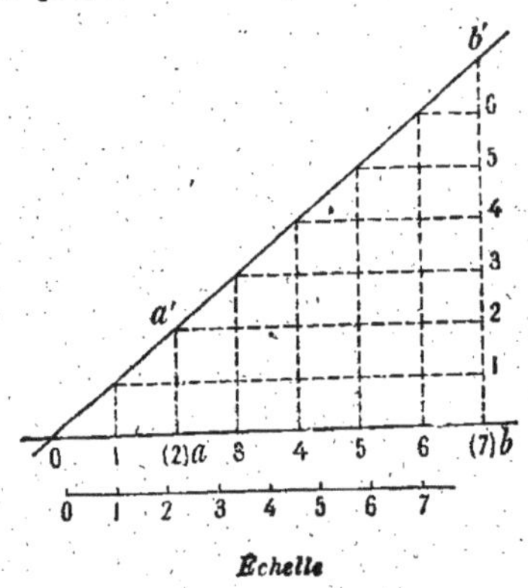

Fig. 25

mesurée par un nombre entier, on obtient la *graduation* de la droite, ou encore on dit que la droite est graduée.

Pour graduer la droite $a(2)b(7)$ (*fig.* 25), il suffit de déterminer
son intervalle en divisant la longueur ab en cinq parties égales, car
cette longueur contient manifestement cinq fois l'intervalle ; puis
en portant bout à bout cet intervalle sur ab de part et d'autre de a,
on obtient les points de cote ronde de la droite.

On peut aussi déterminer le rabattement $a'b'$ de cette droite sur le
plan de comparaison (21, 1°). On porte ensuite bout à bout sur
bb', 6 fois l'unité de l'échelle, et par les points de division obtenus,
on mène les parallèles à ab. Des points où ces parallèles rencontrent
$a'b'$, on abaisse les perpendiculaires sur ab et l'on obtient ainsi
les projections des points de cote 1, 2, 3, ... de la droite AB.

24. Remarque. — L'emploi de la graduation d'une droite est
commode dans les épures. On peut en effet avoir immédiatement la cote approximative d'un point d'une droite graduée, connaissant sa projection, et, inverse-
ment, figurer la projection d'un point
de cette droite connaissant sa cote.
Ainsi, le point m de la droite ab (*fig.*
26), situé à peu près aux trois quarts
entre la projection du point de cote 2
et celle du point de cote 3, est la projection du point de la droite qui a pour cote 2,75 environ.

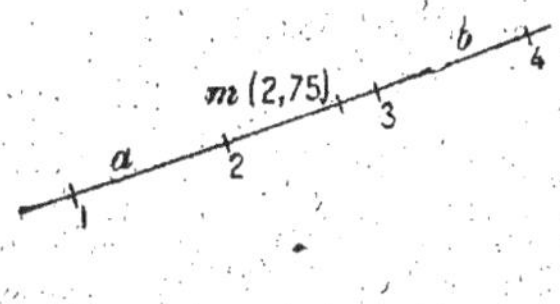
Fig. 26

25. Problème. — *Deux points étant donnés par leurs projections cotées, trouver la distance qui les sépare dans l'espace.*

Cas particuliers. — I. *Les deux points $a(5)$, $b(5)$* (*fig.* 27) *ont des
cotes égales ; la droite qui les joint est horizontale.* La distance ab de
leurs projections est égale à la distance AB de l'espace (5. Rem. III).

$a(2) \bullet b(5)$

$a(5) \qquad b(5)$

$$\begin{array}{ccc} \mathbf{L} & | & | \\ 0 & 1 & 2 \end{array}$$

Échelle

Fig. 27 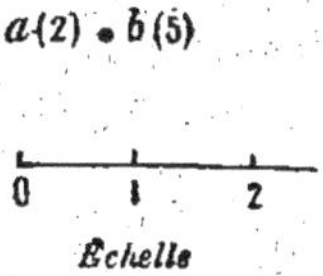 | Fig. 28

II. — *Les deux points sont sur une verticale,* leurs projections sont
confondues ; leur distance est manifestement égale à la différence
de leurs cotes.

Par exemple, les points $a(2)$, $b(5)$ (fig. 28) ont pour distance $5 - 2 = 3$ unités de l'échelle.

Cas général. — *La droite des deux points* $a(2)$, $b(7)$ (fig. 29) *n'est ni horizontale, ni verticale.*

1° MÉTHODE GRAPHIQUE. — *On obtient la distance des deux points en rabattant sur le plan de comparaison le plan vertical projetant la droite qui joint ces points.*

En effet, ce rabattement (21) amène le segment AB de l'espace

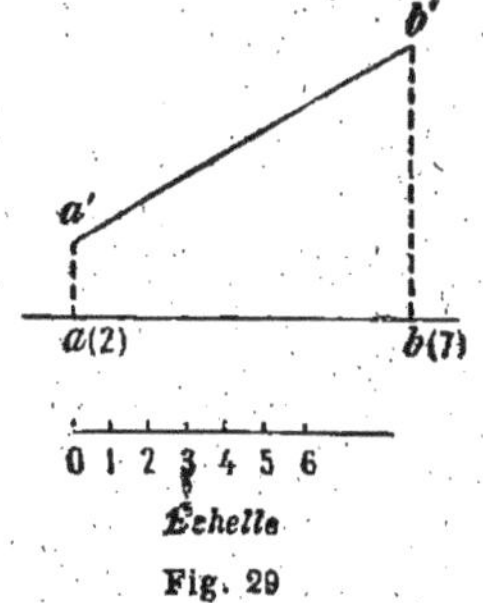

Fig. 29

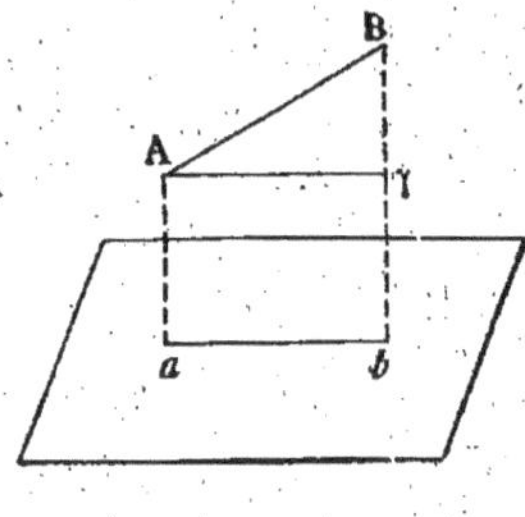

Fig. 30

en $a'b'$ (fig. 28) dans le plan de comparaison ; $a'b'$ est donc la distance cherchée.

2° MÉTHODE NUMÉRIQUE. — Si l'on considère le plan vertical projetant la droite AB (fig. 30), et dans ce plan le triangle rectangle ABγ obtenu en menant par A la parallèle à ab, on a la relation

$$\overline{AB}^2 = \overline{A\gamma}^2 + \overline{B\gamma}^2,$$

ou

$$\overline{AB}^2 = (Bb - Aa)^2 + \overline{ab}^2.$$

Par suite, si l'on désigne par δ la distance ab des projections horizontales des deux points, par h la différence $Bb - Aa$ de leurs cotes, la distance d de ces deux points est donnée par la relation

$$d = \sqrt{h^2 + \delta^2}.$$

REMARQUE. — Si l'on connaît la valeur p de la pente de la droite AB, on a, d'après le théorème du n° 18,

$$p = \frac{h}{\delta} \qquad \text{où} \qquad h = p\delta,$$

d'où la formule

$$d = \sqrt{p^2\delta^2 + \delta^2} = \delta\sqrt{1 + p^2},$$

qui donne d en fonction de p et δ.

26. Problème inverse. — *Une droite étant définie dans une épure, déterminer les points de la droite qui sont dans l'espace à une distance donnée d'un point donné de la droite.*

1° MÉTHODE GRAPHIQUE. — On utilise encore le rabattement du plan vertical projetant la droite, de façon à mettre en évidence sur l'épure la distance de deux points de la droite.

Ainsi, soit à chercher les points de la droite a (3) b (5) *(fig.* 31) situés à 2 unités de distance du point A. Dans le rabattement du plan vertical projetant la droite, A et B viennent en a' et b' sur des perpendiculaires à ab, aux distances $aa' = 2$, $bb' = 5$. On porte alors de part et d'autre de a', sur $a'b'$, les longueurs $a'c'$ et $a'd'$ égales à 2 unités de l'échelle : c' et d' sont les rabattements des points cherchés, leurs projections sont c et d et leurs cotes respectives cc' et dd' (règle du rabattement, 17).

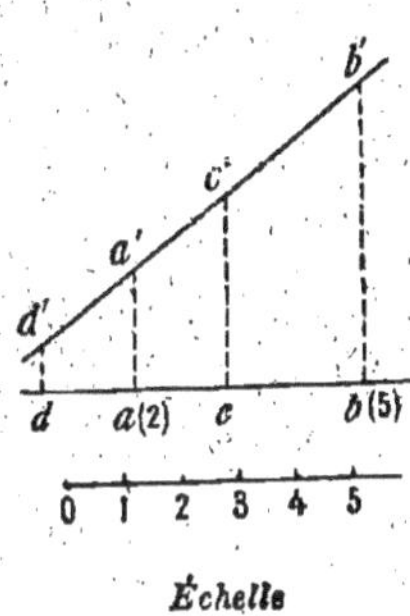

Échelle

Fig. 31

2° MÉTHODE NUMÉRIQUE. — On peut aussi utiliser la relation précédemment établie (25) :

$$d = \delta\sqrt{1 + p^2}.$$

Dans le problème proposé, on connaît et il est aisé de calculer la pente p de la droite (20). On en déduit

$$= \frac{d}{\sqrt{1 + p^2}}.$$

En portant la longueur δ ainsi obtenue de part et d'autre de a' sur la projection de la droite donnée, on obtient les projections des points cherchés.

REMARQUE. — Si la droite sur laquelle on doit porter la distance donnée est horizontale ou verticale, le problème se résout immédiatement (25, 1ᵉʳ et 2ᵉ Cas).

§ V.

Droites concourantes.

27. Théorème. — *La condition nécessaire et suffisante pour que deux droites définies sur une épure soient concourantes dans l'espace est que les points communs à leurs projections aient la même cote sur les deux droites.*

1° La condition est nécessaire. — Soient AB et CD deux droites de l'espace dont on connaît les projections cotées *ab* et *cd* (*fig.* 32). Si ces droites se coupent en un point M, la projection de ce point est nécessairement le point *m*, où se rencontrent les projections des deux droites, et ce point *m*, considéré comme appartenant à l'une ou l'autre des droites, doit être affecté de la même cote, celle du point M.

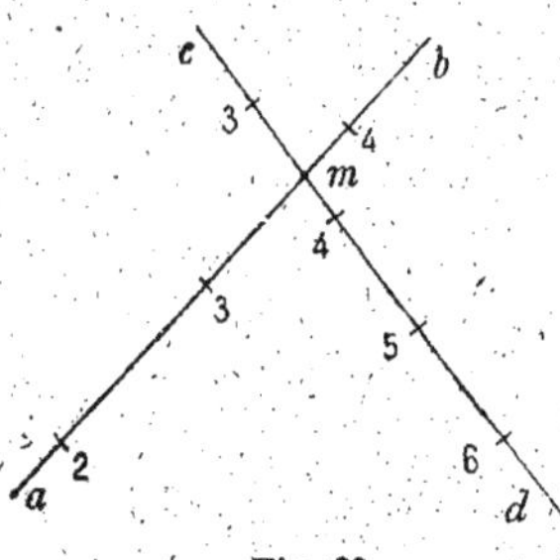

Fig. 32

2° La condition est suffisante. — Si les cotes des points de chacune des droites projetés en *m* sont égales, les droites AB et CD sont concourantes, car sur la verticale du point *m* il n'existe qu'un seul point ayant une cote donnée.

28. Remarques. — I. Lorsque les projections horizontales des droites données a(4) b(9) et c(5) d(8) ne se coupent pas dans les limites de l'épure (*fig.* 33), on trace les

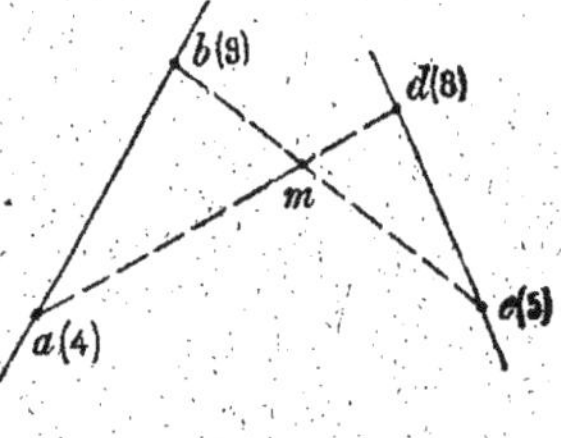

Fig. 33

droites ad et bc qui se rencontrent dans les limites de l'épure et qui sont les projections cotées de deux droites AD et BC, s'appuyant sur les droites données. Si les droites AB et CD sont concourantes, elles définissent un plan qui contient AD et BC; par suite ces dernières droites sont aussi concourantes si leurs projections ne sont pas parallèles.

Le même raisonnement montre que, réciproquement, si AD et BC sont concourantes, il en est de même des droites AB et CD, pourvu que leurs projections ne soient pas parallèles.

Pour reconnaître si les droites données sont concourantes, on est donc ramené à vérifier que les droites $a(4)$ $d(8)$ et $b(9)$ $c(5)$ le sont, et cette vérification se fait comme plus haut.

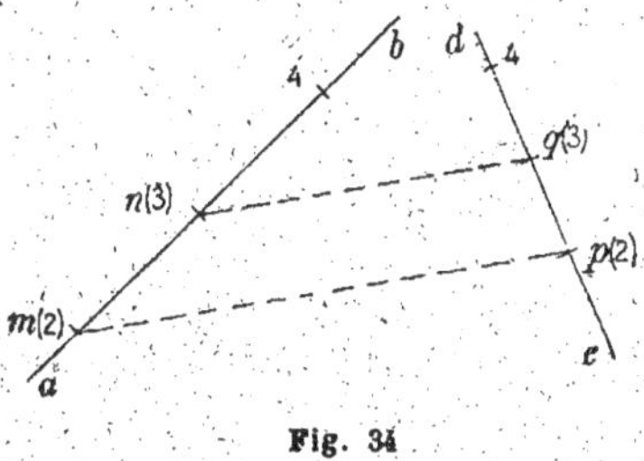

Fig. 34

II. — Lorsqu'on connaît sur les droites données AB et CD des points de même cote, en particulier lorsqu'on donne les graduations de ces droites (fig. 34), un procédé plus rapide consiste à tracer les projections mp et nq de deux horizontales s'appuyant sur ces droites.

Si mp et nq, projections des deux horizontales, sont parallèles, ces horizontales sont parallèles et par suite définissent un plan qui contient les droites AB et CD; ces droites sont donc dans un même plan, elles sont par suite concourantes si leurs projections le sont.

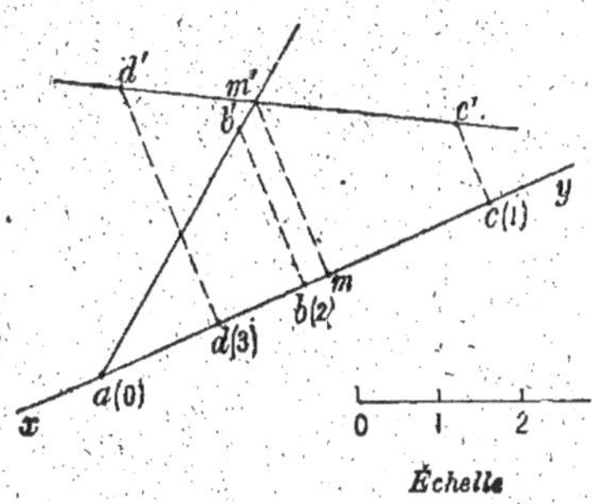

Échelle

Fig. 35

29. Cas particulier. — *Les droites données ont leurs projections confondues.*

Soient deux droites $a(o)$ $b(2)$ et $c(1)$ $d(3)$ dont les projections ab et cd sont confondues (fig. 35). Ces droites sont dans un même plan vertical qui les projette horizontalement l'une et l'autre; elles sont donc parallèles ou concourantes.

Rabattons sur le plan de comparaison le plan vertical qui contient les deux droites. On obtient les rabattements des droites données en $a'b'$ et $c'd'$, en appliquant la règle du rabattement (17).

Suivant que les droites données sont parallèles ou se coupent, leurs rabattements sont également des droites parallèles ou concourantes ; dans ce dernier cas, le point m' où se rencontrent leurs rabattements est le rabattement de leur point d'intersection ; la projection horizontale m de ce point s'obtient en menant la perpendiculaire $m'm$ à ab, et sa cote est la longueur $m'm$.

§ VI.

Droites parallèles.

30. Cas particuliers. — I. *Pour que deux horizontales soient parallèles, il faut et il suffit que leurs projections soient parallèles.*

1° *La condition est nécessaire.* — En effet, une horizontale est parallèle à sa projection horizontale (5, III) ; si deux horizontales sont parallèles, leurs projections le sont aussi.

2° *La condition est suffisante.* — En effet, soient (*fig.* 36) les horizontales $m(2)$ $n(2)$, $p(3)$ $q(3)$, dont les projections sont parallèles. Les droites de l'espace MN, PQ, parallèles respectivement à leurs projections mn, pq (5, III), sont parallèles entre elles.

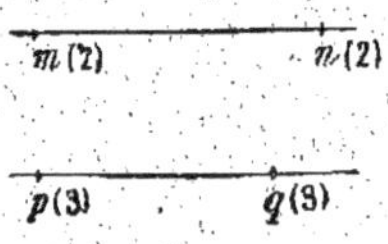

Fig. 36

II. — *Deux verticales sont parallèles,* comme perpendiculaires au plan de comparaison.

31. Cas général. — **Théorème.** — *Pour que deux droites soient parallèles, il faut et il suffit que leurs projections horizontales soient parallèles, que leurs intervalles soient égaux et que leurs cotes croissent dans le même sens.*

1° *Les conditions sont nécessaires.* — En effet, nous avons vu (6) que deux droites parallèles se projettent sur un même plan suivant des droites parallèles ; en particulier, leurs projections sur un plan horizontal sont parallèles.

De plus, deux droites parallèles AB, CD (*fig.* 8) font le même angle avec le plan horizontal, car les angles aigus BAA' et DCC' ont leurs côtés parallèles et par suite sont égaux. Les droites AB, CD ont donc la même pente, et par suite le même intervalle.

Enfin, deux droites parallèles AB et CD (*fig.* 37) étant situées dans

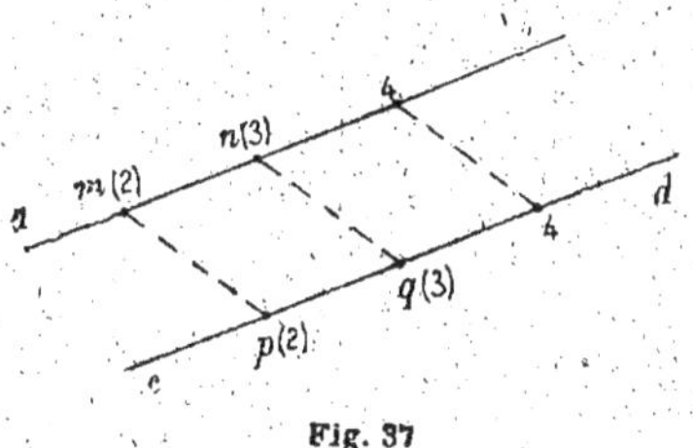

Fig. 37

un même plan, les droites MP et NQ, par exemple, qui joignent respectivement les points de cotes 2 et 3 sur ces droites sont des horizontales de leur plan ; ces horizontales sont donc parallèles dans l'espace, et il en est de même de leurs projections horizontales *mp* et *nq*. Or, il ne peut en être ainsi que si les cotes croissent dans le même sens sur les droites.

2° *Les conditions sont suffisantes.* — En effet, soient deux droites dont les intervalles $m(2)n(3)$ et $p(2)q(3)$ sont égaux, parallèles et de même sens. Par le point $p(2)$ de l'espace, on peut mener une droite parallèle à la droite de l'espace définie par sa projection cotée $m(2)n(3)$. D'après les conditions nécessaires précédentes, la projection de cette droite est la parallèle à *mn* menée par le point *p*, son intervalle est égal à *mn* et les cotes sur elles croissent dans le sens *mn*. Par suite, un point de cette parallèle est projeté en *q* et il a pour cote 3 ; la parallèle à $m(2)n(3)$ menée par le point $p(2)$ passe donc par le point $q(3)$; c'est-à-dire que les droites $m(2)n(3)$ et $p(2)q(3)$ sont parallèles.

32. Problème. — *Mener par un point donné une parallèle à une droite donnée.*

1° Soit à mener par le point $m(4)$ la parallèle à la droite $a(3)b(5)$

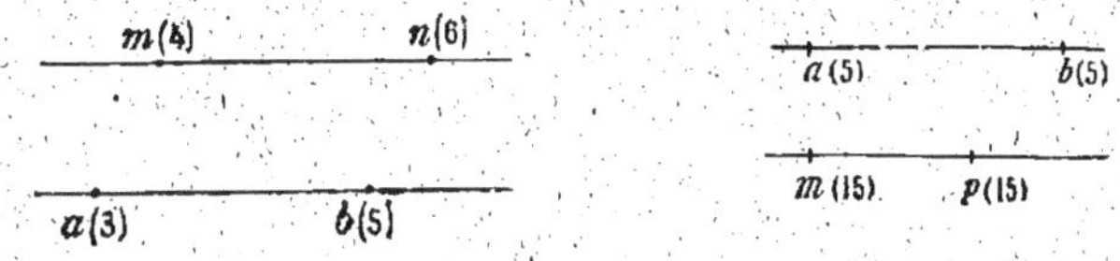

Fig. 38

(*fig.* 38, I). La projection de la droite cherchée est d'abord la parallèle

mn menée par m à ab; sur cette parallèle portons une longueur $mn = ab$ dans le même sens que ab; comme la différence des cotes des points A et B est $5 - 3 = 2$, si l'on affecte le point n de la cote $4 + 2 = 6$, la droite $m(4)\ n(6)$ est la droite cherchée, car son intervalle $\dfrac{mn}{2}$ est égal à celui de la droite donnée, $\dfrac{ab}{2}$.

2° Si la droite donnée $a(5)\ b(5)$ est une horizontale (*fig.* 38, II), il suffit de mener par le point donné m la parallèle à ab et de marquer sur cette parallèle un deuxième point p coté 15.

EXERCICES

1. Reconnaître si un point est au-dessus ou au-dessous d'une droite donnée dont la projection passe par la projection du point.

2. Construire l'échelle d'une droite passant par un point donné, connaissant sa projection et sachant qu'elle rencontre une droite donnée.

3. Mener par un point une droite de pente donnée s'appuyant sur une horizontale donnée. Discuter.

4. Mener par un point une droite de pente donnée dont la trace horizontale soit à une distance donnée d'un point donné du plan horizontal. Discuter.

5. Mener par un point une droite de pente donnée sachant que les distances de sa trace horizontale à deux points donnés du plan horizontal sont dans un rapport donné.

6. Mener par un point deux droites de pentes données sachant que le segment qui joint leurs traces horizontales est divisé en deux parties égales par un point donné. Discuter.

7. Mener par deux points donnés deux droites parallèles, sachant que les horizontales s'appuyant sur ces droites ont une direction donnée

8. Mener par deux points donnés ayant même cote, deux droites parallèles, sachant que leurs traces horizontales sont respectivement:

1° sur deux droites données
2° sur une droite et un cercle donnés
3° sur deux cercles donnés

dans le plan de comparaison.

9. Mener une parallèle à une droite donnée rencontrant une horizontale et une droite données.

10. Graduer une droite définie par sa projection, la cote d'un de ses points et son angle avec le plan horizontal.

11. On donne deux points A et B de même cote et une droite D graduée. Trouver les points M de D tels que :

1° les deux droites MA, MB aient des pentes égales ;

2° les deux droites MA, MB aient des pentes dans un rapport donné.

CHAPITRE II

LE PLAN

§ I.

Détermination et représentation du plan.

33. En géométrie, un plan est déterminé :

1° Par deux droites qui se coupent ;

2° Par deux droites parallèles ;

3° Par une droite et un point extérieur à cette droite ;

4° Par trois points non en ligne droite.

En réalité ces diverses déterminations ne sont pas distinctes et se ramènent facilement l'une à l'autre. Ainsi, dans le deuxième cas, en joignant un point quelconque de l'une des deux droites parallèles à un point quelconque de l'autre ; dans le troisième cas, en joignant le point donné à un point quelconque de la droite donnée ; dans le quatrième cas, en joignant deux des trois points donnés au troisième, le plan sera déterminé par deux droites qui se coupent.

Il est dès lors évident qu'en géométrie descriptive un plan pourra toujours être représenté par les projections de deux droites concourantes.

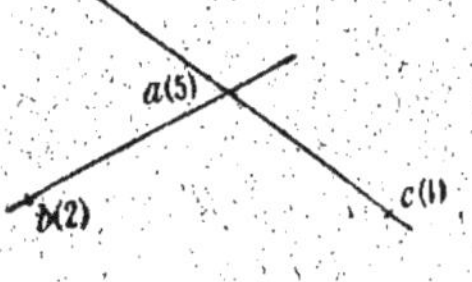

Fig. 39

Ainsi (*fig.* 39), les deux droites concourantes $a(5)\,b(2)$, $a(5)\,c(1)$, qui satisfont à la condition énoncée dans le théorème du n° 28, définissent un plan.

34. Plans horizontaux et verticaux. — Un *plan horizontal* est un plan parallèle au plan de comparaison. Tous les points d'un tel plan ayant évidemment la même cote, un plan horizontal est défini, soit lorsqu'on se donne *sa cote*, soit lorsqu'on connaît la projection cotée *d'un seul de ses points*.

Un *plan vertical* est, comme nous l'avons déjà vu (16), un plan perpendiculaire au plan de comparaison. Il en résulte que tous les plans verticaux sont perpendiculaires à tous les plans horizontaux.

Par un point passe une infinité de plans verticaux qui contiennent la verticale du point et dont les traces sur le plan de comparaison passent par la projection du point.

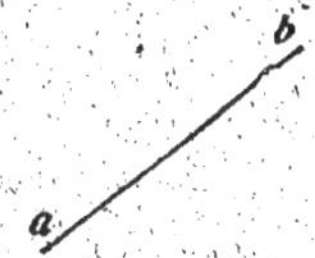

Un plan vertical est défini si l'on se donne sur l'épure la droite *ab* (*fig.* 40) suivant laquelle il coupe le plan de comparaison. On désigne ce plan en disant : le plan vertical *ab*.

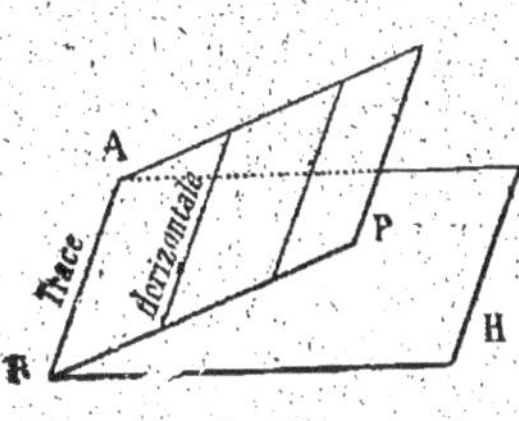

Fig. 40

35. Horizontales d'un plan. — Définition. — *Les horizontales d'un plan* P sont les droites de ce plan qui sont parallèles au plan horizontal.

Les propriétés principales de ces droites sont les suivantes :

1° Ce sont les droites d'intersection du plan P avec les plans horizontaux ;

2° Elles sont parallèles entre elles, comme intersections de plans parallèles et du plan P.

3° Une horizontale d'un plan est définie par sa cote.

4° La trace AB du plan P (*fig.* 41) sur le plan de comparaison, appelée *trace horizontale* de P, est l'horizontale de cote zéro du plan ;

5° Les horizontales d'un plan P, parallèles dans l'espace (2°), sont parallèles en projection (6).

Fig. 41

REMARQUE. — Si le plan P n'est pas horizontal, la direction de ses horizontales est définie et unique.

Si le plan P est horizontal, c'est-à-dire parallèle au plan de comparaison (34), toute droite de ce plan est horizontale ; la direction de ses horizontales est indéterminée et les énoncés précédents ne s'appliquent plus.

36. Problème. — *Construire dans un plan défini par deux droites concourantes, une horizontale de cote donnée.*

MÉTHODE. — Il suffit de chercher sur les deux droites qui définissent le plan, les deux points qui ont la cote donnée, en appliquant la construction indiquée au nᵒ 19 ou en utilisant la graduation, lorsque c'est possible.

Exemple. — Soit à déterminer l'horizontale de cote 3 du plan $a(4)$ $b(2)$ $c(1)$ (*fig.* 42).

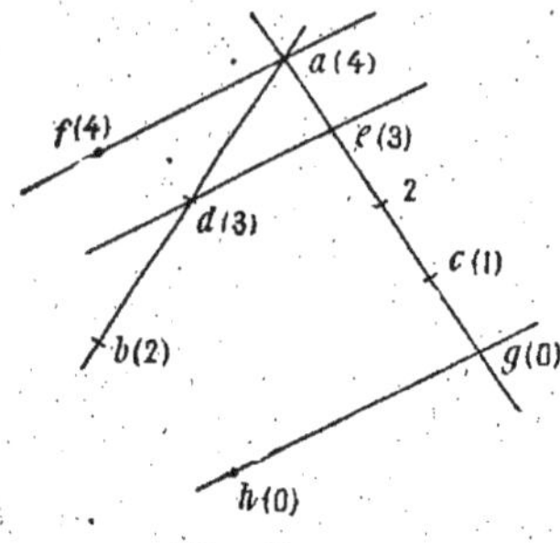

Fig. 42.

Graduons les droites $a(4)$ $b(2)$ et $a(4)$ $c(1)$ en divisant ab et ac respectivement en 2 et 3 parties égales. En joignant les projections d et e des points de cote 3 de ces droites, nous aurons l'horizontale cherchée $d(3)$ $e(3)$.

REMARQUE I. — Toutes les horizontales d'un plan étant parallèles (35, 5ᵒ), quand on en connaît une, pour en avoir une seconde, il suffit d'en déterminer un seul point.

Ainsi :

1ᵒ L'horizontale de cote 4 du plan $a(4)$ $b(2)$ $c(1)$ (*fig.* 42) est la droite $a(4)$ $f(4)$ dont la projection est la parallèle af menée par a à la projection de de l'horizontale de cote 3 déjà connue ;

2ᵒ La trace horizontale du même plan est la parallèle $g(o)$ $h(o)$ à $d(3)$ $e(3)$, menée par le point $g(o)$ de la droite $a(4)$ $g(o)$.

REMARQUE II. — Le problème qui vient d'être traité peut encore s'énoncer de la manière suivante :

Trouver l'intersection d'un plan défini par deux droites concourantes et d'un plan horizontal de cote donnée.

37. Lignes de plus grande pente d'un plan. —Définition.— On appelle *lignes de plus grande pente d'un plan* P, les droites MN, M'N' de ce plan qui sont *perpendiculaires aux horizontales du plan* (*fig.* 43).

Ces droites jouissent des propriétés suivantes :

1ᵒ *Par tout point du plan passe une ligne de plus grande pente et une seule ;*

2ᵒ *Les lignes de plus grande pente d'un plan sont parallèles entre elles dans l'espace. Par suite (6) leurs projections sont également parallèles :*

3° *De toutes les droites d'un plan, les lignes de plus grande pente sont celles qui font avec le plan horizontal le plus grand angle* (voir Grévy, *Géométrie dans l'espace*, 4o5) *et par conséquent ont la plus grande pente ; d'où leur dénomination ;*

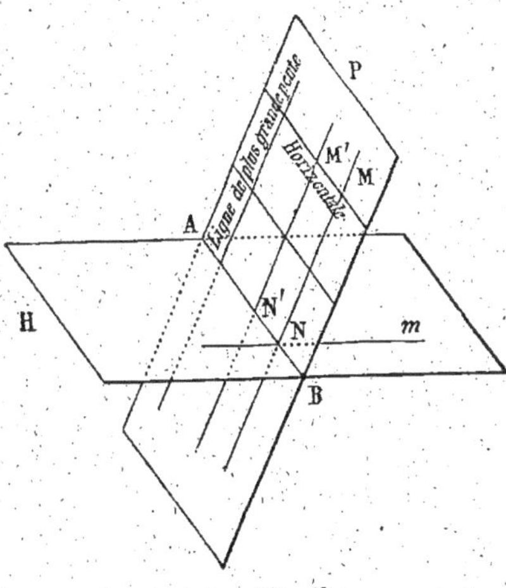

Fig. 43

4° *L'angle droit formé dans l'espace par une horizontale et une ligne de plus grande pente, ayant un côté horizontal, se projette suivant un angle droit* (voir Grévy, *Géométrie dans l'espace*, 4o3), *d'où le théorème suivant :*

Théorème. — *Sur une épure, les projections des lignes de plus grande pente d'un plan sont perpendiculaires à celles des horizontales de ce plan.*

Remarque I. — Les propriétés précédentes ne s'appliquent que si le plan n'est pas horizontal.

Dans un plan horizontal, toutes les droites sont horizontales, leur pente est nulle, il n'y a donc pas de pente maximum, ou, si l'on veut encore, toutes les droites du plan sont des lignes de plus grande pente.

Remarque II. — Dans un plan vertical, les lignes de plus grande pente sont des verticales ; par suite leur projection se réduit à un point et les propriétés 2° et 4° disparaissent.

38. Problème. — *Dans un plan défini sur une épure, tracer la ligne de plus grande pente passant par un point donné.*

Méthode. — On commence par déterminer la direction des horizontales du plan (36). Puis, par la projection du point donné, on mène la perpendiculaire à cette direction : c'est la projection de la droite cherchée (37, 4°), qu'il ne reste plus qu'à graduer.

Exemple. — Soit à trouver dans le plan $a(4)\,b(1)\,c(2)$ la ligne de plus grande pente passant par le point $a(4)$ (*fig. 44*).

En prolongeant *ac* d'une longueur égale à sa moitié, on obtient le point *d*(1) de la droite *a*(4) *c*(2). En joignant les points *b* et *d*, on a alors l'horizontale *b*(1) *d*(1). En menant ensuite par *a* la perpendiculaire *af* à *bd*, on obtient la ligne de plus grande pente *a*(4) *f*(1).

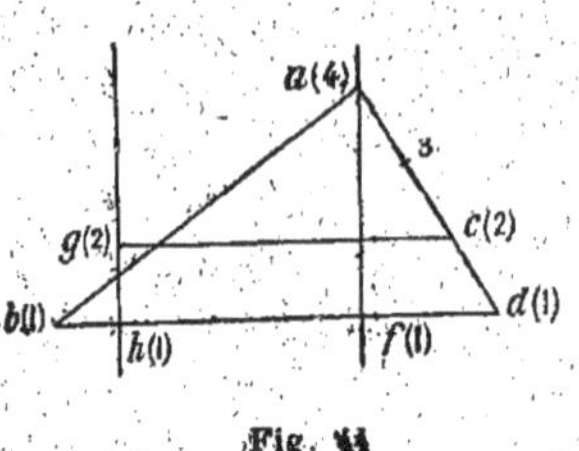

Fig. 44

Si l'on voulait avoir maintenant la ligne de pente du point *g*(2), pris sur l'horizontale de cote 2 du plan, il suffirait de mener la parallèle *gh* à *af* (35, 2°) : la droite demandée serait *g*(2) *h*(1).

39. Représentation d'un plan par une ligne de plus grande pente. Théorème. — *Une ligne de plus grande pente d'un plan suffit à déterminer complètement ce plan.*

En effet, si un plan admet comme ligne de pente la droite *a*(0) *b*(1) (*fig.* 45), on obtient, par exemple, l'horizontale de cote 0 du plan en menant par *a* la perpendiculaire à *ab* (37, Théor.) ; le plan est alors défini par les deux droites concourantes *a*(0) *b*(1) et *a*(0) *c*(0).

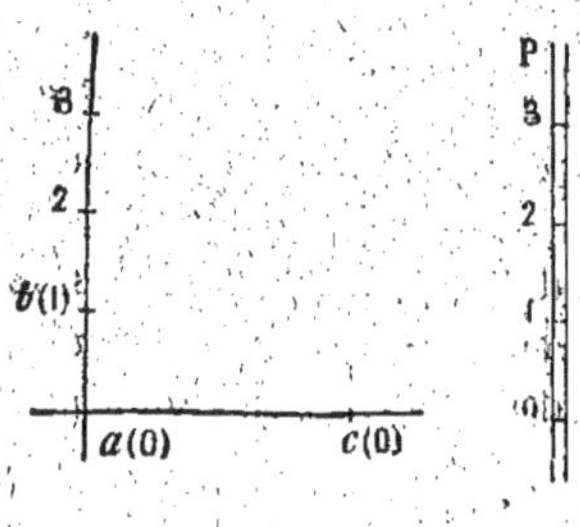

Fig. 45   Fig. 46

Conséquence. — En géométrie cotée, on *définit* souvent et on *représente* un plan sur une épure en se donnant une de ses lignes de plus grande pente.

Pour indiquer que la droite donnée est une ligne de plus grande pente d'un plan, on représente sa projection au moyen de *deux traits parallèles* et très rapprochés (*fig.* 46).

Ce mode de représentation doit son importance à sa simplicité et surtout à ce fait qu'il donne une détermination immédiate des horizontales du plan, qui sont d'un usage constant dans la plupart des problèmes relatifs au plan.

40. Définitions. — Une ligne de plus grande pente d'un plan, lorsqu'elle est graduée, se nomme une *échelle de pente du plan*.

Pente, intervalle ou module d'un plan. — La *pente* d'un plan est la pente d'une quelconque de ses lignes de plus grande pente.

L'*intervalle* ou le *module* d'un plan est l'intervalle d'une ligne de plus grande pente de ce plan ; l'intervalle d'un plan est donc la distance des projections de deux points de cotes rondes consécutifs sur son échelle de pente.

De ces définitions, il résulte que la pente et l'intervalle d'un plan sont deux nombres inverses l'un de l'autre (22, Théor.).

§ II.

Problèmes fondamentaux sur le plan.

41. Problème. — *Déterminer la cote d'un point d'un plan, connaissant sa projection.*

Premier exemple. — Supposons le plan P défini par une échelle de pente (*fig.* 47). Cherchons la cote du point M de ce plan projeté en *m*. L'horizontale du plan passant par le point M se projette suivant la perpendiculaire *mn* abaissée du point *m* sur l'échelle de pente ;

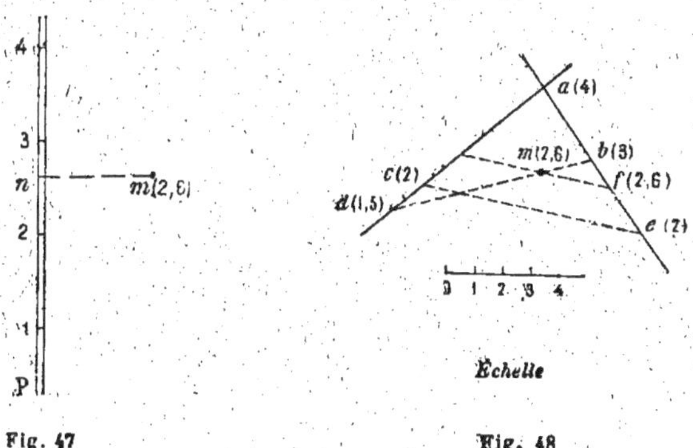

Fig. 47   Fig. 48

cette horizontale rencontre la ligne de plus grande pente qui définit le plan P en un point projeté en *n*. En déterminant la cote de ce point sur la ligne de plus grande pente (18), on a la cote du point M. Dans notre figure, la cote cherchée est approximativement 2,6.

Deuxième exemple. — Supposons le plan P défini par deux droi-

tes concourantes $a(4)$ $b(3)$ $c(2)$ (*fig.* 48) et proposons-nous de déterminer encore la cote du point M de ce plan projeté en *m*.

On remarque que *bm*, par exemple, est la projection de la droite
BM du plan joignant le point M au point B de la droite $a(4)$ $b(3)$.
Cette droite rencontre $a(4)$ $c(2)$ au point D projeté en *d*, et dont o
détermine la cote, comme nous l'avons indiqué au n° 18 ; dans notre
épure, la cote de D est approximativement 1, 5. On détermine ensuite
par le même procédé la cote du point M sur la droite $b(3)$ $d(1,5)$.

On peut encore déterminer au préalable la direction *ce* des horizontales du plan, en joignant par exemple les points de cote 2 sur les
droites $a(4)$ $c(2)$ et $a(4)$ $b(3)$; l'horizontale du plan passant par M est
alors projetée suivant la parallèle *mf* menée par *m* à la droite *ce*. On
obtient la cote de cette horizontale en déterminant (18) celle du
point *f* où elle rencontre $a(4)$ $b(3)$ (approximativement 2, 6) : cette
cote est celle du point M.

REMARQUE. — Le problème qu'on vient de résoudre peut s'énoncer : *Déterminer le point d'intersection d'un plan avec la verticale dont
la trace horizontale est m* (*fig.* 47 et 48).

42. Problème. — *Reconnaître la position d'un point de l'espace par
rapport à un plan donné.*

Soit par exemple à reconnaître si le point $m(2,8)$ est au-dessus ou
au-dessous du plan P défini par une échelle de
pente (*fig.* 49), ou encore s'il appartient à ce plan.
Pour cela, on cherche, comme nous l'avons indiqué (41), la cote du point du plan dont la
projection est *m*.

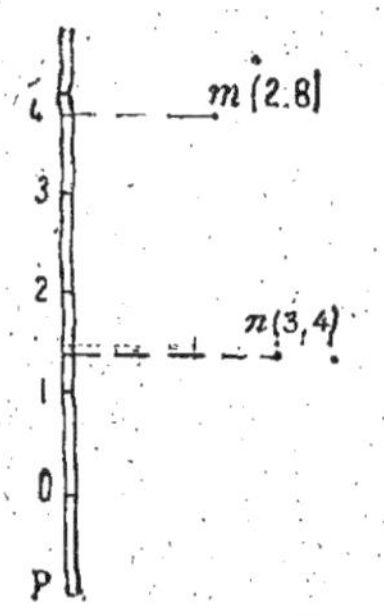

Si cette cote est égale à celle du point donné
M, ce point est dans le plan : si elle est inférieure
à celle du point M, ce point est au-dessus du
plan ; si elle lui est supérieure, le point M est
au-dessous du plan.

Dans la figure 49, on voit, sans qu'il soit nécessaire de faire de construction, que le point $m(2,8)$
est au-dessous du plan, et que le point $n(3,4)$ est au-dessus.

Fig. 49

43. Problème. — *Déterminer une droite d'un plan connaissant sa
projection.*

Premier exemple. — Soit, par exemple, à déterminer la droite AB du plan P (*fig.* 50), défini par une échelle de pente, connaissant la projection *ab* de cette droite. La droite AB rencontre toutes les horizontales du plan P ; par suite, si on trace les projections des horizontales de cotes rondes de ce plan, elles rencontrent *ab* en des points qui sont les projections des points de la droite AB ayant les mêmes cotes que ces horizontales. On a donc immédiatement l'échelle de la droite AB.

Si la droite *ab* était perpendiculaire à l'échelle de pente du plan, elle serait la projection d'une horizontale du plan, et on pourrait avoir immédiatement sa cote (41).

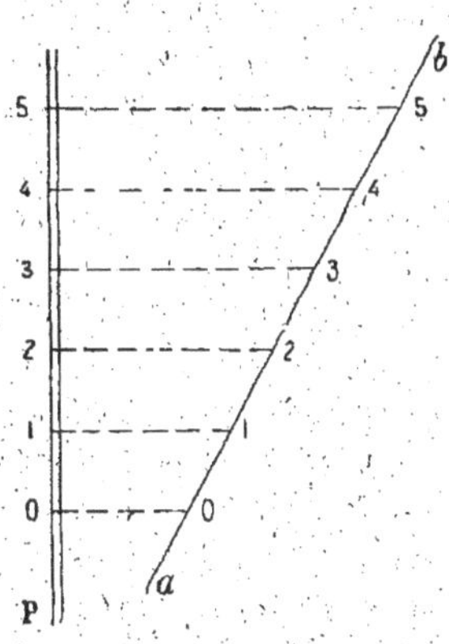

Fig. 50

Deuxième exemple. — Un plan étant défini par les deux droites concourantes *a*(4) *b*(6) et *a*(4) *c*(2) (*fig.* 51), soit à déterminer la droite de ce plan projetée suivant *mn*.

On peut résoudre la question en déterminant, comme au n° 18, les cotes des points D et F où la droite rencontre respectivement les droites *a*(4) *b*(6) et *a*(4) *c*(2).

Si l'on veut voir la graduation de la droite, il suffit de déterminer les points où *mn* rencontre successivement les horizontales de cotes rondes du plan.

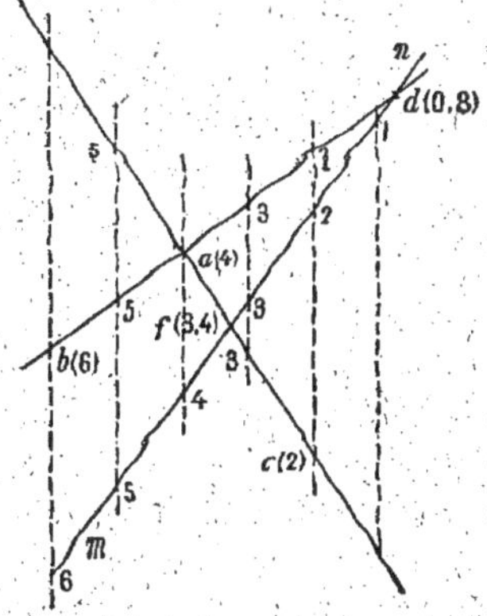

Fig. 51

Remarque. — Le problème que nous venons de traiter peut encore s'énoncer : *Déterminer la droite d'intersection d'un plan quelconque avec le plan vertical dont la trace horizontale est mn.*

44. Problème. — *Reconnaître si une droite donnée est dans un plan donné.*

Pour qu'une droite AB appartienne à un plan P, il faut et il suffit que cette droite rencontre deux droites quelconques du plan P.

Par suite, si la droite est donnée par sa projection cotée, le plan par deux droites, il suffira de vérifier que la droite donnée rencontre les deux droites du plan (28).

Si le plan est défini par une échelle de pente, on vérifiera qu'elle rencontre deux horizontales ; pour cela, on cherchera si les points de la droite projetés aux points où sa projection rencontre les projections des horizontales choisies ont les mêmes cotes que ces horizontales.

45. Problème. — *Mener dans un plan, par un point de ce plan, une droite de pente donnée.*

Soit à mener dans le plan Q, défini par une échelle de pente, une droite de pente p passant par le point $m(5)$ du plan (*fig.* 52). Supposons le problème résolu et soit mn la projection de la droite cherchée, sur laquelle nous prenons le point N dont la cote est 4, inférieure d'une unité à celle du point donné ; cette droite sera complètement déterminée, si l'on connaît la projection n du point N. Or, un premier lieu du point n est la projection horizontale gk de l'horizontale de cote 4 du plan donné, que l'échelle de pente du plan permet de tracer immédiatement ; de plus le segment mn est égal à l'intervalle

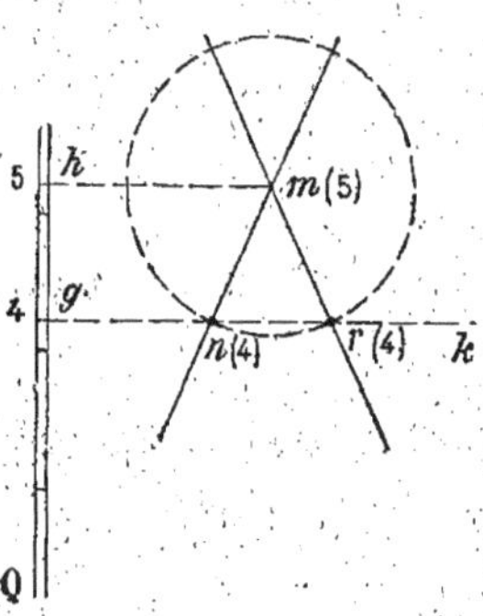

Fig. 52

$i = \dfrac{1}{p}$ de la droite cherchée, de sorte que la circonférence de centre m et de rayon $\dfrac{1}{p}$ est un deuxième lieu du point n. Cette circonférence rencontre généralement la droite gk en deux points n et r, et les droites $m(5) n(4)$, $m(5) r(4)$ répondent à la question.

DISCUSSION. — Pour que le problème soit possible, il faut et il suffit que la droite gk rencontre la circonférence, c'est-à-dire que $gh \leqslant mn$. En désignant par I et P l'intervalle et la pente du plan donné $\left(I = \dfrac{1}{P} \right)$, comme $I = gh$, cette condition s'écrit encore $I \leqslant i$

ou $\dfrac{1}{P} \leqslant \dfrac{1}{p}$, ou enfin $P \geqslant p$.

Ainsi la pente du plan doit être supérieure ou égale à la pente donnée de la droite cherchée; cette condition était évidente *a priori*, car les lignes de plus grande pente d'un plan sont parmi toutes les droites du plan celles qui ont la pente maxima.

En résumé, si $P > p$, le problème admet 2 solutions;

si $P = p$, — admet une solution unique, et la droite demandée est la ligne de plus grande pente du plan passant par le point donné;

si $P < p$, le problème n'a pas de solution.

REMARQUE I. — Dans la pratique, la pente donnée p est généralement exprimée par une fraction, et il peut être compliqué de construire le rayon $\dfrac{1}{p}$. On procède alors d'une façon un peu différente. Soit, par exemple, à mener par le point $m(5,5)$ du plan Q une droite de ce plan ayant pour pente $\dfrac{3}{5}$ (*fig.* 53), l'intervalle de cette droite étant par conséquent $\dfrac{5}{3}$. Au lieu de chercher un des deux points de la droite dont la cote diffère d'une unité de celle du point donné, on cherche un point dont la cote en diffère de 3 unités, en moins par exemple. Un premier lieu de la projection n de ce point est la projection gk de l'horizontale du plan de cote $5,5 - 3 = 2,5$; un deuxième lieu est la circonférence de centre m et de rayon égal à 3 fois l'intervalle de la droite cherchée, c'est-à-dire à $3 \times \dfrac{5}{3} = 5$

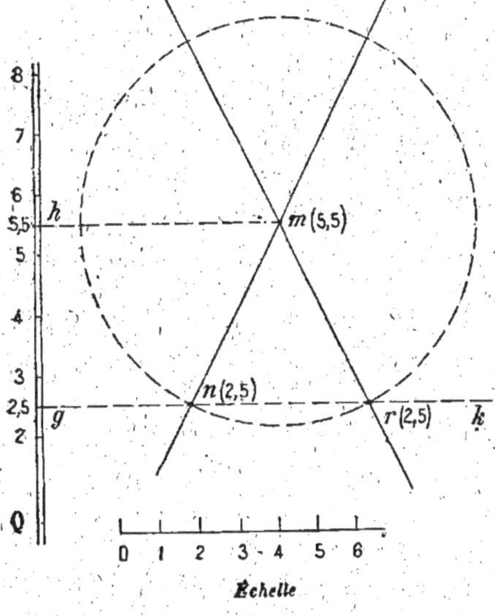

unités de l'échelle du dessin. La solution s'achève ensuite comme plus haut.

D'une manière générale, on aura un deuxième point n de la projection de la droite cherchée, à l'intersection de la projection de l'horizontal du plan dont la cote diffère, en plus ou en moins, de celle du point donné du nombre d'unités égal au numérateur de la pente donnée (ou d'un multiple du numérateur), avec la circonférence de centre m et dont le rayon, mesuré à l'échelle du dessin, égale le dénominateur de cette pente (ou un équimultiple du dénominateur).

On évite ainsi de tracer des circonférences de rayon trop petit, qui entraîneraient des erreurs graphiques sensibles.

REMARQUE II. — Le problème précédent peut aussi être énoncé de la façon suivante: *Mener dans un plan, par un point de ce plan, une droite faisant un angle donné α avec le plan horizontal.*

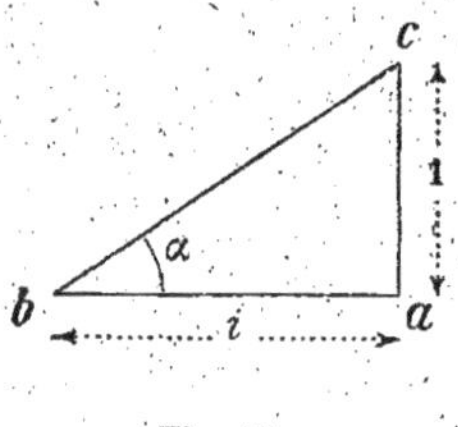

Fig. 54

En effet, construisons un triangle rectangle abc dont l'un des angles aigus soit égal à l'angle donné α, le côté opposé ac étant égal à *une* unité de l'échelle du dessin (*fig.* 54); on a

$$\operatorname{tg}\alpha = \frac{ac}{ab} = \frac{1}{ab}.$$

Tout revient alors, d'après la définition de la pente d'une droite (21), à construire une droite du plan donné dont la pente est $\dfrac{1}{ab}$, c'est-à-dire dont l'intervalle est ab; l'équivalence des deux énoncés est donc évidente.

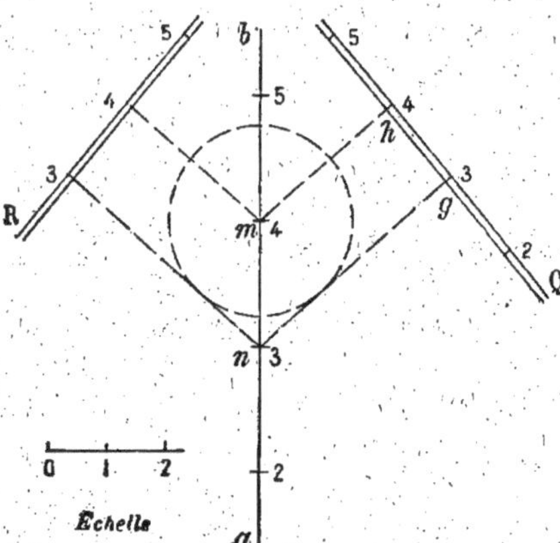

Echelle

Fig. 55

46. Problème. — *Mener par une droite donnée un plan de pente donnée.*

Soit à mener par la droite graduée AB un plan de pente donnée P (*fig.* 55). On pourrait construire immédiatement l'échelle de pente du plan cherché, si on connaissait les projections de deux horizontales de cotes rondes de ce plan, par exemple celles qui passent par les points $n(3)$ et $m(4)$ de la droite donnée. Supposons donc construites les projections mh et ng de ces horizontales; leur distance est égale à l'intervalle du plan, c'est-à-dire à l'inverse de la pente donnée P. Par conséquent ng est tangente à la circonférence de centre m et de rayon $\dfrac{1}{P}$; en menant ensuite par m la parallèle mh à la droite ng ainsi construite, on en déduit aisément une échelle de pente Q du plan cherché.

DISCUSSION. — Pour que le problème soit possible, il faut que l'on puisse mener par le point n une tangente à la circonférence, c'est-à-dire que la distance mn soit supérieure ou au moins égale au rayon de cette circonférence, $mn \geqslant \dfrac{1}{P}$. Or, si on désigne par p et i la pente et l'intervalle de la droite donnée $\left(i = \dfrac{1}{p} \right)$, on a $mn = i$. La condition trouvée peut donc s'écrire $i \geqslant \dfrac{1}{P}$ ou $\dfrac{1}{p} \geqslant \dfrac{1}{P}$, ou enfin $P \geqslant p$, condition évidente *a priori*.

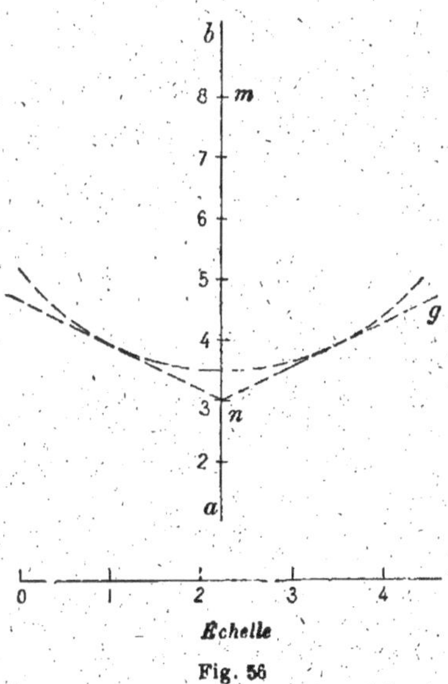

Fig. 56

Comme, par un point extérieur à une circonférence, on peut généralement mener deux tangentes à cette circonférence, si $P > p$, on obtient deux plans Q et R répondant à la question; si $P = p$, il n'y a qu'un seul plan admettant la droite donnée comme ligne de plus grande pente; enfin si $P < p$, le problème n'a pas de solution.

REMARQUE I. — Dans la pratique, la pente donnée P du plan cherché est généralement une fraction, et pour les raisons déjà exposées à propos du problème précédent, on est obligé, pour éviter des constructions trop complexes, de modifier légèrement la solution qu'on vient de lire.

Soit à mener par la droite AB un plan de pente $\frac{5}{3}$ (*fig.* 56);
au lieu de chercher à construire deux horizontales du plan dont les
cotes diffèrent d'une unité, on cherche les projections de deux horizontales dont les cotes diffèrent de 5 unités, par exemple celles qui
passent par les points $m(8)$ et $n(3)$ de la droite donnée; la distance
des projections de ces horizontales est égale à 5 fois l'intervalle du
plan, $\frac{3}{5}$, c'est-à-dire à $5 \times \frac{3}{5} = 3$ unités de l'échelle du dessin; d'où la construction suivante :

Du point m comme centre, avec un rayon égal à 3 unités de
l'échelle du dessin, on décrit une circonférence et par le point n on
mène les tangentes à cette circonférence; ces tangentes sont les projections des horizontales de cote 3 des plans répondant à la question.
La solution s'achève comme plus haut.

Remarque II. — Les constructions sont en défaut lorsque la droite
donnée est horizontale, car on ne peut plus prendre sur cette droite
des points de cotes différentes. Ainsi, soit à mener par l'horizontale
ab (8) un plan de pente $\frac{5}{3}$ (*fig.* 57); on a immédiatement la projection
d'une deuxième horizontale du plan cherché en menant la parallèle
cd à ab à une distance égale à 5 fois l'intervalle $\frac{3}{5}$ du plan cherché,
c'est-à-dire à une distance égale à $5 \times \frac{3}{5} = 3$ unités de l'échelle
du dessin. La cote de cette deuxième horizontale diffère de celle de l'horizontale donnée de 5 unités, elle est donc soit $8 + 5 = 13$, soit $8 - 5 = 3$,
d'où deux plans répondant à la question, dont on construit aisément
les échelles de pente Q et R.

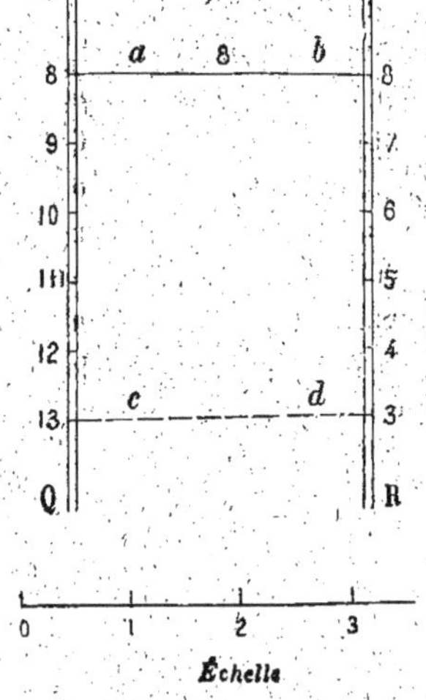

Échelle

Fig. 57

Remarque III. — Le problème pré-
cédent peut encore s'énoncer de la façon suivante : *Mener par une
droite donnée un plan faisant un angle donné α avec le plan horizontal.*

En effet, puisque l angle aigu α d'un plan avec le plan horizontal est, par définition, l'angle formé par une de ses lignes de plus grande pente avec le plan horizontal, en désignant par P la pente donnée du plan cherché, on a $P = \operatorname{tg} \alpha$; on peut construire aisément (45, Rem. II) l'intervalle de ce plan, et l'équivalence des deux énoncés devient évidente.

§ III.

Droites et plans parallèles.

47. Théorème. — *La condition nécessaire et suffisante pour que deux plans soient parallèles est que les lignes de plus grande pente des deux plans soient parallèles.*

La condition est nécessaire. — En effet, si deux plans sont parallèles, les horizontales de ces plans sont parallèles, comme intersections de deux plans parallèles par des plans horizontaux, eux-mêmes parallèles. Si on mène alors un plan perpendiculaire à la direction commune de leurs horizontales, ce plan coupe les deux premiers suivant des lignes de plus grande pente et ces lignes sont parallèles, comme intersections de deux plans parallèles par un troisième : donc, leurs projections, c'est-à-dire les échelles de pente des plans sont parallèles.

La condition est suffisante. — En effet, si deux plans ont leurs lignes de plus grande pente parallèles, ils ont également leurs horizontales parallèles, puisque les projections de ces horizontales, perpendiculaires aux projections parallèles des lignes de plus grande pente des deux plans, sont parallèles. Chaque plan peut alors être considéré comme défini par deux droites de directions différentes, parallèles à deux droites de l'autre plan : les plans sont donc parallèles.

REMARQUE. — En rapprochant ce théorème de celui établi au n° 31, on peut dire encore : *Pour que deux plans soient parallèles, il faut et il suffit que leurs échelles de pente soient parallèles, que leurs intervalles soient égaux, et que les cotes croissent dans le même sens sur les échelles de pente.*

48. Cas particuliers. — I. *Deux plans horizontaux quelconques sont parallèles.*

II. *Pour que deux plans verticaux soient parallèles, il faut et il suffit que leurs traces horizontales soient parallèles.*

1° *La condition est nécessaire*, car si deux plans verticaux sont parallèles, leurs traces horizontales sont parallèles comme intersections de deux plans parallèles par un troisième.

2° *La condition est suffisante*, car si deux plans verticaux ont leurs traces horizontales parallèles, ces plans ont deux directions communes, celle de leurs horizontales et celle des verticales.

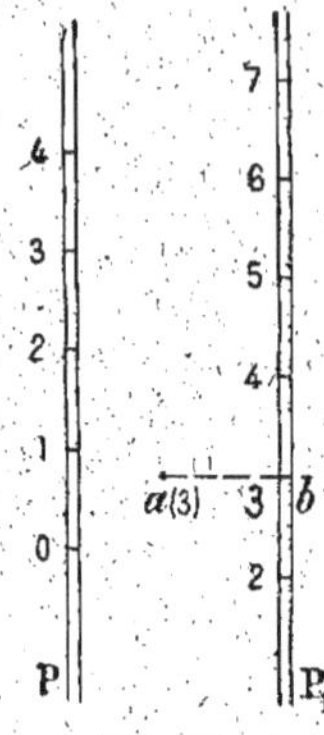

Fig. 58

49. Problème. — *Mener, par un point donné, le plan parallèle à un plan donné.*

Premier exemple — Soit à mener par le point $a(3)$ le plan parallèle au plan P défini par une échelle de pente (*fig.* 58). On sait *a priori* (47, Rem.) que l'échelle de pente du plan cherché est parallèle à P ; par suite, la projection de l'horizontale AB de ce plan passant par le point donné A est la droite ab perpendiculaire à P. Il est ensuite facile de construire une échelle de pente quelconque P_1 du plan demandé : pour cela, il suffit de mener par un point $b(3)$ de l'horizontale AB la parallèle à P et de graduer cette parallèle (32).

Deuxième exemple. — Un plan étant défini par deux droites concourantes $a(15)$ $b(7)$ et $a(15)$ $c(2)$ (*fig.* 59), soit à construire le plan parallèle passant le point $o(12)$.

On peut effectuer la construction sans déterminer l'échelle de pente du plan, en menant simplement par le point $o(12)$ les parallèles aux droites qui définissent le plan : ces deux parallèles, d'après un théorème connu, déterminent un plan parallèle au premier.

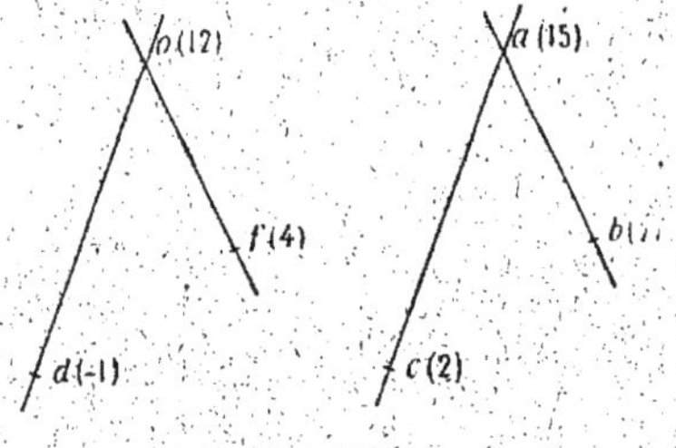

Fig. 59

Dans l'épure de la figure 59, on a construit les segments od et of respectivement égaux et parallèles à ac et ab (32), on a obtenu ainsi les points $d(-1)$, $f(4)$, qui avec $o(12)$ définissent le plan cherché.

50. Problème. — *Mener par une droite un plan parallèle à une droite* *donnée.* — Soit à mener par la droite $a(3)$ $b(6)$ supposée graduée le plan parallèle à la droite $c(2)$ $d(3)$ (*fig.* 60). Par le point $a(3)$ de la première droite, menons à la seconde la parallèle $a(3)$ $e(4)$ (3_2); le plan $a(3)$ $e(4)$ $b(6)$ est le plan cherché. En construisant les projections ef et gh des horizontales de cotes 4 et 5 de ce plan, on en déduit aisément une échelle de pente P.

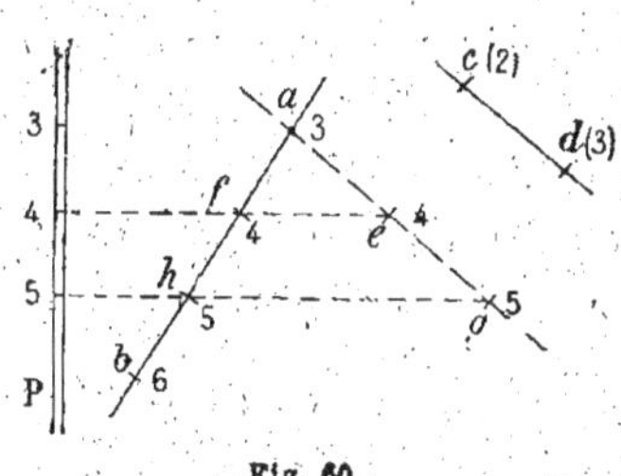

Fig. 60

REMARQUE. — Si les deux droites données sont parallèles entre elles. tout plan passant par la première est parallèle à la deuxième.

51. Problème. — *Mener par un point un plan parallèle à deux droites données.*

Soit à mener par le point $o(2)$ le plan parallèle aux deux droites $a(5)$ $b(6)$ et $c(3)$ $d(4)$ (*fig.* 61). Par le point $o(2)$ menons les parallèles $o(2)$ $e(3)$ et $o(2)$ $f(3)$ aux deux droites données (3_2) et graduons ces parallèles; le plan $o(2)$ $e(3)$ $f(3)$ est le plan demandé. En construisant les projections ef. gh des horizontales de cote 3 et 4 de ce plan, on en déduit aisément une échelle de pente P.

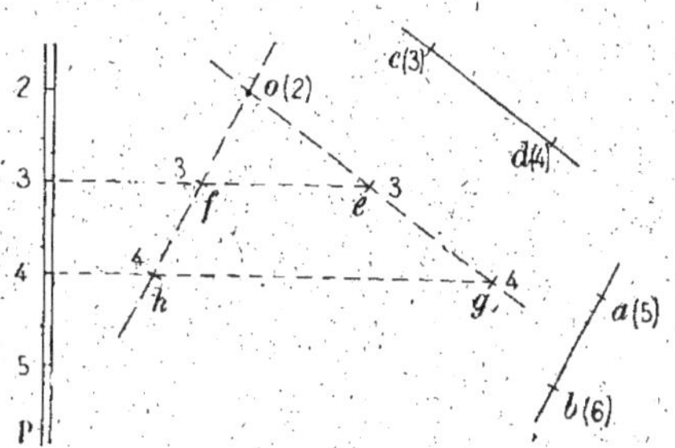

Fig. 61

52. Problème. — *Mener par deux droites données deux plans parallèles entre eux.*

Il suffit de mener par chacune des deux droites un plan parallèle à l'autre (50).

EXERCICES

1. Connaissant les projections des quatre sommets d'un quadrilatère plan et les cotes de trois d'entre eux, trouver la cote du quatrième

2. Mener par un point donné une droite de pente donnée rencontrant une autre droite donnée.

3. Mener par un point donné une droite parallèle à un plan donné, connaissant la projection de cette droite.

4. Mener par un point donné une droite de pente donnée parallèle à un plan donné.

5. Mener par un point un plan de pente donnée parallèle à une direction donnée.

6. Construire l'échelle de pente du plan symétrique d'un plan donné par rapport au plan de comparaison.

7. Reconnaître si une droite définie par sa projection graduée et un plan défini par son échelle de pente sont parallèles.

8. Déterminer un triangle, connaissant les projections cotées des milieux de ses trois côtés.

9. On donne deux points cotés et une droite graduée.
1° Mener par la droite des plans équidistants des deux points.
2° Mener par la droite les plans tels que les distances des deux points à ces plans soient dans un rapport donné.

10. Mener par un point :
1° les plans équidistants de 3 points donnés.
2° les plans tels que les distances des 3 points à ces plans soient proportionnelles à des nombres donnés, m, n, p.

11. Mener par 4 points donnés 4 plans parallèles et équidistants.

CHAPITRE III

INTERSECTIONS DE DROITES ET DE PLANS

—

§ 1.

Intersection de deux plans.

53. Cas particuliers. — 1° *Déterminer la droite d'intersection d'un plan quelconque avec un plan horizontal.*

L'intersection est évidemment l'horizontale du premier plan ayant pour cote la cote du plan horizontal donné (36, Rem. II).

54. 2° *Déterminer la droite d'intersection d'un plan quelconque avec un plan vertical.*

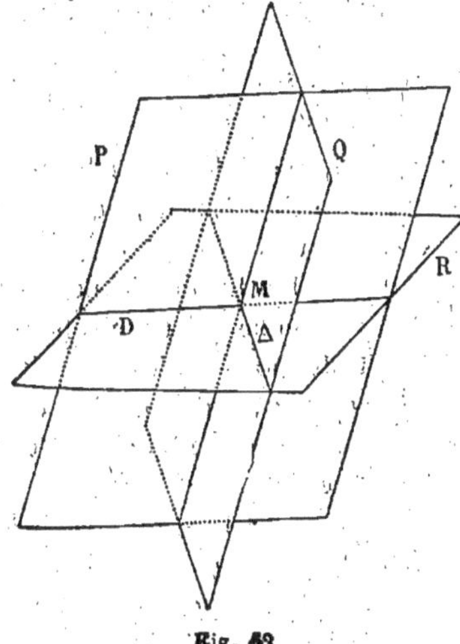

Fig. 62

Ce problème a déjà été traité dans le chapitre précédent (43, Rem.).

55. Problème général. — *Déterminer la droite d'intersection de deux plans quelconques.*

MÉTHODE GÉNÉRALE , DITE DES PLANS AUXILIAIRES. — Pour définir la droite d'intersection de deux plans P et Q (*fig.* 62), il suffit d'en déterminer deux points. A cet effet :

1° *On coupe les plans P et Q par un troisième plan auxiliaire R ;*

2° *On cherche les droites d'intersection D et Δ de R avec P et Q ;*

3° *Les droites* D *et* L *concourent, en général, en un point* M *qui est évidemment un point de la droite d'intersection des plans* P *et* Q.

En utilisant alors *un deuxième plan auxiliaire* R_1, on obtient de la même manière *un deuxième point* M_1 *de cette intersection*, qui est ainsi complètement définie.

56. Choix des plans auxiliaires. — La méthode précédente ramène la recherche de l'intersection des plans P et Q à celle des plans (P, R), (Q, R), (P, R_1), (Q, R_1). Elle semble donc, au premier abord, ne pas avancer la question ; mais on remarquera que les plans auxiliaires R et R_1 pouvant être choisis *d'une façon arbitraire*, on profite de cette indétermination pour les choisir soit *horizontaux*, soit *verticaux*, de façon à être ramené à des problèmes déjà rencontrés (53 et 54).

Remarque. — Si l'on connaît *a priori* un point commun aux deux plans P et Q, il suffit, pour déterminer complètement l'intersection d'en trouver un deuxième point, et pour cela, il suffit d'un seul plan auxiliaire.

De même, si l'on sait à l'avance que l'intersection est parallèle à une direction connue, on achève de la définir, en en cherchant un point par lequel on mène ensuite la parallèle à cette direction. Dans ce cas encore, un seul plan auxiliaire suffit.

57. Exemple I. — *Les deux plans* P *et* Q *sont définis chacun par une échelle de pente (fig. 63).*

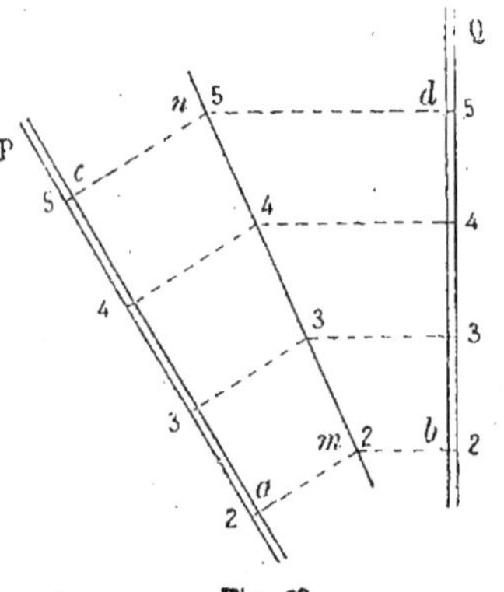

Fig. 63

On emploie généralement comme plans auxiliaires des plans horizontaux.

1° Le plan horizontal de cote 2, par exemple, coupe ces plans suivant les horizontales projetées en am et bm, qui se rencontrent au point $m(2)$ de l'intersection cherchée.

2° De même, le plan horizontal de cote 5 donne un deuxième point $n(5)$ de cette intersection, qui est alors la droite $m(2)$ $n(5)$.

Les plans horizontaux pris comme plans auxiliaires étant complètement arbitraires, et l'intersection des deux plans étant une droite unique, les projections de tous les couples d'horizontales de mêmes cotes des deux plans donnés concourent sur la droite *mn*, projection de leur intersection.

58. **Exemple II.** — *L'un des plans est défini par une échelle de pente P, l'autre est défini par deux droites concourantes a(5) b(2) et a(5) c(2) (fig. 64).*

Employons encore des plans auxiliaires horizontaux.

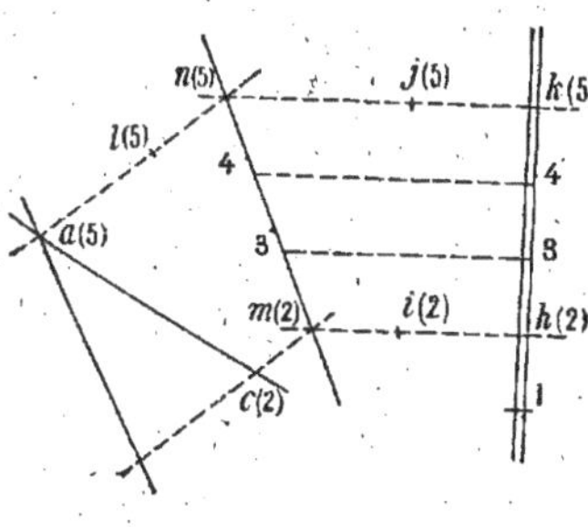

Fig. 64

1° Le plan horizontal de cote 2, par exemple, coupe les deux plans suivant les horizontales. *h*(2) *i*(2) et *b*(2) *c*(2), qui se rencontrent au point *m*(2).

2° De même, le plan horizontal de cote 5 coupe les plans donnés suivant les horizontales *k*(5) *j*(5) et *a*(5) *l*(5) (*al* parallèle à *bc*), qui se rencontrent au point *n*(5).

L'intersection cherchée est donc la droite *m*(2) *n*(5). On peut la graduer à l'aide des horizontales du plan P

59. Exemple III. — *Les deux plans sont définis chacun par deux droites concourantes.*

Le premier plan est *a*(15) *b*(o) *c*(o), le deuxième *d*(5) *e*(o) *f*(o) (*fig.* 65).

On emploie encore des plans auxiliaires horizontaux.

1° Le plan de comparaison coupe les deux plans suivant les horizontales *b*(o) *c*(o) et *e*(o) *f*(o), qui se

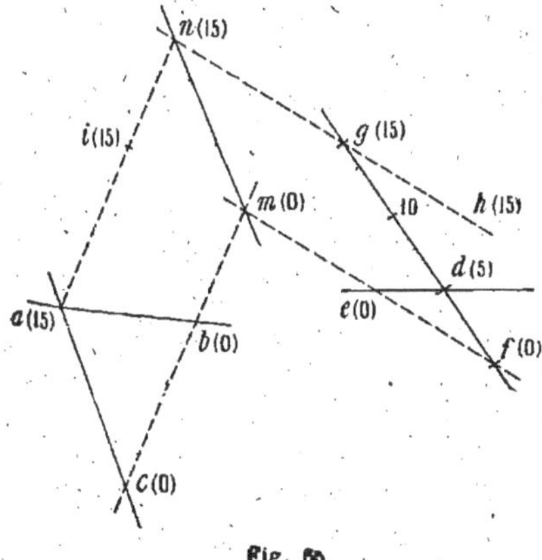

Fig. 65

rencontrent au point *m*(o).

2° Le plan horizontal de cote 15 coupe de même le plan $a(15)$ $b(0)$ $c(0)$ suivant l'horizontale $a(15)$ $i(15)$ dont la projection est la parallèle menée par a à bc. Il coupe le plan $d(5)$ $e(0)$ $f(0)$ suivant l'horizontale $g(15)$ $h(15)$ qui passe par le point $g(15)$ de la droite $d(5)$ $f(0)$ et dont la projection est parallèle à ef.

Ces deux horizontales se rencontrent au point $n(15)$.

L'intersection des deux plans est donc la droite $m(0)$ $n(15)$.

60. Cas particulier. — *Déterminer l'intersection de deux plans dont les échelles de pente sont parallèles.*

Il n'est plus possible d'employer des plans auxiliaires horizontaux.

En effet, les horizontales de mêmes cotes des deux plans sont parallèles et par suite ne se rencontrent pas.

Mais puisque les horizontales des deux plans ont la même direction, l'intersection de ces plans est une horizontale parallèle à cette direction commune. Il suffit donc, pour la construire, d'en déterminer un seul point (56, Rem.).

Nous indiquerons deux méthodes distinctes pour déterminer ce point.

1ʳᵉ MÉTHODE. — *Elle consiste à prendre un plan vertical auxiliaire et à chercher les droites suivant lesquelles il coupe les plans donnés, puis le point où se rencontrent ces droites.*

Ainsi, soit à trouver l'intersection des plans P et Q (*fig.* 66) définis par deux échelles de pente parallèles.

Cherchons successivement les intersections de ces deux plans avec le plan vertical dont la trace xy, sur le plan de comparaison, est perpendiculaire aux horizontales des deux plans. Il suffit pour cela (43) de graduer la droite xy

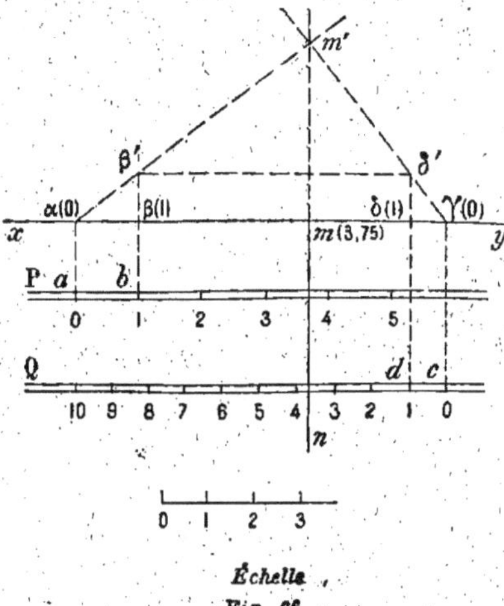

Fig. 66

en la considérant comme appartenant successivement aux deux plans P et Q. On obtient ainsi les droites $\alpha(o)\beta(\iota)$ et $\gamma(o)\delta(\iota)$.

Ce sont les droites D et Δ de la méthode générale (55). Pour trouver le point commun à ces deux droites, dont les projections sont confondues (29), rabattons le plan vertical xy sur le plan de comparaison. Nous obtenons les rabattements $\alpha\beta'$ et $\gamma\delta'$ des deux droites par la règle connue (17). Le point m' commun à $\alpha\beta'$ et $\gamma\delta'$ est le rabattement du point cherché. Sa projection est le pied m de la perpendiculaire abaissée de m' sur xy et sa cote est mm' (approximativement 3,75).

L'horizontale commune aux deux plans est alors l'horizontale passant par le point m (3,75) ainsi déterminé, et dont la projection est la droite mn perpendiculaire aux échelles de pente P et Q. Dans la fig. 66, mn est dans le prolongement de mm', à cause du choix de xy.

Remarque. — On pourrait prendre aussi bien un plan vertical auxiliaire quelconque.

61. 2e Méthode. — Cette méthode, qui donne des constructions plus rapides que les précédentes, repose sur le lemme suivant :

Les projections des horizontales qui s'appuient sur deux droites dont les projections sont parallèles, concourent en un même point.

En effet, soient deux droites $a(o)\,b(4)$ et $c(o)\,d(4)$ (*fig.* 67 et 68) dont les projections sont parallèles.

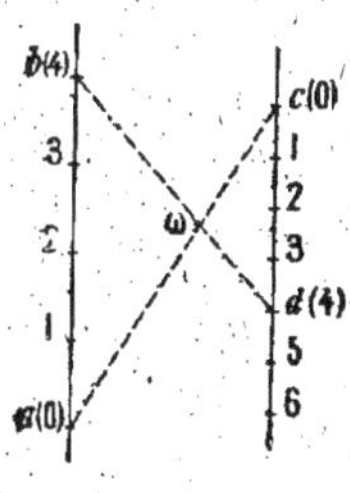

Fig. 67

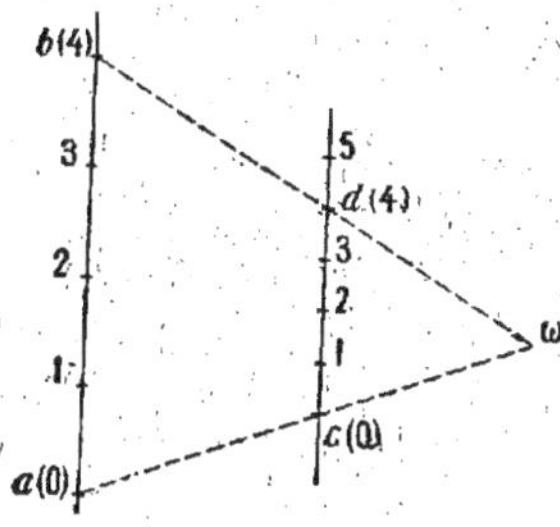

Fig. 68

Désignons leurs intervalles par i et i'. Considérons une horizontale fixe $a(o)\,c(o)$ qui les rencontre et une horizontale *quelconque* les rencontrant également, par exemple $b(4)$. $d(4)$; ac et bd se coupent en ω. A cause des parallèles ab et cd, les triangles $a\omega b$, $c\omega d$ sont semblables et donnent

$$\frac{\omega a}{\omega c} = \frac{ab}{cd} = \frac{4i}{4i'} = \frac{i}{i'}.$$

Ce rapport est indépendant de la cote de la 2° horizontale considérée ; donc les projections de toutes les horizontales s'appuyant sur les deux droites coupent ac en un point ω qui partage ac dans le rapport $\dfrac{i}{i'}$.

Or, dans le cas où les graduations de ab et de cd sont de sens contraires (*fig.* 67), ce point est évidemment entre a et c ; par suite, d'après un théorème connu du 3° livre, il est bien déterminé et unique. Autrement dit, ω est fixe sur ac.

Si les graduations des droites données sont de même sens (*fig.* 68), ω est en dehors de ac et on arrive encore à la même conclusion.

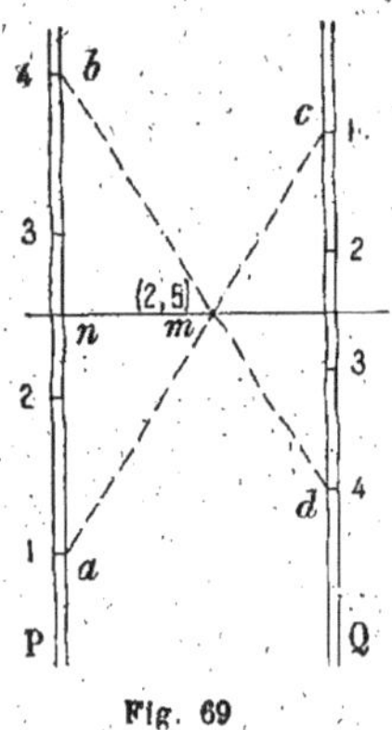

Fig. 69

Soient alors P et Q deux plans dont les échelles de pente sont parallèles (*fig.* 69) Les lignes de plus grande pente AB et CD qui définissent ces plans ayant, par hypothèse, leurs projections parallèles, les projections des horizontales s'appuyant sur ces droites concourent au même point, d'après le lemme précédent. On détermine ce point m en traçant les projections ac et bd de deux de ces horizontales.

Or, puisque la droite d'intersection cherchée est une horizontale commune aux deux plans donnés, elle rencontre nécessairement les lignes de plus grande pente AB et CD. Sa projection passe alors par m, et est perpendiculaire aux échelles de pente données. On détermine la cote de cette horizontale en cherchant, par exemple, la cote du point N où elle rencontre la ligne de plus grande pente AB du plan P. Dans notre épure, cette cote est environ 2,5.

§ II.

Point commun à trois plans.

62. Pour trouver le point commun à trois plans P,Q,R :

1° *On cherche la droite* D *d'intersection des plans* P *et* Q ;

2° *On cherche la droite* Δ *d'intersection des plans* P *et* R.

Le point commun à D *et* Δ, *lorsque ces droites concourent, est le point cherché.*

63. Problème. — *Déterminer le point commun à trois plans* P,Q,R *définis chacun par une échelle de pente (fig. 70).*

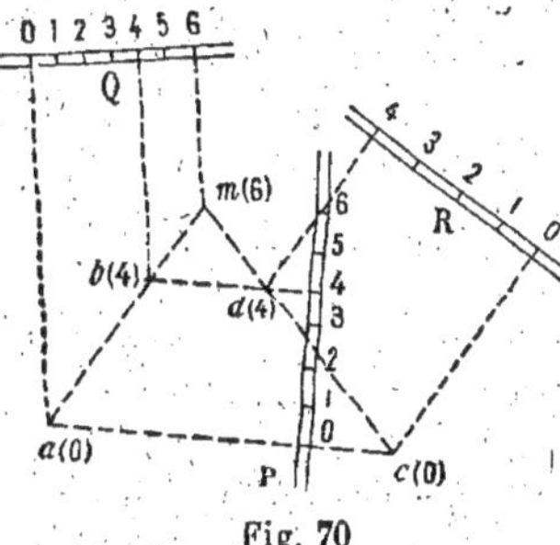

Fig. 70

La droite $a(o)$ $b(4)$ d'intersection des plans P et Q s'obtient, par exemple, en coupant successivement ces plans par le plan de comparaison et le plan horizontal de cote 4. Les mêmes plans auxiliaires servent à déterminer la droite d'intersection $c(o)$ $d(4)$ des plans Q et R. ab et cd se rencontrent au point m, qui est la projection du point commun aux trois plans. La cote de ce point s'obtient en le considérant comme appartenant à l'un ou à l'autre des plans P,Q,R (41). Elle est approximativement 6.

§ III.

Intersection d'une droite et d'un plan.

64. Méthode générale. — Pour obtenir le point d'intersection d'une droite D et d'un plan P *(fig. 71)* :

1° *On fait passer par la droite un plan auxiliaire* Q ;

2° *On détermine la droite* Δ *d'intersection des plans* P *et* Q.

Si les droites D *et* Δ *sont distinctes et non parallèles, leur point de rencontre* M *est le point commun à* D *et* P.

Si D et Δ sont parallèles, la droite D, parallèle à une droite du plan P, est parallèle à P et par suite ne peut rencontrer ce plan.

Si D et Δ sont confondues, la droite D appartient au plan P.

Généralement, pour définir le plan auxiliaire passant par la droite donnée, on se donne arbitrairement la direction de ses horizontales.

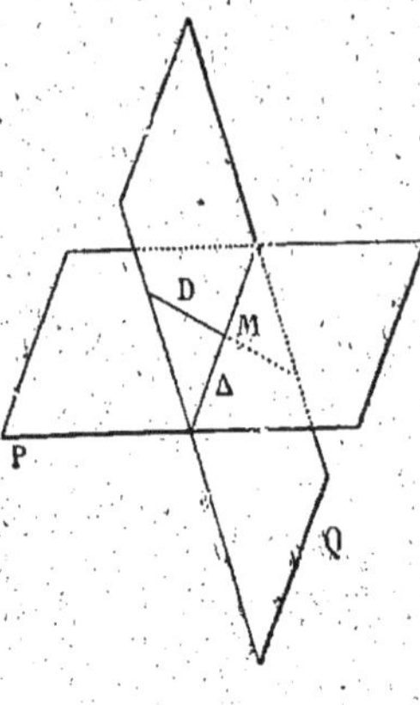

Fig. 71

65. Cas général. — *La droite et le plan sont quelconques.*

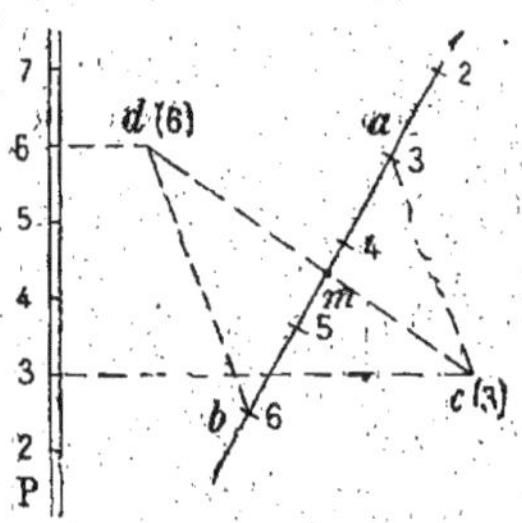

Fig. 72

Soit à chercher le point d'intersection de la droite graduée AB avec le plan P défini par une échelle de pente (*fig.* 72).

Prenons comme plan auxiliaire le plan passant par la droite donnée et dont les horizontales sont parallèles à la direction *ac*. On obtient la droite d'intersection *c*(3) *d*(6) de ce plan avec le plan donné par la méthode générale (58); cette droite rencontre AB au point cherché M projeté à l'intersection *m* de *ab* et de *cd*; la cote de ce point se trouve par les procédés connus, en le considérant soit comme appartenant à la droite AB ou à la droite CD, soit comme appartenant au plan P. On peut toujours choisir la direction des horizontales du plan auxiliaire de manière que les constructions ne sortent pas des limites de l'épure.

66. Cas particuliers. — 1° *La droite donnée est verticale.* — Nous avons traité ce problème dans le chapitre précédent (41, Rem.).

2° *La droite donnée est horizontale.* — On prend alors comme plan auxiliaire le plan horizontal passant par l'horizontale donnée. Par suite, le point cherché est le point de rencontre de cette horizontale avec l'horizontale de même cote du plan.

Ainsi, soit à déterminer (*fig.* 73) le point où l'horizontale $a(2)\,b(2)$ rencontre le plan P. Le plan horizontal de cote 2, qui contient l'horizontale donnée, coupe le plan P suivant l'horizontale $c(2)\,d(2)$ qui rencontre $a(2)\,b(2)$ au point cherché $m(2)$.

3° *La projection de la droite est parallèle à l'échelle de pente du plan.*

— Soit à chercher le point de rencontre de la droite $a(1)\,b(4)$ avec le plan P (*fig.* 74), ab étant parallèle à l'échelle de pente du plan. Prenons comme plan

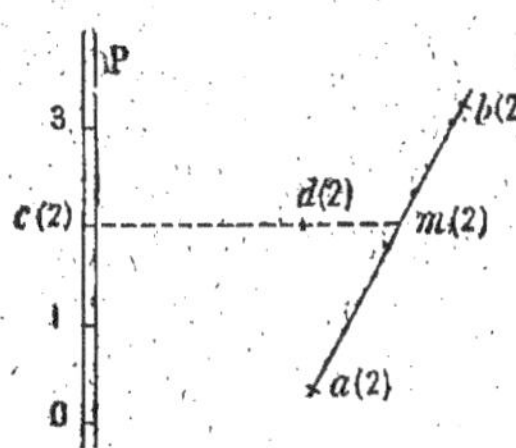

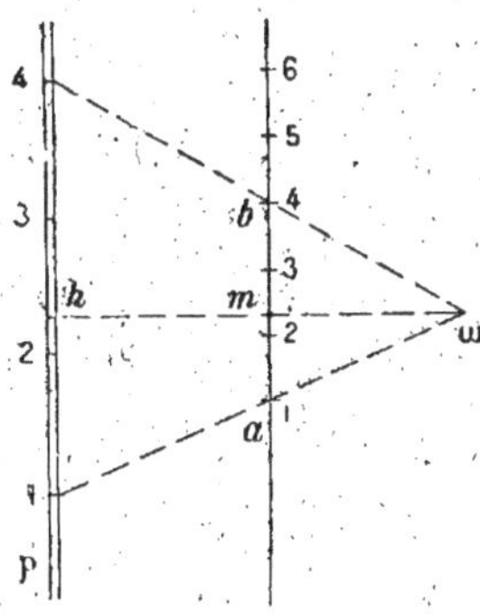

Fig. 73   Fig. 74

auxiliaire le plan dont la droite donnée AB est une ligne de plus grande pente ; ce plan coupe le plan donné suivant une horizontale dont nous savons trouver la projection ωh (61) ; cette horizontale rencontre la droite AB au point cherché M, projeté à l'intersection m de ab et de ωh ; la cote de ce point s'obtient encore en le considérant soit comme appartenant à la droite donnée, soit comme appartenant au plan donné.

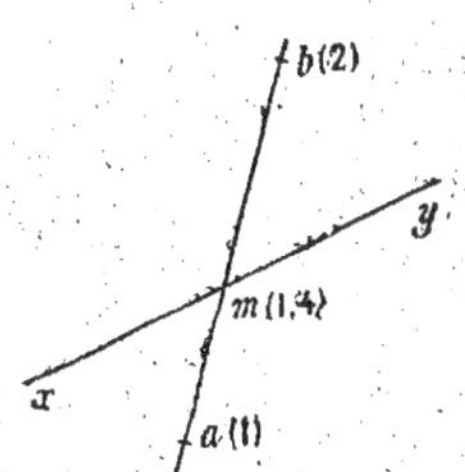

Fig. 75

4° *Le plan donné est horizontal.* — On est alors ramené à trouver le point de la droite ayant même cote que le plan horizontal donné (19).

5° *Le plan donné est vertical.* — Soit à déterminer le point où la droite $a(1)\,b(2)$ rencontre le plan vertical xy (*fig.* 75). La projection de ce point

devant se trouver d'une part sur *ab*, d'autre part sur *xy* (9, Rem.).
est donc le point *m* où *ab* rencontre *xy*. On est alors ramené à
chercher (19) la cote du point M de la droite *a*(1) *b*(2) projeté en *m*.
Dans l'épure, cette cote est approximativement 1,4.

§ IV.

Problèmes relatifs à la droite et au plan.

67. Problème. — *Mener par un point une droite s'appuyant sur
deux droites données.*

SOLUTION GÉOMÉTRIQUE. — Soit à mener par le point O une droite
s'appuyant sur les droites AB et CD
(*fig.* 76). Supposons le problème résolu
et soit MN la droite cherchée ; cette
droite appartient au plan P déterminé
par le point O et la droite AB, elle
appartient aussi au plan Q déterminé
par le point O et la droite CD ; c'est
donc la droite d'intersection de ces
plans P et Q.

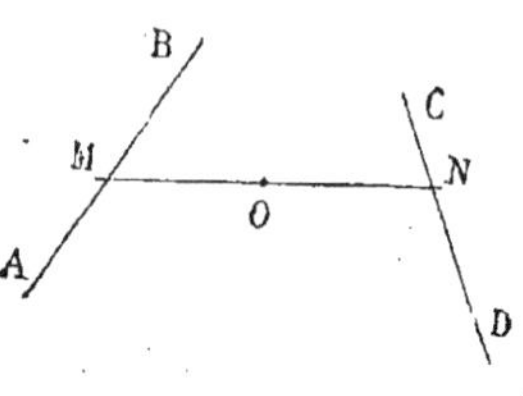

Fig. 76

SOLUTION GRAPHIQUE. — Soit à mener par le point *o*(3) une droite
s'appuyant sur les droites *a*(1) *b*(2) et
c(1) *d*(2) (*fig.* 77).

La droite cherchée est à l'intersection des plans OAB et OCD.

Si l'on marque sur *ab* et *cd* les
projections *e* et *f* des points de cote
3 des droites données, *oe* et *of* sont
respectivement les directions des
horizontales des plans OAB et OCD.
On peut alors tracer les projections
am et *cm* des horizontales de cote 1
de chacun de ces plans, horizonta-

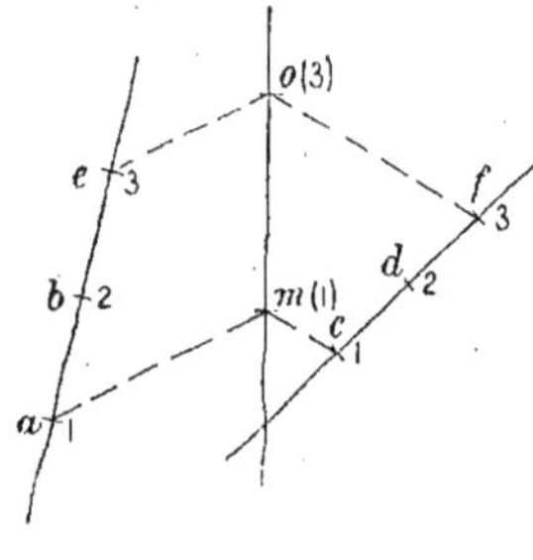

Fig. 77

les qui se coupent en un point *m*(1) appartenant à l'intersection
cherchée ; le point *o*(3) étant un autre point de cette intersection, la

droite demandée est $o(3)$ $m(1)$. On vérifie l'exactitude des constructions en s'assurant (28) que cette droite coupe chacune des droites données.

68. Problème. — *Mener une droite de direction donnée s'appuyant sur deux droites données.*

SOLUTION GÉOMÉTRIQUE. — Soit à mener une droite parallèle à EF rencontrant les droites AB et CD (*fig.* 78).

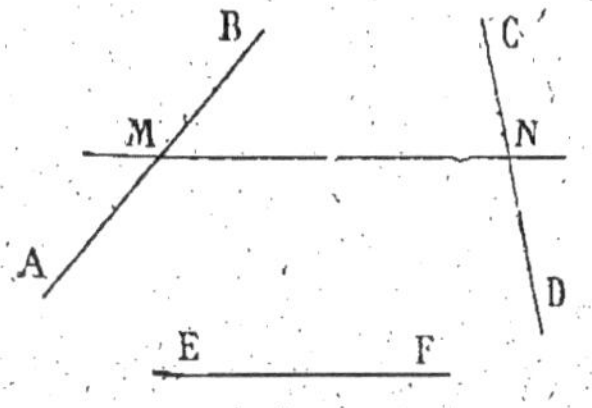

Supposons le problème résolu et soit MN la droite cherchée; cette droite est contenue à la fois dans le plan P mené par AB parallèlement à EF et dans le plan Q mené par CD parallèlement à EF. Elle est donc la droite d'intersection de ces deux plans.

Fig. 78

SOLUTION GRAPHIQUE. — Soit à mener une droite parallèle à $e(1)$ $f(2)$ s'appuyant sur les droites $a(1)$ $b(4)$ et $c(1)$ $d(4)$ (*fig.* 79).

La droite cherchée est à l'intersection des plans P et Q menés respectivement par les droites AB et CD parallèlement à EF (*fig.* 79). Construisons les segments ag et ci égaux et parallèles à ef et de même sens; les droites $a(1)$ $g(2)$ et $c(1)$ $i(2)$ sont parallèles à $e(1)$ $f(2)$ (31) et les plans P et Q sont respectivement les plans ABG, CDI.

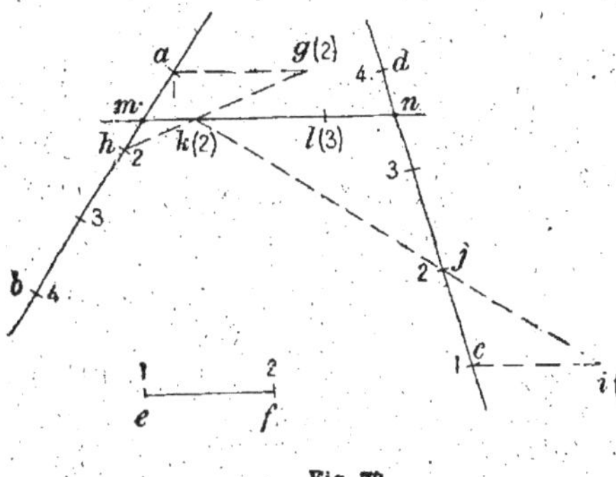

Fig. 79

Les horizontales de cote 2 de ces deux plans, qui sont projetées suivant gh et ij, se coupent au point $k(2)$, qui est un point de l'intersection cherchée; cette intersection est donc la parallèle $k(2)$ $l(3)$ à $e(1)$ $f(2)$ (kl est égal et parallèle à ef, et de même sens). On vérifie l'exactitude des constructions en s'assurant que la droite KL rencontre les deux droites données AB et CD (28).

69. Problème. — *Mener par un point une droite parallèle à un plan donné et s'appuyant sur une droite donnée.*

SOLUTION GÉOMÉTRIQUE. — Soit à mener par le point O une droite parallèle au plan P et rencontrant la droite AB (*fig.* 80).

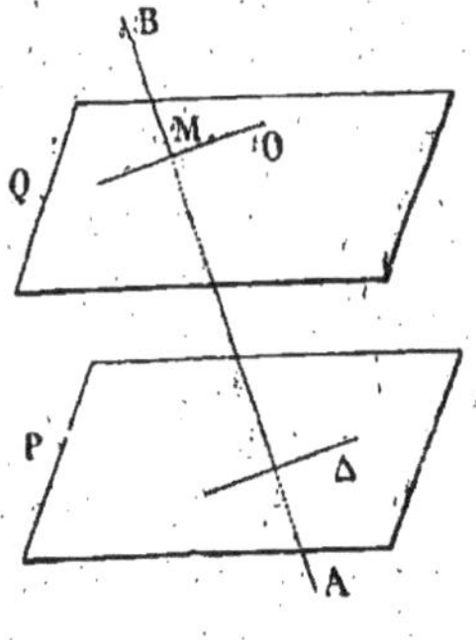

Supposons le problème résolu et soit OM la droite cherchée; OM étant, par hypothèse, parallèle au plan P, appartient au plan Q mené par O parallèlement à P; et comme elle rencontre la droite AB, c'est la droite joignant le point O au point M où AB rencontre le plan Q.

On peut encore dire : La droite cherchée OM appartient au plan déterminé par le point O et la droite AB; et comme elle est parallèle au plan P, c'est la parallèle menée par O à la droite d'intersection Δ du plan P avec le plan OAB.

Fig. 80

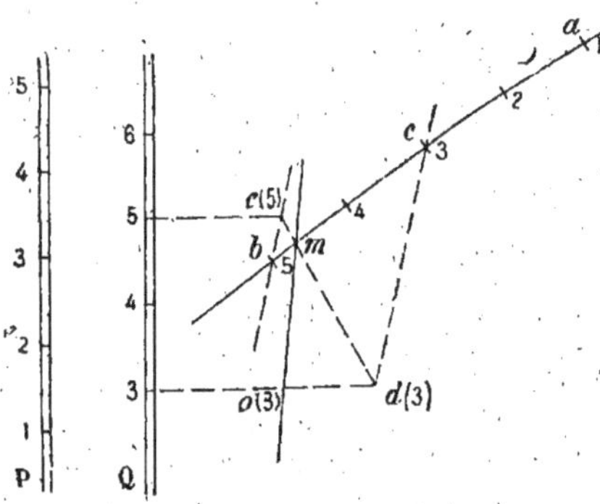

SOLUTION GRAPHIQUE. — Soit à mener par le point o(3) une droite parallèle au plan P et s'appuyant sur la droite a(1) b(5).

Menons (49) par le point o(3) le plan Q parallèle au plan donné (*fig.* 81), et cherchons le point d'intersection de la droite donnée AB avec ce plan Q. Pour cela (65), par la droite AB faisons

Fig. 81

passer un plan auxiliaire défini par AB et une direction arbitraire ca d'horizontales, et déterminons (58) la droite d'intersection d(3) e(5) de ce plan auxiliaire avec le plan Q; cette droite rencontre AB au point cherché

M, projeté en *m* à l'intersection de *de* et de *ab* ; la cote de ce point s'obtient en le considérant soit comme appartenant à l'une ou l'autre des droites AB ou DE, soit comme appartenant au plan Q. La droite OM est la droite demandée ; en effet, elle passe par le point O, rencontre AB au point M, et elle est parallèle au plan P, puisqu'elle est contenue dans le plan Q parallèle à P.

EXERCICES

1. Mener une droite passant par un point et rencontrant une verticale et une droite données.

2. Construire une droite parallèle à deux plans donnés et rencontrant deux droites données.

3. Construire une droite passant par un point donné, rencontrant une droite donnée et parallèle à un plan donné.

4. Construire une droite rencontrant trois droites données (infinité de solutions).

5. Construire une droite rencontrant trois droites données en A, B, C de façon que :
1° B soit le milieu de AC ;
2° plus généralement, le rapport $\dfrac{AB}{AC}$ ait une valeur donnée.

6. Mener une horizontale de longueur donnée s'appuyant sur une horizontale et une droite données.

7. Mener une horizontale de longueur donnée s'appuyant sur deux droites données. Trouver l'horizontale de longueur minimum s'appuyant sur les deux droites.

8. Construire un tétraèdre connaissant les projections cotées d'un point de chaque arête.

9. Construire un tétraèdre connaissant les projections cotées des points de concours des médianes de ses quatre faces.

10. On donne un trièdre et un point G à l'intérieur. Mener par le point G un plan coupant le trièdre suivant un triangle admettant G comme point de concours des médianes.

11. Construire un parallélépipède connaissant trois droites non situées deux à deux dans un même plan et qui portent trois des arêtes du parallélépipède.

12. Construire un parallélépipède connaissant trois sommets situés dans une même face et le centre de la face opposée à celle-ci.

13. On donne deux plans P et Q et un point A ; mener par A une sécante de façon que A soit le milieu du segment de cette droite compris entre P et Q, ou plus généralement que A partage ce segment dans un rapport donné.

14. On donne par leurs graduations deux droites dont les échelles de pente sont parallèles :

1° Construire une horizontale rencontrant ces deux droites et dont la projection passe par un point donné du plan de comparaison ;

2° Construire une horizontale rencontrant les deux droites et dont la projection ait une direction donnée.

CHAPITRE IV

DROITES ET PLANS PERPENDICULAIRES

70. Nous utiliserons les théorèmes suivants, qu'on démontre dans les cours de géométrie (Voir GRÉVY, *Géométrie dans l'Espace*, n° 403).

Théorème. — *La projection d'un angle droit sur un plan parallèle à l'un de ses côtés et non perpendiculaire à l'autre est un angle droit.*

Réciproque I. — *Si un angle droit se projette sur un plan suivant un angle droit, un de ses côtés est parallèle au plan de projection.*

Réciproque II. — *Si un angle se projette sur un plan parallèle à un de ses côtés suivant un angle droit, cet angle est droit.*

71. Corollaire. — *Les projections de deux droites perpendiculaires et ne se rencontrant pas, sur un plan parallèle à l'une d'elles et non perpendiculaire à l'autre, sont deux droites perpendiculaires.*

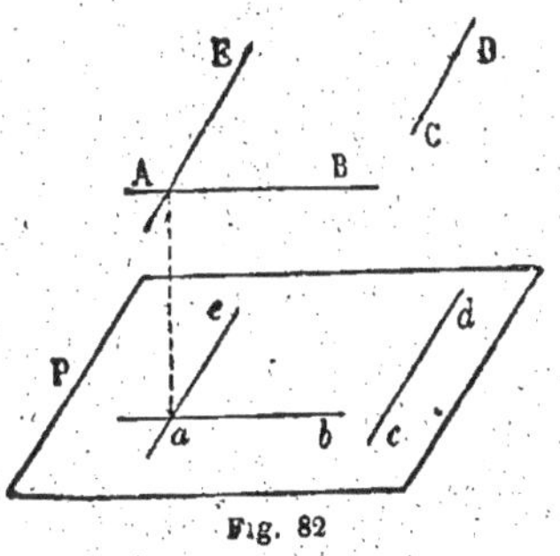

En effet, soient AB et CD deux droites perpendiculaires de l'espace, qui ne se rencontrent pas, *ab* et *cd* leurs projections sur un plan P parallèle à AB (*fig.* 82). Par un point quelconque A pris sur AB menons la parallèle AE à CD, et soit *ae* sa projection sur le plan P. Par définition, AB et AE sont perpendiculaires, autrement dit l'angle BAE est droit ; donc sa projection *bae* est un angle droit (70), *ae* est perpendiculaire à *ab*. Mais, d'autre part, *cd* et *ae* sont parallèles comme projections de droites parallèles ; donc *cd* est aussi perpendiculaire sur *ab*.

Ce corollaire admet également deux réciproques :

1° *Si les projections de deux droites de l'espace sur un plan parallèle à l'une d'elles sont perpendiculaires, ces droites sont elles-mêmes perpendiculaires ;*

2° *Si deux droites perpendiculaires dans l'espace se projettent sur un plan suivant deux droites également perpendiculaires, le plan de projection est parallèle au moins à l'une d'elles.*

Ces propositions sont des conséquences immédiates des réciproques du théorème démontré plus haut, et nous laissons au lecteur le soin de les établir.

72. Théorème. — *Pour qu'une droite soit perpendiculaire à un plan défini par une échelle de pente, il faut et il suffit :* 1° *que la projection de la droite soit parallèle à l'échelle de pente du plan ;* 2° *que les intervalles de la droite et du plan soient inverses l'un de l'autre ;* 3° *que les cotes marquées sur la projection de la droite et sur l'échelle de pente du plan croissent en sens contraires.*

1° *Les conditions sont nécessaires.* — Soit, en effet, une droite AB perpendiculaire au plan P, qu'elle rencontre au point B (*fig. 83*).

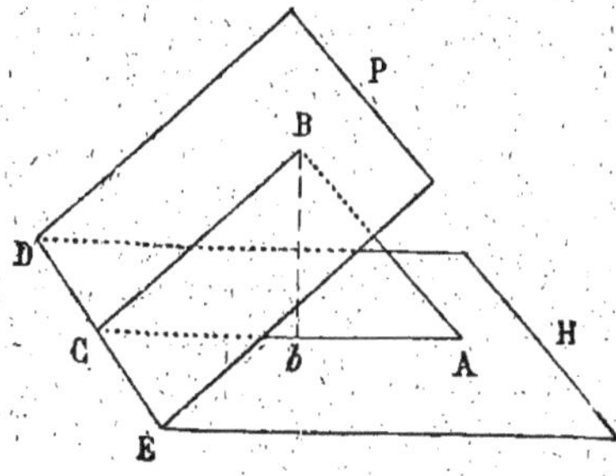

Fig. 83.

Menons par ce point la ligne de plus grande pente BC du plan P. La droite AB est, par définition, perpendiculaire à toutes les droites du plan P, et, en particulier, perpendiculaire à sa trace horizontale.

DE ; la ligne de plus grande pente BC étant également perpendiculaire à DE (37), il en est de même du plan ABC, qui contient deux droites perpendiculaires à DE. Ce plan est donc un plan vertical, et sa trace horizontale AC est la projection horizontale commune aux deux droites AB et BC. Comme les projections de toutes les lignes de plus grande pente d'un plan sont parallèles entre elles, il en résulte que la projection de la perpendiculaire AB au plan P est parallèle à toute échelle de pente du plan.

De plus, AB, perpendiculaire à toutes les droites du plan P, est, en particulier, perpendiculaire à la ligne de plus grande pente BC, autrement dit le triangle ABC est rectangle en B. D'autre part, la pente du plan et la pente de la droite AB sont respectivement $\operatorname{tg} \widehat{BCA}$ et $\operatorname{tg} \widehat{BAC}$; mais les angles BCA et BAC, étant les angles aigus du triangle rectangle ABC sont complémentaires, et l'on a

$$\operatorname{tg} \widehat{BCA} = \frac{1}{\operatorname{tg} \widehat{BAC}},$$

ce qui prouve que la pente du plan P et celle de la droite AB sont inverses l'une de l'autre : il en résulte immédiatement que les intervalles du plan et de la droite AB sont aussi inverses l'un de l'autre.

La verticale Bb étant la hauteur du triangle rectangle ABC, coupe l'hypoténuse AC entre les sommets A et C. En supposant qu'on ait choisi comme échelle de pente du plan P la projection de la ligne de plus grande pente BC, et en supposant également que le point B ait une cote positive, comme les cotes des points A et C sont nulles, on voit que les cotes iront en croissant de C vers b sur l'échelle de pente, tandis que sur la projection de la droite AB elles croîtront de A vers b, c'est-à-dire en sens contraire. On arrive aux mêmes conclusions si la cote du point B est négative.

2° *Les conditions sont suffisantes.* — Soient en effet $a(10)b(11)$ et P les échelles de pente parallèles d'une droite et d'un plan avec des cotes croissant en sens contraires et des intervalles inverses l'un de l'autre.

Par le point $a(10)$ de l'espace, on peut mener une droite perpendiculaire au plan défini par l'échelle de pente P. D'après les conditions nécessaires précédentes, la projection de cette droite est la parallèle à P menée par le point a, son intervalle est l'inverse de celui du plan et les cotes sur la droite croissent dans le sens de a vers b. Par suite, un point de cette perpendiculaire est projeté en *b* et il a pour cote 11 ; la perpendiculaire au plan P menée par le point *a*(10) passe donc par le

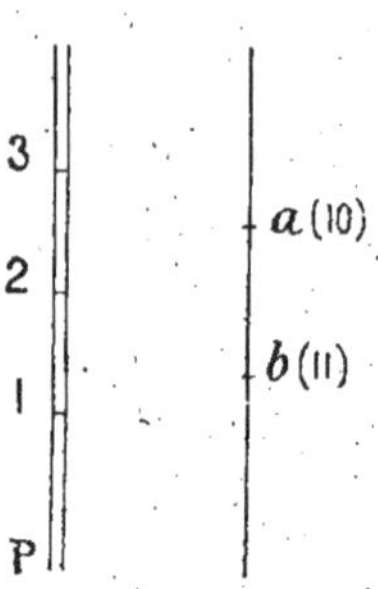

Fig. 83 bis.

point *b*(11) ; c'est-à-dire que la droite *a*(10)*b*(11) est perpendiculaire au plan P.

REMARQUE. — Il est bien évident que cette démonstration suppose que le plan P n'est ni vertical, ni horizontal.

Si le plan P est vertical, toute perpendiculaire à ce plan est une horizontale dont la projection est perpendiculaire à la trace horizontale du plan, et réciproquement toute horizontale dont la projection est perpendiculaire à la trace horizontale d'un plan vertical est une droite perpendiculaire à ce plan.

Si le plan P est horizontal, toute verticale lui est perpendiculaire.

73. Problème. — *Étant donné l'intervalle d'un plan, construire l'intervalle d'une droite perpendiculaire à ce plan.*

Soit, par exemple, *ab* l'intervalle du plan (*fig.* 84). D'après le théorème précédent, l'intervalle de toute droite perpendiculaire à ce plan est $\frac{1}{ab}$. Élevons en *b* la perpendiculaire à *ab* sur laquelle nous portons une longueur *bd* égale à une unité de l'échelle du dessin, et menons en *d* la perpendiculaire à *ad*, limitée au point *c* où elle rencontre le prolongement de *ab*. Dans le triangle rectangle *adc*, dont la hauteur est *bd*, on a

$$\overline{bd}^2 = ab \times bc,$$

ou, puisque bd est égal à l'unité de longueur,

$$1 = ab \times bc; \qquad \text{d'où} \qquad bc = \frac{1}{ab};$$

par suite bc est l'intervalle d'une perpendiculaire au plan.

Lorsque l'intervalle du plan est donné numériquement, on a de suite la valeur numérique de l'intervalle d'une perpendiculaire à ce plan en prenant l'inverse de la valeur donnée ; cela revient à prendre pour l'intervalle de la perpendiculaire la pente du plan. Ainsi l'intervalle des perpendiculaires à un plan de pente $\frac{3}{2}$ est aussi $\frac{3}{2}$.

REMARQUE I. — Si l'intervalle du plan donné est une petite longueur, comme il arrive dans la plupart des épures, la construction du triangle adc ne peut être faite avec précision et l'on risque de commettre une erreur relative assez importante sur l'intervalle bc de la droite perpendiculaire au plan. Pour diminuer cette erreur, il est préférable de construire un triangle $a'd'c'$ semblable au triangle adc (fig. 85), mais plus grand. Par exemple, on peut prendre une longueur ba égale à 3 fois l'intervalle du plan, puis porter sur la perpendiculaire en b à ba' la longueur bd' égale à 3 unités de l'échelle. En menant ensuite la perpendiculaire $d'c'$ à $a'd'$, on aura en bc' 3 fois l'intervalle des droites perpendiculaires au plan.

REMARQUE II. — Il est bien évident que si l'on se donne l'intervalle ab d'une droite, on trouve d'une manière identique l'intervalle bc d'un plan perpendiculaire à cette droite.

74. Problème. — *Abaisser d'un point donné la perpendiculaire sur un plan donné.*

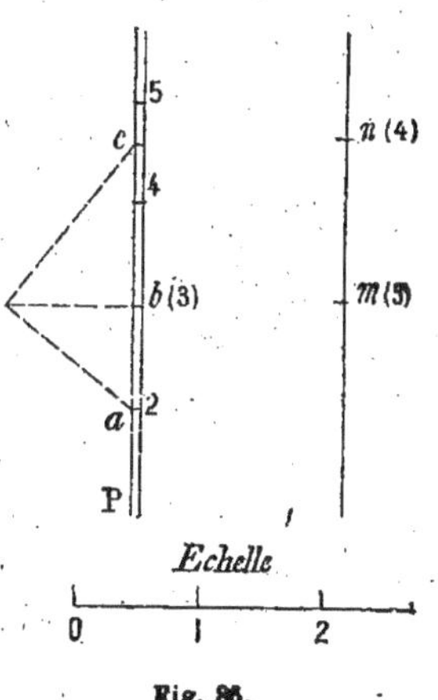

Fig. 86.

Pour abaisser du point $m(5)$ la perpendiculaire sur le plan P défini par une échelle de pente (*fig*. 86), on construit d'abord l'intervalle bc de la perpendiculaire cherchée (73) ; en outre, puisque sa projection est parallèle à l'échelle de pente du plan (72), si l'on construit le segment mn égal et parallèle à bc, dirigé dans le sens des cotes croissantes sur P, la perpendiculaire demandée est la droite $m(5)$ $n(4)$.

75. Cas particuliers. — 1° *Le plan donné est un plan vertical.* —

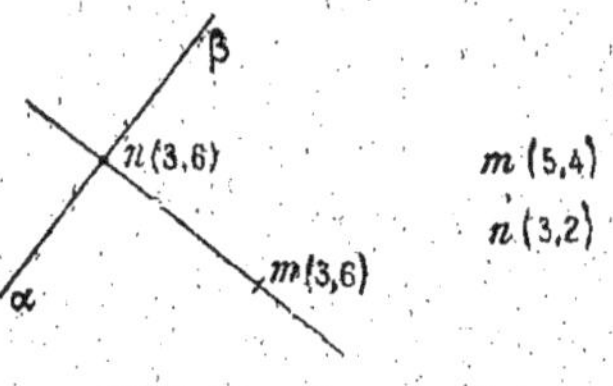

Fig. 87.   Fig. 88.

Soit à abaisser du point $m(3,6)$ la perpendiculaire sur le plan vertical dont la trace horizontale est $\alpha\beta$ (*fig*. 87). Cette perpendiculaire est l'horizontale ayant même cote que le point donné, 3,6, et dont la projection (72, Rem.) est la perpendiculaire mn abaissée de m sur $\alpha\beta$. Le pied de la perpendiculaire est le point $n(3,6)$ projeté au point n où mn rencontre $\alpha\beta$. Le segment horizontal MN se projette en vraie grandeur en mn et l'on a ainsi la distance du point M au plan $\alpha\beta$.

2° *Le plan donné est horizontal.* — Soit à abaisser du point $m(5,4)$ la perpendiculaire sur le plan horizontal de cote 3,2 (*fig*. 88). Cette perpendiculaire est la verticale du point donné M (72, Rem.) et son pied est le point N dont la projection n est confondue avec celle du point donné, et dont la cote est égale à celle du plan horizontal, 3,2. La distance du point M au plan est égale à la différence des cotes : $5,4 - 3,2 = 2,2$.

76. Problème. — *Mener par un point donné le plan perpendiculaire à une droite donnée.*

Soit à mener par le point $m(2,5)$ le plan perpendiculaire à la droite AB dont on connaît la projection graduée ab (*fig*. 89). D'abord on peut construire de suite (73) l'intervalle dg du plan cherché et tracer une droite P, parallèle à ab, qu'on prendra comme échelle de pente du plan (72) après l'avoir graduée.

L'horizontale passant par le point donné M, dans le plan cherché, se projette suivant la perpendiculaire mn à P, et elle rencontre la ligne de plus grande pente projetée en P au point $n(2,5)$; en portant

alors sur P le segment $np = ig$, dans le sens des cotes décrois-
santes sur la droite ab, on obtient un deuxième point $p(3,5)$ de la

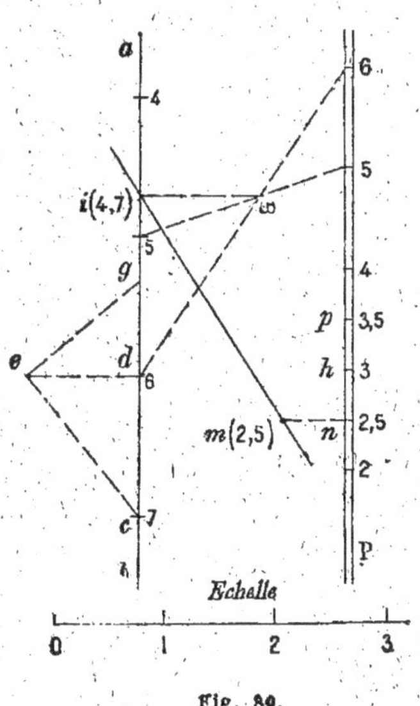

Fig. 89.

ligne de plus grande pente choisie pour définir le plan, de sorte que
ce plan est complètement déterminé.

77. Cas particuliers. — 1° *La droite donnée est horizontale.* — Soit
à mener par le point $m(4, 8)$ le plan per-
pendiculaire à l'horizontale ab de cote 3
(*fig. 90*). Le plan cherché est le plan
vertical dont la trace horizontale est
la perpendiculaire mn abaissée du point
m sur la projection de l'horizontale
donnée (72, Rem.). Ce plan rencontre
l'horizontale au point N, projeté en
n, à l'intersection de mn et de ab, et

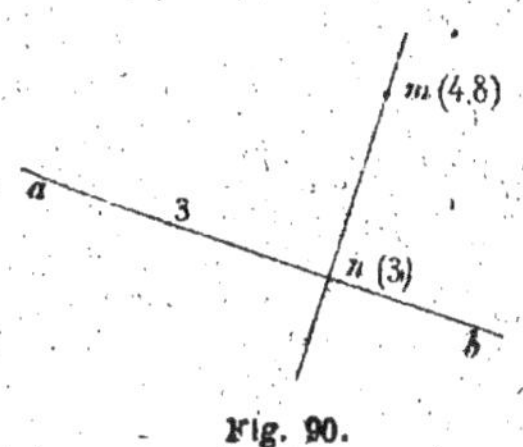

Fig. 90.

la cote de ce point est évidemment celle de l'horizontale, 3.

2° *La droite donnée est verticale.* — Le plan cherché est le plan horizontal ayant même cote que le point donné.

78. Problème. — *Abaisser d'un point la perpendiculaire sur une droite donnée.*

MÉTHODE. — *Pour abaisser d'un point* M *la perpendiculaire sur une droite* AB *(fig.* 91) : 1° *on mène par le point* M *le plan* P *perpendiculaire à* AB ; 2° *on cherche le point d'intersection* I *de ce plan et de la droite* AB ; 3° *en joignant le point* I *au point* M, *on obtient la droite cherchée.*

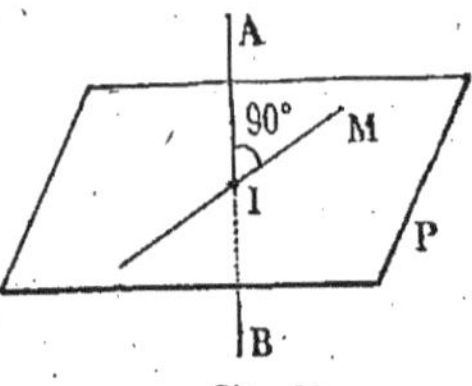

Fig. 91.

Ainsi, au n° 76, nous avons construit le plan P mené du point $m(2,5)$ perpendiculairement à la droite $c(7)d(6)$ *(fig.* 89). Pour trouver le point d'intersection de ce plan et de la droite donnée, il faut d'abord graduer l'échelle de pente du plan. Or il est évident que le point h, milieu du segment np, doit être affecté de la cote 3 ; dès lors, la graduation s'achève aisément, puisqu'on connaît l'intervalle du plan et le sens dans lequel les cotes croissent sur l'échelle de pente. Le point $i(4,7)$ où la droite perce le plan P s'obtient ensuite en appliquant la construction indiquée au n° 66 (3°). La droite $m(2,5)$ $i(4,7)$ est la perpendiculaire abaissée du point $m(2,5)$ sur la droite $c(7)$ $d(6)$.

79. Cas particuliers. — 1° *La droite donnée est horizontale.* — Soit à abaisser du point $m(4,8)$ la perpendiculaire sur l'horizontale $ab(3)$ *(fig.* 92). Cette perpendiculaire forme avec l'horizontale donnée un angle droit dont un côté est parallèle au plan de projection, et qui se projette par conséquent suivant un angle droit. Il en résulte que la perpendiculaire cherchée est la droite $m(4,8)$ $n(3)$ dont la projection est la perpendiculaire abaissée de m sur ab.

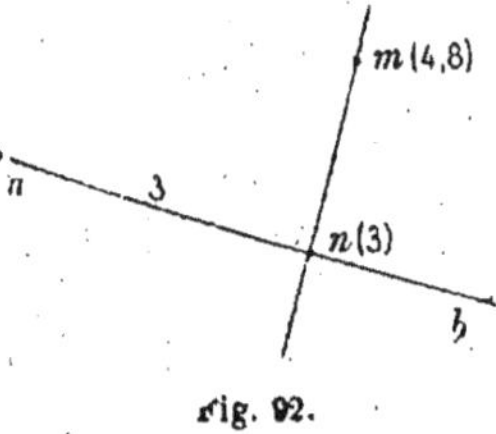

Fig. 92.

2° *La droite donnée est verticale.* — Soit à abaisser du point $m(3,8)$ la perpendiculaire sur la verticale dont la trace horizontale est o *(fig.* 93) Cette perpendiculaire est l'horizontale de cote 3.8.

dont la projection est *om*. La distance du point M à la verticale est donc (5, Rem. III) projetée en vraie grandeur en *om*

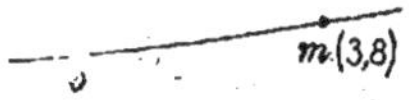

Fig. 93

80. Problème. — *Mener par une droite donnée le plan perpendiculaire à un plan donné.*

On remarque que si la droite et le plan donnés sont perpendiculaires, tout plan passant par la droite répond à la question. On reconnaît qu'on se trouve dans ce cas, en vérifiant que les conditions du théorème du n° 72 sont remplies.

Dans le cas contraire, le plan cherché est déterminé par la droite donnée et la perpendiculaire abaissée sur le plan donné par un point quelconque de cette droite.

Soit, par exemple, à mener par la droite *a*(3) *b*(4) le plan perpen-

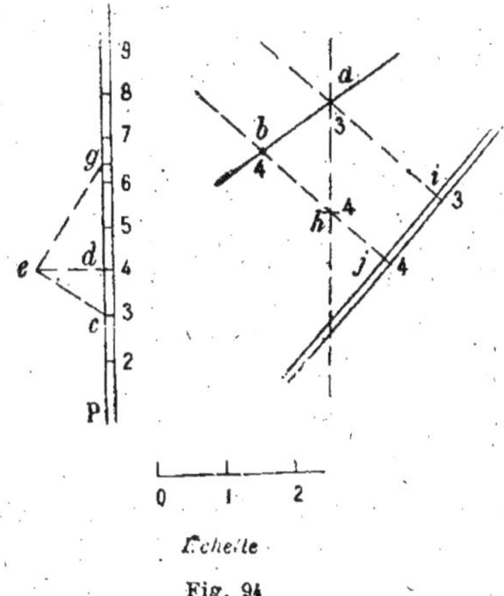

Fig. 94

diculaire au plan P défini par une échelle de pente (*fig.* 94). Construisons d'abord l'intervalle *dg*, inverse de celui du plan (73), et par le point *a*(3) menons la perpendiculaire *a*(3) *h*(4) à ce plan (74) : le plan cherché est défini par les deux droites AB et AH. La direction des horizontales de ce plan est *bh*, et en construisant les projections de deux d'entre elles, à cotes rondes, on a de suite une échelle de pente Q.

EXERCICES

1. Mener par un point donné dans un plan donné la droite du plan orthogonale à une droite donnée.

2. Mener par un point donné une droite parallèle à un plan donné et orthogonale à une droite donnée.

3. Étant donnée la projection horizontale d'une droite passant par un point donné, construire la graduation de cette droite, sachant qu'elle est orthogonale à une droite donnée.

4. Étant donnée la projection d'une droite rencontrant à angle droit une droite donnée, construire la graduation de cette droite.

5. Reconnaître si deux droites données par leurs graduations sont orthogonales.

6. Mener une droite perpendiculaire à un plan donné et s'appuyant sur deux droites données.

7. Mener une droite orthogonale à deux droites données et s'appuyant sur deux autres droites données.

8. Mener par un point une droite de pente donnée orthogonale à une droite donnée. — Discussion.

9. Mener par un point un plan de pente donnée perpendiculaire à un plan donné. — Discussion.

10. Reconnaître si deux plans donnés par leurs échelles de pente sont perpendiculaires.

11. Mener par un point donné un plan parallèle à une droite donnée et perpendiculaire à un plan donné.

12. On donne une droite par sa graduation, un plan par son échelle de pente. Trouver la projection de la droite sur le plan.

13. On donne un plan et un point. Trouver le point symétrique du point par rapport au plan.

14. On donne un point et une droite. Trouver le point symétrique du point par rapport à la droite.

15. On donne deux points et une droite D. Trouver sur la droite le point équidistant des deux points.

16. On donne trois points et un plan. Trouver dans le plan le point équidistant des trois points donnés.

17. Parmi les droites parallèles à un plan donné qui s'appuient sur deux droites données, construire celle qui est orthogonale à une troisième droite donnée.

18. On donne deux points A et B et un plan P. Trouver le point M du plan P tel que :

1° la somme MA + MB soit minimum ;

2° la différence MA — MB soit maximum.

19. On donne deux points A et B et une droite D. Mener par A une droite s'appuyant sur D et dont la distance au point B soit :
1° maximum: 2° minimum.

DEUXIÈME PARTIE.

GÉOMÉTRIE DESCRIPTIVE

A DEUX PLANS DE PROJECTION

CHAPITRE I

LE POINT

---

§ I.

Projections d'un point.

81. Plans de projection. Ligne de terre. — En géométrie descriptive, on emploie, comme nous l'avons dit (10), deux plans de projection rectangulaires; l'un, HH′, est appelé *plan horizontal*, l'autre, VV′, est le *plan vertical* (*fig.* 95); leur droite d'intersection prend le nom de *ligne de terre*; on la représente généralement par la notation *xy*.

La ligne de terre partage le plan horizontal et le plan vertical, chacun en deux demi-plans :

le demi-plan H*xy* constitue la *région antérieure* du plan horizontal,

—	H′*xy*	—	la *région postérieure*	—
—	V*xy*	—	la *région supérieure* du plan vertical,
—	V′*xy*	—	la *région inférieure*	—

Les plans de projection déterminent quatre dièdres droits :

le dièdre H*xy*V est appelé *premier dièdre*,

—	H′*xy*V	—	*deuxième dièdre,*
—	H′*xy*V′	—	*troisième dièdre,*
—	H*xy*V′	—	*quatrième dièdre.*

Le plan bissecteur du 1er et du 3e dièdre est appelé *premier plan bissecteur*, le plan bissecteur du 2e et du 4e dièdre est le *deuxième plan bissecteur*.

82. Projections d'un point. Épure du point.

— Soient A un point quelconque de l'espace, a sa projection sur le plan horizontal, a_1 sa projection sur le plan vertical (*fig.* 95). Le plan aAa_1 contenant

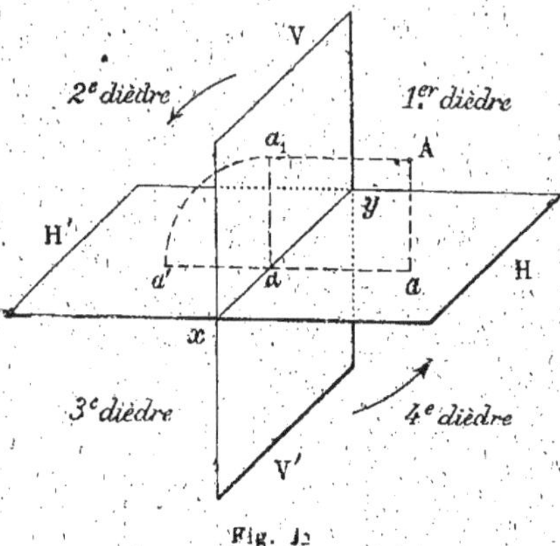

Fig. 95

les perpendiculaires Aa et Aa_1 aux deux plans de projection est perpendiculaire simultanément à ces deux plans, et par suite perpendiculaire aussi à leur intersection xy; soit alors α le point de rencontre de la ligne de terre et du plan aAa_1; les deux droites αa, αa_1 étant contenues dans le plan aAa_1 et passant par le pied de la perpendiculaire xy à ce plan sont elles-mêmes perpendiculaires à xy.

Rabattons maintenant le plan vertical sur le plan horizontal en le faisant tourner autour de la ligne de terre, et supposons que la rotation s'effectue dans le sens indiqué sur la figure par les flèches, de manière qu'après le rabattement la région supérieure du plan vertical vienne s'appliquer sur la région postérieure du plan horizontal, tandis que la région inférieure du plan vertical vient coïncider avec la région antérieure du plan horizontal. Pendant la rotation, le point α, qui est sur la charnière xy, ne bouge pas; la droite αa_1 du plan vertical ne cesse pas d'être perpendiculaire à la ligne de terre, par suite si a' est le point du plan horizontal avec lequel vient coïncider a_1, la demi-droite $\alpha a'$ est perpendiculaire à xy et on a $\alpha a' = \alpha a_1$; αa et $\alpha a'$ forment alors une seule droite perpendiculaire à la ligne de terre.

La figure formée par la ligne de terre et les deux points a, a' constitue *l'épure du point* A (*fig.* 96). Le point a est dit la *projection horizontale* du point A, et le point a' la *projection verticale* de ce même point (quoique, en réalité, il soit le rabattement de la projection verticale réelle a_1). On désigne toujours un point de l'espace par une

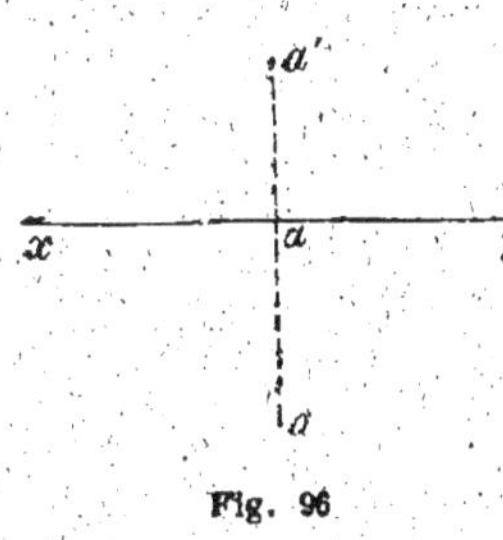

Fig. 95

lettre majuscule, sa projection horizontale par la lettre minuscule correspondante et sa projection verticale par cette même lettre minuscule accentuée, et on se borne à énoncer les deux projections en plaçant la projection horizontale la première; ainsi le point (a, a') est le point A de l'espace dont les projections horizontale et verticale sont respectivement a et a'.

La définition même de l'épure d'un point permet d'énoncer le théorème suivant :

83. Théorème. — *Dans toute épure les deux projections d'un point sont sur une même perpendiculaire à la ligne de terre.*

La perpendiculaire à la ligne de terre qui unit les deux projections d'un point se nomme une *ligne de rappel.*

(Dans les épures faites au tableau ou sur le papier, les lignes de rappel doivent toujours être figurées par un trait pointillé ou par un trait plein à l'encre de couleur, rouge, en général).

84. Réciproque. — *Deux points d'une épure a, a' situés sur une même ligne de rappel sont les projections horizontale et verticale d'un point A de l'espace et d'un seul.*

En effet, soient deux points a, a', situés dans le plan horizontal, sur une même perpendiculaire $a\alpha a'$ à la ligne de terre (*fig.* 95). Faisons tourner le plan horizontal autour de la ligne de terre, *dans le sens opposé à celui indiqué par les flèches*, de manière à l'amener en coïncidence avec le plan vertical; après cette rotation, le point a' coïncide avec un certain point a_1 du plan vertical, tel que la demi-droite αa_1 soit perpendiculaire à la ligne de terre et que $\alpha a_1 = \alpha a'$. Les deux droites αa, αa_1 étant perpendiculaires à xy, leur plan $a\alpha a_1$ est aussi perpendiculaire à xy, et par suite aux deux plans de projection; la perpendiculaire élevée en a au plan horizontal, et la perpendiculaire élevée en a_1 au plan vertical sont alors contenues toutes deux dans le plan $a\alpha a_1$; comme elles sont respectivement perpendiculaires à des plans non parallèles, elles ne sont pas elles-mêmes parallèles, et par suite se rencontrent en un point A. Les points a, a_1 sont évidemment les projections horizontale et verticale de ce point A, et comme, lorsqu'on rabat le plan vertical sur le plan horizontal dans le sens indiqué par les flèches, le point a_1 vient en a', il en résulte que a et a' sont, dans l'épure, les projections du point A.

85. Cote et éloignement d'un point. — La *cote* d'un point de l'espace est le nombre qui mesure la distance de ce point au plan horizontal, ce nombre étant affecté du signe + ou du signe — suivant que le point est, par rapport au plan horizontal, du même côté que la partie supérieure ou la partie inférieure du plan vertical.

De même, l'*éloignement* d'un point de l'espace est le nombre qui mesure la distance de ce point au plan vertical, ce nombre étant affecté du signe + ou du signe — suivant que le point est, par rapport au plan vertical, du même côté que la partie antérieure ou la partie postérieure du plan horizontal.

Le tableau ci-dessous donne les signes de la cote et de l'éloignement d'un point situé à l'intérieur de chacun des quatre dièdres formés par les plans de projection :

	COTE	ÉLOIGNEMENT
1er dièdre.	+	+
2e dièdre.	+	—
3e dièdre.	—	—
4e dièdre.	—	+

On dit quelquefois que :

Les points à *cote positive* sont *au-dessus* du plan horizontal,
   —   *cote négative* — *au-dessous*   —
Les points à *éloignement positif* sont *en avant* du plan vertical,
   —   *éloignement négatif* — *en arrière*   —
La cote d'un point du plan horizontal est *nulle*.
L'éloignement d'un point du plan vertical est *nul*.
La cote et l'éloignement d'un point de la ligne de terre sont *nuls*.

La cote et l'éloignement d'un point du premier plan bissecteur sont *égaux et de même signe*; en effet, d'abord ils sont égaux en valeur absolue, car les points du plan bissecteur d'un dièdre sont à égale distance des faces de ce dièdre; ensuite, ils sont de même signe, puisque le tableau ci-dessus montre que la cote et l'éloignement des points du premier dièdre et du troisième dièdre sont tous deux positifs ou tous deux négatifs. De même, on voit aisément que la cote et l'éloignement d'un point du deuxième plan bissecteur *sont égaux et de signes contraires.*

86. Théorème. — *Dans toute épure, la distance de la projection verticale d'un point à la ligne de terre est égale à la valeur absolue de la cote du point ; la distance de la projection horizontale de ce même point à la ligne de terre est égale à la valeur absolue de l'éloignement du point.*

Reportons-nous à la figure 95 ; le quadrilatère $A a \alpha a_1$ est un rectangle, tous ses angles étant évidemment droits : les côtés opposés sont donc égaux et l'on a

$$A a = a_1 \alpha = a' \alpha,$$
$$A a_1 = a \alpha.$$

87. Aspects divers de l'épure d'un point. — Nous allons examiner les positions occupées par rapport à la ligne de terre par les projections d'un point, suivant le dièdre à l'intérieur duquel il est situé, c'est-à-dire suivant les signes de la cote et de l'éloignement de ce point. Nous conviendrons d'abord que, dans toute épure, la portion du tableau ou de la feuille de papier située *au-dessous* ou *en avant* de la ligne de terre figure la *partie antérieure* du plan horizontal, tandis que la portion située *au-dessus* de la ligne de terre figure la *partie postérieure* du plan horizontal.

1° *Points du 1er dièdre.* — Soient A un point situé à l'intérieur du

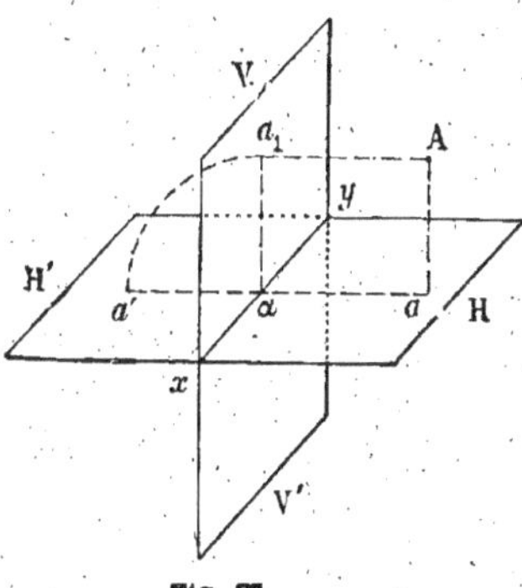

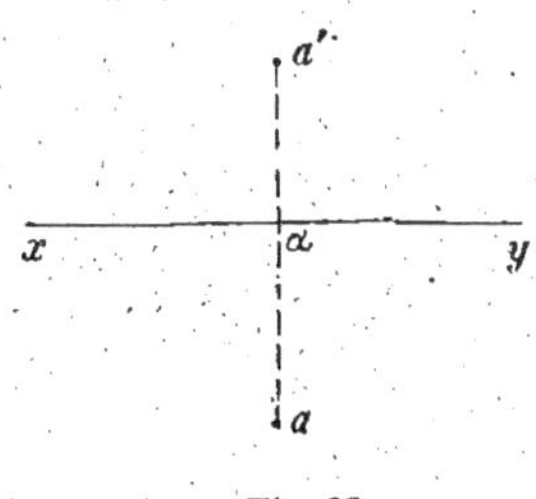

Fig. 97   Fig. 98

premier dièdre (*fig. 97*), a et a_1 ses projections sur le plan horizontal et sur le plan vertical ; a est dans la *région antérieure* du plan horizontal et a_1 dans la *région supérieure* du plan vertical ; par suite, après le rabattement du plan vertical sur le plan horizontal, a_1 vient en a' dans la *région postérieure* du plan horizontal. Donc, dans l'épure du point A (*fig.* 98), la projection horizontale est *au-dessous* de la ligne de terre, la projection verticale *au-dessus*.

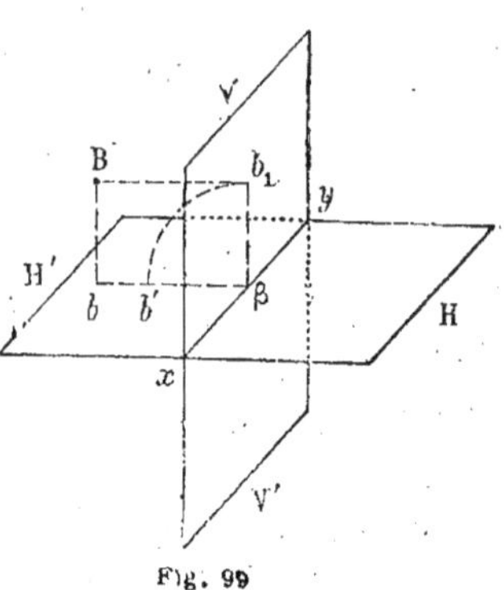

Fig. 99

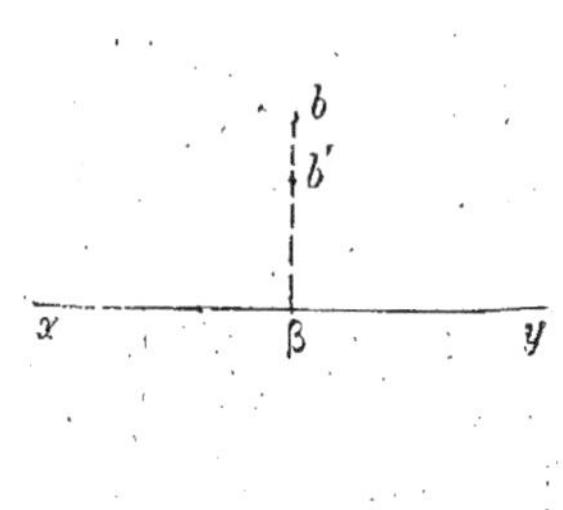

Fig. 100

2° Points du 2° dièdre. — Soient B un point situé à l'intérieur du deuxième dièdre (*fig.* 99), b et b_1 ses projections sur le plan horizontal et sur le plan vertical ; b est dans la *région postérieure* du plan horizontal et b_1 dans la *région supérieure* du plan vertical ; par suite, après le rabattement du plan vertical sur le plan horizontal, b_1 vient en b' dans la *région postérieure* du plan horizontal. Donc, les deux projections du point B sont au-dessus de la ligne de terre (*fig.* 100).

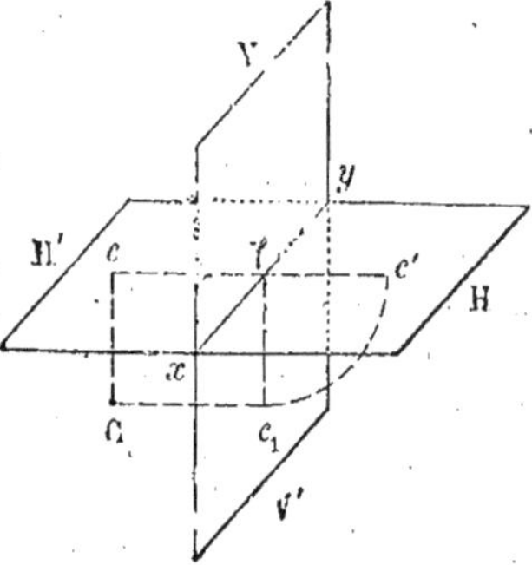

Fig. 101

Fig. 102

3° Points du 3° dièdre. — Soient C un point situé à l'intérieur du troisième dièdre (*fig.* 101), c et c_i ses projections sur le plan horizontal et sur le plan vertical ; c est dans la *région postérieure* du plan horizontal et c_i dans la *région inférieure* du plan vertical; par suite, après le rabattement du plan vertical sur le plan horizontal, c_i vient en c' dans la *région antérieure* du plan horizontal. Donc, dans l'épure du point C (*fig.* 102), la projection horizontale est *au-dessus* de la ligne de terre et la projection verticale *au-dessous*.

4° *Points du 4e dièdre.* — Soient D un point situé à l'intérieur du quatrième dièdre (*fig.* 103), d et d_i ses projections sur le plan horizontal et sur le plan vertical ; d est dans la *région antérieure* du plan horizontal et d_i dans la *région inférieure* du plan vertical; par suite

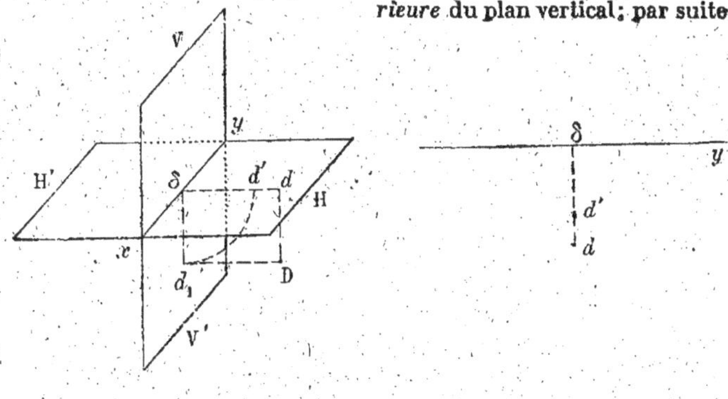

Fig. 103   Fig. 104

après le rabattement du plan vertical sur le plan horizontal, le point d_i vient en d' dans la *région antérieure* du plan horizontal. Donc, dans l'épure du point D (*fig.* 104), les *deux* projections sont *au-dessous* de la ligne de terre.

En résumé, *les points situés dans le 1er ou dans le 3e dièdre ont leurs projections de part et d'autre de la ligne de terre, les points situés dans le 2e ou le 4e dièdre ont leurs projections d'un même côté de la ligne de terre ;*

Ou encore :

Les points à cote positive ont leur projection verticale au-dessus de la ligne de terre, les points à cote négative ont leur projection verticale au-dessous de la ligne de terre ; les points à éloignement positif ont leur pro-

jection horizontale au-dessous de la ligne de terre, les points à éloigne-
ment négatif ont leur projection horizontale au-dessus de la ligne de
terre.

88. Application. — *Faire l'épure d'un point dont on donne la cote*
et l'éloignement.

Soit, par exemple, à construire les projections du point A dont la
cote est + 5 et l'éloignement — 2.

Ce point est dans le 2ᵉ dièdre, puisque sa cote est positive et son

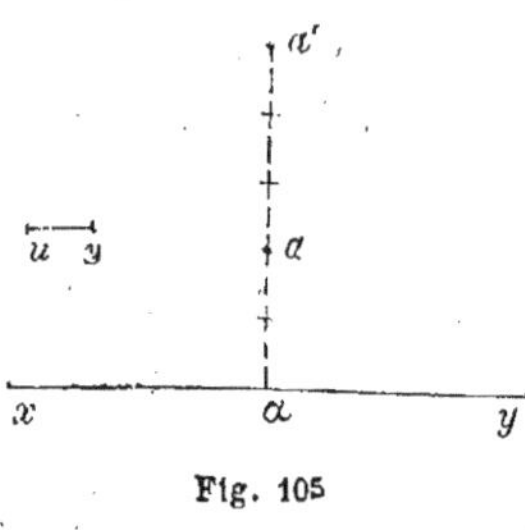

Fig. 105

éloignement négatif ; ses deux projections sont donc *au-dessus* de la ligne de
terre. Ayant alors choisi une longueur
arbitraire *uv* pour représenter l'unité de
longueur (*fig.* 105), on élève une perpendiculaire à la ligne de terre en l'un
de ses points α, et, sur cette perpendiculaire, on porte, à partir du point α
et au-dessus de *xy*, une longueur
αa′ = 5uv et une longueur αa = 2uv ; a et a′ sont les projections
cherchées.

89. **Épure d'une figure quelconque.** — Connaissant la position
d'une figure F dans l'espace, on peut construire les projections de
tous ses points, puisqu'on peut connaître la cote et l'éloignement de
chacun d'eux ; l'ensemble des projections horizontales des points de
la figure F constitue la *projection horizontale de cette figure*, l'ensemble
des projections verticales des mêmes points constitue la *projection*
verticale de la figure ; le dessin tout entier est l'*épure de la figure*.

Inversement, lorsqu'on a l'épure d'une figure quelconque de l'espace, on peut connaître sa position par rapport aux deux plans de
projection, puisque la position occupée par chaque point de la figure
peut être déterminée à l'aide de ses deux projections (84). Nous verrons plus tard qu'on peut déterminer également la grandeur de tous
les éléments de la figure.

§ II.

Points remarquables.

99. En géométrie descriptive, on appelle *points remarquables* ceux dont les projections présentent, sur l'épure, des points particulières ; ce sont les points du plan horizontal, ceux du plan vertical et les points de la ligne de terre.

1° *Points situés dans le plan horizontal.* — Tout point E ou F du

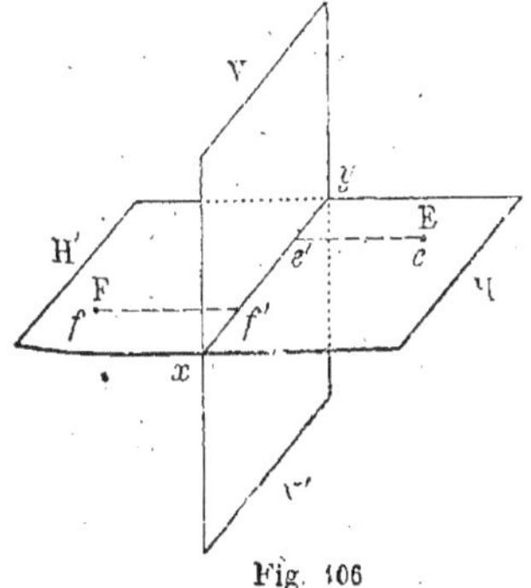

Fig. 106

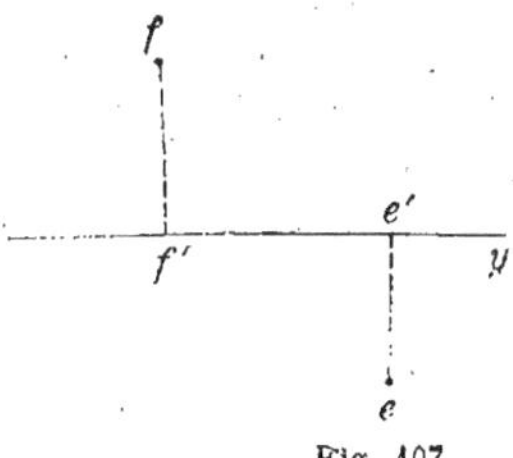

Fig. 107

plan horizontal coïncide avec sa projection horizontale (*fig.* 107) ; sa cote est nulle, par suite sa projection verticale est sur la ligne de terre ; tels sont les points (e, e') du 1er et du 4e dièdres, (f, f') du 2e et du 3e dièdres (*fig.* 107).

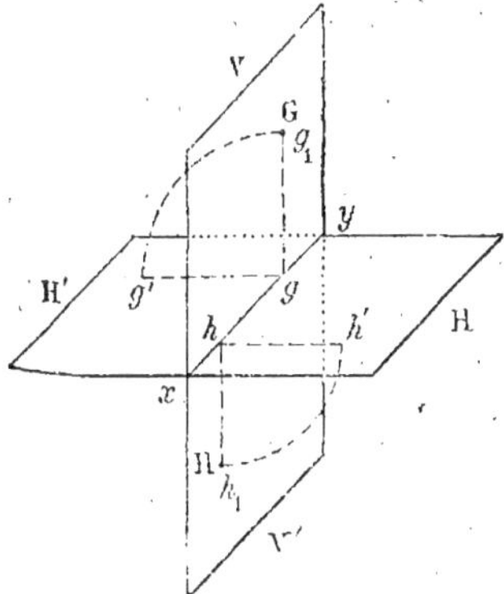

Fig. 108

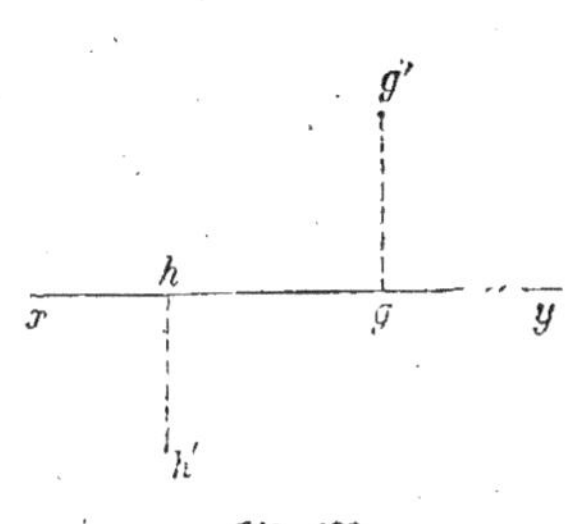

Fig. 109

2° *Points situés dans le plan vertical.* — Tout point situé dans le plan vertical. tel que G ou H. coïncide avec sa projection verticale (*fig.* 108), son éloignement est nul ; donc sa projection horizontale est sur la ligne de terre ; tels sont les points (g, g') du 1er et du 2° dièdres, (h, h') du 3° et du 4° dièdres (*fig.* 109).

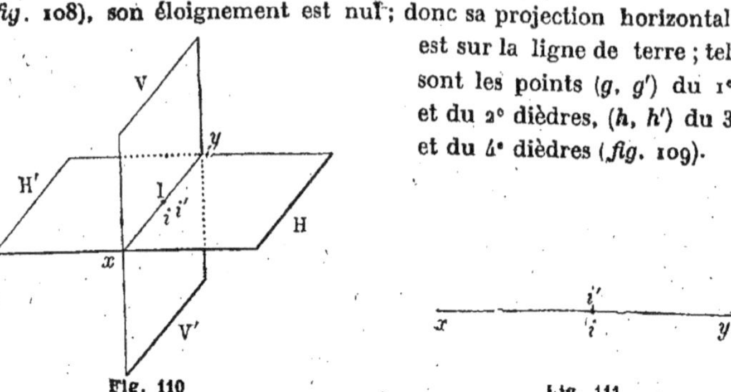

Fig. 110

Fig. 111

3° *Points sur la ligne de terre.* — Ces points coïncident avec leurs deux projections ; tel est le point (i, i') (*fig.* 110 et 111).

CHAPITRE II

LA DROITE

§ I.

Représentation de la droite.

91. Épure d'une droite. — Nous avons vu (4) que si une droite n'est pas perpendiculaire à un plan, sa projection sur ce plan est une droite, qu'on obtient en joignant les projections de deux points quelconques de cette droite.

Une droite AB de l'espace a donc pour *projection horizontale* la droite *ab* obtenue en joignant les projections horizontales a et b de deux de ses points A et B, et pour *projection verticale* la droite *a'b'* obtenue en joignant les projections verticales de ces mêmes points. La figure 112 formée par la ligne de terre et les deux droites *ab*, *a'b'* est l'*épure de la droite* AB, et pour désigner cette droite, on dit simplement la droite (*ab*, *a'b'*).

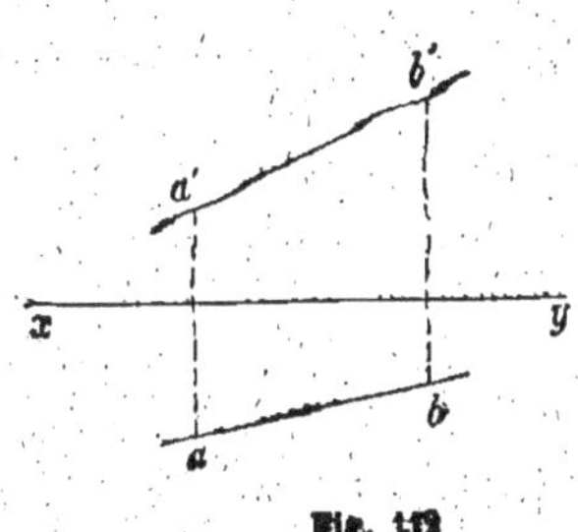

Fig. 112

On définit en général une droite sur une épure en se donnant les projections (a, a') et (b, b') de deux de ses points. On en déduit aussitôt les deux projections ab et $a'b'$ de la droite.

Mais on peut se demander si inversément la donnée des deux projections d'une droite suffit pour en définir deux points, d'où le problème suivant.

92. Problème. — *On donne sur une épure deux droites d et d', considérées comme les projections horizontale et verticale d'une droite D de l'espace. Cette droite D est-elle définie?*

1ᵉʳ Cas. — *Les deux projections d et d' sont toutes deux obliques à la ligne de terre (fig. 113).*

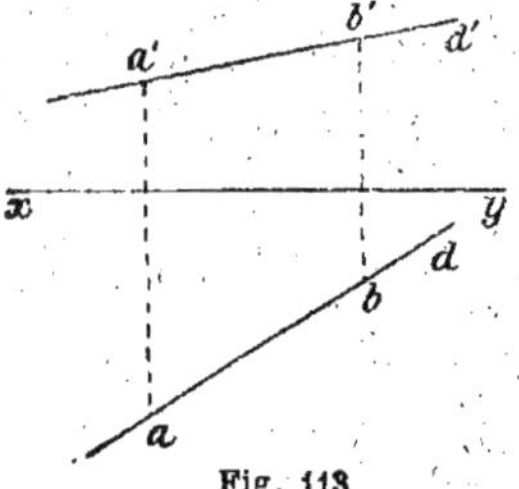
Fig. 113

Prenons sur la projection horizontale d deux points quelconques a et b ; les lignes de rappel de ces points coupent respectivement la projection verticale d' aux points a' et b'.

Les points a et a' sont les projections horizontale et verticale d'un point A de l'espace (84) ; de même, b et b' sont les projections d'un point B. La droite définie par les deux points A et B a pour projections sur l'épure ab et $a'b'$; les droites données d et d' définissent donc une droite de l'espace et une seule.

2ᵉ Cas. — *La projection horizontale d est perpendiculaire à la ligne de terre xy et la projection verticale d' oblique sur xy (fig. 114).*

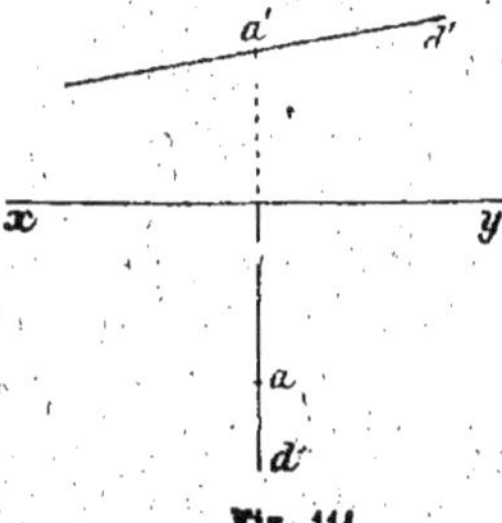
Fig. 114

La ligne de rappel de la projection horizontale a d'un point pris sur d coupe d' au point a' commun à d et d'. La projection verticale de la droite cherchée se réduit donc au point a' ; cette droite est par suite perpendiculaire au plan vertical (5). Dans ce cas, la donnée de la droite d' est inutile, il suffit de se donner comme projection verticale le point a' situé sur la droite d.

3ᵉ Cas. — *Les deux projections d et d' sont perpendiculaires à la ligne de terre en des points différents (fig. 115).*

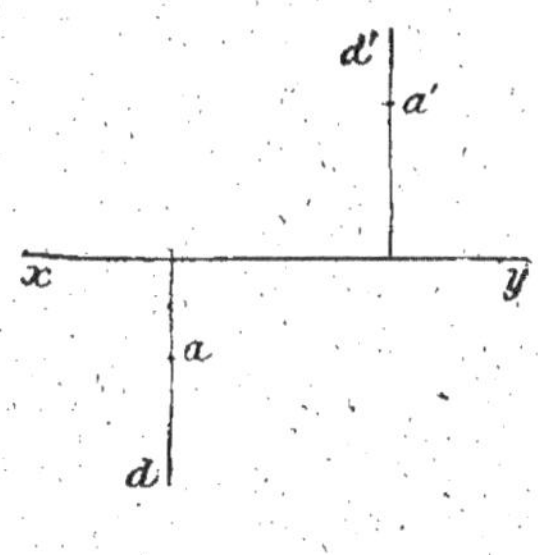

Fig. 115

Elles ne peuvent définir une droite ; car un point de cette droite aurait sa projection verticale a' sur d' et sa projection horizontale a sur d. Or la droite aa', d'après l'hypothèse, n'est pas perpendiculaire à la ligne de terre, ce qui est en contradiction avec la propriété démontrée pour les projections d'un point (83).

4ᵉ Cas. — *Les deux projections d et d' sont perpendiculaires à la ligne de terre en un même point α (fig. 116).*

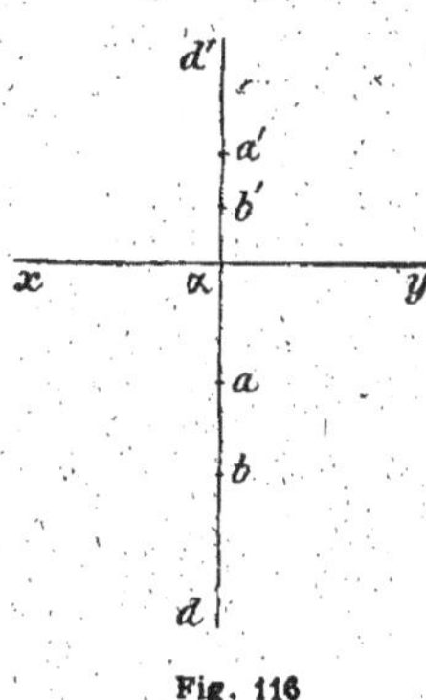

Fig. 116

La ligne de rappel de la projection horizontale a d'un point pris sur d est alors confondue avec d' ; la projection verticale a' de ce point est donc indéterminée et peut être prise arbitrairement sur d'. On peut de même prendre arbitrairement les projections b et b' d'un deuxième point sur la droite dd'. Ces projections (a, a') et (b, b') définissent deux points de l'espace A et B (84). La droite de l'espace définie par les points A et B a pour projections sur l'épure ab et $a'b'$, c'est-à-dire les droites données d et d'.

Le choix arbitraire des quatre points a, a', b, b' montre que le problème est *indéterminé*. Toutes les droites du plan P perpendiculaire à la ligne de terre au point α ont leurs projections confondues suivant ab et $a'b'$.

En résumé, si on donne sur une épure deux droites d et d' considérées comme les projections horizontale et verticale d'une droite D de l'espace :

1° Si d et d' ne sont ni l'une ni l'autre perpendiculaires à la ligne de terre, la droite D est déterminée ;

2° Si une seule des droites d ou d' est perpendiculaire à la ligne de terre, on définit D en se donnant pour sa deuxième projection un point, et non une droite, situé sur la projection perpendiculaire à la ligne de terre ;

3° Si d et d' sont perpendiculaires à la ligne de terre en des points différents, la droite D n'existe pas ;

4° Si les droites d et d' sont perpendiculaires à la ligne de terre au même point, il y a une infinité de droites D. Leur lieu géométrique est un plan perpendiculaire à la ligne de terre.

93. On peut aussi déterminer la droite AB définie sur l'épure par ses deux projections $(ab, a'b')$ en relevant le plan vertical rabattu

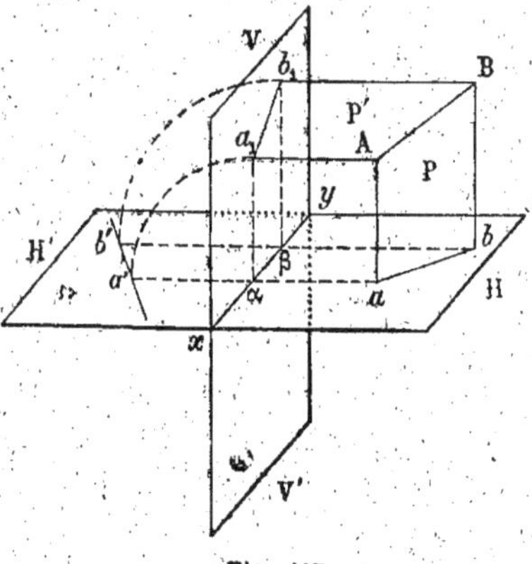

Fig. 117

sur H' de manière à l'amener dans sa première position V (*fig.* 117); la droite $a'b'$ vient alors en a_1b_1. Toute ligne de l'espace dont la projection horizontale est ab est contenue dans le plan P mené par ab perpendiculairement au plan horizontal de projection ; de même, toute ligne dont la projection verticale est a_1b_1 dans l'espace (ou $a'b'$ dans l'épure) est contenue dans le plan P' mené par a_1b_1 perpendiculairement au plan vertical de projection ; donc la ligne dont les projections horizontale et verticale sont respectivement ab et $a'b'$ est contenue à la fois dans les plans P et P' ; c'est nécessairement la droite d'intersection AB de ces deux plans, qui se coupent si ab et $a'b'$ ne sont pas perpendiculaires à xy.

Les plans P et P' sont appelés les plans projetant horizontalement et verticalement la droite AB.

Dans le cas où ab et $a'b'$ sont perpendiculaires à xy en des points

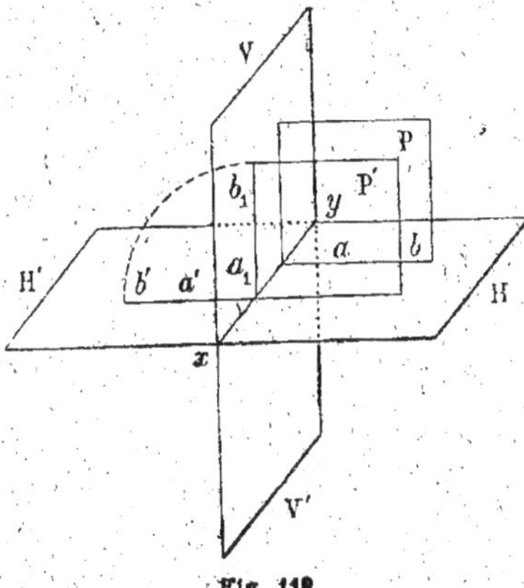

Fig. 118

différents, les plans P et P' (*fig.* 118) sont parallèles et l'*impossibilité* du problème en résulte.

Dans le cas où ab et $a'b'$ sont perpendiculaires à xy au même

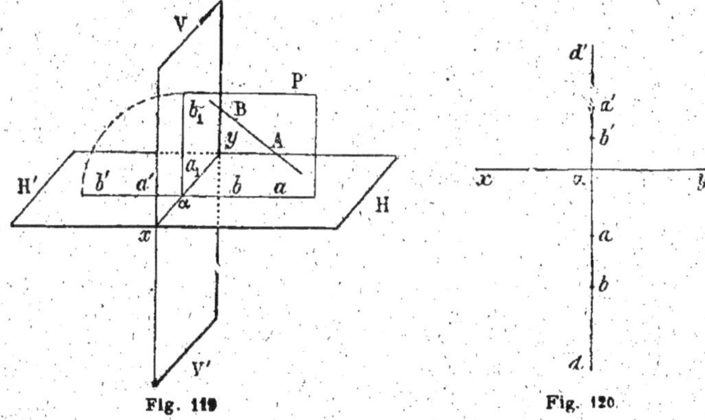

Fig. 119   Fig. 120.

point, les deux plans sont confondus (*fig.* 119) ; leur intersection est *indéterminée et toute droite* AB *du plan* P *a pour projection horizontale* ab *et pour projection verticale* $a'b'$.

94. **Plan de profil. Droite de profil.** — Un *plan de profil est* un plan perpendiculaire à la ligne de terre.

Toute droite contenue dans un plan de profil et *non perpendiculaire à l'un des plans de projection* est une *droite de profil* ; une droite de profil est donc orthogonale à la ligne de terre.

De la remarque faite (92, 4e Cas), il résulte que toute droite de profil D a ses deux projections d, d' confondues suivant une même perpendiculaire à la ligne de terre (*fig.* 120). De plus, la droite D n'est pas déterminée par ses deux projections, qui sont aussi les projections de toute droite contenue dans le plan de profil passant par D.

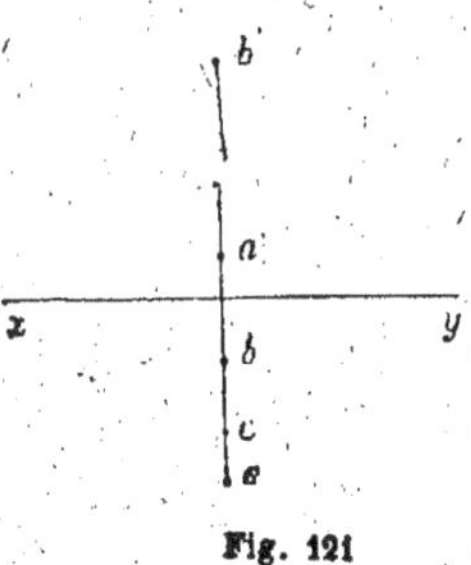

Fig. 121

Pour définir la droite D, il faut alors nécessairement se donner les projections horizontale et verticale de deux de ses points (a, a') et (b, b') (*fig.* 121); les points A et B dont les projections sont respectivement (a, a') et (b, b') sont alors parfaitement déterminés (84) et il en est de même de la droite AB qui les joint.

95. **Problème.** — *Étant données les projections* ab *et* a'b' *d'une droite de l'espace et l'une des projections d'un point de cette droite, trouver l'autre projection.*

Supposons, par exemple, qu'on se donne la projection horizontale c d'un point de la droite (*fig.* 122). D'abord c doit être pris sur la projection horizontale ab de la droite. La projection verticale c' cherchée se trouve alors à l'intersection de la ligne de rappel du point c et de la projection verticale a'b' de la droite, car, d'une part, les projections d'un point sont toujours sur une même ligne de rappel (83), et, par définition, tout point d'une ligne a ses projections sur les projections de même nom de cette ligne.

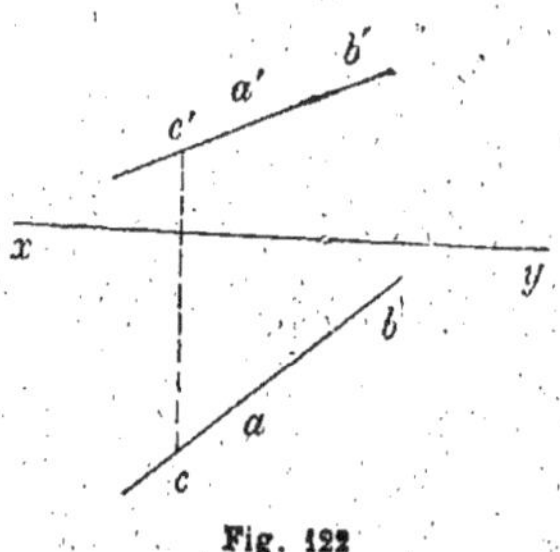

Fig. 122

96. Remarque. — Si la droite est de profil (*fig.* 121), la ligne de rappel du point c et la projection verticale de la droite sont confondues, le point c' n'est plus déterminé et la construction est en défaut.

Nous indiquerons plus loin une solution de ce cas d'exception.

§ II.

Traces d'une droite.

97. Définitions. — Le point où une droite rencontre le plan horizontal est la *trace horizontale* de cette droite, le point où elle rencontre le plan vertical est sa *trace verticale*.

98. Problème. — *Déterminer les traces horizontale et verticale d'une droite dont on donne les deux projections.*

Soient *ab*, *a'b'* les deux projections de la droite (*fig.* 123) dont on cherche les traces.

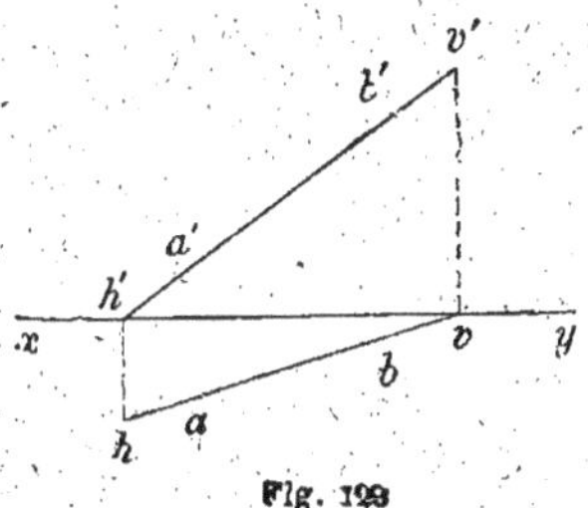

Fig. 123

1° La *trace horizontale* étant un point du plan horizontal est le point de la droite dont la cote est nulle, par suite sa projection verticale est sur la ligne de terre (86) ; cette projection verticale est donc le point *h'* où la projection verticale *a'b'* de la droite rencontre *xy*, et, en rappelant le point *h'* en *h* sur la projection horizontale *ab*, on obtient la trace horizontale (*h*, *h'*).

2° La *trace verticale* étant un point du plan vertical est le point de la droite dont l'éloignement est nul ; par suite sa projection horizontale est sur la ligne de terre (86) ; c'est le point *v* où la projection horizontale *ab* de la droite rencontre *xy* ; en rappelant *v* en *v'* sur *a'b'*, on a la trace verticale (*v*, *v'*).

Trouver sur une droite : 1° *le point de cote nulle* (trace horizontale); 2° *le point d'éloignement nul* (trace verticale).

REMARQUE I. — Généralement, au lieu de dire que les traces horizontale et verticale d'une droite sont (*h*, *h'*) et (*v*, *v'*), on se borne à dire que *h* est la trace horizontale et *v'* la trace verticale ; lorsque les points *h* et *v'* sont connus, on a, en effet, immédiatement les points *h'* et *v* à l'intersection de la ligne de terre et des lignes de rappel des points *h* et *v'*.

REMARQUE II. — Puisque deux points déterminent une droite, en particulier, si l'on se donne les deux traces (*h*, *h′*) et (*v*, *v′*) d'une droite, (*fig* 123), cette droite est déterminée, car ses projections sont *hv* et *h′v′*. Il y a exception cependant pour les droites rencontrant la ligne de terre, car le point (α, α′) où une telle droite rencontre *xy* (*fig*. 124) est en même temps sa trace horizontale et sa trace verticale; pour déterminer complètement la droite, il faut nécessairement en connaître un deuxième point (*a*, *a′*).

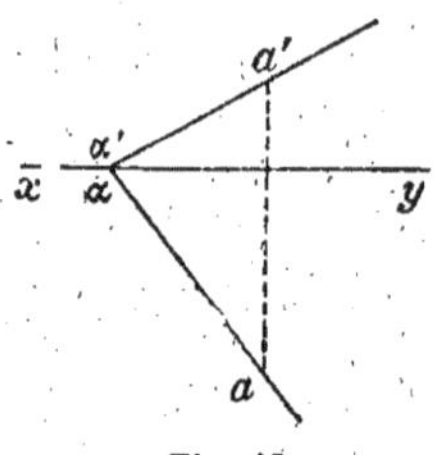

Fig. 124

98 . **Reconnaître les diverses régions de l'espace traversées par une droite.** — Les points de rencontre d'une droite avec les plans de projection, c'est-à-dire les traces de la droite, limitent évidemment les portions de cette droite situées dans les différents dièdres. Soit alors une droite dont les traces sont (*h*,*h′*), (*v*,*v′*) (*fig*. 125); prenons un point quelconque (*m*,*m′*) sur cette droite; ce point est dans le 1ᵉʳ dièdre, puisque sa projection horizontale est au-dessous

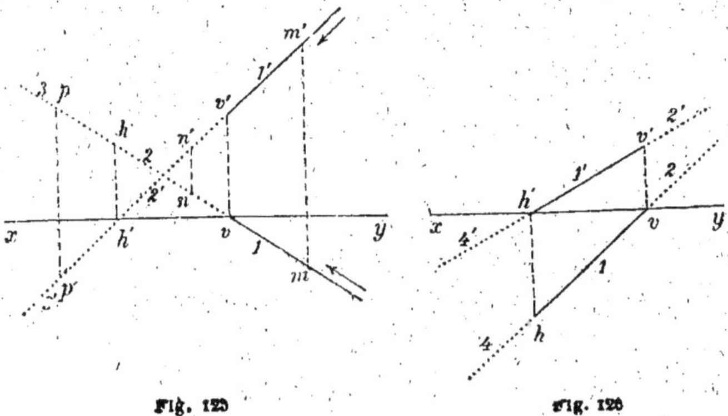

Fig. 125   Fig. 126

de la ligne de terre et sa projection verticale au-dessus. Comme tous les points de la portion indéfinie (*vm*, *v′m′*) sont dans le même cas, cette portion de droite est dans le 1ᵉʳ dièdre.

Tout point (*n*,*n′*) du segment (*vn*, *v′h′*) a ses deux projections au-

dessus de la ligne de terre. donc ce segment est contenu dans le
2ᵉ dièdre.

Enfin tout point (p,p') de la portion indéfinie $(hp, h'p')$ a sa projection horizontale au-dessus de la ligne de terre et sa projection verticale au-dessous, donc cette partie de la droite est tout entière dans
la 3ᵉ dièdre.

En résumé, si un mobile se déplace sur la droite dans le sens de
la flèche. il est dans le 1ᵉʳ dièdre jusqu'au point (v,v'), traverse le
plan vertical en ce point, se meut ensuite dans le 2ᵉ dièdre jusqu'au
point (h,h'), où il traverse le plan horizontal, puis, à partir de ce point,
reste constamment dans le 3ᵉ dièdre.

Dans les épures 125, 126, 127, 128. qui représentent une droite dans

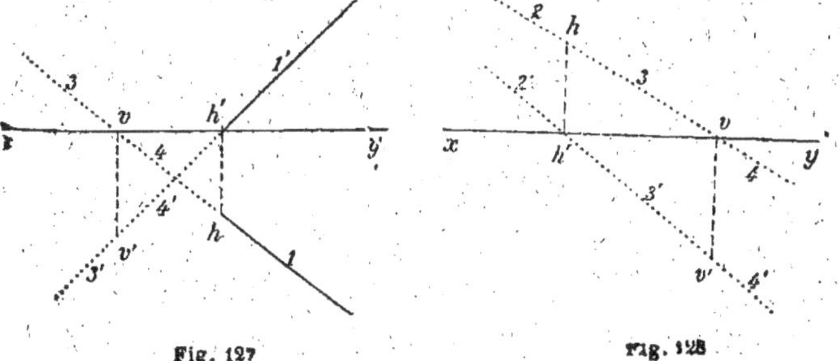

Fig. 127   Fig. 128

diverses positions, les chiffres 11', 22', 33', 44' indiquent les portions de
la droite appartenant respectivement au 1ᵉʳ, au 2ᵉ, au 3ᵉ et au 4ᵉ dièdres. En supposant les plans de projection opaques et l'observateur
placé dans le 1ᵉʳ dièdre, les seules portions de droite visibles sont
celles situées dans le 1ᵉʳ dièdre; leurs projections sont représentées
en traits pleins, tandis que les projections des portions de droite
cachées sont représentées en pointillé.

§ III.

Droites concourantes. Droites parallèles.

99. Nous allons examiner maintenant à quelles conditions deux
droites données par leurs projections sont concourantes ou parallèles. c'est-à-dire contenues dans un même plan.

Théorème. — *La condition nécessaire et suffisante pour que deux droites données par leurs projections se rencontrent est que les projections de même nom de ces deux droites se coupent en deux points situés sur une même ligne de rappel.*

La condition est nécessaire. — En effet, soient AB, CD deux droites de l'espace se rencontrant en un point O ; les projections o et o′ de ce point appartiennent aux projections de même nom de chacune des droites, et de plus, (83) elles sont sur une même ligne de rappel (*fig.* 129).

La condition est suffisante. — Car si les projections de même nom des deux droites ab, a′b′ et cd, c′d′ se coupent aux points o et o′, et si ces points sont sur une même ligne de rappel, d'une part il existe un point O de l'espace dont les projections sont o, o′ (84), et, d'autre part, ce point est évidemment commun aux deux droites.

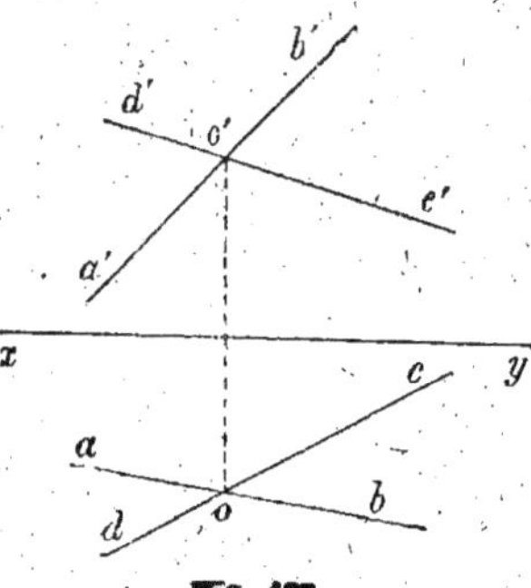

Fig. 129

REMARQUE. — La démonstration précédente, qui suppose distinctes les projections des deux droites, ne s'applique pas évidemment si l'une des deux droites est de profil.

110 Corollaire. — *Si deux droites ont une projection commune et si les autres projections se coupent, ces deux droites se rencontrent.*

En effet, soient deux droites (ab, a′b′) et (ab, c′d′) ayant même projection horizontale ab, leurs projections verticales se coupant au point o′ (*fig.* 130) ; rappelons o″ en o sur ab ; le point (o, o′) est évidemment un point commun aux deux droites.

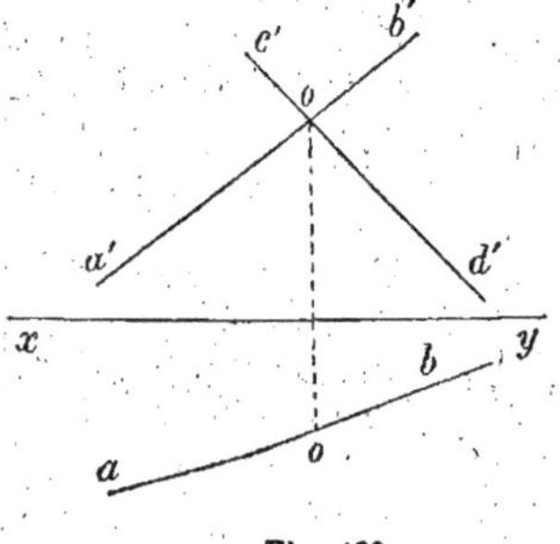

Fig. 130

111. Théorème. — *Deux droites parallèles ont leurs projections de mêmes noms parallèles.*

Cela résulte immédiatement de ce que deux droites parallèles se projettent sur un même plan suivant des droites parallèles, ainsi que nous l'avons démontré précédemment (6).

103. Réciproque. — *Deux droites dont les projections de même nom sont parallèles sur l'épure sont parallèles dans l'espace, si les droites ne sont pas de profil.*

En effet, soient $(ab, a'b')$, $(cd, c'd')$ deux droites telles que ab et cd soient parallèles ainsi que $a'b'$ et $c'd'$ (fig. 131). Par le point (c, c') pris sur l'une d'elles, on peut mener une parallèle à l'autre $(ab, a'b')$; les projections de cette parallèle sont les droites parallèles à ab et $a'b'$ menées respectivement par c et c' (102). Ces projections, d'après les hypothèses, coïncident avec cd et $c'd'$. Or les deux projections cd, $c'd'$ définissent une seule droite de l'espace, tant que la droite $(cd, c'd')$ n'est pas une droite de profil (93). Par suite, la parallèle menée par le point (c, c') à la droite $(ab, a'b')$ coïncide avec la droite $(cd, c'd')$.

Dans le cas où les deux droites sont de profil, le théorème n'existe plus; elles sont alors dans des plans de profil parallèles, sans être nécessairement parallèles entre elles.

REMARQUE. — Le théorème subsiste si les projections horizontales des deux droites sont confondues et leurs projections verticales parallèles (*fig.* 132). Les deux droites sont alors dans un même plan vertical, qui est leur plan projetant commun sur le plan horizontal.

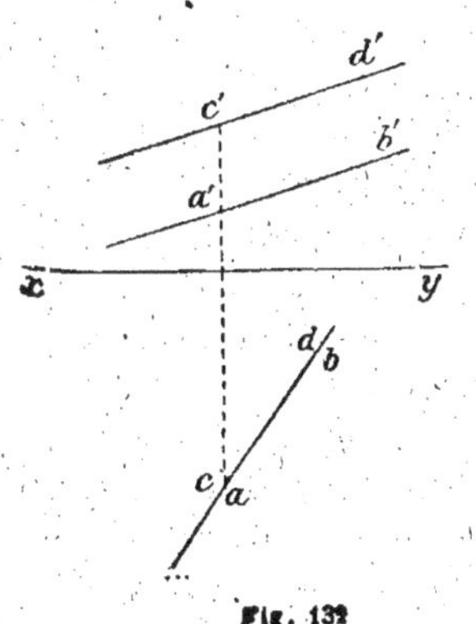

Fig. 131

Fig. 132

104. Problème. — *Reconnaître que deux droites (ab, a'b'), (cd, c'd')
se rencontrent, lorsque les projections de mêmes noms de ces droites ne
sont pas parallèles et ne se coupent pas dans les limites de l'épure.*

Prenons deux points quelconques (m, m'), (p, p') sur la première

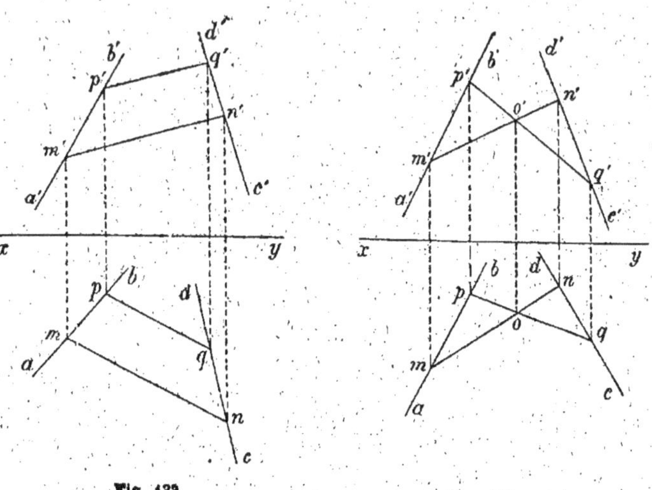

Fig. 133   Fig. 134

droite et deux points quelconques (n, n'), (q, q') sur la seconde (*fig.* 133
et 134) ; si les deux droites se rencontrent, elles sont dans un même
plan P, et les droites $(mn, m'n')$, $(pq, p'q')$ qui ont chacune deux
points dans ce plan y sont également contenues tout entières, donc
elles sont, ou concourantes, ou parallèles.

Réciproquement, si les droites $(mn, m'n')$, $(pq, p'q')$ sont concourantes ou parallèles, elles sont dans un même plan qui contient aussi
les deux droites données puisque chacune d'elles a deux points dans
ce plan ; or ces deux droites ne sont pas parallèles puisque, d'après
l'hypothèse, leurs projections de même nom ne sont pas parallèles ;
donc elles se rencontrent. D'où deux méthodes pour vérifier que les
droites données se rencontrent :

1° ou bien l'on choisit les points m, n, p, q de manière que mn et pq
soient parallèles et alors $m'n'$ et $p'q'$ doivent également être parallèles
(*fig.* 133);

2° ou bien l'on choisit les points (m, m'), (n, n'), (p, p'), (q, q') de manière que les projections de mêmes noms des droites (*mn*, *m'n'*), (*pq*, *p'q'*) se coupent en deux points *o*,*o'* situés dans les limites de l'épure et on vérifie que ces points *o* et *o'* sont sur une même ligne de rappel (*fig.* 134).

REMARQUE. — Si les droites (*ab*, *a'b'*), (*cd*, *c'd'*) sont parallèles, les droites (*mn*, *m'n'*), (*pq*, *p'q'*), déterminées comme nous l'avons dit, sont encore parallèles ou concourantes, car elles appartiennent au plan déterminé par les deux droites parallèles données.

105. Problème. — *Mener par un point* (*m,m'*) *une parallèle à une droite donnée* (*ab*, *a'b'*).

Cas général. — Il suffit de mener par les projections du point donné

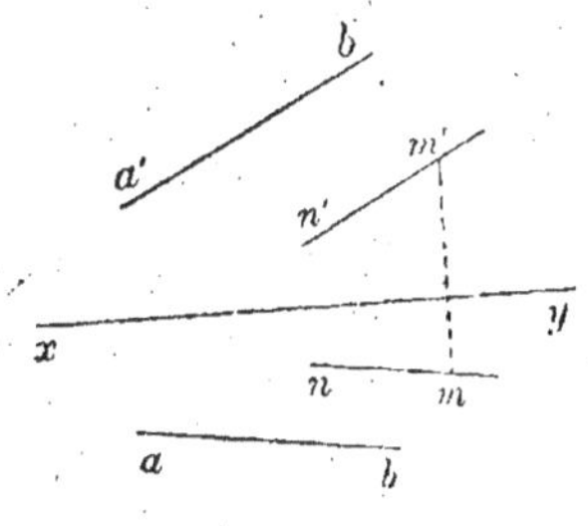

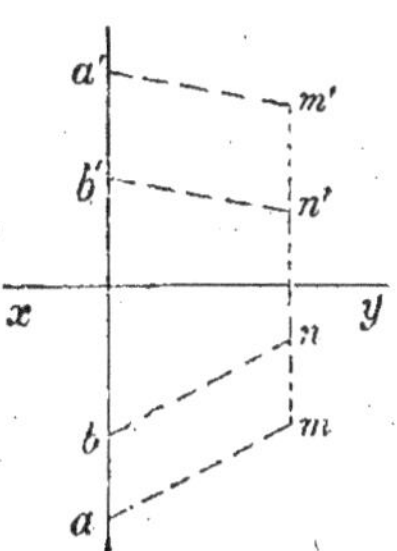

Fig. 135   Fig. 136

les parallèles *mn*, *m'n'* aux projections de même nom de la droite donnée (*fig.* 135), et l'on a les projections de la droite cherchée (103).

Cas où la droite donnée est de profil. — Si la droite donnée est de profil et déterminée par deux points (*a,a'*), (*b,b'*) (*fig.* 136), pour lui mener une parallèle par le point (*m,m'*), on trace les droites *am*, *a'm'*, puis l'on mène *bn*, *b'n'* respectivement parallèles à ces droites et l'on marque les points *n* et *n'* où elles rencontrent la ligne de rappel *mm'* : les points (*mm'*), (*n,n'*) déterminent une droite de profil parallèle à la première (104, Rem.).

§ IV.

Droites remarquables.

106. On appelle *droites remarquables* les droites parallèles ou **per-pendiculaires** aux plans de projection ou à la ligne de terre.

1° *Horizontales.* — Une droite *parallèle au plan horizontal* s'appelle **une** horizontale. Tous les points d'une horizontale ont même cote, par suite leurs projections verticales sont à la même distance de la ligne de terre : il s'ensuit que *la projection verticale* H' *d'une horizontale est parallèle à la ligne de terre* (*fig.* 137); la projection horizontale H est quelconque, elle est parallèle à la droite de l'espace (5, III).

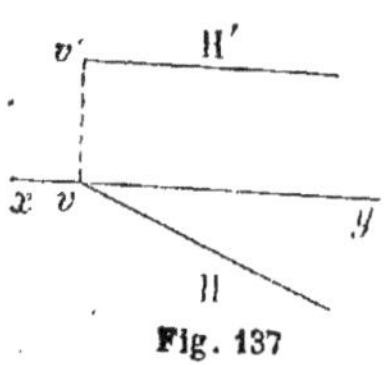

Fig. 137

La trace verticale *v'* d'une horizontale se détermine comme pour une droite quelconque (98), mais la construction indiquée pour déterminer la trace horizontale tombe en défaut, puisque la projection verticale de la droite ne rencontre pas la ligne de terre : *une horizontale n'a pas de trace horizontale.*

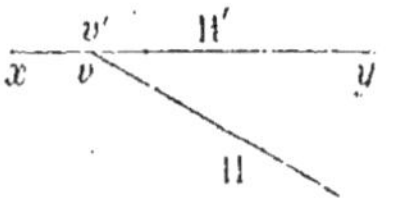

Une droite H du plan horizontal coïncide évidemment avec sa projection horizontale (*fig.* 138), et sa projection verticale H' coïncide avec la ligne de terre, puisque tous ses points ont une cote nulle.

Fig. 138

2° *Droites de front.* — Une droite *parallèle au plan vertical* s'appelle une *frontale* ou encore une *droite de front.* Tous les points d'une droite de front ont même éloignement, par suite leurs projections horizontales sont à la même distance de la ligne de terre ; donc la *projection horizontale* F *d'une droite de front est parallèle à la ligne de terre* (*fig.* 139); la projection verticale F', qui est quelconque, est parallèle à la droite dans l'espace. La trace horizontale *h* se détermine comme pour une droite quelconque, mais *une droite de front n'a pas de trace verticale.*

Une droite (F, F') du plan vertical coïncide avec sa projection verti-

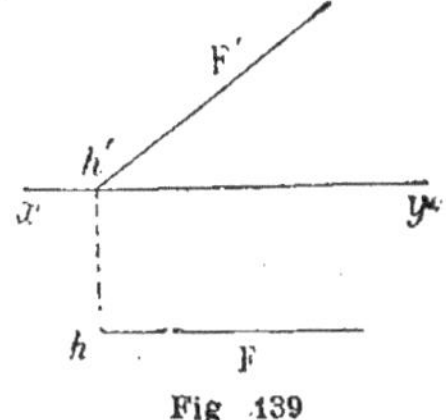

Fig 139

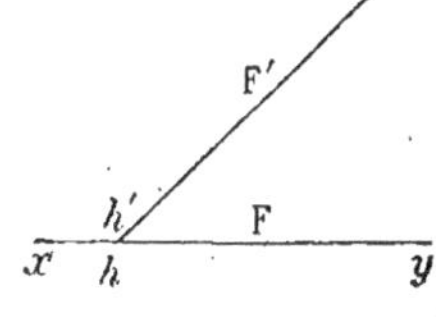

Fig. 140

cale F' et sa projection horizontale F coïncide avec la ligne de terre
(*fig.* 140).

3° *Droites parallèles à la ligne de terre.* — Une droite parallèle à la
ligne de terre est à la fois une horizontale et une droite de front, donc
ses deux projections *ab* et *a'b'* (*fig.* 141) sont parallèles à la ligne de
terre ; *une parallèle à la ligne de terre n'a ni trace horizontale ni trace
verticale*

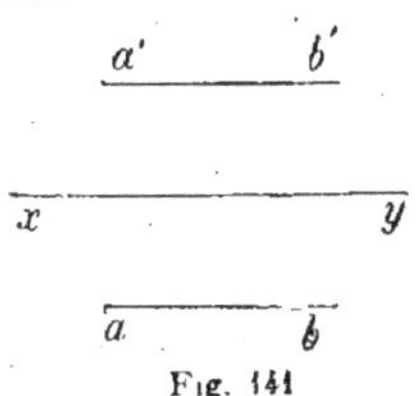

Fig. 141

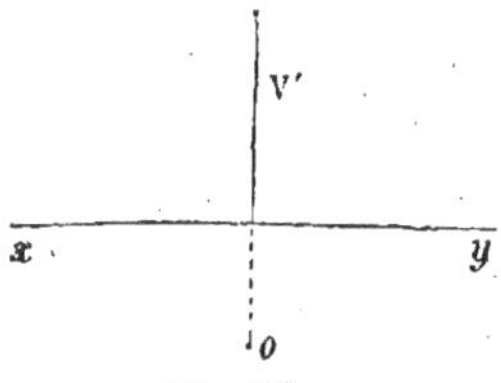

Fig. 142

4° *Verticales.* — Une droite *perpendiculaire au plan horizontal* s'appelle une *verticale* ; sa projection hori-
zontale se réduit à sa trace horizontale
o (5, I), et sa projection verticale V' est
la perpendiculaire à la ligne de terre
menée par le point o (*fig.* 142). Une verticale est une droite de front particulière, *elle n'a donc pas de trace verticale.*

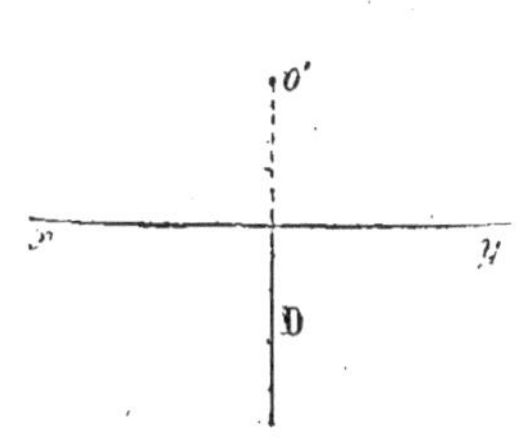

Fig. 143

5° *Droites de bout.* — Une droite *per-
pendiculaire au plan vertical s'*appelle une *droite de bout* ; sa projection
verticale se réduit à sa trace verticale o', et sa projection horizontale D est la perpendiculaire menée par o' à la ligne de terre
(*fig.* 143). Une droite de bout est une horizontale particulière, *elle n'a
pas de trace horizontale.*

6° *Droites perpendiculaires à la ligne de terre.* — Ce sont les droites de profil, que nous avons déjà signalées (94).

§ V.

Passage de la méthode des plans cotés à celle des deux plans de projection.

107. Passage de la représentation d'un point en géométrie cotée à sa représentation dans un système de deux plans de projection. — Soit $a(3,2)$ l'épure d'un point en géométrie cotée (*fig.* 144). Imaginons un système de deux plans de projection dans lequel le plan de comparaison est pris comme plan horizontal, la ligne de terre étant une droite xy arbitrairement tracée dans l'épure. La projection horizontale du point est a; pour avoir sa projection verticale, il suffit de porter sur la perpendiculaire menée à xy par a, et au-dessus de xy, une longueur aa' égale à 3 unités 2 dixièmes de l'échelle du dessin.

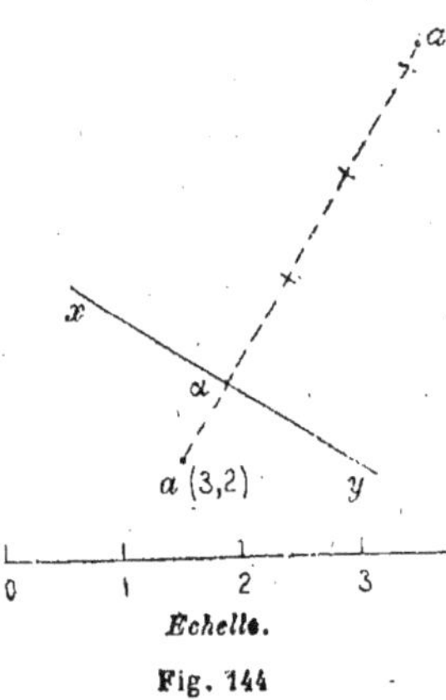

Fig. 144

Inversement, étant donné un point (a, a') dans le système de deux plans de projection défini par une ligne de terre xy, pour avoir sa représentation en géométrie cotée, lorsqu'on prend le plan horizontal comme plan de comparaison, il suffit de mesurer, à l'échelle du dessin, la distance $a'a$ de sa projection verticale à xy, d'inscrire le nombre obtenu à côté de la projection horizontale, et de supprimer la projection verticale, ainsi que la ligne de terre.

108. Passage de la représentation d'une droite en géométrie cotée à sa représentation dans un système de deux plans de projection. — Soit $a(3,2)$ $b(5,8)$ (*fig.* 145) l'épure d'une droite en géométrie cotée. Imaginons un système de deux plans de projection dans lequel le plan de comparaison est pris comme plan horizontal, la ligne de terre étant une droite xy arbitrairement tracée dans l'épure.

La projection horizontale de la droite reste *ab* et sa projection verticale s'obtient en joignant les projections verticales *a'* et *b'* des points A et B, obtenues comme nous l'avons montré précédemment (107).

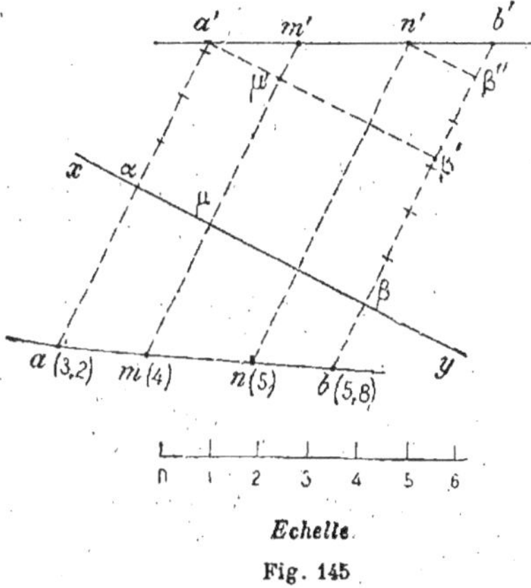

Fig. 145

Inversement, étant donnée une droite (*ab*, *a'b'*) dans un système de deux plans de projection défini par une ligne de terre *xy*, pour avoir sa représentation en géométrie cotée, en prenant le plan horizontal comme plan de comparaison, on mesure, à l'échelle du dessin, les cotes *a'α* et *b'β* de deux points (*a*, *a'*) et (*b*, *b'*) de la droite, on inscrit les nombres trouvés à côté des projections horizontales de ces points et on supprime la projection verticale ainsi que la ligne de terre.

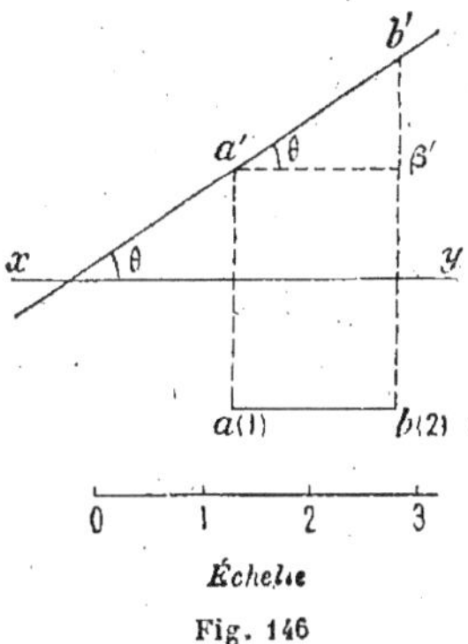

Fig. 146

109. Application. — En particulier, si l'on prend *xy* parallèle à *ab* (*fig.* 146), la droite (*ab*, *a'b'*) est *de front* par rapport au plan vertical choisi (106, 2°), par suite AB est projetée en vraie grandeur sur le plan vertical (5, III) en *a'b'*.

En outre, on obtient en $\widehat{b'xy}$ l'angle θ de la droite AB avec le plan horizontal, car cet angle, qui est l'angle formé par la droite AB avec sa projection *ab*, est contenu dans le plan vertical de trace *ab* et se projette en vraie grandeur en $\widehat{b'xy}$ sur le plan vertical de projection (5, III).

EXERCICES

1. Déterminer sur une droite donnée par ses projections un point dont le rapport de la cote à l'éloignement soit donné.

2. Mener par un point donné une horizontale dont la trace verticale soit à une distance donnée d'un point donné du plan vertical.

3. Mener par un point donné par ses projections une horizontale et une droite de front qui rencontrent une droite également donnée par ses projections.

4. Étant données deux droites par leurs projections, déterminer la verticale et la frontale qui rencontrent ces deux droites.

5. Étant données deux droites par leurs projections, déterminer une troisième droite rencontrant les deux premières, connaissant l'une de ses projections.

6. Mener par deux points donnés par leurs projections deux droites parallèles, sachant que la droite joignant leurs traces horizontales (ou leurs traces verticales) a une direction donnée.

7. On définit un triangle ABC sur une épure en se donnant les projections de ses sommets. Trouver les projections des médianes de ce triangle.

8. Déterminer sur une horizontale ou une droite de front donnée un point dont on connaît la distance à la ligne de terre.

CHAPITRE III

LE PLAN

----

§ 1.

Représentation du plan.

110. Comme nous l'avons déjà indiqué (33), un plan, en géométrie descriptive, pourra toujours être représenté par les projections de deux droites concourantes.

111. Problème. — *Un plan étant défini par les projections de deux droites concourantes, construire : 1° les projections d'une droite du plan ; 2° les projections d'un point du plan.*

Soit le plan déterminé par les deux droites $(oa, o'a')$, $(ob, o'b')$, qui se coupent au point (o, o') (*fig.* 147 et 148).

1° Prenons un point quelconque (m, m') sur la première droite (*fig.* 147) et un point quelconque (n, n') sur la seconde ; la droite $(mn, m'n')$ est une droite du plan donné.

On peut aussi mener par un point quelconque (m, m') de la droite $(oa, o'a')$ (*fig.* 148), la parallèle $(mn, m'n')$ à la droite $(ob, o'b')$ et on obtient encore par ce procédé une droite du plan donné.

2° En prenant (95) un point quelconque (p, p') sur la droite $(mn, m'n')$ (*fig.* 147 et 148), on a les projections d'un point du plan donné.

112. Problème. — *Connaissant l'une des projections d'une droite ou d'un point situé dans un plan donné, trouver l'autre projection de la droite ou du point.*

1° Soit par exemple mn la projection horizontale d'une droite située dans le plan déterminé par les droites concourantes $(oa, o'a')$

et (ob, o'b') (*fig.* 147 et 148). On sait que deux droites situées dans un même plan sont concourantes ou parallèles ; la droite cherchée ne

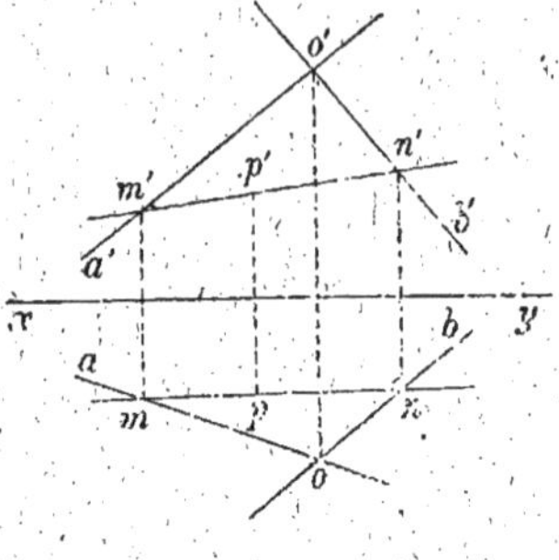

Fig. 147

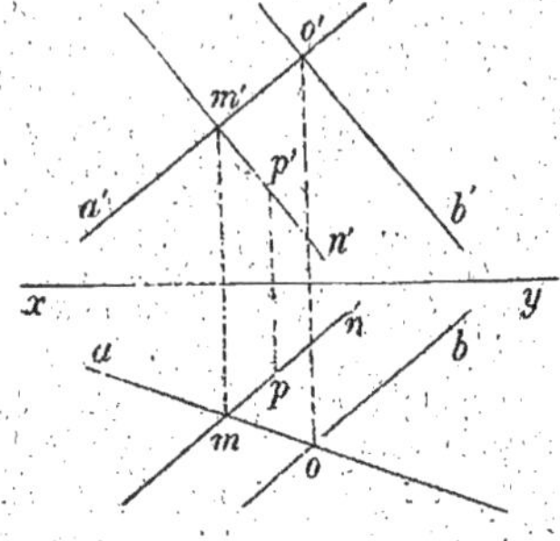

Fig. 148

pouvant être parallèle à la fois aux deux droites (oa, o'a') et (ob, o'b'). puisque ces droites se coupent, rencontre au moins l'une d'elles. Supposons qu'elle rencontre (oa, o'a') ; sa projection horizontale mn coupe alors nécessairement oa en un point m ; en relevant m en m' sur o'a', on a un premier point de la projection verticale inconnue. Deux cas peuvent maintenant se présenter : ou bien mn rencontre également ob en un point n (*fig.* 147), et en relevant n en n' sur o'b' on a en m'n' la projection verticale de la droite ; ou bien mn est parallèle à ob (*fig.* 148), et la projection verticale cherchée est la parallèle m'n' à o'b' menée par le point m'.

2° Soit p la projection horizontale d'un point du plan (*fig.* 147 et 148) ; pour déterminer la projection verticale de ce point, on trace une droite quelconque mn passant par p, puis on détermine comme précédemment la projection verticale m'n' de la droite du plan dont la projection horizontale est mn ; en relevant ensuite p en p' sur m'n', on a la projection verticale du point.

Un raisonnement analogue permet d'obtenir la projection horizontale d'une droite ou d'un point situés dans un plan, connaissant la projection verticale de cette droite ou de ce point.

Remarque I. — Si la projection horizontale mn de la droite dont on cherche la projection verticale passe par le point o où se coupent les projections horizontales des droites qui déterminent le plan (*fig.* 149), le raisonnement précédent n'est plus applicable ; on construit alors comme plus haut les projections *cd* et *c'd'* d'une droite quelconque du plan, on marque le point *p* où se rencontrent *cd* et *mn*, on rappelle *p* en *p'* sur *c'd'*, et la projection verticale cherchée est la droite *o'p'*. Cela revient à substituer, pour définir le plan, la droite (*cd*, *c'd'*) à l'une des droites (*oa*, *o'a'*) ou (*ob*, *o'b'*).

REMARQUE II. — De même, lorsque

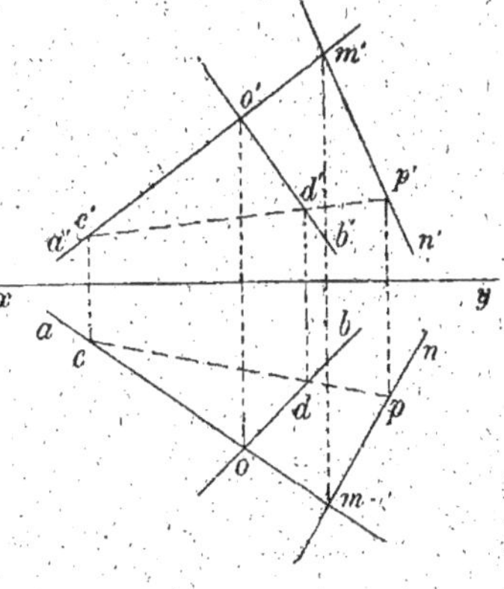

Fig. 149

Fig. 150

la droite *mn* rencontre hors des limites de l'épure la projection horizontale *ob* de l'une des droites définissant le plan (*fig.* 150), on substitue à cette droite une autre droite (*cd*, *c'd'*) du plan, choisie de manière que sa projection horizontale rencontre *mn* en un point *p* situé dans le cadre de l'épure; on obtient alors la projection verticale *m'p'* de la droite cherchée en appliquant la méthode générale au plan défini par les droites (*oa*, *o'a'*) et (*cd*, *c'd'*).

REMARQUE III. — Le problème précédent permet de reconnaître si une droite (*mn*, *m'n'*) appartient au plan défini par les deux droites (*oa*, *o'a'*) et (*ob*, *o'b'*). Il suffit, en effet, de chercher la projection verticale de la droite du plan dont la projection horizontale est *mn*; suivant que cette projection verticale coïncide ou ne coïncide pas avec *m'n'*, la droite appartient ou n'appartient pas au plan.

On reconnaît de la même manière qu'un point donné par ses projections est ou n'est pas situé dans un plan défini par deux droites concourantes.

§ II.

Traces d'un plan.

113. Définitions. — La droite d'intersection d'un plan avec le plan horizontal s'appelle la *trace horizontale* de ce plan ; de même, la droite d'intersection d'un plan avec le plan vertical est la *trace verticale* du plan.

Position des traces d'un plan par rapport à la ligne de terre. — Les traces d'un plan peuvent présenter trois dispositions différentes suivant la position relative du plan et de la ligne de terre.

1° *Si le plan coupe la ligne de terre en un point a, ses deux traces horizontale et verticale se coupent sur la ligne de terre en ce point ;* en effet, ce point est le sommet d'un trièdre dont les faces sont le plan donné et les plans de projection et dont les arêtes sont la ligne de terre et les deux traces du plan.

2° *Si le plan est parallèle à la ligne de terre, ses deux traces sont parallèles à la ligne de terre.* En effet, l'un quelconque des plans de projection contenant la droite *xy* parallèle au plan considéré le coupe suivant une parallèle à cette droite (Grévy, *Géom. dans l'Espace*).

Il peut arriver dans ce cas que le plan soit parallèle à l'un des plans de projection ; alors l'une des deux traces n'existe plus. Nous reviendrons sur ce cas plus loin (131, 132).

3° *Si le plan contient la ligne de terre, ses deux traces coïncident avec la ligne de terre.*

Représentation d'un plan par ses traces. — Souvent, au lieu de définir un plan par deux droites quelconques, on le définit à l'aide de ses deux traces, lorsqu'elles sont distinctes l'une de l'autre, c'est-à-dire dans les deux premiers cas ci-dessus (1° et 2°) ; le troisième cas

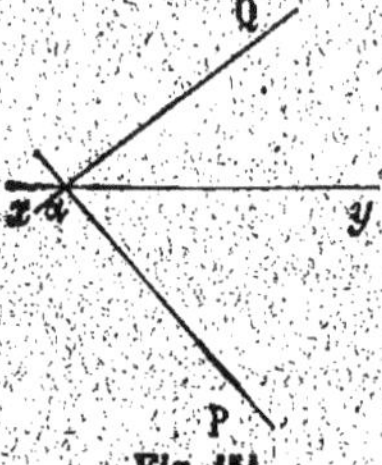

Fig. 151.

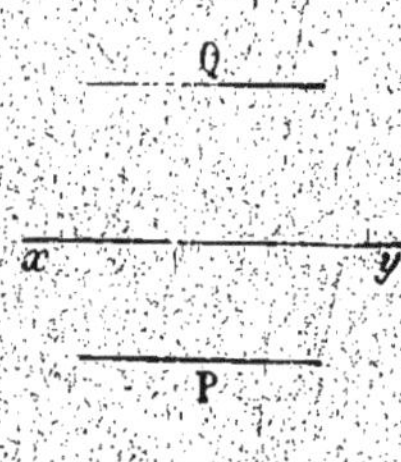

Fig. 152.

(3°) est réservé (134). Ce mode de représentation ne diffère pas, au fond, du premier, car les traces d'un plan sont deux droites concourantes ou parallèles du plan.

Ainsi, αP et αQ sont respectivement les traces horizontale et verticale d'un plan rencontrant la ligne de terre (*fig.* 151), αP est une droite du plan qui coïncide avec sa projection horizontale et dont la projection verticale est la ligne de terre (106, 1°); de même, αQ est une droite du plan coïncidant avec sa projection verticale et dont la projection horizontale est xy (106, 2°).

De même dans la figure 152, on a représenté un plan parallèle à la ligne de terre en figurant sa trace horizontale P et sa trace verticale Q toutes deux parallèles à xy. La projection verticale de P et la projection horizontale de Q coïncident avec xy (106, 1° et 2°).

Pour montrer l'équivalence des deux modes de représentation, nous allons résoudre les problèmes qui permettent de passer de l'un à l'autre.

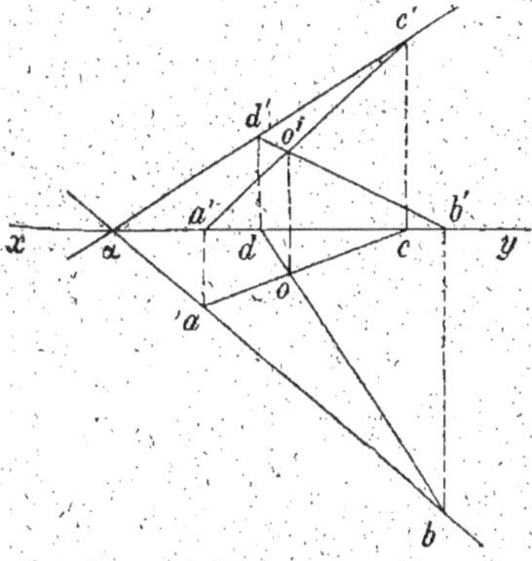
Fig. 153.

114. Problème. — *Construire les traces d'un plan défini par deux droites concourantes.*

MÉTHODE. — La droite d'intersection de deux plans peut être considérée comme le lieu géométrique des points de rencontre des droites de l'un deux avec l'autre. Donc *pour obtenir chacune des traces d'un plan, il suffit de chercher les traces de même nom de deux droites de ce plan et de joindre ces deux points supposé. distincts l'un de l'autre.*

Cas général. — Soit un plan défini par deux droites $(oa, o'a')$, $(ob, o'b')$ (fig. 153).

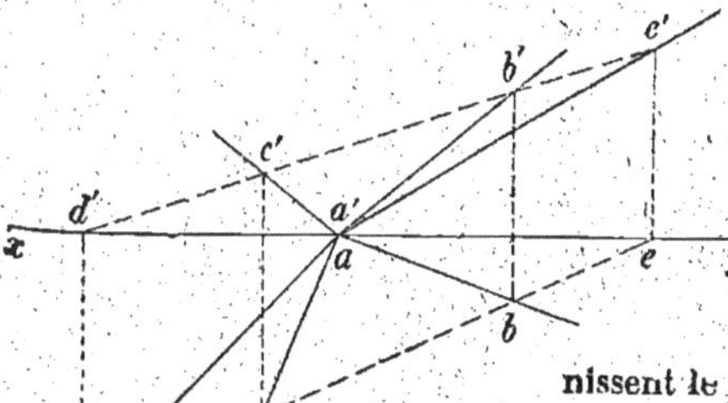
Fig. 154.

D'après la méthode précédente, en construisant comme nous l'avons dit (98) les traces horizontales a et b des deux droites qui définissent le plan, puis leurs traces verticales c' et d', on aura en ab la trace horizontale du plan et en $c'd'$ sa trace verticale.

Ces deux traces doivent rencontrer xy au même point α ou lui être parallèles. Cette remarque permet de vérifier l'exactitude des constructions ou d'éviter la construction de l'un des quatre points a, b, c', d'.

115. Cas particuliers. — 1° *Les droites définissant le plan se rencon-*

trent en un point de la ligne de terre. — Les constructions précédente
sont en défaut lorsque le plan est défini par deux droites $(ab, a'b')$,
$(ac, a'c')$, se coupant en un point a de la ligne de terre *(fig.* 154*)*, car
les traces horizontales et verticales de ces deux droites sont alors confondues au point (a, a'); les deux traces du plan concourent en (a, a'),
mais pour les obtenir il est nécessaire de construire un autre point
de chacune d'elles. Pour cela, on construit une droite quelconque
$(bc, b'c')$ du plan donné (111), puis on détermine sa trace horizontale d
et sa trace verticale e'; les traces horizontale et verticale du plan sont
alors les droites ad et $a'e'$.

116. 2° *Le plan est défini par deux droites concourantes, l'une
d'elles est parallèle à la ligne de terre.*

— Tout plan défini par une droite
quelconque $(oa, o'a')$ et une droite
$(ob, o'b')$ parallèle à xy *(fig.* 155*)*
et rencontrant la première au point
(o, o'), est lui-même parallèle à la
ligne de terre; donc ses traces sont
aussi parallèles à xy (113), et pour
les obtenir il suffit de chercher un

point de chacune d'elles, par
exemple les traces a et c' de
la droite $(oa, o'a')$ (98); les
traces du plan sont alors les
parallèles à la ligne de terre
αP et βQ menées respectivement par les points a et c'.

Fig. 155

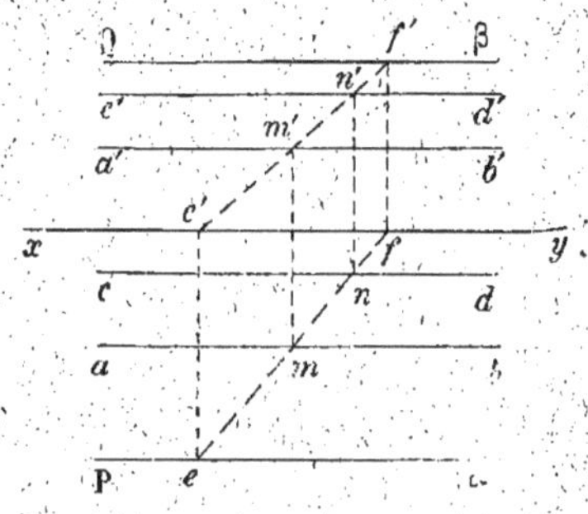

Fig. 156

117. 3° *Le plan est défini
par deux droites parallèles à la ligne de terre.* — Tout plan défini par
deux droites $(ab, a'b')$ $(cd, c'd')$ parallèles à xy *(fig.* 156*)* est lui-même
parallèle à xy et il en est de même de ses traces, de sorte qu'il suffit
encore de chercher un point de chacune d'elles; il est impossible
d'utiliser pour cela les droites qui définissent le plan, car elles n'ont ni
trace horizontale ni trace verticale; on construit alors une troisième

droite (*mn, m'n'*) du plan en joignant un point (*m,m'*) pris sur la première à un point (*n,n'*) pris sur la seconde et on cherche les traces *e* et *f* de cette droite auxiliaire ; les traces du plan sont alors les parallèles αP et βQ menées à *xy* par les points *e* et *f*. Cela revient à substituer, pour définir le plan, la droite (*mn, m'n'*) à l'une des deux droites données.

Nous bornons là les exemples de cas particuliers qui peuvent se présenter ; d'ailleurs, d'une manière générale, on peut toujours être ramené au cas général en substituant une ou deux droites quelconques du plan à l'une des droites données ou aux deux droites données.

118. Problème. — *Un plan étant défini par ses traces, construire :* 1° *les projections d'une droite de ce plan* ; 2° *les projections d'un point du plan.*

Soit un plan PαQ défini par ses traces (*fig.* 157).

1° Prenons un point quelconque *a* sur la trace horizontale αP ; ce point se projette verticalement en *a'* sur la ligne de terre (113). Prenons ensuite un point quelconque *b'* sur la trace verticale αQ ; ce point se projette horizontalement en *b* sur la ligne de terre (113) ; la droite (*ab, a'b'*) est une droite du plan donné, car elle a deux points dans ce plan.

2° En prenant un point quelconque (*m, m'*) sur la droite (*ab, a'b'*), on a les projections d'un point du plan donné.

Remarque. — En construisant, comme nous venons de l'indiquer (*fig.* 157), deux droites (*ab, a'b'*), (*cd, c'd'*) du plan PαQ, on passe du deuxième mode de représentation du plan au premier. Les deux droites ainsi construites étant dans un même plan doivent être concourantes ou parallèles, autrement dit les projections de mêmes noms de ces droites doivent se couper en deux points *o, o'* situés sur une

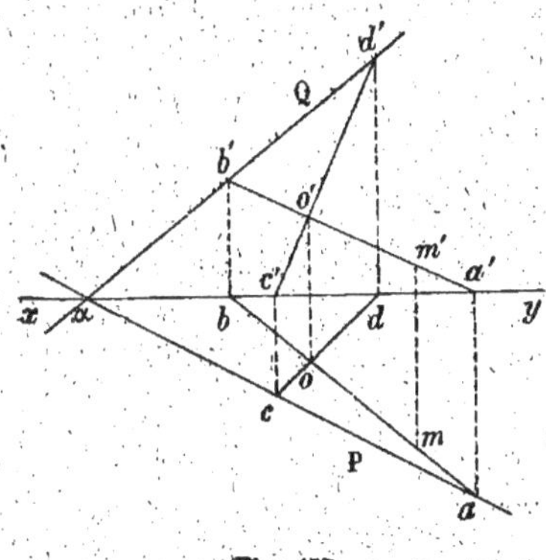

Fig. 157

même ligne de rappel ou être parallèles : cette remarque permet de vérifier l'exactitude des constructions.

119. Problème. — *Connaissant l'une des projections d'une droite ou d'un point situés dans un plan défini par ses traces, trouver l'autre projection de la droite ou du point.*

1° Soit par exemple *ab* la projection horizontale donnée d'une droite d'un plan PαQ, non parallèle à la ligne de terre (*fig.* 157). La droite inconnue rencontre au moins l'une des traces du plan, puisque ces traces sont, par hypothèse, concourantes ; par conséquent sa projection horizontale *ab* rencontre au moins l'une des droites αP ou αy (projection horizontale de la trace verticale αQ du plan).

Supposons qu'elle les rencontre toutes deux, la première en *a*, la seconde en *b* ; le point *a* se rappelle verticalement en *a'* sur *xy* (projection verticale de la trace horizontale αP), le point *b* se rappelle verticalement en *b'* sur αQ ; la projection verticale de la droite cherchée est donc *a'b'*.

Si le plan donné est parallèle à *xy*, il n'y a rien à changer au raisonnement précédent lorsque la droite *ab* rencontre à la fois *xy* et la trace horizontale du plan.

Nous traiterons plus loin (121 et 123) le cas où *ab* est parallèle soit à *xy*, soit à αP.

2° Soit *m* la projection horizontale d'un point du plan PαQ (*fig.* 157) ; proposons-nous de trouver sa projection verticale. Traçons une droite quelconque *ab* passant par le point *m* et cherchons comme précédemment la projection verticale *a'b'* de la droite du plan projetée horizontalement en *ab* ; rappelons ensuite *m* en *m'* sur *a'b'* ; *m'* est la projection verticale cherchée.

On raisonne d'une manière analogue pour obtenir la projection horizontale d'une droite ou d'un point situés dans un plan défini par ses traces, lorsqu'on connaît la projection verticale de cette droite ou de ce point.

§ III.

Droites remarquables d'un plan.

120. Horizontales d'un plan. — Les *horizontales d'un plan* sont les droites d'intersection de ce plan avec les plans parallèles au plan horizontal. Par définition, ces droites sont des horizontales (106, 1°); de plus elles sont parallèles entre elles comme droites d'intersection d'un même plan avec plusieurs plans parallèles entre eux.

La trace horizontale d'un plan est une horizontale particulière du plan, donc elle est parallèle à toutes les horizontales du plan ; il résulte de cette remarque et du théorème démontré au n° 102 que :

Les projections horizontales des horizontales d'un plan sont parallèles à la trace horizontale du plan et leurs projections verticales sont parallèles à la ligne de terre.

121. Problème. — *Construire les projections d'une horizontale quelconque d'un plan.*

1° *Le plan est défini par deux droites concourantes* (oa, o'a'), (ob, o'b')

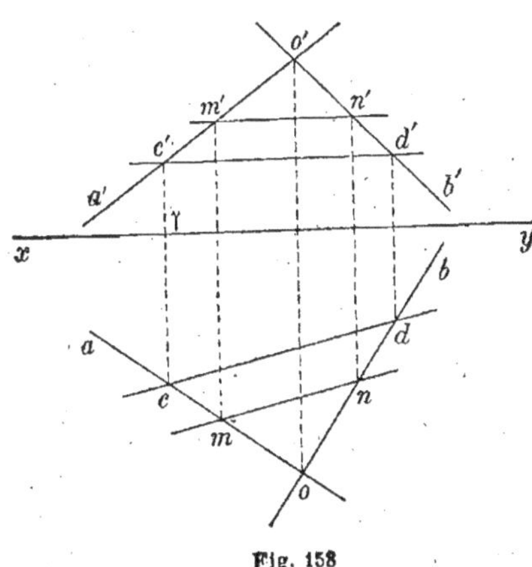

Fig. 158

(fig. 158). — On peut se donner arbitrairement la projection verticale c'd', parallèle à xy, de l'horizontale cherchée (106, 1°), et l'on est ramené au problème traité au n° 112 ; on marque les points c' et d' où la droite c'd' rencontre les projections verticales des droites données, et l'on rappelle ces points en c et d respectivement sur oa et ob : la droite (cd, c'd') est une horizontale du plan.

Pour avoir maintenant une autre horizontale du plan, il suffit de mener par un point quelconque du plan une parallèle à celle qu'on vient de déterminer. On peut prendre, par exemple, un point (m, m') sur la droite (oa, o'a') et mener mn parallèle à cd, m'n' parallèle à **xy** ; la droite (mn, m'n') est une deuxième horizontale du plan.

REMARQUE I. — On peut définir l'horizontale par sa cote, ce qui revient à se donner la distance c'γ.

REMARQUE II. — En supposant la droite *c'd'* confondue avec *xy*, les constructions précédentes donnent la trace horizontale du plan ; elles sont, dans ce cas, identiques à celles de l'épure de la figure 153.

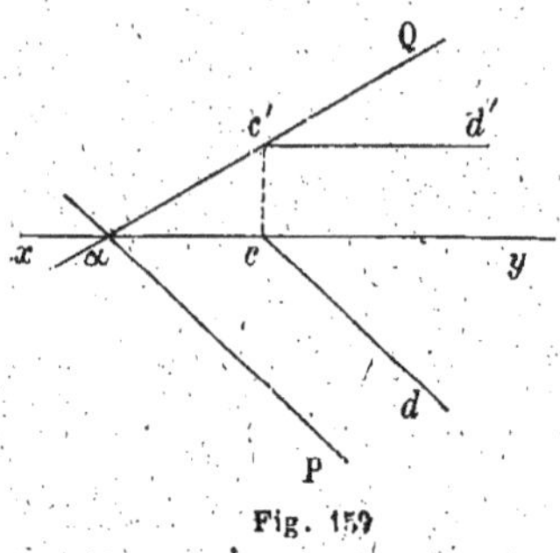

Fig. 159

2° *Le plan est défini par ses traces.* — Soit un plan PαQ défini par ses traces (*fig.* 159). On peut encore se donner arbitrairement la projection verticale *c'd'*, parallèle à *xy*, d'une horizontale de ce plan ; elle rencontre la trace verticale αQ du plan au point *c'*, qu'on rappelle horizontalement en *c* sur *xy* ; en menant ensuite par le point *c* la parallèle *cd* à la trace horizontale αP du plan, on a en *cd* et *c'd'* les projections d'une horizontale de ce plan (120).

On peut aussi se donner arbitrairement la projection horizontale *cd* de l'horizontale cherchée, à condition que *cd* soit parallèle à la trace horizontale αP du plan ; *cd* rencontre *xy* au point *c*, qu'on rappelle en *c'* sur la trace verticale αQ ; en menant ensuite la parallèle *c'd'* à *xy*, on a la projection verticale de l'horizontale.

122. Droites de front d'un plan. — Les *droites de front* ou les *frontales d'un plan* sont les droites d'intersection de ce plan avec les plans parallèles au plan vertical. Ces droites sont, par définition, des droites de front, et elles sont parallèles entre elles, comme les horizontales du plan. La trace verticale d'un plan est une frontale particulière du plan, donc elle est parallèle à toutes les droites de front du plan ; d'où il résulte que :

Les projections verticales des droites de front d'un plan sont parallèles à la trace verticale, et leurs projections horizontales sont parallèles à la ligne de terre.

123. Problème. — *Construire les projections d'une droite de front d'un plan.*

1° *Le plan est défini par deux droites concourantes (oa, o'a'), (ob, o'b')* (*fig.* 160). — On peut se donner arbitrairement la projec-

horizontale *cd*, parallèle à la ligne de terre, de la frontale

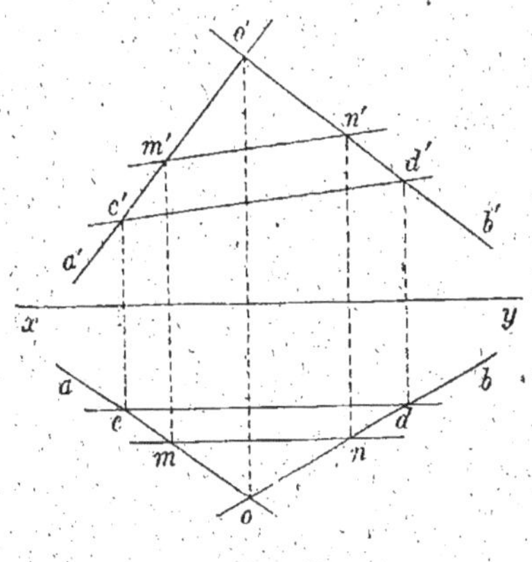

Fig. 160

cherchée (122) ; on rappelle en *c'* et *d'* sur *o'a'* et *o'b'* les points où la droite *cd* rencontre les projections horizontales *oa* et *ob* des deux droites données ; la droite (*cd*, *c'd'*) est une droite de front du plan.

On aura une deuxième frontale du plan en menant, par un point (*m*, *m'*) de la droite (*oa*, *o'a'*) par exemple, la parallèle (*mn*, *m'n'*) à celle qui vient d'être obtenue.

REMARQUE. — En supposant *cd* confondue avec *xy*, les constructions précédentes donnent la trace verticale du plan ; elles sont en effet, dans ce cas, identiques à celles de l'épure de la figure 153.

2° *Le plan est défini par ses traces*. — Soit un plan PαQ défini par

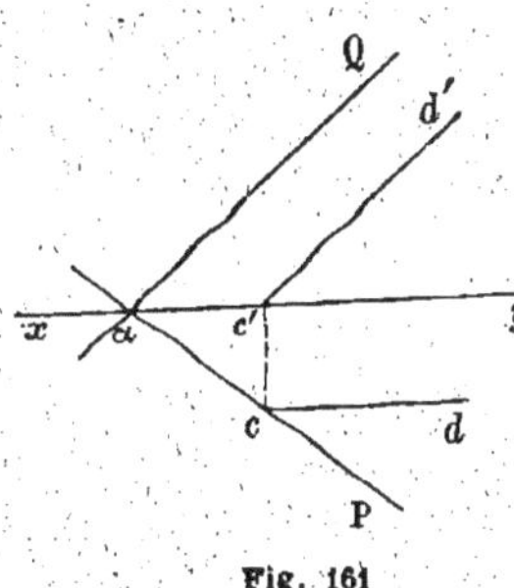

Fig. 161.

ses traces (*fig.* 161). On peut encore se donner arbitrairement la projection horizontale *cd*, parallèle à *xy*, d'une frontale de ce plan ; elle rencontre la trace horizontale αP du plan en un point *c* qu'on rappelle en *c'* sur *xy*, et par le point *c'* on mène la parallèle *c'd'* à la trace verticale αQ du plan ; la droite (*cd*, *c'd'*) est une droite de front du plan (122).

On peut aussi se donner arbitrairement la projection verticale *c'd'* de la droite de front cherchée, à condition que *c'd'* soit parallèle à la trace verticale αQ du plan (122) ; *c'd'* rencontre *xy* au point *c'*, qu'on rappelle en *c* sur αP, et en menant la parallèle *cd* à *xy* on a la projection horizontale de la droite de front.

124. Problème. — *Connaissant l'une des projections d'un point* *situé dans un plan défini par ses traces, trouver l'autre projection de ce point.*

Soit par exemple à trouver la projection verticale d'un point situé dans le plan PαQ, connaissant sa projection horizontale *m* (*fig.* 162 et 163).

Nous avons vu (112, 2°) que la méthode générale pour résoudre ce

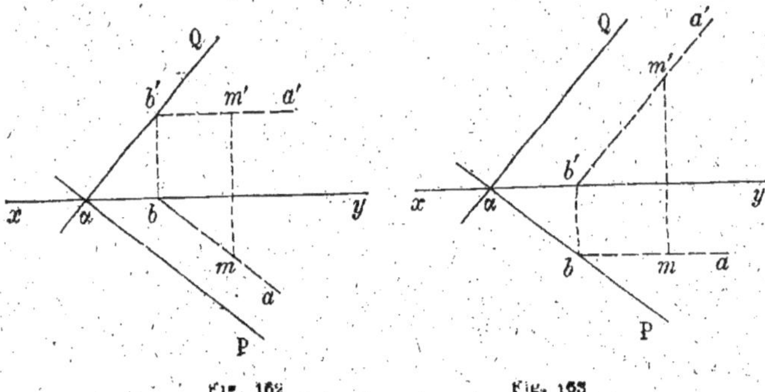

Fig. 162   Fig. 163

problème consiste à faire passer une droite arbitraire *ab* par le point *m*, à chercher la projection verticale *a'b'* de la droite du plan dont la projection horizontale est *ab*, puis à relever *m* en *m'* sur *a'b'*. On simplifie les constructions en prenant pour droite auxiliaire (*ab*, *a'b'*),

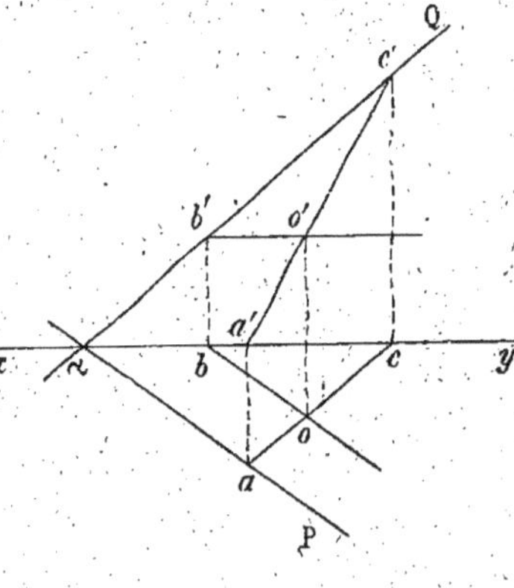

Fig. 164

soit l'horizontale (*fig.* 162), soit la droite de front (*fig.* 163) passant par le point cherché.

125. Problème. — *Construire les traces d'un plan défini par deux droites concourantes, dont l'une est horizontale ou de front.*

Soit, par exemple, le plan défini par la droite (*oa, o'a'*) et l'horizontale (*ob, o'b'*) qui rencontre la première droite au point (*o, o'*) (*fig.* 164).

Construisons la trace horizontale *a* et la trace verticale *c'* de la droite (*oa*, *o'a'*) ; la trace horizontale du plan devant passer par *a* et être parallèle à *ob* [puisque la droite (*ob*, *o'b'*) est une horizontale du plan donné] est la parallèle αP menée par le point *a* à *ob* ; la trace verticale du plan s'obtient ensuite en menant la droite αQ, qui joint le point α, où la trace horizontale rencontre *xy*, au point *c'*, trace verticale de la droite (*oa*, *o'a'*).

Pour vérifier l'exactitude des constructions, on s'assure que la trace verticale *b'* de l'horizontale (*ob*, *o'b'*) appartient à la trace verticale αQ du plan.

Un raisonnement analogue permet de trouver les traces du plan lorsque l'horizontale (*ob*, *o'b'*) est remplacée par une droite de front.

126. Problème. — *Construire les traces d'un plan défini par une horizontale et une droite de front concourantes.*

Soit le plan défini par l'horizontale (*oa*, *o'a'*) et la droite de front

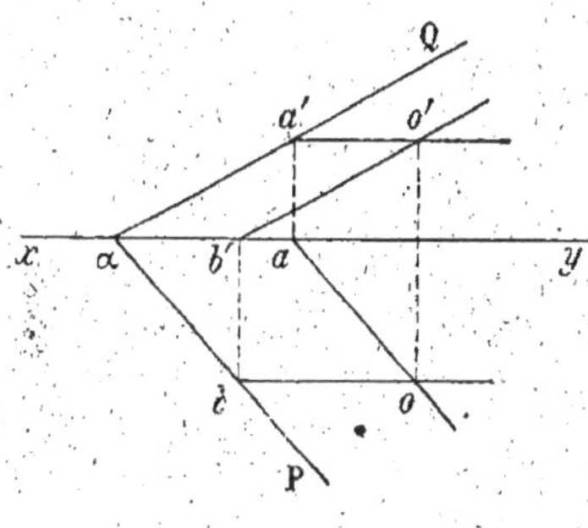

Fig. 165

(*ob*, *o'b'*), qui se rencontrent au point (*o*, *o'*) (*fig.* 165). Construisons la trace horizontale *b* de la droite de front (*ob*, *o'b'*) et la trace verticale *a'* de l'horizontale (*oa*, *o'a'*). En reprenant le raisonnement du problème précédent, on voit que la trace horizontale αP du plan est la parallèle à *oa* menée par le point *b* ; de même, la trace verticale Qα du plan est la parallèle à *o'b'* menée par le point *a'*. On vérifie ensuite que les deux traces ainsi construites rencontrent *xy* au même point.

On peut même se borner à chercher, par exemple, la trace horizontale *b* de la droite de front (*ob*, *o'b'*) ; par ce point *b* on mène la parallèle αP à *oa* et l'on a ainsi la trace horizontale du plan ; la trace verticale s'obtient ensuite en menant la parallèle αQ à *o'b'*, par le point α où αP rencontre *xy*.

127. Utilité des horizontales et des droites de front d'un plan. — Les horizontales et les droites de front d'un plan, qu'on appelle quelquefois les *droites principales* du plan, sont d'un emploi fréquent dans les épures. Elles donnent lieu, en effet, à des tracés plus simples que des droites choisies arbitrairement dans le plan; le lecteur a pu s'en rendre compte déjà en comparant les deux problèmes précédents à celui du n° 114. Il verra, dans la suite, qu'il y a souvent avantage, lorsqu'on a besoin de tracer une droite auxiliaire d'un plan, à choisir une horizontale ou une droite de front.

§ IV.

Plans remarquables.

128. On appelle *plans remarquables* les plans perpendiculaires ou parallèles aux plans de projection.

129. Plans verticaux. — On nomme *plan vertical* tout plan perpendiculaire au plan horizontal.

Les plans verticaux jouissent des propriétés suivantes :

1° *Tout plan vertical a sa trace verticale perpendiculaire à la ligne de terre.*

En effet, un tel plan et le plan vertical de projection sont tous deux perpendiculaires au plan horizontal ; donc leur intersection, c'est-à-dire la trace verticale du plan, est également perpendiculaire au plan horizontal, et par suite est aussi perpendiculaire à la ligne de terre, qui passe par son pied dans le plan horizontal.

Ainsi le plan PzQ est un plan vertical (*fig.* 166).

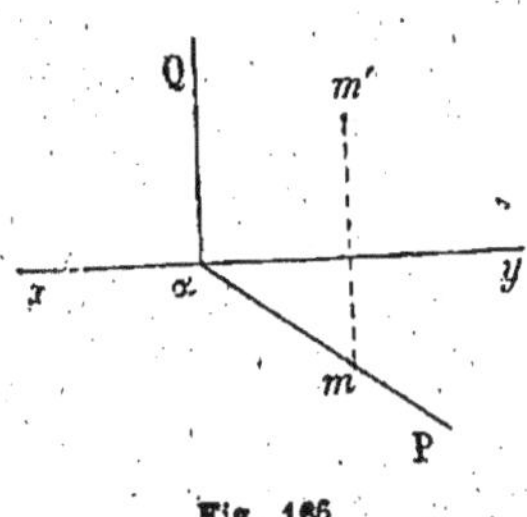

Fig. 166

2° *Réciproquement, tout plan dont la trace verticale est perpendiculaire à la ligne de terre est un plan vertical.*

En effet, soit PzQ un plan dont la trace verticale αQ est perpendiculaire à *xy* (*fig.* 166) : les plans de projection étant rectangulaires, puisque la droite αQ contenue dans le plan vertical est perpendiculaire à leur intersection *xy*, cette droite est perpendiculaire au plan horizontal; donc tout plan passant par αQ, et en particulier le plan PαQ, est perpendiculaire au plan horizontal.

3° Des propriétés qu'on vient de démontrer, il résulte qu'*un plan vertical est complètement défini par sa trace horizontale.*

4° *Tout point d'un plan vertical se projette horizontalement sur la trace horizontale de ce plan.*

En effet, soient M un point situé dans un plan vertical et m sa projection horizontale; on sait que si deux plans sont perpendiculaires, toute perpendiculaire abaissée d'un point de l'un d'eux sur l'autre est contenue tout entière dans le premier. Donc, la projetante Mm du point M, qui est perpendiculaire au plan horizontal, est contenue dans le plan vertical donné; par suite le point m, qui est la trace horizontale de cette projetante, est situé sur la trace horizontale de ce plan vertical.

5° *Réciproquement, tout point dont la projection horizontale est située sur la trace horizontale d'un plan vertical appartient à ce plan vertical.*

En effet, si m est la projection horizontale d'un point M de l'espace et si cette projection appartient à la trace horizontale d'un plan vertical donné, la projetante Mm du point M est tout entière contenue dans ce plan vertical; le point M se trouvant sur cette projetante est lui-même dans le plan vertical.

De ces deux dernières propriétés, il résulte que pour figurer les projections d'un point du plan vertical PαQ (*fig.* 166), il suffit de prendre arbitrairement un point m sur la trace horizontale αP et de marquer un point quelconque m' sur la ligne de rappel du point m; le point (m,m') est dans le plan vertical PαQ.

6° Il en résulte encore que *toute figure située dans un plan vertical se projette horizontalement sur la trace horizontale du plan.*

130. **Plans de bout.** — On nomme *plan de bout* tout plan perpendiculaire au plan vertical de projection.

Les plans de bout jouissent de propriétés analogues à celles des plans verticaux, elles se démontrent tout à fait de la même manière et nous nous bornerons à les énoncer :

1° *Tout plan de bout a sa trace horizontale perpendiculaire à la ligne de terre.* Ainsi le plan PαQ (*fig.* 167) est un plan de bout.

2° *Réciproquement, tout plan* PαQ *dont la trace horizontale est perpendiculaire à la ligne de terre est un plan de bout.*

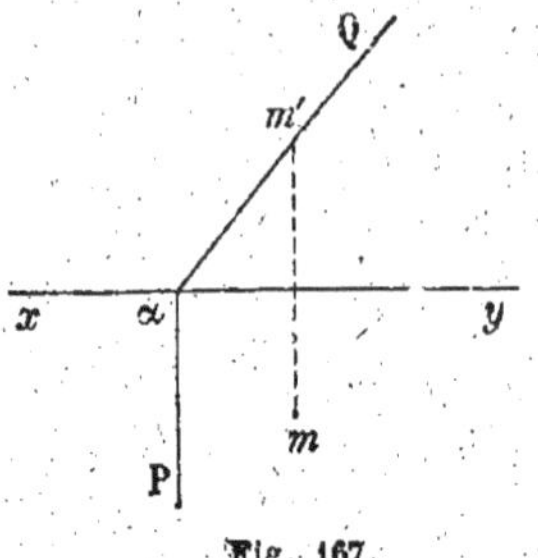

Fig. 167

3° *Un plan de bout est complètement défini par sa trace verticale.*

4° *Tout point d'un plan de bout se projette verticalement sur sa trace verticale.*

5° *Réciproquement, tout point dont la projection verticale est située sur la trace verticale d'un plan de bout appartient à ce plan de bout.*

De ces deux dernières propriétés il résulte qu'en prenant un point quelconque *m'* sur la trace verticale du plan de bout PαQ (*fig.* 167) et un point quelconque *m* sur la ligne de rappel de ce point, le point dont les projections sont *m* et *m'* appartient au plan PαQ.

6° Il en résulte également que *toute figure située dans un plan de bout se projette verticalement sur la trace verticale du plan.*

131. Plans horizontaux. — On nomme *plan horizontal* tout plan parallèle au plan horizontal. Un tel plan n'a pas de trace horizontale ; sa trace verticale est une droite H parallèle à la ligne de terre (*fig.* 168), car H et *xy* sont les droites d'intersection du plan vertical de projection avec deux plans parallèles.

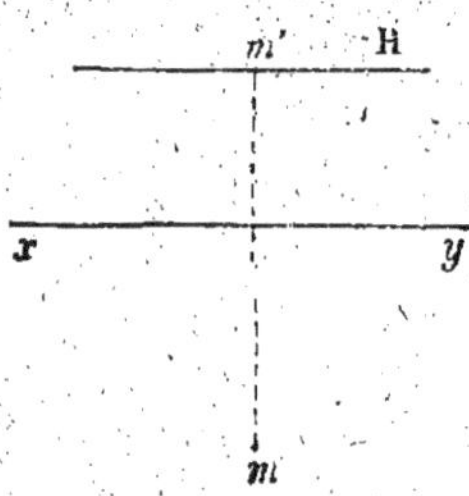

Fig. 168

Un plan horizontal est un plan de bout particulier ; donc tout point (*m,m'*) d'un plan horizontal a sa projection verticale *m'* sur la trace verticale H du plan (*fig.* 168).

Toute figure contenue dans un plan horizontal se projette horizontalement suivant une figure égale (5, III)

132. Plans de front. — On nomme *plan de front* tout plan parallèle au plan vertical. Un tel plan n'a pas de trace verticale ; sa trace horizontale F (*fig.* 169) est parallèle à la ligne de terre, car F et *xy* sont les droites d'intersection de deux plans parallèles avec le plan horizontal.

Un plan de front est un plan vertical particulier : donc tout point (m, m') d'un plan de front a sa projection horizontale m sur la trace horizontale du plan.

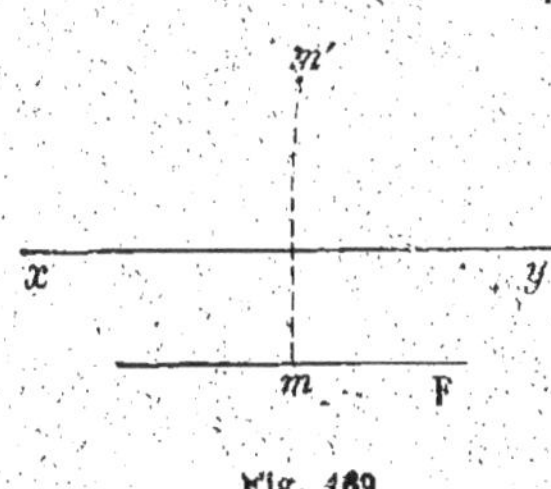

Fig. 169

Toute figure contenue dans un plan de front se projette verticalement suivant une figure égale (5, III).

133. Plans de profil. — On appelle *plan de profil* tout plan perpendiculaire à la ligne de terre ; un tel plan est donc simultanément perpendiculaire aux deux plans de projection. Les traces αP et αQ d'un plan de profil sont dirigées suivant une même perpendiculaire à la ligne de terre (*fig.* 170).

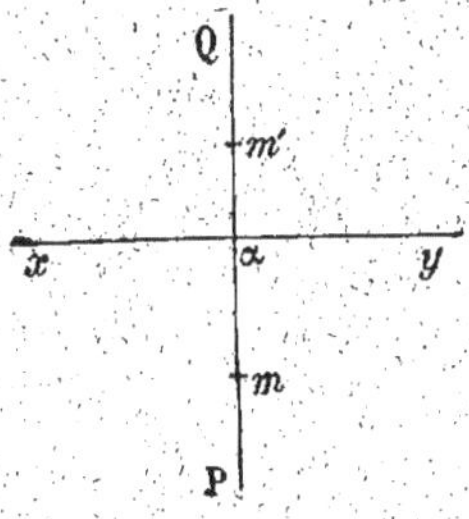

On a les projections d'un point situé dans un plan de profil en marquant deux points quelconques m et m' sur la droite PQ suivant laquelle sont confondues les traces du plan.

Fig. 170

Toute droite d'un plan de profil est une droite de profil (94) ; ses projections sont confondues avec les traces du plan.

134. Plans passant par la ligne de terre. — Nous avons déjà fait remarquer que les traces d'un tel plan sont confondues avec la ligne de terre (113); cette trace commune ne suffit pas pour définir le plan ; on achève généralement de le déterminer en se donnant les projections d'un point quelconque (m, m') du plan (*fig.* 171).

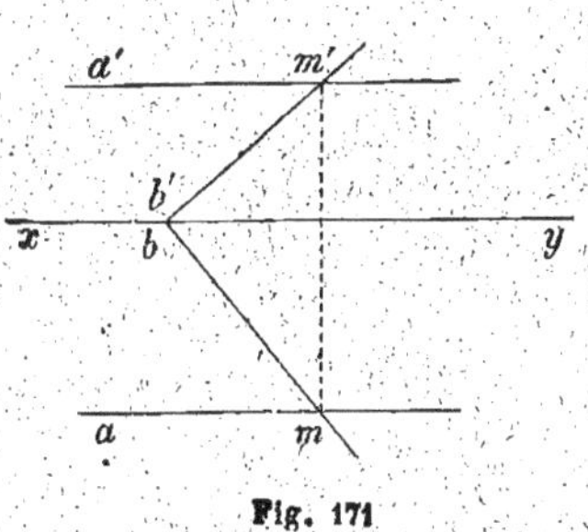

Fig. 171

Toute droite contenue dans un plan passant par la ligne de terre devant être parallèle à la ligne de terre ou la rencontrer, ses projections sont parallèles à xy [Ex. : $(am, a'm')$, *fig.* 171], ou se coupent sur xy [Ex. : $(bm, b'm')$, *fig.* 171].

135. Plans parallèles à la ligne de terre. — Nous avons vu précédemment que les traces d'un tel plan sont parallèles à la ligne de terre (113).

§ V.

Passage de la représentation du plan en géométrie cotée à sa représentation en géométrie descriptive.

136. Soit le plan P défini par une échelle de pente (*fig.* 172) ;

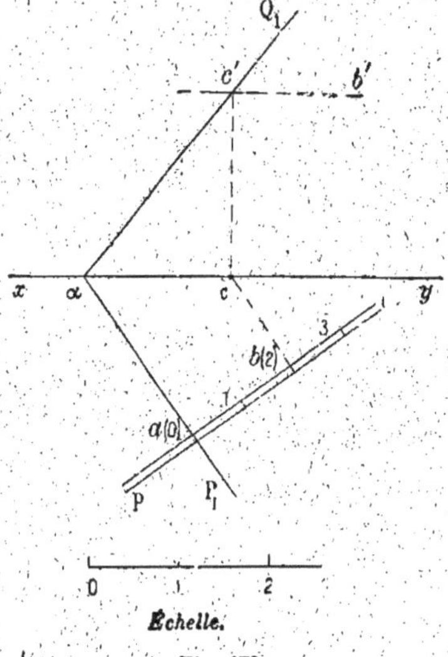

proposons-nous, par exemple, de déterminer les traces de ce plan dans le système de deux plans de projection défini par la ligne de terre *xy*, le plan de comparaison étant pris comme plan horizontal de projection. On a d'abord immédiatement la trace horizontale αP₁ du plan en menant la perpendiculaire à l'échelle de pente au point a(o) de cette droite.

Quant à la trace verticale, c'est l'intersection du plan vertical *xy* avec le plan P, c'est-à-dire (43, Rem.) la droite de ce plan dont la projection horizontale est *xy* ; marquons, par exemple, sur cette droite le point *a* de cote *zéro* et la projection horizontale *c* du point de cote 2 de cette droite (43). La projection verticale *c'* de ce dernier point s'obtient en portant sur la perpendiculaire élevée en *c* à *xy* une longueur *cc'* égale à 2 unités de l'échelle du dessin, et la trace verticale du plan est, en projection verticale, la droite α*c'*.

Réciproquement, soit P₁αQ₁ un plan défini par ses traces dans un système de deux plans de projection (*fig.* 172) ; proposons-nous de figurer une échelle de pente de ce plan, en prenant le plan horizontal de projection comme plan de comparaison. On a déjà toute tracée, la trace horizontale αP_1 du plan; en menant par exemple la parallèle $b'c'$ à xy à 2 unités de l'échelle du dessin au-dessus de xy, et en considérant cette parallèle comme la projection verticale de l'horizontale de cote 2 du plan, on peut avoir aisément la projection horizontale bc de cette horizontale (121). La construction d'une échelle de pente P du plan s'en déduit immédiatement (37).

137. Application. — *Un plan étant défini par une échelle de pente* P (*fig.* 173), *définir un système de deux plans de projection dans lequel le plan donné soit un plan de bout.*

Nous supposons, bien entendu, que le plan de comparaison est choisi comme plan horizontal de projection.

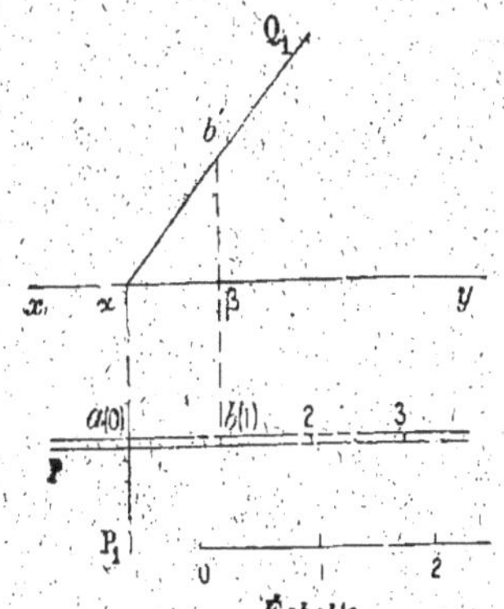

Puisque la condition nécessaire et suffisante pour qu'un plan soit de bout est que sa trace horizontale soit perpendiculaire à la ligne de terre (130), *il suffira donc de choisir la ligne de terre* xy *perpendiculaire aux horizontales du plan, c'est-à-dire parallèle à son échelle de pente.* Les horizontales du plan deviennent alors des droites de bout: par exemple, l'horizontale de cote 1, dont la projection horizontale est $b\beta$, a pour trace verticale (106, 5°) le point b' situé sur le prolongement de $b\beta$, à *une* unité de l'échelle du dessin au-dessus de xy. La trace verticale du plan est ensuite la droite $\alpha Q_1'$, obtenue (113) en joignant au point b' le point α où la trace horizontale rencontre xy. Le plan est ainsi représenté en $P_1 \alpha Q_1$ par ses deux traces.

Fig. 173

Échelle

§ VI.

Droites et plans parallèles.

138. Nous rappellerons les propositions suivantes, qu'on démontre en géométrie :

1° *Pour qu'une droite soit parallèle à un plan, il faut et il suffit qu'elle soit parallèle à une droite du plan;*

2° *Pour que deux plans soient parallèles, il faut et il suffit que l'un d'eux contienne deux droites respectivement parallèles à deux droites* CONCOURANTES *situées dans l'autre plan.*

139. Problème. — *Mener par un point donné une droite parallèle à un plan donné.*

D'après la première proposition rappelée ci-dessus, il suffit de mener par le point donné une parallèle à une droite quelconque du plan (105). Le problème est donc indéterminé.

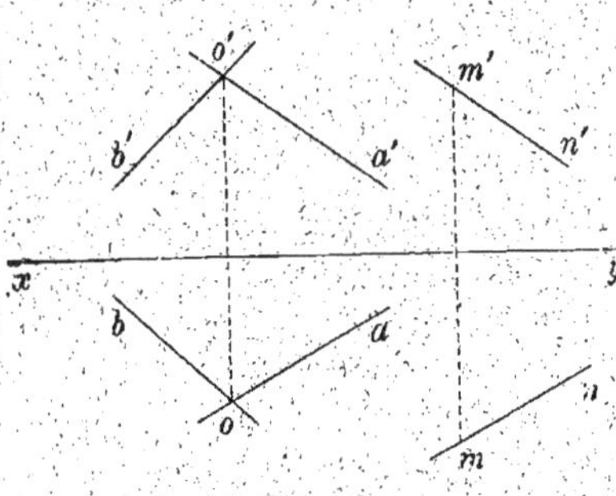

Fig. 174

Si le plan est défini par deux droites concourantes $(oa, o'a')$ et $(ob, o'b')$ (fig. 174), on mène par exemple par le point donné (m, m') la parallèle $(mn, m'n')$ à la droite $(oa, o'a')$.

Si le plan est défini par ses traces, on construit d'abord une droite de ce plan (118), et par le point donné on mène ensuite une parallèle à cette droite.

140. Problème. — *Mener par un point donné une horizontale ou une droite de front parallèle à un plan donné.*

On construit d'abord une horizontale ou une droite de front du plan, et on lui mène ensuite une parallèle par le point donné. Si le plan est défini par ses traces, il suffit de mener par le point une parallèle à sa trace horizontale ou à sa trace verticale.

Nous laissons au lecteur le soin de faire les épures.

141. Problème. — *Mener par un point donné un plan parallèle à une droite donnée.*

Il suffit, d'après la première proposition rappelée au n° 138, de mener par le point la parallèle à la droite donnée et de faire passer par cette droite un plan quelconque. Le problème est encore indéterminé. Ainsi, si (o, o') est le point donné et $(mn, m'n')$ la droite donnée (fig. 174), on mène par le point (o, o'), d'abord la parallèle $(oa, o'a')$ à

(mn, $m'n'$), puis une droite quelconque (ob, $o'b'$) ; ces deux droites définissent un plan répondant à la question.

142. Problème. — *Mener par une droite donnée un plan parallèle
à une deuxième droite donnée.*

Si les deux droites sont parallèles, tout plan passant par l'une est
parallèle à l'autre et le problème est indéterminé.

Si les deux droites ne sont pas parallèles, il suffit, d'après la première proposition rappelée au n° 138, de mener par un point de la première une parallèle à la seconde ; cette parallèle détermine avec la première droite le plan cherché. Ainsi, s'il s'agit de mener par la droite
(ob, $o'b'$) le plan parallèle à la droite (mn, $m'n'$) (*fig.* 174), par le point
(o, o') pris sur la première on mène la parallèle (oa, $o'a'$) à la seconde ;
le plan défini par les deux droites concourantes (oa, $o'a'$) et (ob, $o'b'$)
est parallèle à la droite (mn, $m'n'$).

143. Théorème. — *Deux plans parallèles ont leurs traces de
mêmes noms parallèles.*

En effet, leurs traces horizontales sont parallèles comme intersections de deux plans parallèles par le plan horizontal ; pour une raison
analogue, les traces verticales des
deux plans sont aussi parallèles.

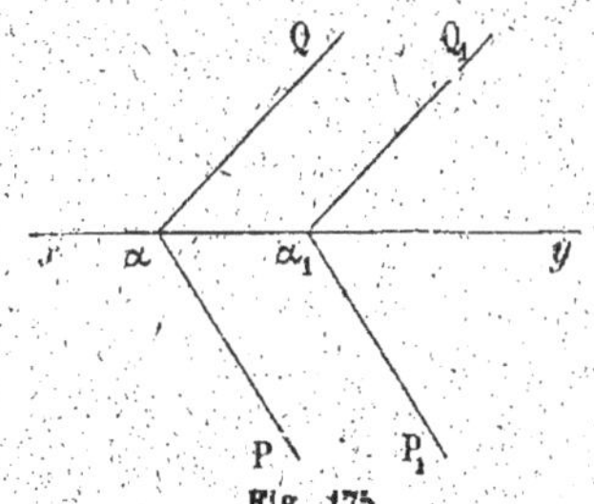

Réciproquement, *si deux plans* non
*parallèles à la ligne de terre ont
leurs traces de mêmes noms parallèles,
ces plans sont parallèles.*

En effet, puisque les plans ne sont
pas parallèles à la ligne de terre, les
traces de chacun d'eux sont concou-

Fig. 175

rantes. Ces plans sont alors parallèles, en vertu de la deuxième proposition rappelée plus haut (138). Ainsi, PαQ et P$_1\alpha_1$Q$_1$ (*fig.* 175)
sont deux plans parallèles.

Remarque. — Si les plans sont parallèles à la ligne de terre, ils ne
sont pas nécessairement parallèles, quoique ayant leurs traces de mêmes
noms parallèles, car l'un d'eux ne contient qu'*une seule* direction parallèle à l'autre. On trouvera à la fin du volume (Note, III) un théorème
donnant sous forme de relation métrique une condition nécessaire et
suffisante pour le parallélisme de deux tels plans.

144. Corollaire. — *Les horizontales de deux plans parallèles sont parallèles ; il en est de même de leurs droites de front.*

En effet, d'après le théorème précédent, les traces de mêmes noms des deux plans parallèles sont parallèles et, d'autre part, on sait que les horizontales et les droites de front d'un plan sont respectivement parallèles à la trace horizontale et à la trace verticale de ce plan (120 et 122).

145. Problème. — *Mener par un point donné le plan parallèle à un plan donné.*

MÉTHODE. — D'après la proposition rappelée (138, 2°), *il suffit de mener par le point donné les parallèles à deux droites concourantes du plan donné ; les droites ainsi obtenues déterminent le plan cherché.*

1° *Le plan est défini par deux droites concourantes.* — Soit par exemple à mener par le point (m, m') le plan parallèle au plan

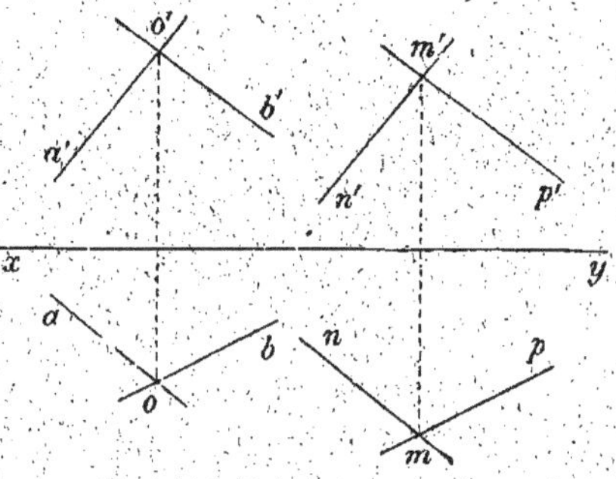

Fig. 176

défini par les deux droites $(oa, o'a')$, $(ob, o'b')$ qui se coupent au point (o, o') (*fig.* 176). Par le point (m, m') on mène les droites $(mn, m'n')$, $(mp, m'p')$ respectivement parallèles aux droites définissant le plan donné (105) : ces droites déterminent le plan cherché.

2° *Le plan est défini par ses traces.* — Si le plan donné P_zQ n'est pas parallèle à la ligne de terre (*fig.* 177), il est, comme dans le 1°, défini par deux droites concourantes $(\alpha P, xy)$ et $(xy, \alpha Q)$. Par le point (m, m') on mène l'horizontale $(mn, m'n')$ parallèle à la trace horizontale $(\alpha P, xy)$ du plan, et la droite de front $(mp, m'p')$ parallèle à sa trace verticale $(xy, \alpha Q)$; ces deux droites définissent le plan cherché.

Si l'on veut déterminer les traces du plan, il est inutile de construire à la fois l'horizontale et la droite de front passant par le point (m, m'). Il suffit de mener, par exemple, la droite de front $(mn, m'n')$ parallèle à la trace verticale du plan P_zQ et de déterminer sa trace

horizontale (n, n') $(fig.\ 178)$; le point n appartenant à la trace horizontale du plan cherché, on mène par ce point la parallèle $\alpha_1 P_1$ à la

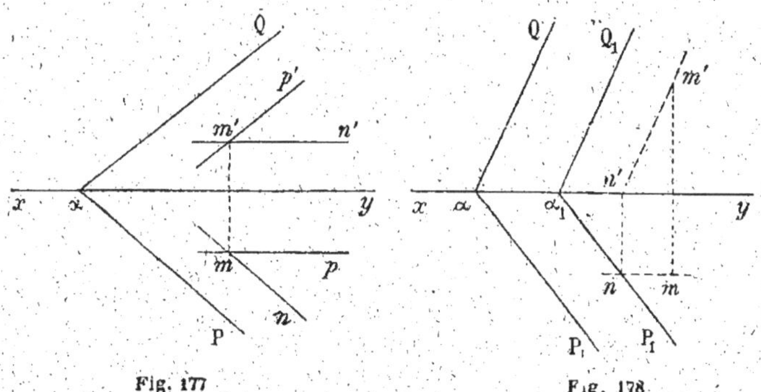

Fig. 177   Fig. 178

trace horizontale αP du plan donné, et par le point α_1 où cette
droite rencontre xy, la parallèle $\alpha_1 Q_1$ à αQ. Le plan cherché est le
plan $P_1\alpha_1 Q_1$.

On peut remplacer la droite de front $(mn,\ m'n')$ par l'horizontale
parallèle au plan donné passant par le point (m, m'), ou, plus généralement, par une droite quelconque parallèle à ce plan.

3° *Le plan est parallèle à la ligne de terre et donné par ses*

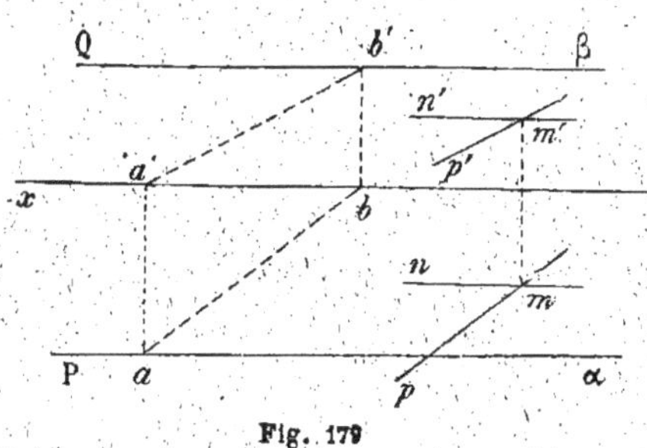

Fig. 179

traces. — Soient αP
et βQ les traces du
plan donné, (m, m')
le point donné $(fig.$
179). On construit
d'abord les projec-
tions ab et $a'b'$
d'une droite quel-
conque du plan
(118), puis, par le
point (m, m'), on

mène la parallèle $(mn, m'n')$ à xy et la parallèle $(mp, m'p')$ à la droite
$(ab, a'b')$; ces deux droites définissent le plan demandé.

116. **Problème.** — *Mener par une droite donnée un plan parallèle
à un plan donné.*

Pour que le problème soit possible, il est *nécessaire* que la droite soit elle-même parallèle au plan donné. S'il en est ainsi, on mène par un point de la droite une deuxième droite parallèle au plan : cette parallèle et la droite donnée définissent le plan cherché.

EXERCICES

1. Construire les projections d'un point d'un plan donné, connaissant la cote et l'éloignement de ce point.

2. Connaissant les projections horizontales des quatre sommets d'un quadrilatère plan et les projections verticales de trois d'entre eux, trouver la projection verticale du quatrième.

3. Construire les traces d'un plan défini par deux droites dont les projections de noms contraires coïncident. Expliquer le résultat.

4. Construire les traces d'un plan passant par un point donné et parallèle à la ligne de terre et à une droite de profil.

5. Un plan étant défini par ses traces, trouver les traces des plans symétriques du premier par rapport aux plans de projection.

6. Connaissant un point d'une droite donnée et l'une des projections de cette droite, trouver l'autre projection de la droite, sachant qu'elle est parallèle à un plan donné.

7. On donne un plan par ses traces, une droite par ses deux projections : reconnaître si la droite est parallèle au plan.

8. On donne un point A et, dans le plan horizontal, une droite D. Mener par A une droite dont la trace horizontale soit sur D et telle que A soit le milieu du segment déterminé par ses traces horizontale et verticale.

9. On connaît les projections horizontales des milieux des côtés d'un triangle et trois plans contenant chacun un des sommets du triangle. Trouver les projections du triangle.

(Navale.)

10. Reprendre, dans le système des deux plans de projection, les exercices nᵒˢ 10, 11, 12 de la fin du chapitre II (Géométrie cotée).

11. Comment varie la trace verticale d'un plan défini par trois points lorsqu'on multiplie les cotes de ces trois points par un même nombre ?

(Saint-Cyr.)

CHAPITRE IV

INTERSECTIONS DE DROITES ET DE PLANS

---

§ I.

Intersection de deux plans.

147. Cas particulier. — *Déterminer les projections de la droite d'intersection d'un plan perpendiculaire à l'un des plans de projection avec un plan quelconque.*

Soit par exemple à trouver la droite d'intersection du plan vertical ayant pour trace horizontale la droite αP (*fig.* 180) avec un autre plan quelconque. On sait (129, 6°) que toute figure située dans un plan vertical se projette horizontalement sur la trace horizontale de ce plan, donc αP est la projection horizontale de la droite cherchée. Cette droite appartenant également au deuxième plan, on est alors ramené à trouver la projection verticale d'une droite de ce plan connaissant sa projection horizontale αP, problème traité précédemment (112 et 119).

Ainsi, si le deuxième plan est défini par deux droites concourantes (ou parallèles), $(oa, o'a')$ et $(ob, o'b')$ (*fig.* 180), on marque les points m et n où αP rencontre respectivement oa et ob et on relève ces points en m' et n' sur

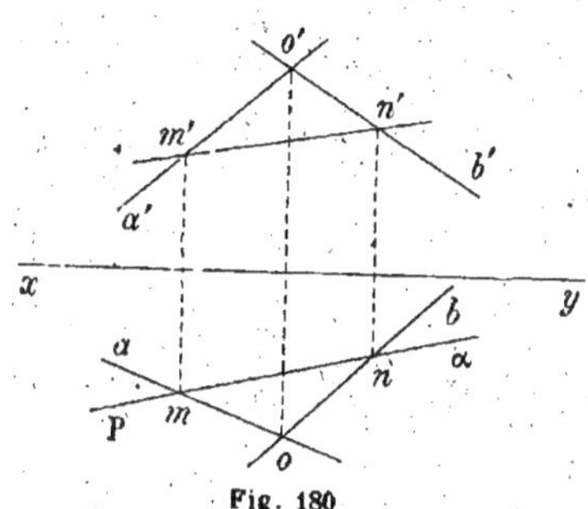

Fig. 180

$o'a'$ et $o'b'$; la droite d'intersection des deux plans donnés est $(mn, m'n')$.

Les remarques du n° 112 permettent de résoudre le problème dans les différents cas de figures qui peuvent se présenter.

Le raisonnement est le même si le plan vertical est remplacé par un plan de bout, ou encore par un plan horizontal ou de front ; dans ces deux derniers cas, on est conduit à chercher soit une horizontale du deuxième plan connaissant sa projection verticale, soit une droite de front de ce même plan connaissant sa projection horizontale, problèmes que nous avons également traités (121 et 123).

148. Problème général. — *Déterminer la droite d'intersection de deux plans quelconques.*

MÉTHODE GÉNÉRALE, DITE DES PLANS AUXILIAIRES. — Cette méthode a déjà été exposée au n° 55.

Pour définir l'intersection de deux plans P et Q (*fig.* 62), il suffit d'en déterminer deux points. A cet effet :

1° *On coupe les deux plans P et Q par un troisième plan auxiliaire R;*

2° *On cherche les droites d'intersection D et Δ de R avec P et Q. Ces droites concourent, en général, en un point M, qui est évidemment un point de la droite d'intersection des deux plans P et Q;*

3° En utilisant *un deuxième plan auxiliaire* R_1, on obtient de la même manière *un deuxième point* M_1 *de cette intersection,* qui est ainsi complètement définie par les deux points M et M_1.

Pratiquement, il faut qu'on puisse trouver facilement les droites d'intersection des plans R, R_1 avec les plans P et Q ; *on choisit généralement pour plans auxiliaires* R *et* R_1 *des plans perpendiculaires aux plans de projection,* puisque, comme nous l'avons montré plus haut (147), on obtient sans difficulté la droite suivant laquelle un tel plan coupe un plan quelconque.

Nous allons appliquer cette méthode générale à quelques exemples.

149. Exemple I. — *Les deux plans sont définis par leurs traces.*

Soient deux plans $P\alpha Q$, $P_1\alpha_1 Q_1$, définis par leurs traces (*fig.* 181). Les plans auxiliaires les plus simples qui se présentent dans ce cas sont les plans de projection. Le plan horizontal coupe les deux plans suivant leurs traces horizontales $(P\alpha, xy)$, $(P_1\alpha_1, xy)$; ces traces

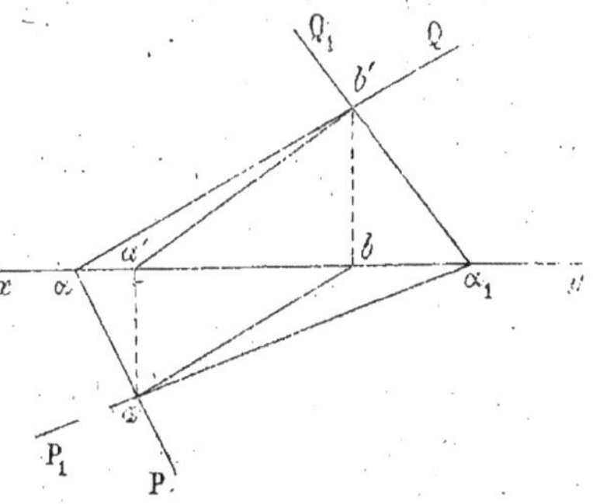

Fig. 181

se rencontrent au point (a, a').

De même, le plan vertical coupe les deux plans suivant leurs traces verticales $(xy, \alpha Q)$ et $(xy, \alpha_1 Q_1)$, qui se rencontrent au point (b, b'). L'intersection des deux plans est donc la droite $(ab, a'b')$.

Remarquons que les deux points (a, a') et (b, b') qui définissent la droite d'intersection des plans donnés sont respectivement la trace horizontale et la trace verticale de cette droite.

REMARQUE. — Si l'un des plans, $P_1\alpha_1 Q_1$ par exemple, est un plan vertical (*fig.* 182), on voit, en appliquant les constructions précé-

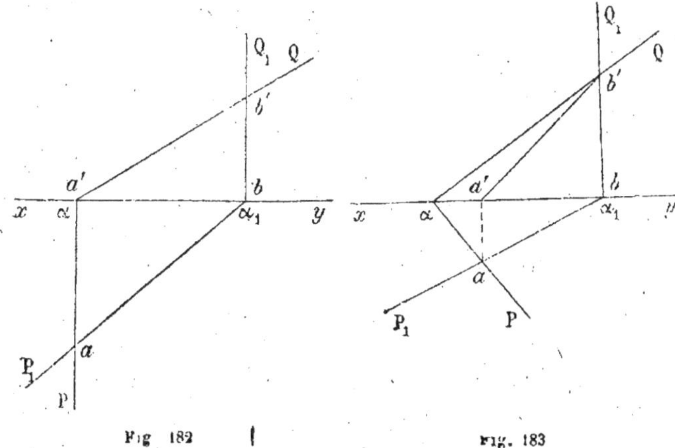

Fig. 182   Fig. 183

dentes, que la projection horizontale ab de la droite d'intersection des deux plans est confondue avec la trace horizontale $\alpha_1 P_1$ du plan vertical ; ce résultat pouvait être prévu, puisque toute figure d'un plan vertical se projette horizontalement sur la trace horizontale de ce plan (120. 6°).

De même, si l'un des plans est de bout et l'autre vertical (*fig.* 183), la projection horizontale *ab* de la droite d'intersection des deux plans est confondue avec la trace horizontale du plan vertical (129, 6°), et sa projection verticale *a'b'* est confondue avec la trace verticale du plan de bout (130, 6°). Dans ce cas, on n'a aucune construction à faire.

150. Exemple II. — *Les traces horizontales des deux plans sont parallèles.*

Soient deux plans PαQ, P₁α₁Q₁ dont les traces horizontales αP et

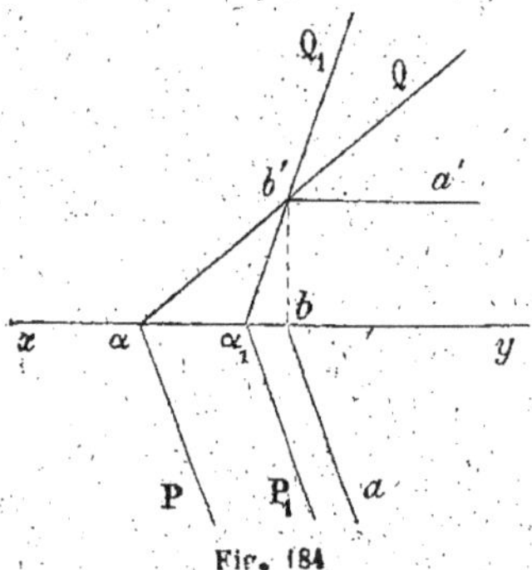

Fig. 184

α₁P₁ sont parallèles (*fig.* 184) ; la droite d'intersection de ces plans est elle-même parallèle à ces traces : c'est donc une horizontale. Or, le point de rencontre (*b*, *b'*) des traces verticales est un point de l'intersection ; pour avoir celle-ci, il suffit alors de mener l'horizontale (*ba*, *b'a'*) de l'un des deux plans, passant par le point (*b*, *b'*) (121, 2°).

Si les traces verticales des deux plans sont parallèles, l'intersection de ces plans est, de même, la droite de front de l'un deux passant par le point de rencontre de leurs traces horizontales.

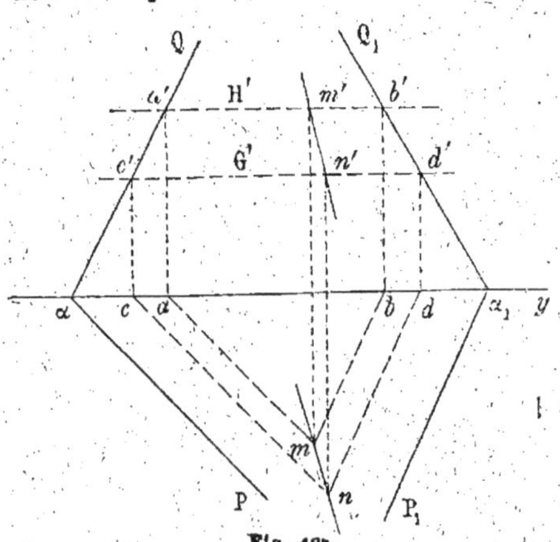

151. Exemple III. — *Les traces de mêmes noms des deux plans ne se coupent pas dans les limites de l'épure.*

Dans ce cas, on ne prend pas comme plans auxiliaires les plans de projection, mais deux plans parallèles aux plans de projection.

Le **plan** horizontal H', par exemple, coupe le plan PαQ suivant

Fig. 185

l'horizontale $(am, a'm')$ (fig. 185) et le plan $P_1\alpha_1Q_1$ suivant l'horizontale $(bm, b'm')$; les projections horizontales de ces deux droites se coupent au point m, qu'on relève en m' sur H' ; le point (m, m') est un premier point de l'intersection cherchée. On en obtiendra un second point (n, n') en coupant les plans donnés par un autre plan horizontal G', et finalement la droite d'intersection des deux plans est la droite $(mn, m'n')$.

On peut employer de la même manière comme plans auxiliaires deux plans de front, ou bien un plan horizontal et un plan de front, où bien encore des plans verticaux ou de bout.

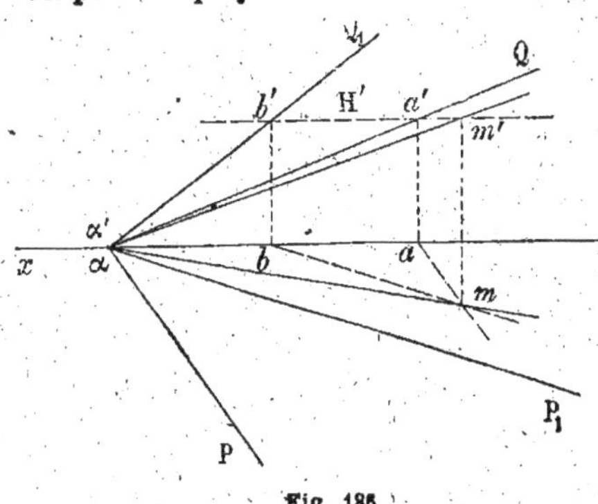

Fig. 186

152. Exemple IV. — *Les deux plans coupent la ligne de terre au même point.*

Soient P_2Q, $P_1\alpha_1Q_1$ deux plans coupant xy au même point (α,α') (*fig.* 186); le point (α,α') est un premier point de l'intersection. Pour en avoir un deuxième point, on a recours, par exemple, à un plan horizontal auxiliaire H', qui détermine dans les plans donnés les horizontales $(am, a'm')$ et $(bm, b'm')$; les projections horizontales de ces droites se coupent en un point m qu'on rappelle en m' sur H'; (m,m') est le deuxième point cherché et l'intersection des deux plans est la droite $(\alpha m, \alpha'm')$.

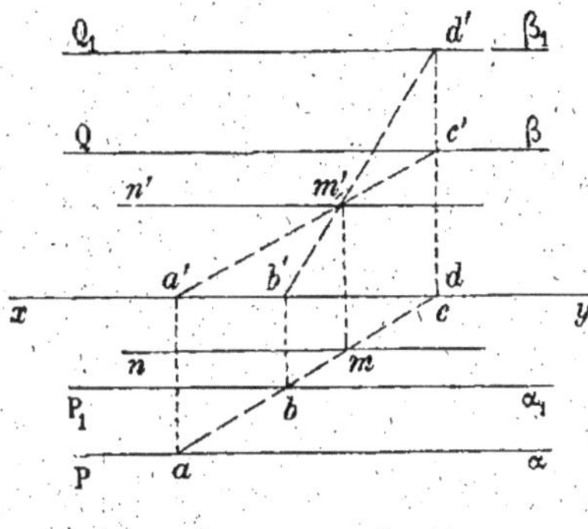

Fig. 187

153. Exemple V. — *Les deux plans sont parallèles à la ligne de terre.*

Supposons les **deux** plans déterminés par leurs traces, $(P\alpha, Q\beta)$ pour le premier, $(P_1\alpha_1, Q_1\beta_1)$ pour le second (*fig*. 187). Les deux plans étant parallèles à *xy*, leur intersection est elle-même parallèle à *xy*, et il suffit dès lors d'en trouver un point Pour cela, on coupe les deux plans par un plan auxiliaire, le plan vertical *ab* par exemple, qui détermine dans les plans donnés les droites $(ac,a'c')$ et $(bd, b'd')$; les projections verticales de ces droites se coupent au point m', qu'on rappelle en *m* sur leur projection horizontale commune *ab*; le point (m,m') est un point de l'intersection cherchée et celle-ci est la droite $(mn, m'n')$ parallèle à *xy*.

154. **Exemple VI.** — *L'un des plans est défini par deux droites, l'autre par ses traces.*

Soient $(oa, o'a')$ et $(ob, o'b')$ (*fig*. 188) les droites définissant le premier plan, et soit $P\alpha Q$ le deuxième plan.

On emploie encore comme plans auxiliaires deux des plans projetant horizontalement et verticalement les deux droites du premier plan. Le plan de bout projetant verticalement $(oa, o'a')$, par exemple, coupe le premier plan suivant cette droite elle-même et le second suivant la droite $(cd, c'd')$ (151, Rem.); ces droites se rencontrent au point $(m\,m')$, qui est un premier point de l'intersection cherchée.

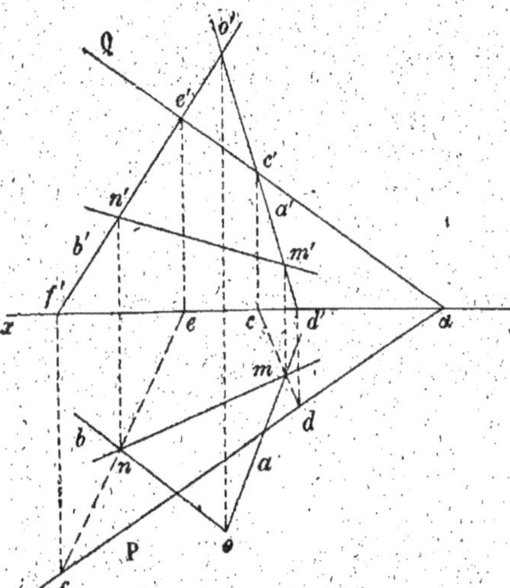

Fig. 188

De même, le plan de bout projetant verticalement $(ob, o'b')$ coupe le premier plan suivant cette droite, et le deuxième suivant la droite $(ef,e'f')$; ces droites se rencontrent au point (n,n').

qui est un deuxième point de l'intersection ; celle-ci est alors la droite (*mn*, *m'n'*).

Remarque. — Si aucun des quatre plans auxiliaires que nous avons indiqués ne donne des constructions restant dans les limites de l'épreuve, on emploie d'autres plans verticaux ou de bout, ou des plans horizontaux ou de front choisis convenablement.

155. Exemple VII. — *Les deux plans sont définis chacun par deux droites concourantes.*

Soient (*oa*, *o'a'*), (*ob*, *o'b'*) les droites définissant le premier plan, (*ωc*, *ω'c'*), (*ωd*, *ω'd'*) celles qui définissent le second (*fig.* 189). On

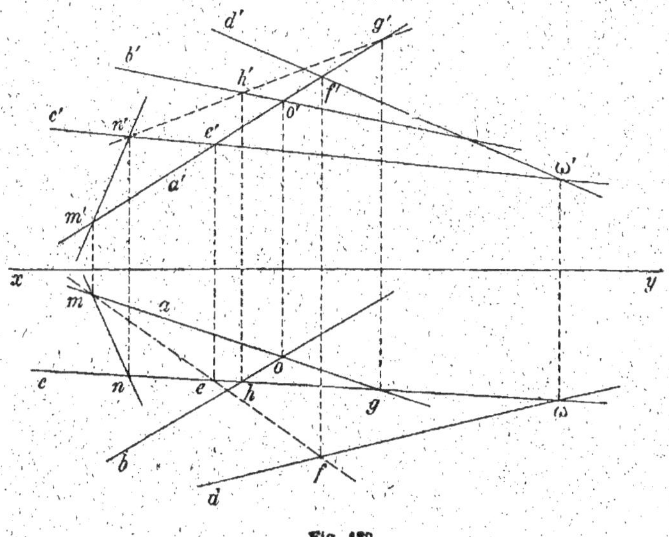

Fig. 189

prend généralement comme plans auxiliaires deux des huit plans projetant horizontalement et verticalement les quatre droites précédentes.

Le plan de bout qui projette verticalement (*oa*, *o'a'*) coupe le premier plan suivant la droite (*oa*, *o'a'*) elle-même ; il coupe le deuxième plan suivant la droite (*ef*, *e'f'*), qu'on détermine comme il a été indiqué au n° 147 ; les deux droites (*oa*, *o'a'*), et (*ef*, *e'f'*) se rencontrent au point (m, m'), qui est un premier point de l'intersection des deux plans.

De la même manière, le plan vertical projetant horizontalement la droite $(\omega c, \omega'c')$ coupe le deuxième plan suivant la droite $(\omega c, \omega'c')$ elle-même et le premier plan suivant la droite $(gh, g'h')$; ces deux droites se rencontrent au point (n, n'), qui est un deuxième point de la droite d'intersection des deux plans donnés. Cette droite est donc $(mn, m'n')$.

REMARQUE. — Parmi les huit plans auxiliaires que l'on peut employer, on choisit ceux qui donnent lieu à des constructions restant dans les limites de l'épure.

Si les constructions ne réussissent avec aucun d'eux, on a recours à des plans auxiliaires quelconques perpendiculaires aux plans de projection, mais choisis de manière que l'on puisse effectuer toutes les constructions nécessaires.

L'avantage que présentent les plans auxiliaires que nous avons employés dans l'épure de la figure 189 consiste en ce que la droite d'intersection de chacun d'eux avec l'un des deux plans donnés est toute tracée.

156. CAS PARTICULIER. — *Les droites qui déterminent chaque plan concourent au même point.*

Soit à déterminer l'intersection du plan défini par les droites $(oa, o'a')$ et $(ob, o'b')$ avec le plan défini par les droites $(oc, o'c')$ et $(od, o'd')$ (fig. 190). Le point (o, o') est évidemment un point de cette intersection, de sorte qu'il suffit d'en trouver un second point ; on ne

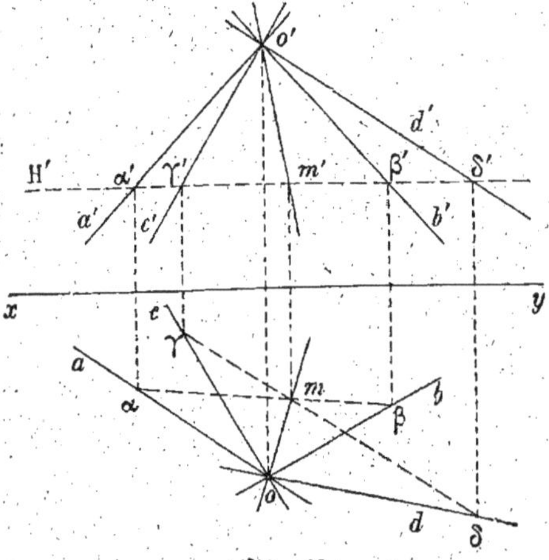

Fig. 190

peut pas utiliser pour cela un des huit plans projetant horizontale-

ment et verticalement les droites données, car on retomberait manifestement sur le point (o, o') ; on emploie alors, pa. exemple, un plan
horizontal auxiliaire H', qui coupe respectivement les deux plans
suivant les horizontales (αβ, α'β') et (γδ, γ'δ') ; ces horizontales se rencontrent au point (m, m') qui est le deuxième point cherché ; donc
(o'm, o'm') est la droite d'intersection des deux plans.

On aurait pu prendre comme plan auxiliaire un plan de front, ou
encore un plan vertical ou de bout.

157. Exemple VIII. — *L'un des plans passe par la ligne de terre.*

Supposons que l'un des plans donnés soit défini par xy et le point
(a, a') ; nous allons montrer comment on peut trouver l'intersection
d'un tel plan avec un autre plan, en faisant diverses hypothèses sur
la façon de définir ce dernier.

1° *Le deuxième plan est défini par deux droites concourantes.* — En
joignant le point (a, a') à deux points distincts pris sur xy, on obtient
deux droites appartenant au premier plan, et on est alors ramené
à un exemple déjà traité (155).

2° *Le deuxième plan est défini par ses traces et rencontre* xy. — Soit
PαQ ce deuxième plan (*fig.* 191) ; le point $(α, α')$ où il rencontre

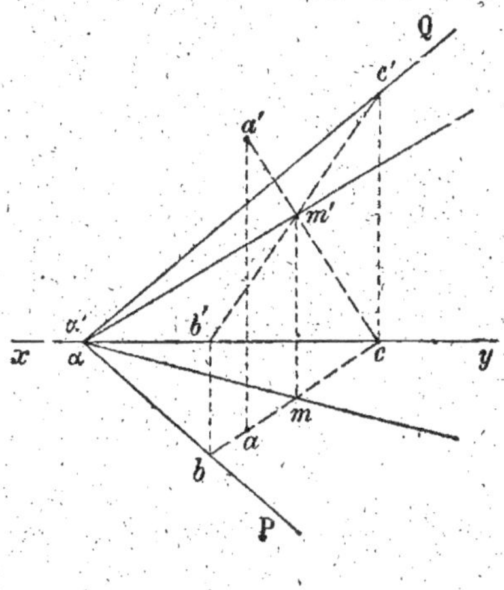

Fig. 191

xy est déjà un premier
point de l'intersection.
Pour en obtenir un second,
on emploie un plan auxi-
liaire passant par le point
(a, a'), par exemple un plan
vertical ac ; ce plan rencontrant la ligne de terre
au point c coupe le premier plan donné suivant
la droite $(ac, a'c)$; il coupe
le plan PαQ suivant la
droite $(bc, b'c')$ (149, Rem.).
Ces deux droites se rencontrent au point (m, m'), qui
est le deuxième point cher-

ché. La droite d'intersection des deux plans est donc $(αm, α'm')$.

3° *Le deuxième plan est défini par ses traces et est parallèle à* xy. —

Soient Pα et Qβ les traces du deuxième plan, parallèles à *xy* (*fig.* 192). Les deux plans donnés étant parallèles à la ligne de terre,

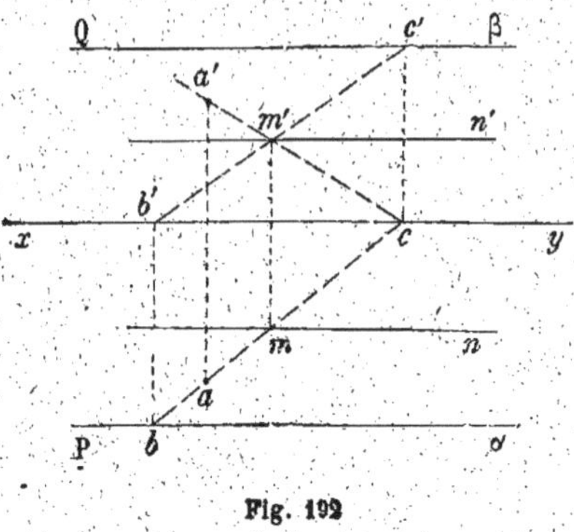

Fig. 192

leur intersection est elle-même parallèle à *xy* et il suffit dès lors d'en trouver un point ; pour cela, on emploie comme précédemment un plan auxiliaire passant par le point (*a, a'*), le plan vertical *ac* par exemple ; ce plan, rencontrant la ligne de terre au point *c*, coupe le premier plan donné suivant la droite (*ac, a'c*), il coupe

le plan (Pα, Qβ) suivant la droite (*bc, b'c'*) (149, Rem.) ; ces deux droites se rencontrent au point (*m, m'*), qui est un point de l'intersection cherchée ; celle-ci est donc la parallèle (*mn, m'n'*) à *xy*.

<h2 style="text-align:center">§ II.</h2>

<h3 style="text-align:center">Point commun à trois plans.</h3>

158. MÉTHODE GÉNÉRALE. — *Pour trouver le point commun à trois plans* P, P₁, P₂ :

1° *On cherche la droite* AB *d'intersection des plans* P *et* P₁ ;

2° *On cherche la droite* CD *d'intersection des plans* P *et* P₂.

Le point commun à AB *et* CD, *lorsque ces droites concourent, est le point cherché.*

159. SOLUTION GRAPHIQUE. — Soit à trouver le point commun aux trois plans PαQ, P₁α₁Q₁, P₂α₂Q₂, définis par leurs traces (*fig.* 193).

Les plans PαQ et P₁α₁Q₁ se coupent suivant la droite (*ab, a'b'*).

—   PαQ et P₂α₂Q₂   —   —   (*cd, c'd'*).

Les droites (*ab, a'b'*) et (*cd, c'd'*) se rencontrent au point (*m, m'*) qui est le point cherché.

Remarque. — La droite $(ef, e'f')$, suivant laquelle se coupent les plans $P_1\alpha_1Q_1$ et $P_2\alpha_2Q_2$ doit, bien entendu, passer également au

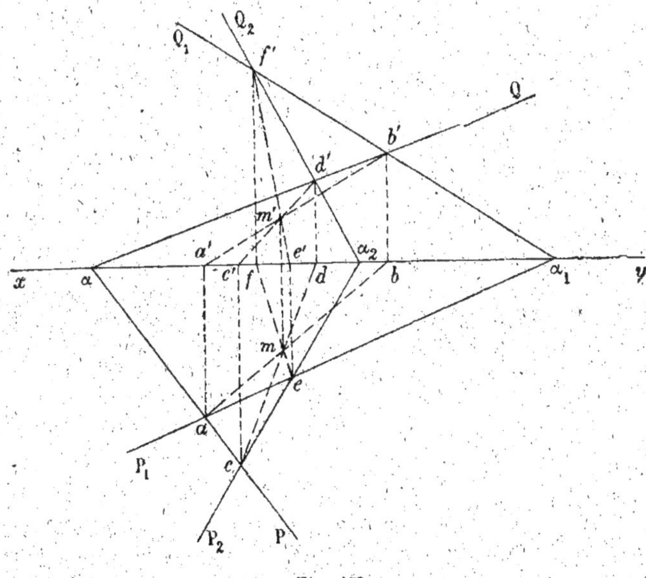

Fig. 193

point (m, m'). En construisant cette droite, on peut ainsi vérifier l'exactitude des constructions.

§ III.

Intersection d'une droite et d'un plan.

160. Cas particulier. — *Trouver le point d'intersection d'une droite quelconque avec un plan perpendiculaire à l'un des plans de projection.*

Soit, par exemple, à déterminer l'intersection de la droite $(ab, a'b')$ avec le plan vertical PαQ (*fig.* 194). Nous savons (129, 4°) que tout point d'un plan vertical se projette horizontalement sur la trace horizontale du plan ; donc la projection horizontale m du point cherché est à l'intersection de *ab* avec αP, et on obtient sa projection verticale *m'* en rappelant *m* sur *a'b'*.

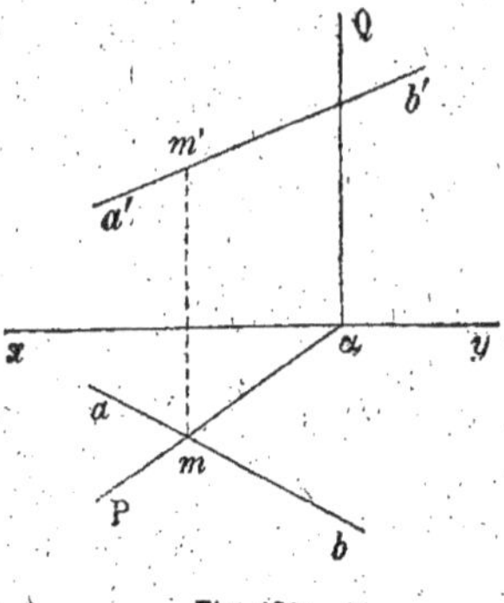

On obtient de la même façon les projections du point de rencontre d'une droite quelconque avec un plan de bout.

Fig. 194

161. Problème général. — *Trouver le point de rencontre d'une droite et d'un plan quelconques.*

MÉTHODE GÉNÉRALE. — Cette méthode a déjà été indiquée au n° 64. Pour obtenir le point d'intersection d'une droite D et d'un plan P (*fig.* 71) :

1° *On fait passer par la droite un plan auxiliaire* Q :

2° *On détermine la droite d'intersection* Δ *des plans* P *et* Q,

3° *Si les deux droites* D *et* Δ *sont distinctes et non parallèles, leur point de rencontre est le point commun à* P *et à* D.

Si D et Δ sont parallèles, la droite D, parallèle à une droite de P est parallèle à ce plan et par suite ne le rencontre pas.

Si D et Δ sont confondues, la droite D appartient au plan P.

Le plan auxiliaire Q peut être choisi *arbitrairement* parmi tous les plans passant par D, mais *pratiquement*, pour avoir des épures plus simples, *on choisit l'un des plans projetant horizo- talement ou verticalement la droite* D ; pour déterminer la droite Δ, on est alors ramené au problème du n° 147.

Nous allons appliquer cette méthode générale à quelques exemples.

162. Exemple I. — *Le plan est déterminé par deux droites concourantes.*

Soit à déterminer le point de rencontre de la droite (*cd, c'd'*) avec le plan défini par les deux droites (*oa, o'a'*) et (*ob, o'b'*) (*fig.* 195). Le plan vertical *cd* projetant horizontalement la droite donnée coupe le plan donné suivant la droite (*ef, e'f'*) (149, Rem.); cette droite rencontre (*cd, c'd'*) au point dont la projection verticale *m'* est à l'intersection de $c'd'$ et de $e'f'$ et dont la projection horizontale m s'obtient

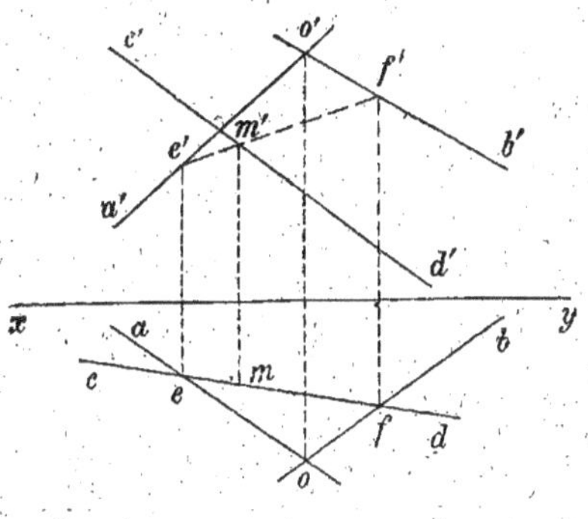

Fig. 195

en rappelant m' sur cd; le point (m, m') est le point cherché.

REMARQUE. — Dans cet exemple, on a choisi comme plan auxiliaire le plan projetant horizontalement la droite $(cd, c'd')$ au lieu du plan de bout projetant verticalement cette même droite, parce que ce dernier conduit, comme on le voit aisément, à des constructions sortant des limites de l'épure. Si cette circonstance se produit pour les deux plans projetants, on choisit un autre plan auxiliaire passant par $(cd, c'd')$, ou bien on substitue à l'une des deux droites définissant le plan donné une autre droite de ce plan.

163. Exemple II. — *Le plan est défini par ses traces.*

Soit à déterminer le point de rencontre de la droite $(cd, c'd')$ avec le plan PαQ (*fig.* 196). Pre-

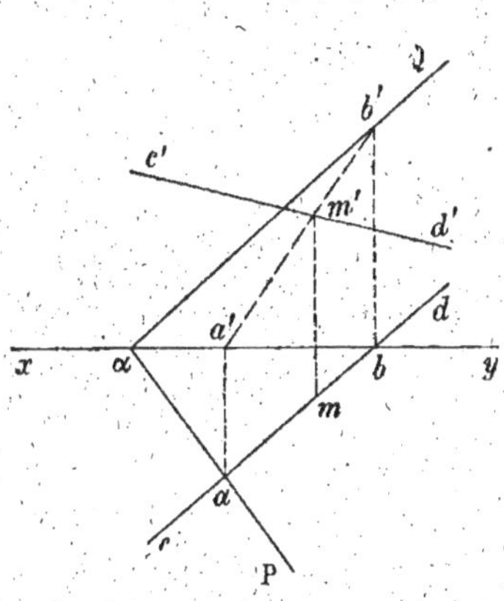

Fig. 196

nons encore pour plan auxiliaire le plan vertical cd projetant horizontalement la droite donnée, plan qui coupe le plan PαQ suivant la droite $(ab, a'b')$ (149, Rem.); le point de rencontre (m, m') de cette droite avec la droite $(cd, c'd')$ se trouve comme à l'exemple précédent; c'est le point cherché.

REMARQUE. — S'il arrive pour chacun des plans projetant la droite donnée qu'une de ses traces ne rencontre pas dans les limites de l'épure la trace de même nom du plan donné, on substitue à celle-ci une autre droite du plan, par exemple une horizontale ou une droite de front. Ainsi dans l'épure de la figure 197, si l'on prend

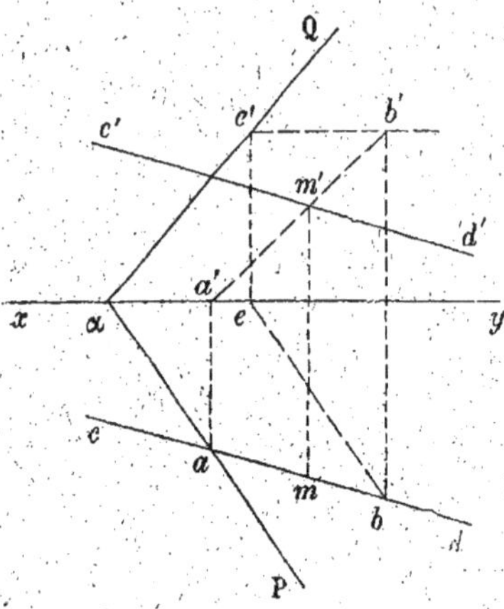

comme plan auxiliaire le plan vertical cd projetant horizontalement la droite, on voit que la trace verticale de ce plan ne rencontre pas dans le cadre de l'épure la trace verticale du plan PαQ; on construit alors, par exemple (121, 2°), une horizontale $(be, b'e')$ du plan PαQ et on marque les points (a, a'), (b, b') où le plan vertical cd rencontre la trace horizontale du plan donné et l'horizontale auxiliaire $(be, b'e')$; l'intersection de ces deux plans est la droite $(ab, a'b')$, et le point (m, m') où cette droite rencontre $(cd, c'd')$ est le point d'intersection cherché.

164. Exemple III. — *Le plan passe par la ligne de terre.*

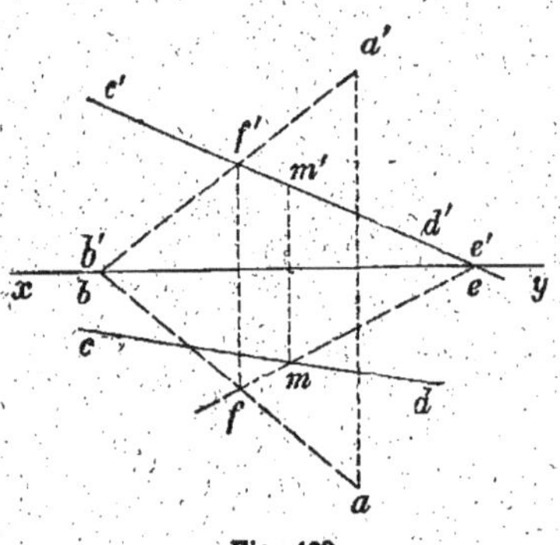

Fig. 198

Soit à déterminer le point de rencontre de la droite $(cd, c'd')$ avec le plan défini par xy et le point (a, a') (*fig.* 198). En considérant ce plan comme déterminé par xy et la droite $(ba, b'a')$ qui joint un point quelconque (b, b') de xy au point donné (a, a'), on cherche successivement les points (e, e') et (f, f') où le plan de bout $c'd'$ qui projette verticalement la droite donnée rencontre xy et la droite $(ba, b'a')$. La droite $(ef, e'f')$ est alors l'intersection du plan donné et du plan de bout auxiliaire $c'd'$, et le point (m, m') où elle rencontre $(cd, c'd')$ est le point cherché.

165. Applications. — 1° *Étant donnée l'une des projections d'un point d'un plan donné, déterminer l'autre projection de ce point.*

Ce problème a déjà été résolu aux n° 112 et 119, mais nous allons en donner une autre solution.

Soit, par exemple, à trouver la projection verticale d'un point appartenant au plan PαQ (*fig.* 199), ou au plan défini par les droites

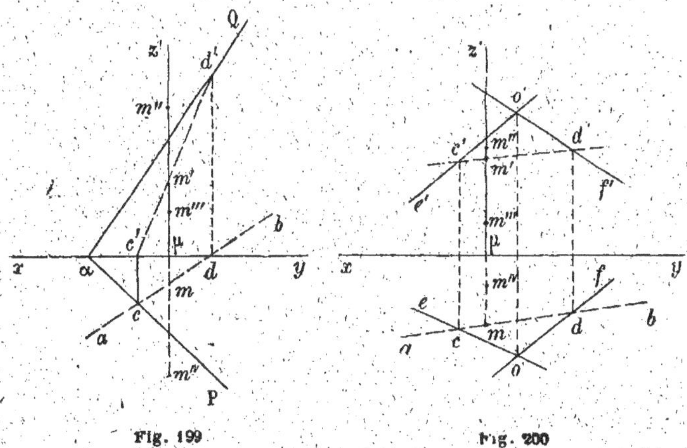

Fig. 199   Fig. 200

(*oe, o'e'*) et (*of, o'f'*) (*fig.* 200), connaissant la projection horizontale *m* de ce point.

Le lieu géométrique des points de l'espace ayant *m* pour projection horizontale est la verticale (*m*, $\mu z'$), dont la trace horizontale est *m* ; en particulier, le point du plan donné projeté horizontalement en *m* est le point de rencontre de cette verticale et du plan, de sorte qu'on est ramené à chercher l'intersection d'une droite et d'un plan. Prenons comme plan auxiliaire un plan vertical quelconque *ab* contenant la verticale (*m*, $\mu z'$) ; ce plan coupe le plan donné suivant la droite (*cd, c'd'*), dont la projection verticale rencontre $\mu z'$ au point *m'* ; *m'* est la projection verticale du point cherché. Les constructions auxquelles conduit ce raisonnement sont identiques à celles que nous avons indiquées aux n° 112 et 119.

2° *Étant données les projections d'un point, reconnaître si le point est au-dessus ou au-dessous d'un plan donné.*

Etant donnés un plan P et un point M en dehors de ce plan, si le plan P n'est pas un plan vertical, la verticale du point M le coupe

en un point M': *suivant que la cote du point M est supérieure ou infé-*
rieure à celle du point M', on dit que le point M est au-dessus ou
au-dessous du plan P.

Soit, par exemple, à reconnaître la position du point (m, m'') par
rapport au plan P×Q (*fig.* 199) ou au plan défini par les droites
$(oe, o'e')$ et $(of, o'f')$ (*fig.* 200). La verticale du point donné rencontre
le plan au point (m, m'), et on voit que la cote $\mu m'$ de ce point est
inférieure à la cote $\mu m''$ du point donné, qui est alors *au-dessus* du
plan. Au contraire, le point (m, m''') est *au-dessous* du plan donné ;
il en est de même du point (m, m^{IV}), dont la cote est négative, tandis
que celle du point (m, m'), où la verticale rencontre le plan donné, est
positive.

§ IV.

Problèmes relatifs à la droite et au plan.

166. Problème. — *Mener par un point une droite s'appuyant sur*
deux droites données.

Solution géométrique. — Nous avons déjà indiqué la méthode à
suivre lorsque nous avons traité ce problème en Géométrie cotée (67).
Nous la répétons ici.

Soit à mener par le point O une droite s'appuyant sur les droites
AB et CD (*fig.* 201). Supposons le problème résolu et soit MN la
droite cherchée ; cette droite appartient
au plan P déterminé par le point O
et la droite AB, elle appartient aussi au
plan Q déterminé par le point O et la
droite CD ; c'est donc la droite d'intersection de ces plans P et Q. Comme
on connaît déjà un point de la droite
cherchée, le point O, il suffit d'en

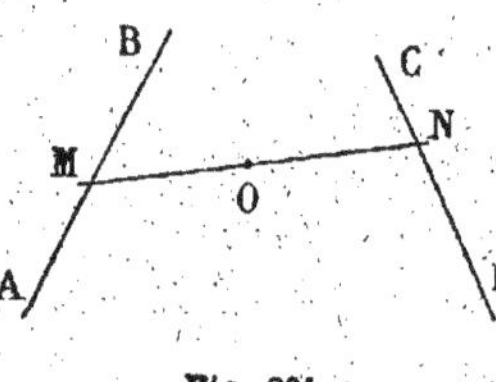

Fig. 201

trouver un second point, par exemple le point N où la droite CD
rencontre le plan P.

Solution graphique. — Soit à mener par le point (o, o') une
droite s'appuyant sur les droites $(ab, a'b')$ et $(cd, c'd')$ (*fig.* 202). Le
plan P défini par le point (o, o') et la droite $(ab, a'b')$ contient la
parallèle $(oe, o'e')$ à cette droite menée par le point (o, o') ; pour

obtenir le point de rencontre de ce plan et de la droite (*cd*, *c'd'*), on prend par exemple comme plan auxiliaire le plan vertical *cd* qui

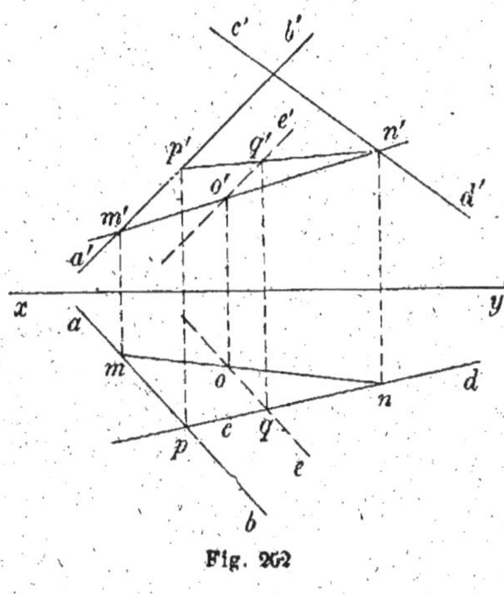

Fig. 202

projette horizontalement (*cd*, *c'd'*) ; ce plan coupe le plan P suivant la droite (*pq*, *p'q'*) qui rencontre (*cd*, *c'd'*) au point (*n*, *n'*) ; la droite cherchée est (*on*, *o'n'*) ; pour vérifier l'exactitude des constructions, on s'assure qu'elle rencontre (*ab*, *a'b'*), c'est-à-dire que les projections de même nom de ces deux droites se coupent en deux points *m* et *m'* situés sur une même ligne de rappel (100).

167. Problème. — *Mener une droite de direction donnée s'appuyant sur deux droites données.*

SOLUTION GÉOMÉTRIQUE. — Nous avons déjà indiqué la méthode à suivre

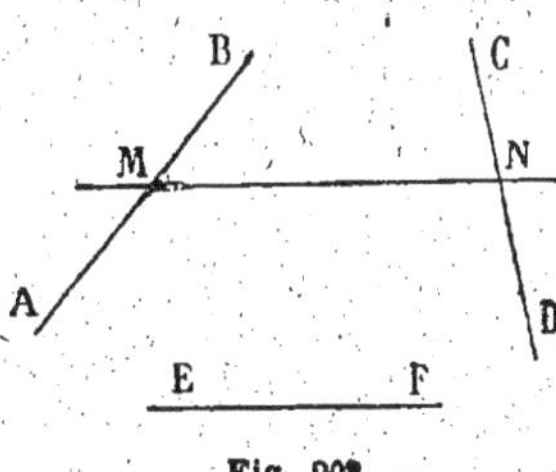

Fig. 203

pour résoudre ce problème en Géométrie cotée (68). Nous la répétons ici.

Soit à mener une droite parallèle à EF rencontrant les droites AB et CD (*fig.* 203). Supposons le problème résolu et soit MN la droite cherchée ; cette droite est contenue à la fois dans le plan P mené par AB parallèlement à EF et dans le plan Q mené par CD parallèlement à EF ; elle est donc la droite d'intersection des plans P et Q. Mais on connaît *a priori* la direction de la droite MN ; il suffit alors d'en chercher seulement un point, par exemple le point M où la droite AB rencontre le plan Q, et de mener ensuite par M la parallèle à EF.

SOLUTION GRAPHIQUE. — Soit, par exemple, à mener une droite parallèle à (*ef*, *e'f'*) s'appuyant sur les droites (*ab*, *a'b'*) et (*cd*, *c'd'*) (*fig.* 204). Le plan Q mené par (*cd*, *c'd'*) parallèlement à (*ef*, *e'f'*) est déterminé par la droite (*cd, c'd'*) et la parallèle (*ij, i'j'*) à (*ef, e'f'*) menée par un point quelconque (*i, i'*) de (*cd, c'd'*); on cherche le point de rencontre (*m, m'*) de ce plan Q avec la droite (*ab, a'b'*) en utilisant le plan vertical *ab* projetant horizontalement cette droite (162); la droite cherchée est la parallèle (*mn, m'n'*) à (*ef, e'f'*) menée par ce point (*m, m'*); on vérifie qu'elle rencontre (*cd, c'd'*), c'est-à-dire

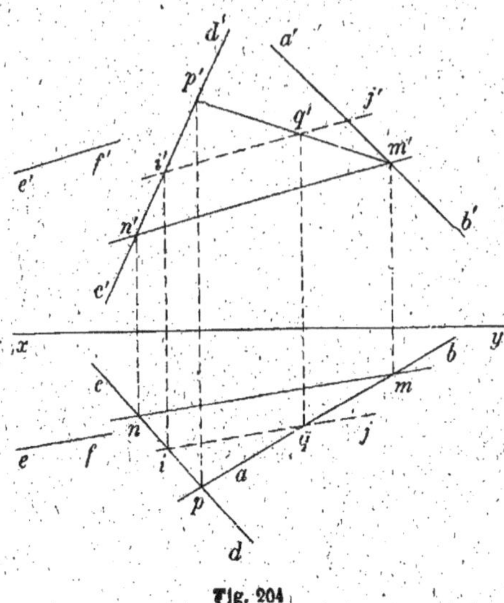

Fig. 204

que les projections de même nom des deux droites se coupent en deux points *n, n'* situés sur une même ligne de rappel (100).

168. Problème. — *Mener par un point une droite parallèle à un plan donné et s'appuyant sur une droite donnée.*

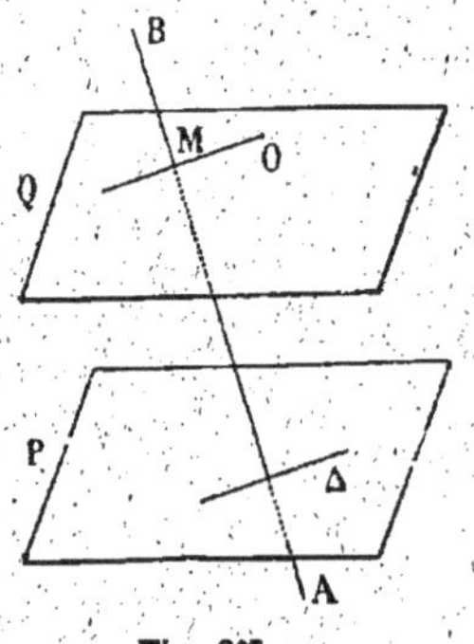

SOLUTION GÉOMÉTRIQUE. — Nous avons déjà indiqué la méthode à suivre, lorsque nous avons traité ce problème en Géométrie cotée (69). Nous la répétons ici.

Soit à mener par le point O une droite parallèle au plan P et rencontrant la droite AB (*fig.* 205). Supposons le problème résolu et soit OM la droite cherchée; OM étant, par hypothèse, parallèle au plan P, appartient au plan Q mené par O parallèlement à P, et comme elle rencontre la droite AB, c'est la droite joignant le point O au point M où AB rencontre le plan Q.

Fig. 205

On peut encore dire : La droite cherchée OM appartient au plan déterminé par le point O et la droite AB, et comme elle est parallèle au plan P, c'est la parallèle menée par O à la droite d'intersection Δ du plan P avec le plan OAB.

SOLUTION GRAPHIQUE. — Soit, par exemple, à mener par le point (o, o') une droite parallèle au plan PαQ et rencontrant la droite $(ab, a'b')$ (*fig.* 206). Le plan mené par (o, o') parallèlement au plan PαQ est déterminé par l'horizontale $(oc, o'c')$, parallèle à $(\alpha P, xy)$, et par la droite de front $(od, o'd')$, parallèle à $(xy, \alpha Q)$ (145, 2°); on obtient le point de rencontre (m, m') de ce plan avec la droite $(ab, a'b')$ en utilisant comme plan auxiliaire (162) le plan de bout $a'b'$ projetant verticalement $(ab, a'b')$; la droite cherchée est $(om, o'm')$.

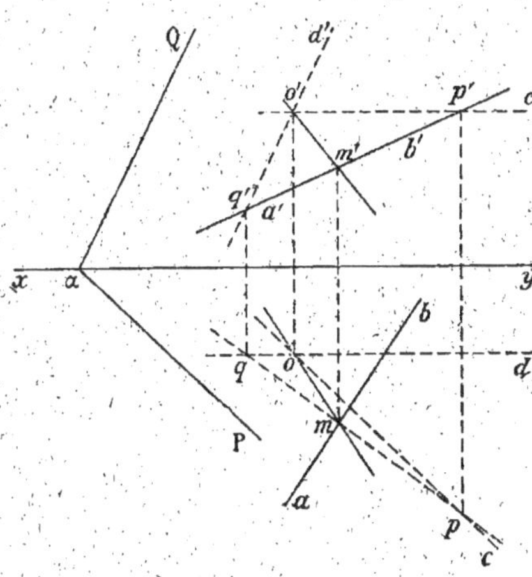

Fig 206

EXERCICES

1. Intersection de deux plans dont l'un est de profil. Considérer le cas où les plans sont définis par leurs traces et coupent la ligne de terre au même point.

2. Intersection d'un plan passant par la ligne le terre avec :
1° un plan de bout;
2° un plan de profil.
3° un plan dont les deux traces sont confondues sur l'épure.
(Navale.)

3. Construire une droite passant par un point donné et rencontrant deux droites dont l'une est verticale.

4. Construire une droite rencontrant trois droites données (infinité de solutions).

5. Construire une horizontale de longueur donnée rencontrant une verticale et une droite quelconque données.

6. Construire une droite parallèle à deux plans donnés et rencontrant deux droites données.

7. Mener par un point une droite rencontrant la ligne de terre et une droite de profil donnée.

8. Mener par un point :
1° une horizontale rencontrant une droite de profil donnée ;
2° une droite de front

9. On donne quatre droites concourantes OA, OB, OC, OD. Déterminer la direction des plans qui coupent ces droites en quatre points formant les sommets d'un parallélogramme.

10. On donne six droites concourantes OA, OB, OC, OD, OE, OF. Reconnaître si les trois plans AOB, COD, EOF ont une droite commune.

(Navale.)

11. Reprendre, avec deux plans de projections, les exercices nᵒˢ 9, 10, 11, 12, 13 du Chapitre III (Géométrie cotée).

12. Construire un tétraèdre connaissant les projections d'un point de chaque arête.

13. On donne deux droites $(ab, a'b')$ et $(cd, c'd')$ telles que la projection horizontale de l'une soit la projection verticale de l'autre et réciproquement. Mener une parallèle à la ligne de terre qui rencontre ces deux droites. Expliquer le résultat obtenu.

(Saint-Cyr.)

14. On donne un plan dont les traces sont confondues sur l'épure et un point dont les deux projections sont confondues sur les traces du plan. Mener par ce point une droite parallèle au plan et rencontrant la ligne de terre.

(Saint-Cyr.)

15. Un plan est défini par trois points (a, a'), (b, b'), (c, c') ; trouver son intersection avec une droite qui a pour projection horizontale $a'b'$ et pour projection verticale ab.

CHAPITRE V

DROITE ET PLAN PERPENDICULAIRES

———

169. Théorème. — *Les projections d'une droite perpendiculaire à un plan sont perpendiculaires aux traces de même nom de ce plan.*

Soit, par exemple. la droite $(ab, a'b')$, qui, par hypothèse, est

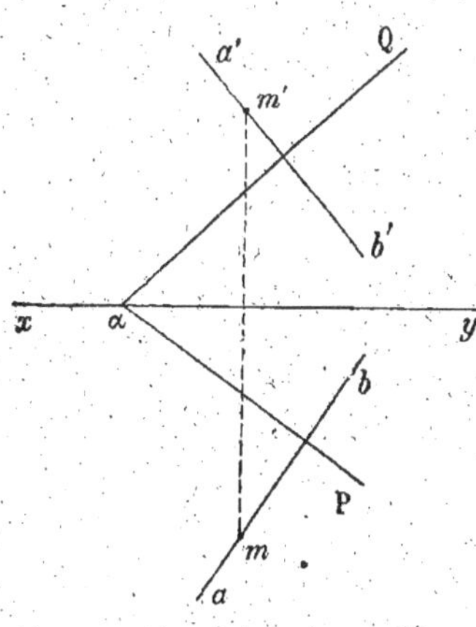

Fig. 207.

perpendiculaire au plan PαQ (*fig.* 207) ; par définition, cette droite est perpendiculaire à toute droite du plan PαQ et en particulier à sa trace horizontale αP ; sa projection horizontale ab est donc (71) perpendiculaire à la projection horizontale de αP, c'est-à-dire à la droite αP elle-même. On démontre de la même manière que $a'b'$ est perpendiculaire sur αQ.

Le théorème est en défaut lorsque la droite est perpendiculaire à l'un des plans de projection. En effet, par exemple, si la droite est verticale, sa projection horizontale se réduit à un point ; quant à la trace horizontale du plan, elle n'existe pas, puisque le plan est horizontal. Cependant la projection verticale de la droite, qui est perpendiculaire à xy, est encore perpendiculaire à la trace verticale du plan, parallèle à xy.

170. Réciproque. — *Si dans une épure les projections d'une droite sont perpendiculaires aux traces de même nom d'un plan* NON PARALLÈLE À LA LIGNE DE TERRE, *la droite est perpendiculaire au plan.*

Supposons, par exemple, que les projections de la droite $(ab, a'b')$ soient perpendiculaires aux traces de même nom du plan $P\alpha Q$ (*fig.* 207). La droite donnée et la trace horizontale du plan ont, par hypothèse, leurs projections horizontales ab et αP perpendiculaires, et comme l'une d'elles, αP, est dans le plan horizontal, il en résulte (71) que ces droites sont perpendiculaires; de même, la droite $(ab, a'b')$ est perpendiculaire à la trace verticale αQ du plan donné. Dès lors cette droite étant orthogonale aux deux traces du plan qui ont par hypothèse des directions différentes est perpendiculaire au plan.

Cas d'exception. — La démonstration précédente est en défaut si le plan $(P\alpha, Q\beta)$ est parallèle à la ligne de terre (*fig.* 208); en effet, dans

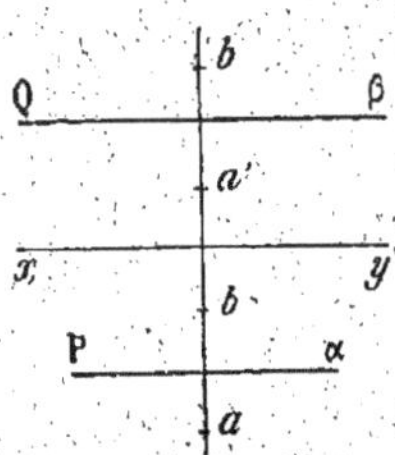

Fig 208

ce cas la droite $(ab, a'b')$ n'étant plus, comme dans le cas général, perpendiculaire à deux directions différentes du plan, n'est pas nécessairement perpendiculaire à ce plan. Cette droite est d'ailleurs de profil (*fig.* 208). Il est, du reste, évident *a priori* qu'une droite de profil quelconque ne peut être perpendiculaire à *tous* les plans parallèles à la ligne de terre, bien que les traces de *tous* ces plans soient perpendiculaires aux projections de même nom de toute droite de profil.

Remarque. — Puisque les horizontales d'un plan ont leurs projections horizontales parallèles à la trace horizontale de ce plan, que, de même, les droites de front d'un plan ont leurs projections verticales parallèles à sa trace verticale, le théorème que nous venons de démontrer et sa réciproque rentrent dans l'énoncé suivant, plus général :

Les conditions nécessaires et suffisantes pour qu'une droite et un plan non parallèle à la ligne de terre soient perpendiculaires sont : 1° que la projection horizontale de la droite soit perpendiculaire à la projection horizontale des horizontales du plan ; 2° que la projection verticale de la droite soit perpendiculaire à la projection verticale des droites de front du plan.

171. Problème. — *Mener par un point une droite perpendiculaire à un plan donné et déterminer le pied de cette perpendiculaire.*

1° Le plan est défini par ses traces. — Soit à mener par le point (m, m') la perpendiculaire au plan PαQ *(fig.* 209).

En vertu du théorème démontré plus haut (169), on a immédiatement les projections de la perpendiculaire cherchée en menant de m la perpendiculaire mn sur αP, et de m' la perpendiculaire $m'n'$ sur αQ. Pour obtenir le pied de cette perpendiculaire, c'est-à-dire le point où la droite $(mn, m'n')$ perce le plan donné, on détermine, par

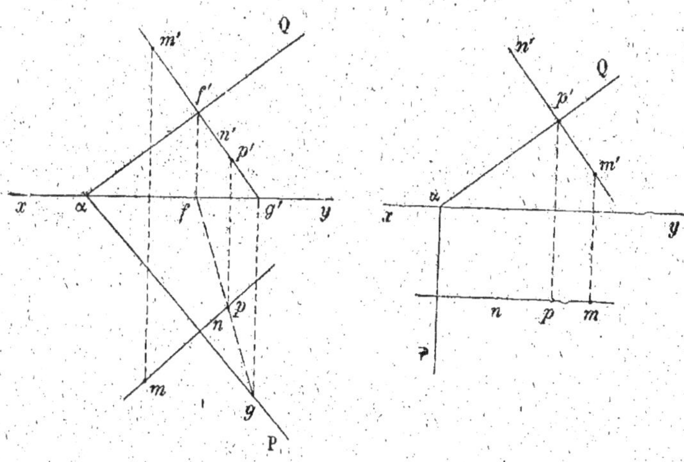

Fig. 209   Fig. 210

exemple, la droite d'intersection $(fg, f'g')$ du plan donné et du plan de bout $f'g'$ projetant verticalement la perpendiculaire $(mn, m'n')$; celle-ci rencontre $(fg, f'g')$ au point cherché (p, p').

REMARQUE. — Dans le cas où le plan donné PαQ est perpendiculaire au plan vertical *(fig.* 210), c'est-à-dire de bout, la perpendiculaire $(mn, m'n')$ menée à ce plan par le point (m, m') s'obtient encore de la même manière; c'est par conséquent une droite de front, puisque, par construction, sa projection horizontale est parallèle à xy.

La détermination du pied (p, p') de cette perpendiculaire s'obtient alors immédiatement, ainsi que nous l'avons vu au n° 160. Des simplifications analogues se présentent lorsque le plan donné est vertical.

Puisque la perpendiculaire (mn, $m'n'$) au plan de bout PαQ est une droite de front, le segment MP, dont la longueur représente la distance du point donné (m, m') à ce plan de bout, se projette verticalement en vraie grandeur (5, III), c'est-à-dire que le segment $m'p'$ mesure la distance du point au plan.

On peut faire une remarque analogue lorsque le plan donné est vertical.

2° *Le plan est défini par deux droites.* — Soit à mener par le point (m, m') la perpendiculaire au plan défini par les deux droites concourantes (oa, $o'a'$) et (ob, $o'b'$) (*fig.* 211).

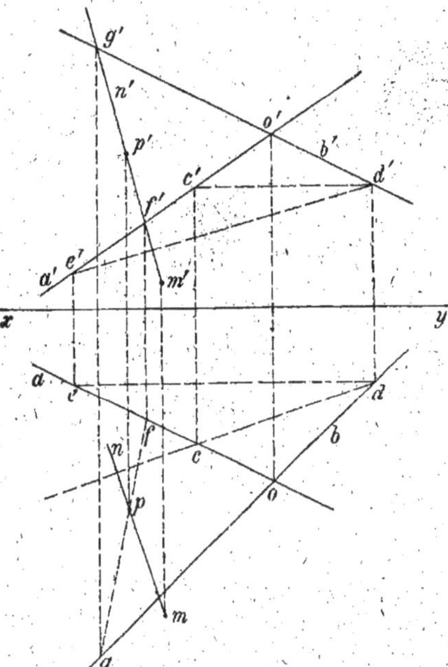

Fig. 211

On commence par déterminer une horizontale (cd, $c'd'$) et une droite de front (de, $d'e'$) de ce plan (121 et 123), puis on abaisse de m la perpendiculaire mn sur cd et de m' la perpendiculaire $m'n'$ sur $d'e'$; la droite (mn, $m'n'$) est la perpendiculaire cherchée (170, Rem.).

Pour obtenir le pied de cette perpendiculaire, on détermine, comme dans le cas précédent, la droite d'intersection (fg, $f'g'$) du plan donné avec le plan de bout $f'g'$ projetant verticalement la perpendiculaire (mn, $m'n'$) et l'on marque le point (p, p') où cette perpendiculaire rencontre (fg, $f'g'$).

172. Problème. — *Mener par un point donné le plan perpendiculaire à une droite donnée et déterminer le point de rencontre de ce plan et de la droite.*

C'est le problème inverse du précédent.

Soit à mener, par exemple, par le point (m, m') (*fig.* 212) le plan perpendiculaire à la droite $(ab, a'b')$. D'après la remarque du n° 170, on peut construire immédiatement l'horizontale $(mh, m'h')$ et la droite de front $(mf, m'f')$ du plan cherché, mh étant perpendiculaire sur ab et $m'f'$ perpendiculaire sur $a'b'$: ces droites déterminent le plan.

Si l'on demande de trouver les traces du plan, il suffit de construire

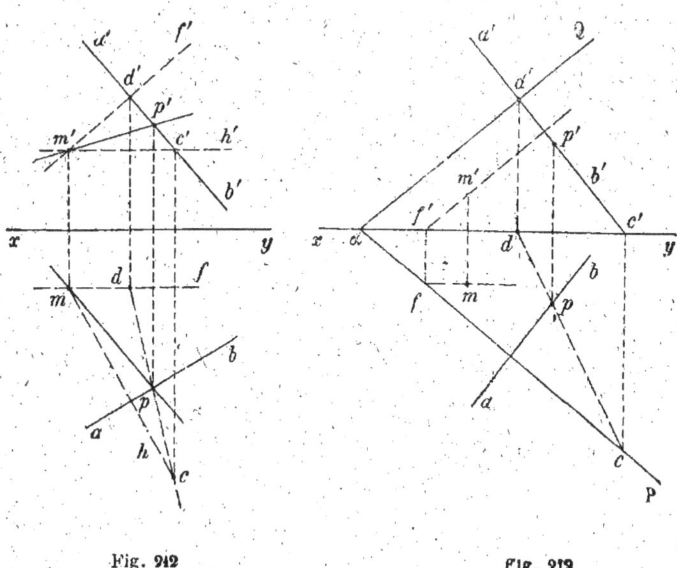

Fig. 212   Fig. 213

comme précédemment, la droite de front $(mf, m'f')$ (*fig.* 213) de ce plan et de chercher sa trace horizontale (f, f') ; la trace horizontale du plan est alors la perpendiculaire αP à ab menée par le point f (169), et sa trace verticale αQ est la parallèle à $m'f'$ menée par le point α où la trace horizontale rencontre xy.

Dans l'un et l'autre cas, on obtient le point où le plan trouvé rencontre la droite donnée en utilisant par exemple le plan de bout $a'b'$ projetant verticalement cette droite. Ce plan coupe le plan perpendiculaire à $(ab, a'b')$ suivant la droite $(cd, c'd')$ qui rencontre $(ab, a'b')$ au point cherché (p, p')

Cas particulier. — *La droite est parallèle à l'un des plans de projection.*

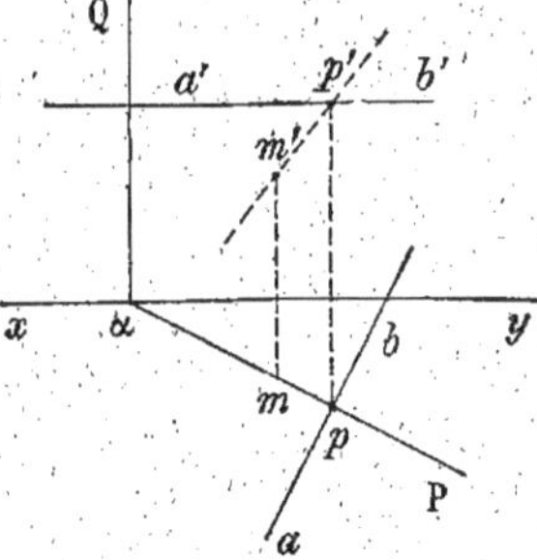

Fig. 214

Les constructions sont alors plus simples.

Soit, par exemple, à mener par le point (m, m') le plan perpendiculaire à l'horizontale $(ab, a'b')$ (*fig.* 214). D'abord le plan cherché est vertical ; par suite, puisqu'il contient le point (m, m'), sa trace horizontale passe par le point m ; comme, d'autre part, cette trace horizontale doit être perpendiculaire à la projection horizontale de la droite donnée (169), c'est la perpendiculaire αP menée par le point m à ab ; elle détermine d'ailleurs le plan cherché (129, 3°).

On a immédiatement le point (p, p') où le plan vertical αP rencontre la droite $(ab, a'b')$ (160).

De même, si la droite donnée $(ab, a'b')$ est de front (*fig.* 215), le plan mené par (m, m') perpendiculairement à cette droite est un plan de bout $P\alpha Q$ dont la trace verticale est la perpendiculaire abaissée de m' sur $a'b'$. Le point (p, p') où ce plan rencontre la droite $(ab, a'b')$ s'obtient encore immédiatement (160) en (p, p').

173. Problème. — *Abaisser d'un point donné la perpendiculaire sur une droite donnée.*

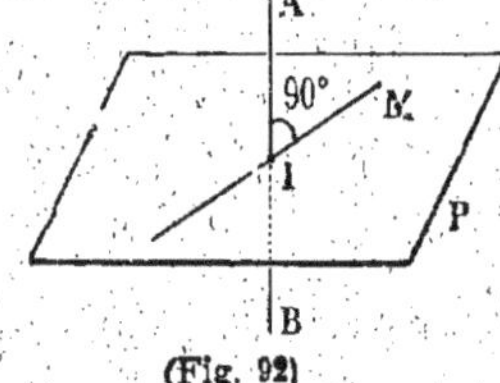

MÉTHODE. —*Pour abaisser d'un point M la perpendiculaire sur une droite AB* (*fig.* 92) : 1° *on mène par le point M le plan perpendiculaire à* AB ; 2° *on cherche le point d'intersection* I *de ce plan et de la droite* AB ; 3° *en joignant le point* I *au point* M, *on obtient la droite cherchée.*

Fig. 215

Dès lors, si $(ab, a'b')$ est la droite donnée, (m, m') le point donné (*fig.* 212), il suffit de déterminer comme nous l'avons indiqué (172) le point (p, p') où le plan mené par (m, m') perpendiculairement à la droite $(ab, a'b')$ rencontre cette droite : $(mp, m'p')$ est la perpendiculaire cherchée.

Cas particulier. — *La droite est parallèle à l'un des plans de projection.*

Soit à mener par le point (m, m') la perpendiculaire à l'horizontale $(ab, a'b')$ (*fig.* 214). On peut, dans ce cas, se dispenser de faire intervenir le plan perpendiculaire à la droite. En effet, la droite cherchée fait avec l'horizontale un angle droit dont un côté est parallèle au plan horizontal. Cet angle se projette donc (70) horizontalement suivant un angle droit. Par suite, la projection horizontale de la perpendiculaire cherchée est la perpendiculaire mp abaissée de m sur ab ; en rappelant verticalement en p', sur $a'b'$, le pied p de cette perpendiculaire, on en déduit la projection verticale $m'p'$.

De même, si la droite donnée est une frontale $(ab, a'b')$ (*fig.* 215), la perpendiculaire abaissée de (m, m') sur cette droite se projette verticalement suivant la perpendiculaire menée de m' à $a'b'$; on en déduit aisément son pied (p, p') et sa projection horizontale mp.

174. Problème. — *Mener par une droite donnée un plan perpendiculaire à un plan donné.*

1° D'abord, si la droite et le plan donnés sont perpendiculaires l'un sur l'autre, un plan quelconque passant par la droite répond à la question ; il y a, dans ce cas, une infinité de solutions

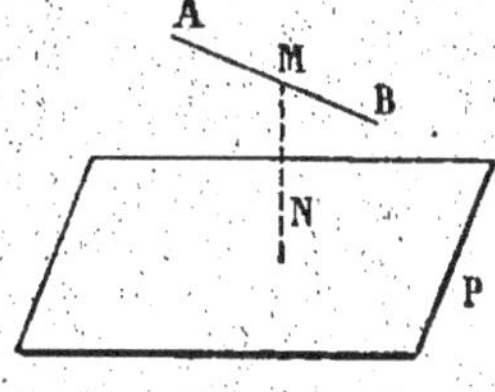

Fig. 216

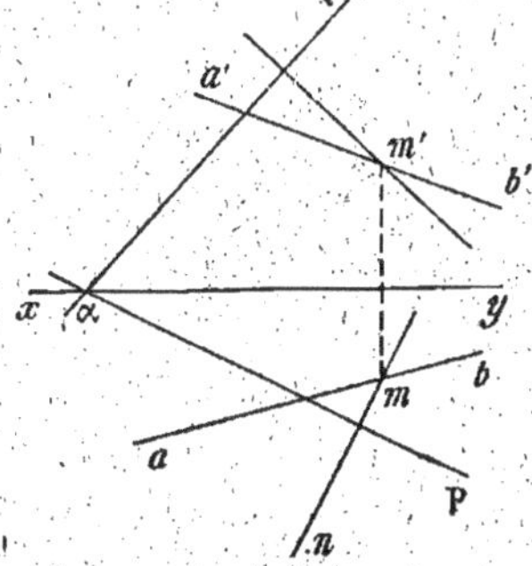

Fig. 217

2° Si la droite donnée AB n'est pas perpendiculaire sur le plan donné P (*fig.* 216), par un point quelconque M pris sur la droite on abaisse la perpendiculaire MN sur le plan ; cette perpendiculaire et la droite AB déterminent le plan cherché,

Ainsi, soit à mener par la droite (*ab*, *a'b'*) le plan perpendiculaire au plan PαQ (*fig.* 217). Menons par le point (*m*, *m'*) de la droite (*ab*, *a'b'*) la perpendiculaire (*mn*, *m'n'*) sur PαQ (171). Le plan défini par les droites (*ab*, *a'b'*), (*mn*, *m'n'*) est le plan cherché.

Remarque. — Nous avons omis à dessein, en traitant les problèmes relatifs aux droites et plans perpendiculaires, de considérer des plans parallèles à la ligne de terre ou des droites de profil. Nous reviendrons plus loin sur ces cas d'exception (258, 259).

EXERCICES

1. Mener par un point donné un plan vertical ou un plan de bout perpendiculaire à un plan donné.

2. Mener par un point donné une perpendiculaire à deux droites données et ne les rencontrant pas.

3. Mener par un point une droite perpendiculaire à une droite donnée (ne la rencontrant pas) et s'appuyant sur une autre droite donnée.

4. Étant donnée la projection horizontale d'une droite perpendiculaire à une droite donnée et la rencontrant, trouver sa projection verticale.

5. Déterminer le point d'une droite donnée équidistant de deux points donnés.

6. Construire les projections du lieu des points équidistants de trois points donnés.

7. Construire les projections du point symétrique d'un point donné par rapport :
1° à une droite donnée ;
2° à un point donné.

8. On donne par ses deux projections une droite rencontrant la ligne de terre. Mener par cette droite un plan tel que la droite donnée soit dans l'espace la bissectrice de l'angle des deux traces du plan.

9. Un quadrilatère gauche est défini par les projections de ses quatre sommets; déterminer les plans sur lesquels il se projette suivant un parallélogramme.

(*Navale.*)

10. Un losange est défini par sa projection horizontale, qui est un parallélogramme. On connaît en outre deux plans qui contiennent deux sommets opposés; déterminer sa projection verticale.

(*Navale.*)

11. Trouver les traces d'un plan défini par les deux projections d'une de ses droites et la projection verticale d'une ligne de plus grande pente relative au plan horizontal.

(*Navale.*)

12. On donne quatre droites quelconques dans l'espace. Construire une droite s'appuyant sur les deux premières et orthogonale aux deux autres. Qu'obtient-on si les deux dernières droites se confondent respectivement avec chacune des premières?

13. Mener par un point donné A une perpendiculaire Δ à une droite donnée D de façon que A soit le milieu du segment de Δ compris entre les deux plans de projection.

14. On donne les projections horizontales des quatre sommets d'un tétraèdre ABCD, et trois plans contenant respectivement les trois sommets A, B, C. Trouver la projection verticale du tétraèdre, sachant en outre que l'arête CD est orthogonale à AB.

(*Navale.*)

TROISIÈME PARTIE

CHAPITRE I

RABATTEMENT D'UNE FIGURE PLANE SUR UN PLAN HORIZONTAL

---

§ I.

Théorie du rabattement.

175. *Rabattre un plan sur un autre*, c'est faire tourner ce plan autour de son intersection avec le second de manière à l'amener en coïncidence avec celui-ci. La droite d'intersection des deux plans est appelée la *charnière du rabattement*.

Nous étudierons seulement les rabattements sur les plans parallèles au plan horizontal de projection, ou sur ce plan lui-même.

176. Problème. — *Rabattement d'un plan donné sur un plan horizontal.*

Soit à rabattre le plan P sur le plan horizontal H' (*fig.* 218); le problème qui se pose est le suivant :

Étant donné un point M dans le plan P, trouver la projection horizontale m_1 de la nouvelle position M_1 du point M, après le rabattement du plan P sur le plan H'.

La charnière AB est ici une horizontale du plan P; soit ab sa projection sur le plan horizontal de projection. Figurons la perpendiculaire Mμ' abaissée de M sur AB et soient μ' son pied, μ la projection horizontale de μ'; le point μ est évidemment situé sur ab. Désignons par m' et m les projections du point M sur les plans horizontaux H' et H; le plan vertical projetant horizontalement

Mμ' étant perpendiculaire sur AB et par suite perpendiculaire aussi sur ab, ses traces $m'\mu'$ et $m\mu$ sur les plans horizontaux H' et H sont respectivement perpendiculaires à AB et ab.

Lorsqu'on fait tourner le plan P autour de la charnière AB, la droite Mμ' reste toujours perpendiculaire à AB et le point M décrit un arc de cercle de centre μ' dans le plan vertical Mμ'm' ; par suite, après le rabattement, M vient sur μ'm' en un point M_1 tel que $M_1\mu' = M\mu'$.

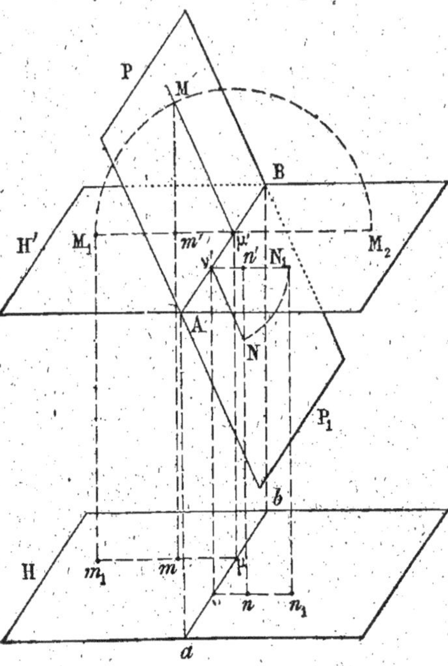

Fig. 218

La projection horizontale de M_1 est donc le point m_1 de μm tel que

$$m_1\mu = M_1\mu' = M\mu'.$$

Or, Mμ' est l'hypoténuse du triangle rectangle Mμ'm' ; l'un des côtés de l'angle droit de ce triangle est $m'\mu' = m\mu$, distance des projections horizontales du point M et de la charnière AB ; l'autre côté mesure la distance $m'M$ du point M au plan horizontal H', ou encore celle des projections verticales du point M et de la charnière AB ; on en conclut donc la règle suivante, dite *règle du triangle rectangle :*

Règle du triangle rectangle. — *Lorsqu'on rabat un plan P autour d'une de ses horizontales, la nouvelle projection horizontale d'un point M de ce plan, après le rabattement, se trouve sur la perpendiculaire menée de la projection horizontale du point M à la projection horizontale de la charnière, à une distance de celle-ci égale à l'hypoténuse du triangle rectangle ayant pour côtés de l'angle droit les distances des projections du point aux projections de même nom de la charnière.*

177. L'énoncé précédent convient spécialement aux problèmes de la géométrie descriptive à deux plans de projection. En géométrie cotée, où il n'est plus question de projection verticale, on remarque que la longueur Mm' qui mesure l'un des côtés du triangle rectangle de rabattement est encore égale à la différence des cotes du point M et de la charnière, de sorte que la règle du triangle rectangle doit être modifiée de la façon suivante :

Lorsqu'on rabat un plan P autour d'une de ses horizontales, la nouvelle projection horizontale d'un point M de ce plan, après le rabattement, se trouve sur la perpendiculaire menée de la projection horizontale du point à la projection horizontale de la charnière, à une distance de celle-ci égale à l'hypoténuse du triangle rectangle ayant pour côtés de l'angle droit, d'une part la distance de la projection horizontale du point à celle de la charnière, et d'autre part la différence entre les cotes du point et de la charnière.

Remarque I. — Tous les points de la charnière coïncident avec leur rabattement et ce sont évidemment les seuls points qui jouissent de cette propriété.

Remarque II. — La circonférence de centre μ' et de rayon μM coupe $m'\mu'$ en un second point M_2, qui est aussi le rabattement du point M, en supposant qu'on rabatte le plan P sur H' par une rotation de sens inverse à celle qui a amené M en M_1.

Lorsqu'on a adopté un sens de rotation pour rabattre le plan P sur le plan horizontal H', il est évident que les différents points du plan se rabattent sur H' d'un côté ou de l'autre de la charnière AB, suivant qu'ils sont eux-mêmes dans le plan P d'un côté ou de l'autre de AB, c'est-à-dire au-dessus ou au-dessous du plan horizontal H'. Ainsi les points M et N du plan P (*fig.* 218), situés de part et d'autre de AB, viennent occuper après le rabattement deux positions M_1 et N_1 situées de part et d'autre de AB dans le plan H', et les projections horizontales m_1 et n_1 des points M_1 et N_1 sont elles-mêmes de part et d'autre de ab.

En résumé, tout point situé dans le demi-plan MAB se rabat du même côté que m_1 par rapport à ab ; tout point situé dans le demi-plan NAB se rabat du même côté que n_1 par rapport à ab.

178. Applications. — 1° *Soit, en géométrie descriptive à deux plans* *de projection*, à rabattre (*fig.* 219) le point (m, m') d'un plan P, la charnière du rabattement étant l'horizontale $(ab, a'b')$ de ce plan.

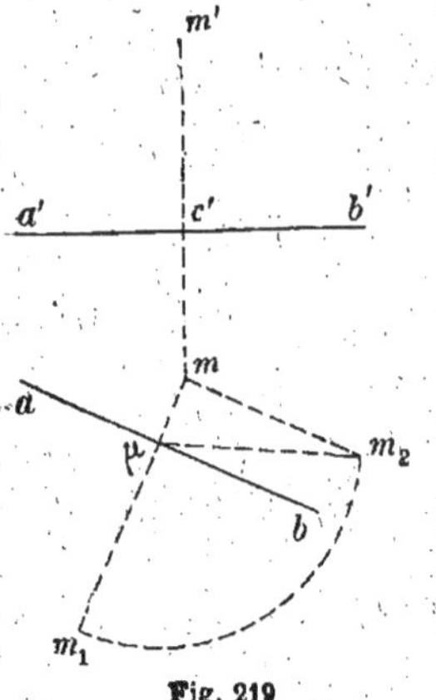

Fig. 219

D'après la règle du triangle rectangle (n° 176), on sait d'abord que la projection horizontale du point après le rabattement se trouve sur la perpendiculaire $m\mu$ abaissée du point m sur la droite ab. D'autre part, les distances des projections du point (m, m') aux projections de même nom de la charnière sont respectivement les longueurs $m\mu$ et $m'c'$; donc, si l'on porte à partir de m, sur la parallèle menée par ce point à ab, une longueur

$$mm_2 = m'c',$$

le triangle de rabattement du point (m, m') est $m\mu m_2$. Pour avoir la projection horizontale de ce point après le rabattement, il suffit donc de porter sur la droite $m\mu$, à partir du point μ, une longueur μm_1 égale à μm_2: m_1 est le rabattement cherché. Comme nous l'avons fait remarquer déjà, cette longueur peut être portée d'un côté ou de l'autre du point μ, selon le sens du rabattement.

REMARQUE I. — Dans l'épure de la figure 219, nous avons supprimé la ligne de terre. Le lecteur, déjà familiarisé avec les procédés de la géométrie descriptive, a pu se rendre compte, en effet, que, dans un grand nombre d'épures, la ligne de terre n'intervient en rien dans les constructions et ne sert le plus souvent qu'à déterminer la direction des lignes de rappel. Lorsqu'il en est ainsi, on peut donc la supprimer sans nuire à la compréhension des épures : c'est ce que nous ferons très souvent dans la suite de ce traité. Le lecteur s'habituera très vite à cette suppression et ne tardera pas à distinguer lui-même les problèmes où il est nécessaire de tracer une ligne de terre de ceux où l'on peut, sans inconvénient, la faire disparaître.

Nous ferons d'ailleurs remarquer que supprimer la ligne de terre revient, en réalité, à déplacer cette ligne parallèlement à elle-même dans l'épure, c'est-à-dire à déplacer parallèlement à leur direction d'un ou l'autre des plans de projection ou tous deux simultanément.

2° Soit maintenant, en *géométrie cotée*, à rabattre sur le plan horizontal de cote 2, le plan défini par le point $m(4,7)$ et l'horizontale $ab(2)$ (*fig.* 220). La charnière est ici l'horizontale donnée AB; en

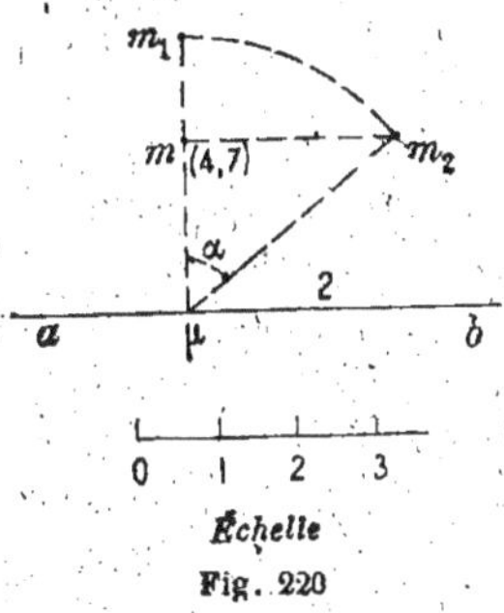

vertu de la règle du n° 177, la projection du point M, après rabattement, se trouve sur la perpendiculaire $m\mu$ abaissée de m sur ab. D'autre part, si l'on mène la parallèle mm_2 à ab et qu'on porte sur cette parallèle une longueur mm_2 égale à $4,7 - 2 = 2$ unités 7 dixièmes de l'échelle du dessin (différence entre les cotes du point et de la charnière), l'hypoténuse μm_2 du triangle rectangle $m\mu m_2$ est égale à la distance à ab de la projection du point M après le rabattement (177); on obtient donc cette projection en portant sur μm_1, une longueur $\mu m_1 = \mu m_2$. Comme plus haut, cette longueur peut être portée d'un côté ou de l'autre du point μ, suivant le sens du rabattement.

REMARQUE II. — Le triangle de rabattement $m_2 m\mu$ du point M (*fig.* 219 et 220) étant égal au triangle $Mm'\mu'$ de l'espace (*fig.* 218), les angles $m\mu m_2$ et $M\mu'm'$ sont égaux; or, ce dernier angle est l'angle aigu α que fait le plan donné avec les plans horizontaux : il en résulte alors que tous les triangles de rabattement des divers points du plan ont leurs angles aigus égaux et sont par conséquent semblables entre eux; il en résulte encore que la construction du rabattement d'un seul point du plan P détermine incidemment l'angle de ce plan avec les plans horizontaux.

Nous allons trouver d'ailleurs bientôt l'occasion d'utiliser cette remarque *très importante*.

179. Problème. — *Rabattre un plan de bout sur le plan horizontal de projection.*

Le rabattement d'un plan de bout PαQ (*fig.* 221) sur le plan horizontal de projection donne lieu à des constructions particulièrement simples. Soit, en effet, (m, m') un point de ce plan; désignons par μ_1 le point où la ligne de rappel de ce point rencontre xy. On remarque de suite que le triangle $\alpha\mu_1 m'$ est égal au triangle de rabattement du point (m, m') : en effet, d'une part $\mu_1\alpha$ (égale à $m\mu$) mesure la distance

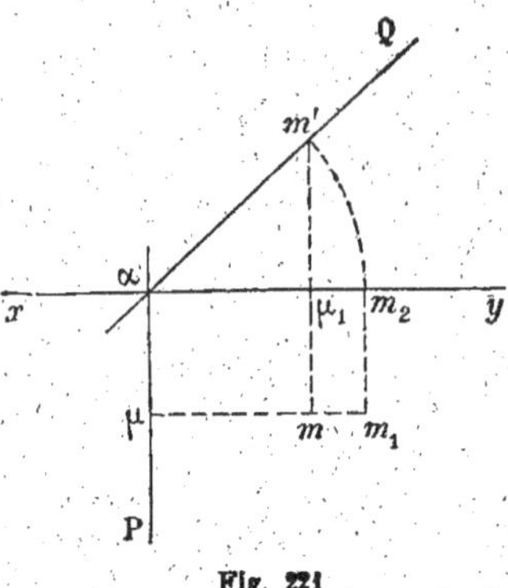

Fig. 221

de la projection horizontale m de ce point à la projection horizontale αP de la charnière, et d'autre part $\mu_1 m'$ mesure la cote du point (m, m') ; il en résulte immédiatement que le rabattement m_1 de ce point se trouve sur la perpendiculaire $m\mu$ abaissée de m sur la charnière, à une distance de celle-ci égale à l'hypoténuse $\alpha m'$ du triangle $\mu_1\alpha m'$. Pratiquement, on décrit de α comme centre le cercle de rayon $\alpha m'$ jusqu'au point m_2 où il rencontre xy et, par ce point, on mène la parallèle à αP ; le point m_1 où cette droite rencontre la parallèle $m\mu$ à xy est le rabattement cherché.

180. Problème. — *Rabattre sur un plan horizontal un plan donné par son échelle de pente.*

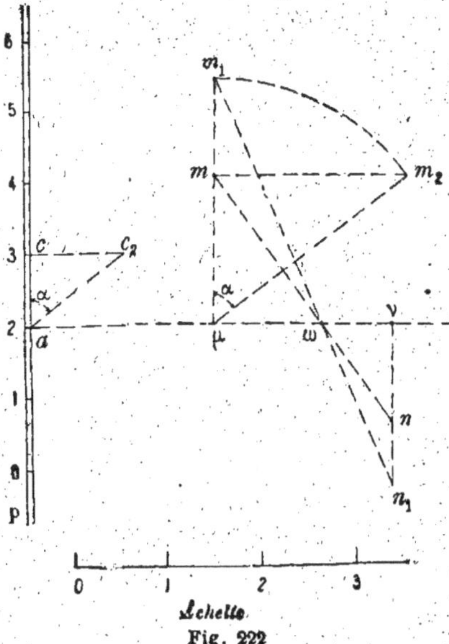

Fig. 222

Soit à rabattre le plan P sur le plan horizontal de cote 2 (*fig. 222*) ; la charnière est alors l'horizontale AB de cote 2 du plan P.

Pour rabattre un point quelconque M du plan P, connaissant sa projection horizontale m, on pourrait appliquer la règle du triangle rectangle après avoir déterminé la cote de ce point ; mais la détermination exacte de cette cote nécessitant des constructions assez

longues, il est préférable de procéder différemment.

Construisons d'abord le triangle de rabattement cac_2 du point $c(3)$ de l'échelle de pente, en portant sur la parallèle menée par c à l'horizontale ab une longueur cc_2 égale à $3 - 2 = 1$ unité de l'échelle du dessin (177). Puisque tous les triangles de rabattement des divers points du plan P sont semblables (178, Rem. II), si l'on abaisse du point m la perpendiculaire $m\mu$ sur ab, et si par le pied μ de cette perpendiculaire on mène la parallèle μm_2 à ac_2, en déterminant le point m_2 où cette parallèle rencontre la parallèle mm_2 à ab on aura construit le triangle de rabattement $m\mu m_2$ du point M ; la projection du rabattement du point M est ensuite le point m_1 obtenu en portant sur μm une longueur $\mu m_1 = \mu m_2$.

La longueur mm_2, mesurée à l'échelle du dessin, donne d'ailleurs la différence des cotes du point M et de la charnière (177) ; comme, d'autre part, il est évident que le point M a une cote supérieure à celle de la charnière, cette cote est donc $2 + mm_2$.

181. Remarques générales relatives aux rabattements. — Lorsqu'on rabat un plan P sur un plan horizontal, on obtient le rabattement d'une droite de ce plan en joignant les rabattements de deux de ses points. Cependant, si la droite donnée rencontre la charnière en un point dont les projections ne sortent pas du cadre de l'épure, le rabattement de la droite s'obtient en joignant ce point (qui reste immobile dans le rabattement) au rabattement, déterminé directement, d'un point quelconque de la droite. De même, si la droite est parallèle à la charnière, il suffit de rabattre un seul point de cette droite et de mener par le point rabattu la parallèle à la projection horizontale de la charnière.

D'une manière générale, deux droites concourantes se rabattent suivant deux droites concourantes ; deux droites parallèles se rabattent suivant deux droites parallèles. Il en résulte que, connaissant le rabattement d'une droite d'un plan, il suffit généralement, pour obtenir le rabattement d'une deuxième droite du plan, de déterminer le rabattement d'un seul point de cette droite et de le joindre au rabattement du point où elle rencontre la première droite ; si les deux droites sont parallèles, on détermine le rabattement d'un point quelconque de la deuxième droite, et par ce point on mène la parallèle au rabattement de la première droite.

Lorsqu'on a déterminé les rabattements de deux droites d'un plan, le rabattement d'une troisième droite s'obtient immédiatement en joignant les rabattements des points où cette droite rencontre les deux premières.

Ces remarques trouvent leur application dans tous les problèmes qui nécessitent un rabattement, elles permettent, connaissant le rabattement d'un *seul* point d'une figure plane, d'obtenir les rabattements de *tous* les autres points de cette figure, en faisant seulement usage de la règle et de l'équerre.

182. Application. — Reportons-nous au problème du n° 180, où nous avons traité le rabattement sur un plan horizontal d'un plan P défini par une échelle de pente. Après avoir obtenu, comme nous l'avons expliqué, la projection m_1 du rabattement d'un point M du plan P (*fig.* 222), proposons-nous de chercher le rabattement d'un deuxième point N de ce plan.

Soient n la projection du point donné N et ω le point où mn rencontre ab; ω est la projection horizontale du point Ω où la droite MN rencontre la charnière AB.

Comme le point Ω ne bouge pas pendant la rotation du plan P autour de AB, il en résulte que la droite MN est projetée, après le rabattement, suivant la droite $m_1\omega$; le rabattement du point n est donc situé sur cette droite et, comme il est aussi sur la perpendiculaire nv abaissée de n sur ab, ce point est à l'intersection n_1 de $m_1\omega$ et de nv.

183. Problème. — *Rabattre sur le plan horizontal de projection un plan défini par ses traces.*

Soient PαQ un plan défini par ses traces (*fig.* 223) et $(ab, a'b')$ une droite quelconque de ce plan. Proposons-nous de chercher le rabattement d'un point (m, m') de cette droite, lorsqu'on rabat le plan donné sur le plan horizontal de projection.

Rabattons d'abord la trace verticale αQ; pour cela, nous remarquons que le point α étant sur la charnière αP, ne bouge pas; il suffit alors de chercher le rabattement d'un seul point de cette trace, du point (a, a') par exemple. Or, comme la distance de l'espace αA est mesurée par $\alpha a'$ et que cette distance est rabattue horizontalement en vraie grandeur, il est évident que le rabattement du point (a, a') est le point a_1 situé à l'intersection de la circonférence de centre α et de rayon $\alpha a'$ avec la perpendiculaire abaissée du point a sur la charnière αP. Le rabattement αQ_1 de la trace verticale du plan s'obtient ensuite en joignant les points α et a_1.

Cela fait, puisque le point (b, b') est sur la charnière, il en résulte

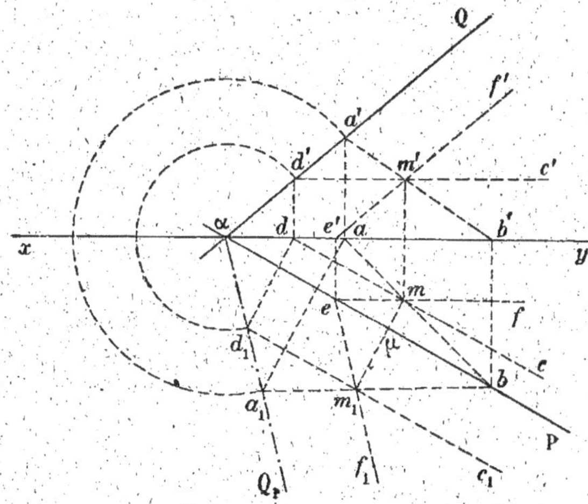

Fig. 223

immédiatement que la droite $(ab, a'b')$ est rabattue suivant $a_1 b$; le rabattement du point (m, m') est alors le point de rencontre m_1 de $a_1 b$ avec la perpendiculaire $m\mu$ abaissée du point m sur la charnière αP.

Une fois tracé le rabattement de la trace verticale, pour obtenir le rabattement du point (m, m'), on pourrait utiliser encore l'horizontale $(cd, c'd')$ passant par ce point ; en effet, d'abord la trace verticale (d, d') de cette horizontale est rabattue en d_1 à l'intersection de αQ_1 et de la perpendiculaire abaissée du point d sur la charnière, et comme d'autre part les horizontales du plan sont des parallèles à la charnière, il en résulte que le rabattement de $(cd, c'd')$ est la parallèle $d_1 c_1$ menée par d_1 à αP. Le rabattement du point (m, m') est alors à l'intersection de $m\mu$ et de $c_1 d_1$.

Enfin, on pourrait aussi se servir de la frontale $(ef, e'f')$ passant par (m, m'). Cette frontale rencontre la charnière αP au point e qui ne bouge pas pendant le mouvement de rotation du plan, et comme elle est parallèle à la trace verticale αQ, on a immédiatement son rabattement en menant par le point e la parallèle ef_1 à αQ_1. Le rabattement du point (m, m') est alors à l'intersection de ef_1 et de $m\mu$.

184. Rabattement d'un plan vertical sur un plan horizontal. — Le raisonnement qui nous a conduits à l'énoncé de la règle du triangle rectangle suppose essentiellement que le plan rabattu n'est pas vertical, c'est-à-dire n'est pas perpendiculaire au plan horizontal sur lequel s'effectue le rabattement. Nous allons maintenant examiner ce cas particulier.

Soit, par exemple, à rabattre le plan vertical P sur le plan horizontal H' (*fig.* 224). La charnière est la droite d'intersection AB des

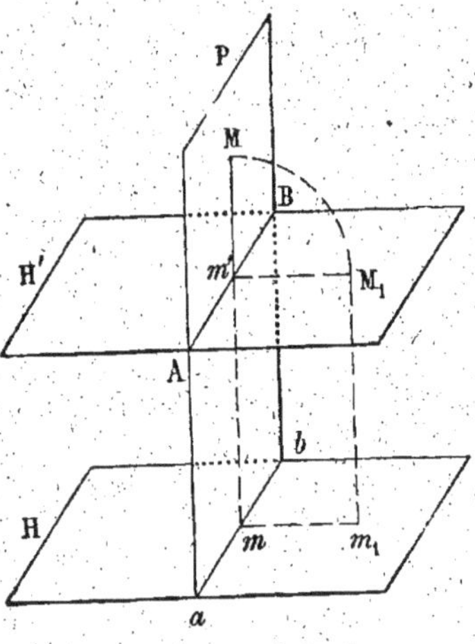

plans P et H' et sa projection ab sur le plan horizontal est la trace horizontale du plan P. Soient M un point quelconque du plan P, m sa projection horizontale, située d'ailleurs sur ab ; la projetante Mm rencontre AB au point m'. On voit immédiatement que, dans le rabattement du plan P, le point M décrit un arc de cercle de centre m' dans un plan perpendiculaire à AB ; une fois le rabattement effectué, M est alors venu en M_1 sur la perpendiculaire élevée en m' à AB, et sa projection horizontale m_1 est sur la perpendiculaire élevée en m à

Fig. 224

ab ; on a en outre $mm_1 = m'M_1 = m'M$. Comme $m'M$ mesure la différence des cotes du point M et de la charnière AB, ou encore la distance de leurs projections verticales, on en conclut la règle suivante :

Lorsqu'on rabat un plan vertical sur un plan horizontal, le rabattement de tout point du plan se fait sur la perpendiculaire élevée de la projection horizontale de ce point sur la trace horizontale du plan, à une distance de celle-ci égale à la différence des cotes du point et de la charnière, ou encore à la distance des projections verticales du point et de la charnière.

Cette règle a déjà été établie (17) dans le cas particulier où l'on rabat un plan vertical sur le plan horizontal de projection.

On se rend compte aisément que les divers points du plan vertical P se rabattent sur H' d'un côté ou de l'autre de la charnière suivant qu'ils sont eux-mêmes, dans le plan P, d'un côté ou de l'autre de la charnière, c'est-à-dire au-dessus ou au-dessous du plan.

185. Applications. — 1° Cherchons, par exemple, ce que devient le point (m, m') du plan vertical PαQ (*fig.* 225) lorsqu'on rabat ce plan sur le plan horizontal de projection. En vertu de la règle énoncée au n° précédent, le point considéré se rabat en m_1 sur la perpendiculaire élevée en m à la trace horizontale αP du plan, et à une distance de cette trace égale à sa cote : $mm_1 = \mu m'$.

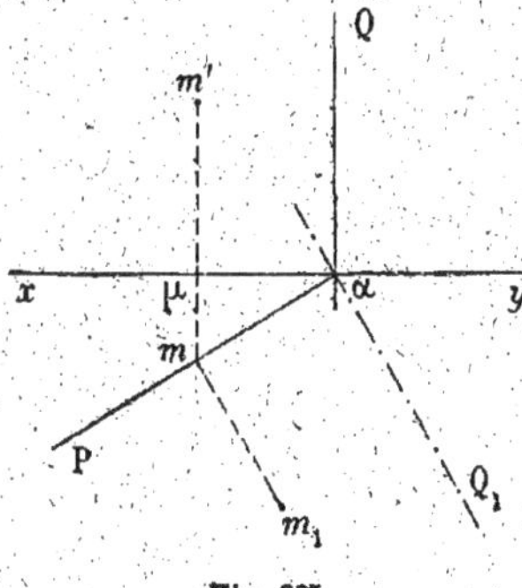

Fig. 225

Quant à la trace verticale αQ du plan, puisqu'elle est perpendiculaire à la trace horizontale, elle se rabat suivant la perpendiculaire αQ_1 élevée en α à la droite αP.

2° Soit à rabattre encore le plan de profil PαQ (*fig.* 226) sur le plan horizontal de projection. Pour obtenir le rabattement m_1 d'un point quelconque (m, m') de ce plan, il suffit encore de porter sur la perpendiculaire élevée en m à la trace horizontale αP du plan une longueur mm_1 égale à la cote $\alpha m'$ du point donné. Graphiquement, on mène par m la parallèle mm_1 à la ligne de terre et, du point α comme centre, on décrit l'arc de cercle de rayon $\alpha m'$ jusqu'au point m_2 où il rencontre xy, puis par le point m_2 on mène la parallèle à αP ; le point m_1 où cette parallèle rencontre mm_1 est le rabattement cherché.

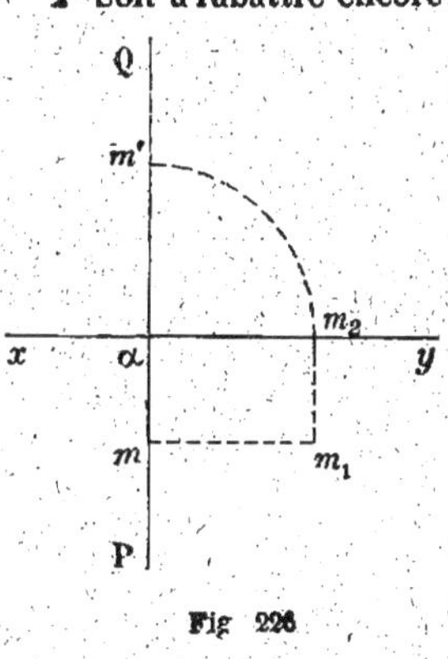

Fig. 226

3° Soit maintenant, en *géométrie cotée*, à trouver le rabattement du point $m(5,8)$ (*fig.* 227) lorsqu'on rabat le plan vertical ab qui contient ce point sur le plan horizontal de cote 3, par exemple. La charnière est l'horizontale AB de cote 3 projetée suivant la trace horizontale ab du plan vertical donné. La différence des cotes du point $m(5,8)$ et de la charnière étant $5,8 - 3 = 2,8$, en appliquant la règle du n° 184, on élève en m la perpendiculaire sur ab et on porte sur cette perpendiculaire, à partir de m, une longueur mm_1 égale à 2 unités 8 dixièmes de l'échelle du dessin; m_1 est le rabattement du point donné.

REMARQUE. — Dans les exemples précédents, on peut porter la longueur mm_1 d'un côté ou de l'autre de la charnière, suivant le sens du rabattement. D'ailleurs, une fois qu'on a obtenu le rabattement d'un premier point du plan vertical donné, on est complètement fixé pour rabattre tous les autres points de ce plan. Ainsi, si l'on veut rabattre le point $n(1,4)$ du plan vertical ab (*fig.* 227), comme ce point a une cote inférieure à celle de la charnière alors que le premier point rabattu $m(5,8)$ avait une cote supérieure, son rabattement n_1 doit être placé de l'autre côté de ab par rapport au point m_1.

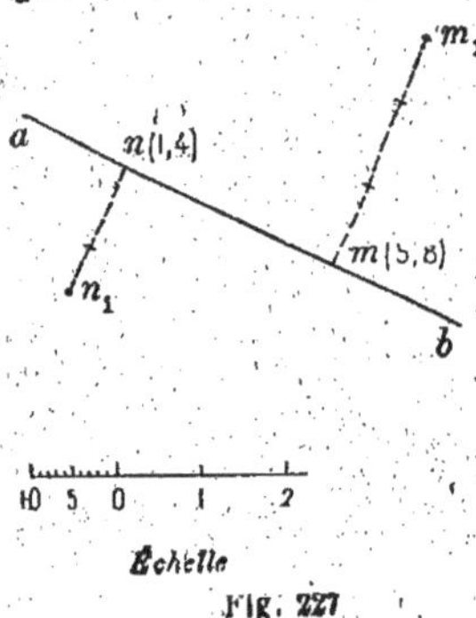

<h2 style="text-align:center">§ II.</h2>

<h2 style="text-align:center">Problème du relèvement.</h2>

186. Le problème général du relèvement peut s'énoncer ainsi :

Un plan P ayant été rabattu sur un plan horizontal, déterminer les projections (ou la projection horizontale et la cote) d'un point de ce plan, connaissant son rabattement.

Pour résoudre ce problème, il suffit de faire *en sens inverse* les constructions indiquées pour obtenir le rabattement d'un point ; les remarques exposées au n° 181 permettent, tout comme dans le rabattement, de simplifier notablement les constructions du relèvement.

Au surplus, les quelques exemples que nous allons traiter mettront complètement en évidence les liens étroits unissant le rabattement et le relèvement d'un plan, qu'on ne doit pas, en réalité, considérer comme deux problèmes distincts.

187. Problème. — *Relever un plan quelconque rabattu sur un plan horizontal.*

1° Soit le plan P défini par les deux droites concourantes $(oa. o'a')$, $(ob. o'b')$ ($fig.$ 228) : proposons-nous de déterminer les projections de

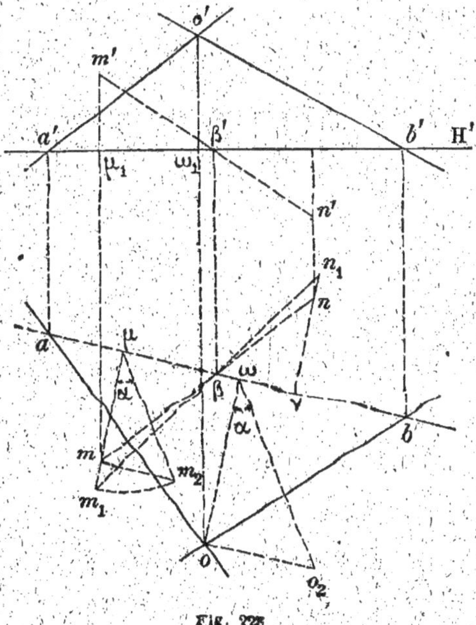

Fig. 228

celui de ses points M qui se rabattrait en m_1 dans le rabattement de ce plan sur le plan horizontal H'. La charnière est alors l'horizontale $(ab, a'b')$ du plan P.

Construisons d'abord le triangle de rabattement $o\omega o_2$ du point (o, o'); pour cela, abaissons la perpendiculaire $o\omega$ sur ab et portons sur la parallèle menée par o à ab la longueur oo_2 égale à la distance $o'\omega_1$ des projections verticales du point (o, o') et de la charnière.

L'angle $o\omega o_2$ est alors l'angle α des triangles de rabattement de tous les points du plan P (178, Rem. II); par suite, si du point m_1 on abaisse la perpendiculaire $m_1\mu$ sur la projection horizontale ab de la charnière, et si, par le pied μ de cette perpendiculaire, on mène la parallèle μm_2 à ωo_2, la direction de cette parallèle sera évidemment celle de l'hypoténuse du triangle de rabattement du point cherché : comme, d'autre part, en vertu de la règle du triangle rectangle (176), cette hypoténuse a pour longueur $m_1\mu$, en décrivant l'arc de cercle de centre μ et de rayon μm_1 qui coupe μm_2 au point m_2 et en menant la parallèle $m_2 m$ à ab, il est évident que le triangle $\mu m m_2$, obtenu ainsi, est le triangle de rabattement du point M ; par suite m est la projection horizontale de ce point et $m m_2$ mesure la distance de sa projection verticale à celle de la charnière ; cette projection verticale est donc le point m' obtenu en portant sur la ligne de rappel du point m une longueur $\mu_1 m'$ égale à $m m_2$ au-dessus ou au-dessous de $a'b'$, suivant le sens adopté pour le rabattement du plan P.

Ayant ainsi relevé un premier point du plan, les constructions nécessaires pour en relever d'autres points deviennent plus simples. Ainsi, soit à relever le point N dont le rabattement est projeté en n_1 ; la droite MN qui, après le rabattement, est projetée en $m_1 n_1$, rencontre la charnière au point dont la projection horizontale est β et dont la projection verticale s'obtient en rappelant β en β' sur $a'b'$: comme ce point (β, β') ne bouge pas dans le mouvement de rotation du plan P, il en résulte que les projections de la droite MN sont $m\beta$ et $m'\beta'$; la projection horizontale n du point N rabattu en n_1 se trouve alors à l'intersection de $m\beta$ avec la perpendiculaire $n_1 v$ à ab ; quant à sa projection verticale, on l'obtient en rappelant n en n' sur $\beta'm'$.

188. 2° Supposons maintenant qu'on ait rabattu sur le plan horizontal de projection un plan PαQ défini par ses traces (*fig.* 223), et soit à relever le point M de ce plan rabattu en m_1. On cherche d'abord, comme nous l'avons indiqué (183), le rabattement a_1 d'un point quelconque (a, a') de la trace verticale, ce qui donnera au besoin le rabattement αa_1 de la trace verticale. Cela fait, si on considère la droite AM du plan, il est évident que cette droite est rabattue suivant $a_1 m_1$; elle rencontre la charnière αP au point (b, b') ; or, ce point ne bougeant pas dans le mouvement de rotation du plan, il en résulte que les projections de la droite AM sont ab et $a'b'$. Le point M se trouvant sur cette droite, sa projection horizontale m est alors à l'inter-

section de ab et de la perpendiculaire $m_1\mu$ à la charnière αP ; sa projection verticale s'obtient ensuite en rappelant m en m' sur $a'b'$.

La méthode employée pour relever le point M consiste en somme, comme on le voit, à relever d'abord une droite du plan passant par ce point. On pourrait alors, au lieu de relever une droite quelconque, relever l'horizontale ou la frontale passant par le point. Par exemple, l'horizontale passant par le point M est évidemment rabattue suivant la parallèle m_1d_1 à la trace horizontale αP ; elle rencontre la trace verticale en un point D rabattu en d_1, dont la projection verticale d' s'obtient en portant sur αQ la longueur $\alpha d'$ égale à αd_1 et dont la projection horizontale d est à l'intersection de xy et de la ligne de rappel du point d' ; on peut alors tracer immédiatement les projections cd et $c'd'$ de l'horizontale considérée. Cela fait, la projection horizontale du point rabattu en m_1 est en m, à l'intersection de cd avec la perpendiculaire abaissée de m_1 sur αP, et sa projection verticale s'obtient en rappelant m en m' sur $c'd'$.

De même, on remarque que la frontale passant par le point M est rabattue suivant la parallèle m_1f_1 menée par m_1 au rabattement αQ$_1$ de la trace verticale du plan ; elle rencontre la charnière au point (e,e') ; ce point restant immobile dans le rabattement, on peut alors tracer immédiatement les projections ef et $e'f'$ de la frontale considérée. La projection horizontale m du point M s'obtient ensuite en déterminant l'intersection de la droite ef avec la perpendiculaire $m_1\mu$ à αP, et sa projection verticale m' est à l'intersection de la ligne de rappel du point m avec la droite $e'f'$.

189. 3° Si le plan rabattu sur le plan horizontal est un plan de bout PαQ (fig. 221), pour obtenir les projections du point rabattu en m_1, il suffit de faire en sens inverse les constructions très simples que nous avons exposées au n° 179. On mène la parallèle $m_1\mu$ à xy et la parallèle m_1m_2 à Pα, cette dernière parallèle rencontre xy en m_2 ; on décrit alors l'arc de cercle de centre α et de rayon αm_2 qui coupe αQ en m' ; m' est la projection verticale du point cherché et sa projection horizontale s'obtient en rappelant m' en m sur $m_1\mu$.

190. 4° Soit maintenant, en *géométrie cotée*, un plan P défini par une échelle de pente (fig. 222) ; supposons ce plan rabattu sur le plan horizontal de cote 2 par exemple : la charnière est alors l'horizontale

$a(2)$ $b(2)$ du plan donné ; proposons-nous, connaissant la projection du rabattement m_1 d'un point M de ce plan, de déterminer la projection et la cote de ce point.

Construisons d'abord le triangle de rabattement cac_2 du point $c(3)$ de l'échelle de pente, nous déterminons ainsi l'angle de rabattement α du plan P (178, Rem. II) ; par suite, si du point m_1 nous abaissons la perpendiculaire $m_1\mu$ sur la charnière ab et si, par le pied de cette perpendiculaire, nous menons la parallèle μm_2 à ac_2, la direction de cette parallèle est évidemment celle de l'hypoténuse du triangle rectangle de rabattement du point M. Comme, d'autre part, en vertu de la règle du triangle rectangle (177), la longueur de cette hypoténuse est $m_1\mu$, en décrivant l'arc de cercle de centre μ et de rayon μm_1, qui coupe μm_2 au point m_2 et en menant la parallèle $m_2 m$ à ab, il est clair que le triangle rectangle $\mu m m_2$ ainsi obtenu est précisément le triangle de rabattement du point M. La projection de ce point est donc m : quant à sa cote, elle est égale à $2+mm_2$

Si l'on veut maintenant relever un deuxième point N du plan connaissant son rabattement n_1, il suffit de remarquer que la droite MN est rabattue en m_1n_1 et rencontre la charnière en un point projeté en ω ; ce point ne bougeant pas dans le mouvement de rotation du plan, il en résulte que la droite MN est projetée suivant $m\omega$; par suite, la projection du point N est en n à l'intersection de la droite $m\omega$ et de la perpendiculaire $n_1\nu$ à ab.

191. Problème. — *Relever un plan vertical rabattu sur le plan horizontal de projection.*

Soit (*fig.* 225) le plan vertical PαQ supposé rabattu sur le plan horizontal de projection ; proposons-nous de déterminer les projections du point M de ce plan rabattu en m_1. En vertu de la règle énoncée au n° 184, la projection horizontale de ce point est le pied m de la perpendiculaire abaissée de m_1 sur la trace horizontale αP du plan. D'autre part, toujours en vertu de la même règle, la distance m_1m mesure la cote du point cherché ; donc, la projection verticale de ce point est le point m' obtenu en portant sur la ligne de rappel du point m la longueur $\mu m'$ égale à mm_1, au-dessus ou au-dessous de la ligne de terre, suivant le signe de la cote du point M, signe que l'on doit connaître *a priori*.

En *géométrie cotée* (*fig.* 227). Il suffit d'inscrire à côté de la projection horizontale m, obtenue comme plus haut, la cote du point M, égale à celle de la charnière augmentée ou diminuée de la distance mm_1, mesurée à l'échelle du dessin.

EXERCICES

1° *Deux plans de projection.*

1. On considère le plan défini par le point (m, m') et la ligne de terre ; trouver le rabattement du point (m, m') lorsqu'on rabat ce plan sur le plan horizontal de projection.

2. Rabattre sur le plan horizontal un plan P déterminé par un point (m, m') et une droite de profil définie par deux points (a, a'), (b, b') ; trouver le rabattement du point (m, m').

3. Étant donnée dans le plan horizontal une droite αP qui rencontre xy au point α, mener par ce point une autre droite αQ dans le plan vertical telle que, dans le rabattement du plan PαQ sur le plan horizontal, le rabattement de αQ vienne dans le prolongement de αP.

4. Construire les projections des hauteurs d'un triangle connaissant les projections des trois sommets de ce triangle.

5. On donne dans le plan bissecteur du second dièdre un cercle défini par son centre et son rayon ; trouver sur ce cercle un point qui soit à une distance donnée de la ligne de terre.

6. Construire un plan défini par les deux projections (o, o') d'un de ses points et le rabattement o_1 de ce point sur le plan horizontal.
(Navale.)

7. Construire un carré, connaissant les projections des extrémités (a, a'), (c, c') d'une de ses diagonales et sachant que l'un des autres sommets se projette sur une droite donnée du plan vertical.

8. On donne la trace horizontale d'un plan et l'angle des traces du plan dans l'espace ; déterminer le plan. Discuter.
(Saint-Cyr.)

9 On donne la trace horizontale d'un plan, le rabattement d'un point de ce plan sur le plan horizontal de projection. Déterminer les projections de ce point connaissant en outre soit sa projection horizontale, soit sa projection verticale.
(Saint-Cyr.)

2° *Géométrie cotée.*

10. On rabat le plan défini par les trois points $o(4)$, $a(6)$ et $b(8)$ sur le plan horizontal de cote 3 ; construire le rabattement de l'horizontale de cote 5 de ce plan.

11. Dans un plan P défini par une échelle de pente, on donne deux points par leurs projections a et b. Ces points sont deux sommets d'un triangle équilatéral situé dans le plan P ; construire la projection du troisième sommet.

12. On donne, dans le plan défini par le point $m(3)$ et l'horizontale $ab(2)$, un cercle de rayon ρ ayant son centre O sur l'horizontale donnée; mener par le point M, dans ce plan, une droite sur laquelle le cercle intercepte une corde de longueur donnée.

13. On donne les projections de deux droites concourantes OA et OB et la cote d'un point A situé sur la première; on demande de graduer ces deux droites sachant que, lorsqu'on rabat leur plan sur le plan horizontal passant par A, leur point de concours O est rabattu en un point donné o_1.

14. On donne, dans un plan P défini par une échelle de pente, le centre O d'un cercle de rayon R et un point A. Construire la projection du losange ABCD dont les sommets B et D sont situés sur le cercle donné et dont la diagonale BD a une longueur donnée.

15. Trouver la projection cotée d'un triangle équilatéral, connaissant deux sommets par leurs projections cotées et sachant que le troisième sommet est dans le plan horizontal de projection.

16. Trouver la projection cotée d'un triangle équilatéral, connaissant les projections cotées d'un sommet et de son centre et sachant qu'un autre sommet se trouve dans un plan donné.

17. Construire la projection cotée d'un carré défini par son plan et les projections de deux sommets situés sur une même diagonale.

CHAPITRE II

APPLICATIONS DES RABATTEMENTS

DÉTERMINATION DES DISTANCES

192. Lorsqu'une figure plane est parallèle à l'un des plans de projection, les longueurs et les angles de cette figure se projettent sur ce plan en *vraie grandeur*.

193. Il résulte de là que pour déterminer la longueur d'un segment ou la grandeur d'un angle situés dans un plan P, il suffit de rabattre ce plan sur un plan horizontal; après le rabattement, le segment ou l'angle considéré se projette horizontalement en vraie grandeur.

§ I.

Distance de deux points.

194. MÉTHODE GÉNÉRALE. — *D'abord, si la droite joignant deux points donnés A et B est horizontale, la distance de ces deux points est égale à la distance de leurs projections horizontales; de même, si la droite AB est de front, la distance des points A et B est égale à la distance de leurs projections verticales* (192).

Lorsque la droite joignant les points A et B n'est ni horizontale ni de front, on obtient la distance de ces points en rabattant sur un plan horizontal le plan vertical projetant horizontalement la droite AB; la distance des nouvelles projections horizontales des points A *et* B *après le rabattement est la distance cherchée* (193).

195. Problème. — *Déterminer la distance de deux points* (a,a'), (b,b') *définis par leurs projections* (*fig.* 229).

Le plan projetant horizontalement la droite $(ab, a'b')$ est le plan vertical ayant pour trace horizontale la droite ab. Rabattons ce plan

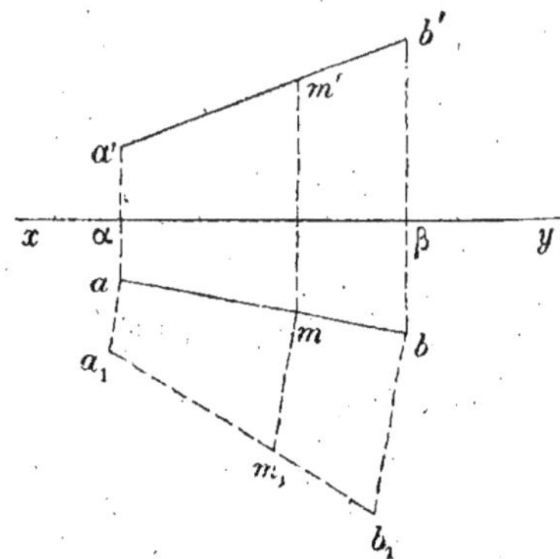

Fig. 229

sur le plan horizontal de projection ; les points (a,a'), (b,b') se rabattent aux points a_1 et b_1 obtenus en portant respectivement sur les perpendiculaires élevées en a et b à la droite ab les longueurs $aa_1 = \alpha a'$ et $bb_1 = \beta b'$ (185) ; d'ailleurs ces longueurs doivent être portées d'un même côté de ab, car les points donnés sont tous deux au-dessus du plan horizontal de projection. La distance cherchée est alors mesurée par $a_1 b_1$.

196. Problème. — *Déterminer la distance de deux points définis par leurs projections cotées.*

Soit à déterminer la distance des points $a(3,2)$ et $b(5,8)$ (*fig.* 230). Le plan projetant horizontalement la droite AB est le plan vertical ayant pour trace horizontale ab. Rabattons ce plan sur le plan horizontal de cote 3,2 qui contient le point A ; la charnière est alors l'horizontale de cote 3,2 projetée suivant *ab*. Le point A étant sur la charnière ne bouge pas pendant la rotation du plan ; quant au point B, après le rabattement, il se projette au point b_1 obtenu en portant sur la perpendiculaire élevée en *b* à la droite *ab* la longueur bb_1 égale à $5,8 - 3,2 = 2$ unités 6 dixièmes de l'échelle du dessin (184). La distance AB est alors mesurée par ab_1.

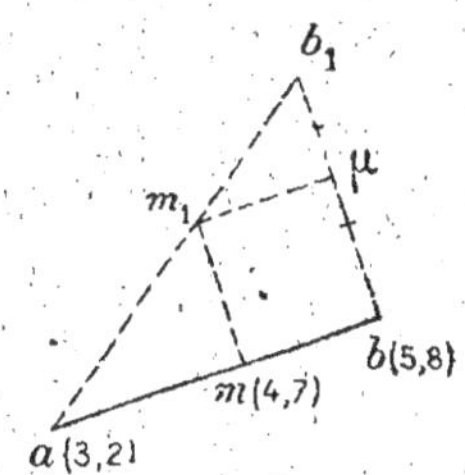

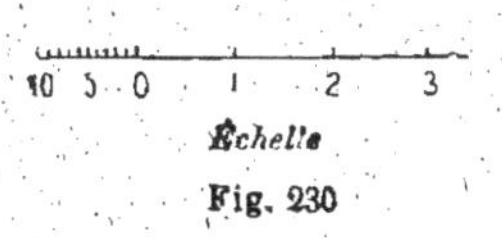

Échelle

Fig. 230

REMARQUE. — Nous avons déjà résolu ce problème au n° 25, en faisant un rabattement sur le plan horizontal de projection.

197. Problème. — *Porter sur une droite donnée une longueur donnée à partir d'un point donné.*

Ce problème est en quelque sorte l'inverse du précédent.

1° Soit, par exemple, à porter sur la droite $(ab, a'b')$ (*fig.* 229) et à partir du point (a,a') une longueur donnée δ. Rabattons sur le plan horizontal de projection le plan vertical *ab* projetant horizontalement la droite donnée ; celle-ci se rabat en a_1b_1. Portons alors sur a_1b_1 et à partir de a_1 la longueur a_1m_1 égale à δ, puis relevons en (m,m') le point m_1 (191) : la longueur demandée est alors projetée en $(am, a'm')$.

2° Enfin, s'il s'agit de porter une longueur égale à δ, à partir du point $a(3,2)$ sur la droite $a(3,2)\, b(5,8)$ (*fig.* 230), on rabat comme nous l'avons fait (185, 3°) le plan vertical projetant cette droite sur le plan horizontal de cote (3,2), et sur le rabattement obtenu ab_1 on porte la longueur am_1 égale à δ ; on relève ensuite le point m_1 en *m* sur *ab*, et on a ainsi la projection de l'extrémité de la longueur demandée. Pour avoir la cote de cette extrémité, on mène la parallèle $m_1\mu$ à *ab* jusqu'au point μ où elle rencontre bb_1 et on mesure à l'échelle du dessin la longueur $b\mu$; la cote cherchée est alors $3,2 + b\mu$ (approximativement dans notre épure $3,2 + 1,5 = 4,7$.

Remarque. — Nous avons déjà résolu ce problème au n° 26, en faisant un rabattement sur le plan horizontal de projection.

§ 11.

Distance d'un point à un plan.

198. Méthode. — *D'une manière générale, pour obtenir la distance d'un point M à un plan donné P (fig. 231), on mène par le point M la perpendiculaire au plan P et on détermine le point N où cette perpendiculaire perce le plan P ; la distance demandée est la longueur MN. Le problème se trouve ainsi ramené à déterminer la distance de deux points.*

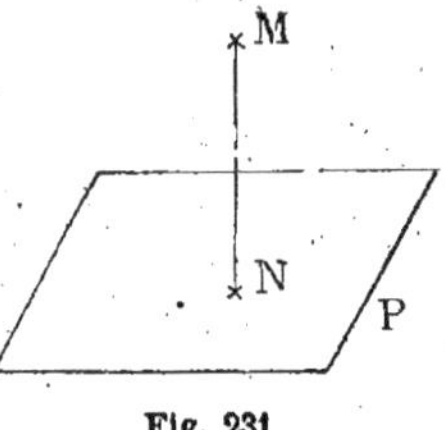

Fig. 231

Problème. — *Déterminer la distance du point (m, m') au plan PαQ défini par ses traces (fig. 232).*

199. 1° *Le plan donné est quelconque.* — On a immédiatement les

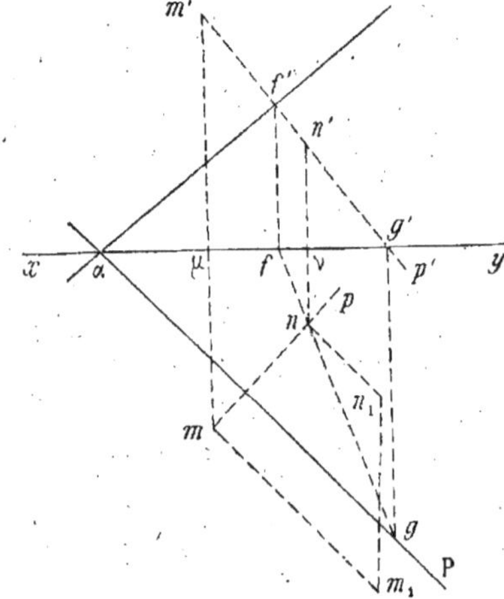

Fig. 232

projections de la perpendiculaire $(mp, m'p'')$, abaissée du point (m, m')

sur le plan P en menant de m la perpendiculaire mp à la trace horizontale αP de ce plan et de m' la perpendiculaire $m'p'$ à sa trace verticale αQ (171).

Pour obtenir ensuite le pied de cette perpendiculaire, c'est-à-dire le point où la droite $(mp, m'p')$ perce le plan donné, on détermine, par exemple, la droite d'intersection $(fg, f'g')$ du plan donné et du plan de bout $m'p'$ projetant verticalement la perpendiculaire $(mp, m'p')$; celle-ci rencontre $(fg, f'g')$ au point cherché (n, n').

Il ne reste plus qu'à chercher la distance des points (m, m'), (n, n') (195) ; pour cela, on rabat le plan vertical mn sur le plan horizontal de projection. Les rabattements m_1 et n_1 des points (m, m') et (n, n') s'obtiennent en portant, sur les perpendiculaires élevées en m et n à mn, les longueurs mm_1 et nn_1 respectivement égales aux côtes $\mu m'$ et vn' de ces points [d'un même côté de mn, puisque les points (m, m') et (n, n') sont d'un même côté du plan horizontal de projection].

La distance cherchée est mesurée par $m_1 n_1$.

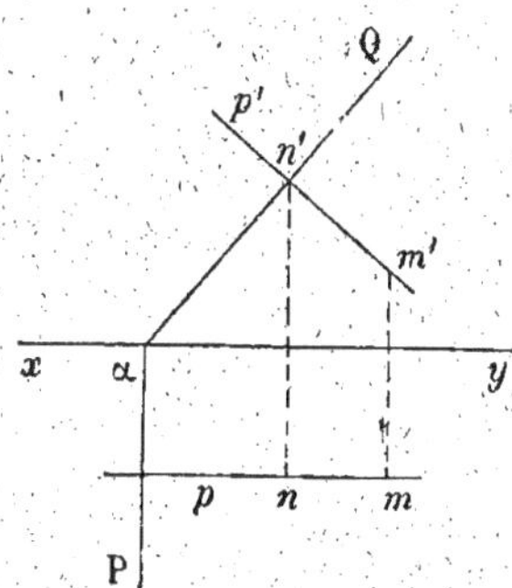

Fig. 233

200. **2° *Le plan donné est de bout.*** — Lorsque le plan donné PαQ est de bout (*fig.* 233), la perpendiculaire $(np, m'p')$ menée à ce plan par le point (m, m') est une droite de front ; de plus, le point (n, n') où elle perce le plan de bout PαQ est le point dont la projection verticale n' est à l'intersection de αQ et de $m'p'$.

Il résulte de ces simplifications et de la remarque faite au début de ce chapitre (192) que la distance du point (m, m') au plan PαQ est mesurée par le segment $m'n'$.

On peut faire une remarque analogue lorsque le plan donné est vertical.

201. Problème. — *Déterminer la distance du point (m, m') au plan défini par les deux droites $(oa, o'a')$ et $(ob, o'b')$ (fig. 234).*

On commence par déterminer une horizontale $(cd, c'd')$ et une frontale (*de, d'e'*) du plan donné (121 et 123) ; puis on abaisse de *m* la perpendiculaire *mp* sur *cd* et de *m'* la perpendiculaire *m'p'* sur *d'e'* :

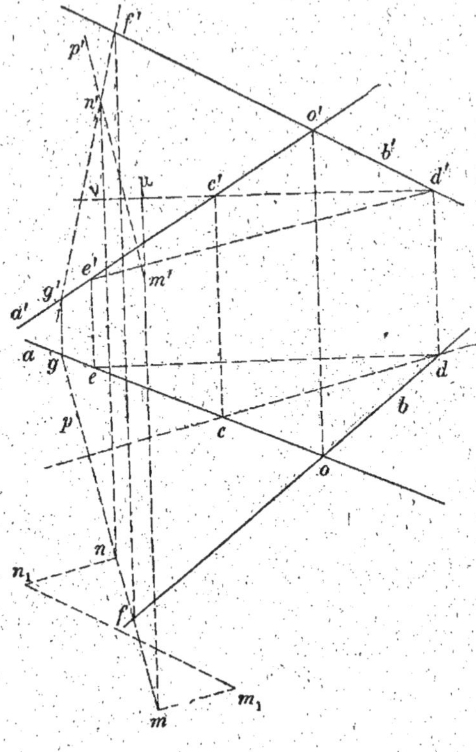

Fig. 234

la droite (*mp, m'p'*) est la perpendiculaire menée du point (*m, m'*) au plan des deux droites données (171, 2°).

Pour obtenir ensuite le pied de cette perpendiculaire, on détermine, par exemple, la droite d'intersection (*fg, f'g'*) du plan donné avec le plan vertical *fg* projetant horizontalement la perpendiculaire (*mp, m'p'*) ; le point (*n, n'*) où cette perpendiculaire rencontre (*fg, f'g'*) est le point cherché.

Il faut maintenant chercher la distance des deux points (*m, m'*) et (*n, n'*) ; pour cela, on peut par exemple rabattre sur le plan horizontal $c'd'$ le plan vertical mn projetant horizontalement la droite $(mn, m'n')$.

Après le rabattement, les points (m, m') et (n, n') sont projetés horizontalement aux points m_1 et n_1 obtenus en portant respectivement sur les perpendiculaires élevées en m et n à la droite mn les longueurs $mm_1 = m'\mu$, $nn_1 = n'\nu$. Ces longueurs doivent être portées de part et d'autre de mn, car les points (m, m') et (n, n') sont situés, l'un au-dessous, l'autre au-dessus du plan horizontal $c'd'$ sur lequel s'effectue le rabattement. La distance du point (m, m') au plan donné est alors mesurée par le segment m_1n_1.

202. (Géométrie cotée) **Problème.** — *Déterminer la distance du point m (5) à un plan P défini par une échelle de pente (fig. 235).*

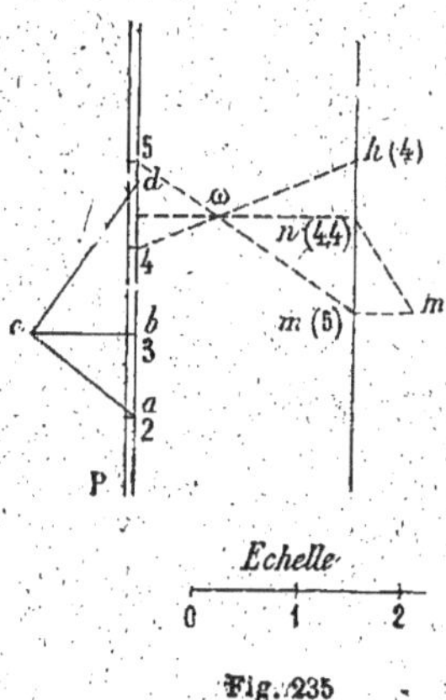

Fig. 235

On mène d'abord du point $m(5)$ la perpendiculaire au plan (74) : son intervalle a été construit en bd à l'aide du triangle rectangle acd ; sa projection mh est parallèle à l'échelle du plan, et la graduation $m(5)$ $h(4)$ est de sens contraire à celle du plan.

Pour déterminer le point de rencontre de cette perpendiculaire et du plan P, on a utilisé le procédé indiqué (66, 3°) lorsque les échelles du plan et de la droite sont parallèles ; on obtient ainsi le point $n(4,4)$.

La distance de ce point au point $m(5)$ est obtenue en nm' par le rabattement du plan projetant la droite $m(5)n(4,4)$ sur le plan horizontal de cote (4,4) (On a porté $mm' = 0,6$ unité de l'échelle).

§ III.

Distance d'un point à une droite.

203. MÉTHODE. — *Pour obtenir la distance d'un point M à une droite AB, on cherche la distance du point M au pied de la perpendiculaire abaissée de ce point sur la droite AB.*

204. Cas où la droite est perpendiculaire à l'un des plans de projection. — Soit, par exemple, à chercher la distance du point (m, m') à la verticale $(o, a'b')$ (*fig.* 236).

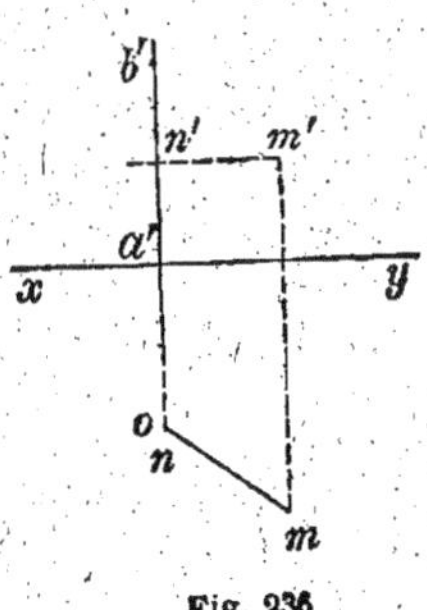

Fig. 236

La perpendiculaire abaissée du point (m, m') sur cette verticale est l'horizontale $(mn, m'n')$, dont la projection horizontale est confondue avec la droite mo joignant le point m à la trace horizontale o de la verticale donnée ; le pied de cette perpendiculaire est le point (n, n') (n confondu avec o), de sorte que la distance cherchée est mesurée par le segment mn (ou mo) (192).

On en conclut donc que :

La distance d'un point donné à une verticale donnée est égale à la distance de la projection horizontale du point à la trace horizontale de cette verticale.

Cette conclusion est d'ailleurs valable pour la *géométrie cotée* ; ainsi la distance du point $m(4,9)$ à la verticale o (*fig.* 237) est mesurée par le segment mo

Fig. 237

Il est évident, par analogie, que :

La distance d'un point donné à une droite de bout est égale à la distance de la projection verticale du point à la trace verticale de la droite.

205. Cas où la droite est parallèle à l'un des plans de projection. — Avant de traiter ce cas particulier, nous rappellerons qu'un angle droit dont un côté au moins est parallèle à l'un des plans de projection se projette sur ce plan suivant un angle droit.

1° *Déterminer la distance d'un point donné à une horizontale ou à une droite de front donnée* (deux plans de projection).

I. — Soit, par exemple (*fig.* 238), à déterminer la distance du point (m, m') à l'horizontale $(ab, a'b')$; la perpendiculaire abaissée du point sur la droite est projetée horizontalement suivant la perpendiculaire mn abaissée de m sur ab (173, Cas part.); le point n où mn rencontre ab est la projection horizontale du pied de cette perpendiculaire et sa pro-

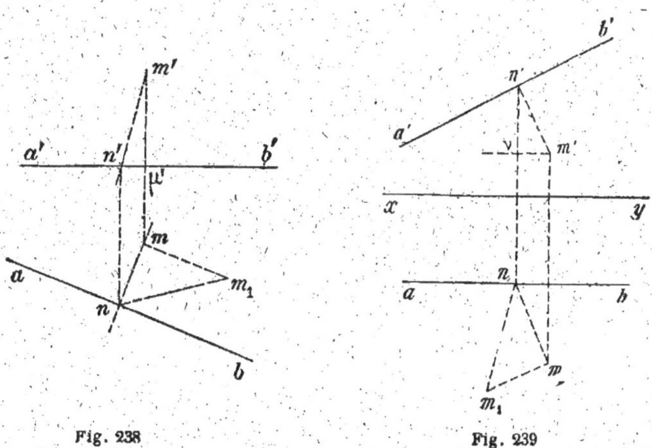

Fig. 238   Fig. 239

jection verticale n' s'obtient en rappelant n sur $a'b'$. Il reste maintenant à chercher la distance des points (m, m'), (n, n'); pour cela on rabat le plan vertical mn sur le plan horizontal passant par $(ab, a'b')$; le point (n, n') étant dans ce plan horizontal ne bouge pas, et le point (m, m') se rabat en m_1 sur la perpendiculaire élevée en m à mn à une distance mm_1 de cette droite égale à $\mu'm'$. La distance demandée est alors mesurée par le segment nm_1.

II. — On procède d'une manière analogue pour déterminer la distance du point (m, m') à la frontale $(ab, a'b')$ (173, Cas part.) (*fig.* 239). La perpendiculaire $(mn, m'n')$ abaissée du point (m, m') sur la droite est projetée verticalement suivant la perpendiculaire abaissée de m' sur $a'b'$, et l'on a immédiatement le pied (n, n') de cette perpendiculaire. La distance des deux points (m, m') et (n, n') s'obtient ensuite en rabattant le plan vertical mn sur le plan horizontal passant par le point (n, n'); dans ce rabattement, (n, n') ne bouge pas, et le point (m, m') se rabat en m_1 sur la perpendiculaire élevée en m' à $m'n'$, à une distance de cette droite égale à $n'v$, différence des cotes des points (m, m') et (n, n'). La distance demandée est alors mesurée par le segment nm_1.

2° Déterminer la distance d'un point donné à une horizontale donnée (Géométrie cotée).

Soit, par exemple (*fig.* 240), à déterminer la distance du point

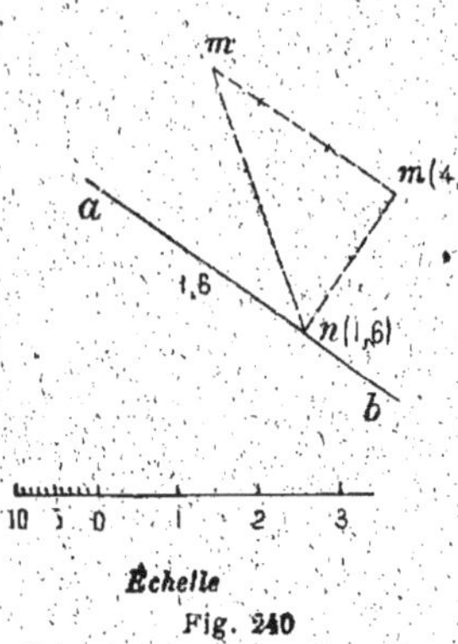

$m(4,3)$ à l'horizontale $ab(1,6)$. La perpendiculaire abaissée du point donné M sur l'horizontale donnée, AB est la droite $m(4,3) n(1,6)$ dont la projection horizontale est la perpendiculaire abaissée de m sur ab et dont le pied est projeté en n au point de rencontre de mn et de ab (79, 1°).

Pour obtenir la distance des points $m(4,3)$ et $n(1,6)$, il suffit de rabattre le plan vertical mn sur le plan horizontal de cote 1,6 contenant l'horizontale AB.

Le point N étant dans ce plan, ne bouge pas; quant au point M, après le rabattement il est projeté au point m', obtenu en portant sur la parallèle menée par m à ab une longueur mm' égale à $4,3 - 1,6 =$ 2 unités 7 dixièmes de l'échelle. La distance demandée est alors mesurée par le segment nm'.

206. Cas général. — MÉTHODE. *Pour trouver la distance d'un point M à une droite AB qui n'est ni parallèle ni perpendiculaire à l'un des plans de projection, il suffit de rabattre d'abord sur un plan horizontal le plan MAB déterminé par la droite et le point donnés; la distance cherchée est alors égale (193) à celle de la nouvelle projection horizontale du point à la nouvelle projection horizontale de la droite.*

1° Le point et la droite sont définis par leurs projections horizontales et verticales.

Soit à déterminer la distance du point (m, m') à la droite $(ab, a'b')$ (*fig.* 241). Construisons d'abord l'horizontale $(mh, m'h')$ du plan déterminé par la droite et le point donnés, puis rabattons ce dernier plan sur le plan horizontal $m'h'$. Les points (m, m') et (h, h'), étant sur la charnière, ne bougent pas pendant le rabattement. Pour obtenir le rabattement de la droite $(ab, a'b')$, il suffit alors de rabattre un seul de ses points, (a, a') par exemple ; pour cela, construisons le triangle de

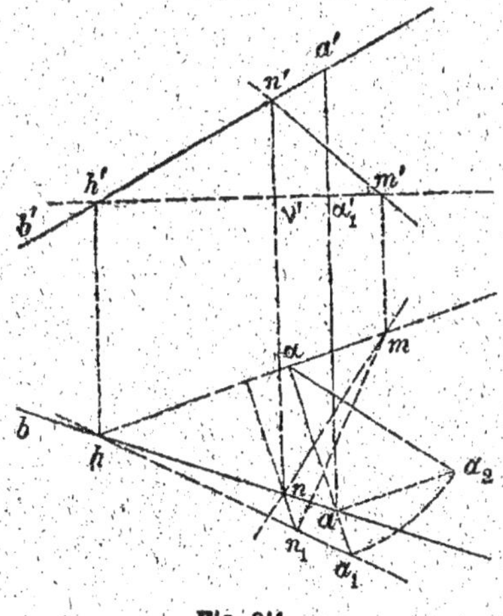

Fig. 241

rabattement $a\alpha a_2$ de ce point en abaissant la perpendiculaire $a\alpha$ sur mh et en portant sur la parallèle à mh menée par le point a la distance $a a_2 = a'a'_1$; cela fait, en portant sur αa la longueur $a a_1$ égale à l'hypoténuse $a a_2$ de ce triangle nous avons la projection horizontale a_1 du rabattement du point (a, a'). La droite $(ab, a'b')$ est alors rabattue suivant $a_1 h$ et la distance mn_1 du point m à cette droite est la distance demandée.

REMARQUE. — mn_1 est aussi la projection horizontale, après le rabattement, de la perpendiculaire abaissée du point (m, m') sur la droite $(ab, a'b')$; en relevant le point n_1 en (n, n'), on a immédiatement les projections mn et $m'n'$ de cette perpendiculaire.

2° *Le point et la droite sont définis par leurs projections horizontales cotées.*

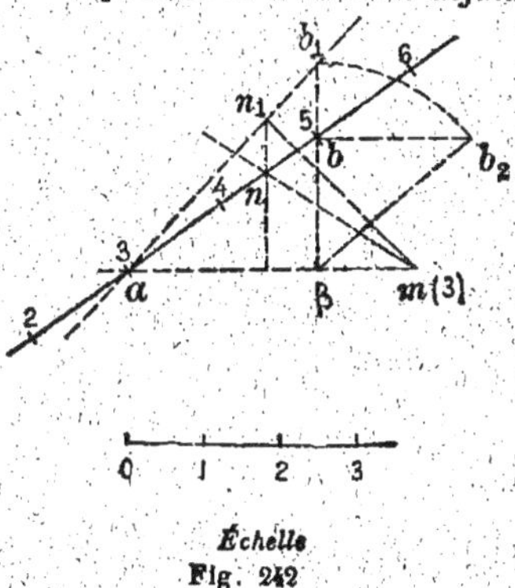

Échelle
Fig. 242

Soit à déterminer, par exemple, la distance du point $m(3)$ à la droite AB dont on donne la projection horizontale graduée (fig. 242). Menons encore l'horizontale $m(3) a(3)$ du plan MAB et rabattons ce plan sur le plan horizontal de cote 3 ; les points A et M, étant sur la charnière, ne bougent pas pendant le rabattement.

Pour obtenir le rabattement de la droite AB, il suffit alors de rabattre un seul de ses points, $b(5)$ par exemple ; pour cela, construisons le triangle de rabattement $b\beta b_2$ de ce point en abaissant la perpendiculaire $b\beta$ sur am et en portant sur la parallèle menée à am par le point b la longueur bb_2 égale à $5 - 3 = 2$ unités de l'échelle du dessin; cela fait, en portant sur $b\beta$ la longueur βb_1 égale à l'hypoténuse βb_2 de ce triangle, on a en b_1 la projection horizontale du point $b(5)$ après le rabattement. La droite ab_1 est alors la projection horizontale de la droite AB rabattue et la distance mn_1 du point m à cette droite ab_1 est la distance demandée.

REMARQUE. — En relevant le point n_1 en n sur ab, on a en mn la projection de la perpendiculaire abaissée du point M sur AB; on obtiendrait la graduation de cette perpendiculaire au moyen des horizontales du plan MAB.

207. AUTRE MÉTHODE POUR DÉTERMINER LA DISTANCE D'UN POINT A UNE DROITE. — Pour déterminer la distance d'un point M à une droite AB :

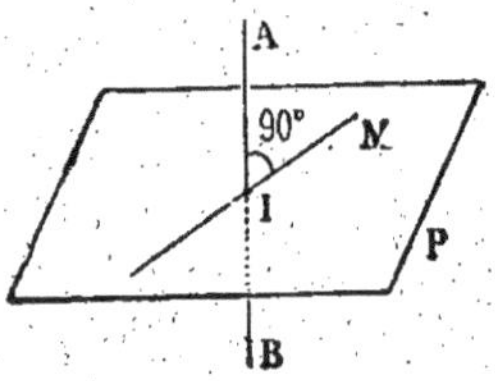

1° on mène du point M le plan P perpendiculaire à la droite (*fig.* 243);

2° on cherche le point I commun à ce plan et à la droite;

3° on détermine la distance des points M et I.

Fig. 243

Nous laissons au lecteur le soin de faire l'application de cette méthode. Il lui suffira de rassembler sur une même épure des constructions déjà indiquées qui servent : 1° à déterminer le plan P et le point I (172 et 76) ; 2° à trouver ensuite la distance des points M et I (195 et 196).

EXERCICES

1° *Deux plans de projection.*

1. Trouver la distance des deux traces d'une droite donnée.

2. Mener par un point une droite de longueur donnée s'appuyant : 1° sur une horizontale donnée ; 2° sur une droite de front donnée ; 3° sur une droite quelconque.

3. Déterminer la distance de deux plans parallèles.

4. Mener un plan parallèle à un plan donné, à une distance donnée de celui-ci.

5. Trouver sur une droite donnée un point qui soit à une distance donnée d'un plan défini par ses traces.

6. Déterminer la distance de deux droites parallèles données.

7. Trouver la distance d'un point donné à une droite de profil donnée.

8. Dans un plan on donne deux points. Mener dans le plan, par ces points, deux parallèles situées à une distance donnée l'une de l'autre.

9. On donne deux droites; en construire une troisième, parallèle à la première, rencontrant la deuxième, et telle que le segment compris entre les deux plans de projection ait une longueur donnée.

10. Mener une droite de direction donnée s'appuyant sur une droite donnée, de façon que le segment compris entre la droite D et un plan donné P ait une longueur donnée.

11. On donne trois plans P, Q, R par leurs traces. Mener une droite parallèle à une direction donnée rencontrant les trois plans respectivement aux points A, B, C de manière que AB et BC aient des longueurs données.

(Navale.)

12. On donne dans le plan horizontal deux droites parallèles. Ce sont les traces de deux plans parallèles dont on donne en outre la distance. Déterminer ces plans.

2° Géométrie cotée.

13. Étant donnés un point par sa projection cotée et la projection d'un deuxième point, trouver la cote de ce deuxième point, sachant qu'il est à une distance donnée du premier.

14. Mener par un point défini par sa projection cotée une droite de longueur donnée s'appuyant sur une horizontale donnée.

15. Étant donnés un plan P défini par une échelle de pente et la projection d'un point situé à une distance donnée du plan P, déterminer la cote de ce point.

16. Étant donnés deux plans parallèles définis par leurs échelles de pente, déterminer la distance de ces deux plans.

17. Construire une échelle de pente d'un plan parallèle à un plan donné P et situé à une distance donnée de ce plan.

18. Déterminer sur une droite définie par sa projection graduée un point situé à une distance donnée d'un plan défini par une échelle de pente.

19. Déterminer la distance de deux droites parallèles données par leurs graduations.

20. Construire un plan connaissant sa trace horizontale et sa distance à un point donné.

(St-Cyr.)

CHAPITRE III

APPLICATIONS DES RABATTEMENTS

DÉTERMINATION DES ANGLES.

§ I.

Angles de deux droites.

208. Définition. — Étant données deux droites *quelconques* dans l'espace, on appelle *angles* de ces deux droites les angles formés par les parallèles menées à ces droites par un point quelconque.

En particulier, deux droites de l'espace sont dites *perpendiculaires* ou *orthogonales* si les parallèles menées à ces droites par un point quelconque de l'espace forment des angles droits.

209. La définition précédente ramenant la détermination des angles formés par deux droites à celle des angles de deux droites concourantes, nous nous bornerons à résoudre ce dernier problème.

210. Méthode générale pour déterminer les angles formés par deux droites concourantes. — On sait que si deux droites concourantes OA et OB sont parallèles à un plan P (*fig.* 244), elles sont respectivement parallèles à leurs projections oa et ob sur ce plan ;

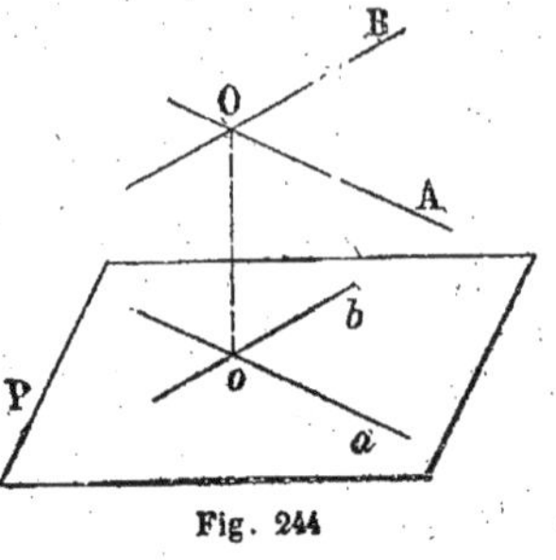

par suite, leurs angles sont égaux à ceux que forment leurs projections sur le plan P.

Il résulte immédiatement de cette remarque que *les angles de deux horizontales quelconques (concourantes ou non) sont mesurés par les angles formés par leurs projections horizontales ; de même, les angles de deux droites de front sont mesurés par les angles formés par leurs projections verticales.*

Fig. 244

211. Règle. — *Si les deux droites concourantes données ne sont pas parallèles à un même plan de projection, on rabat le plan de ces deux droites sur un plan horizontal ; après le rabattement, les angles de ces deux droites sont projetés horizontalement en vraie grandeur.*

212. Problème. — *Déterminer les angles formés par deux droites concourantes données par leurs projections horizontales et verticales.*

Soient $(oa, o'a')$ et $(ob, o'b')$ les droites données (*fig.* 245). Rabattons le

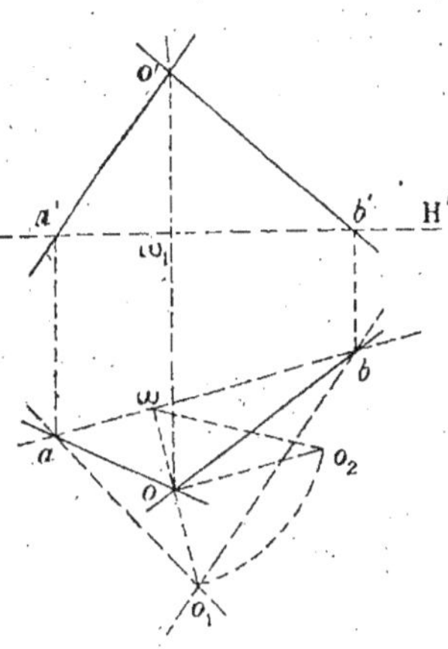

plan de ces deux droites sur le plan horizontal H' ; les points (a, a'), (b, b') où les droites données rencontrent H' ne bougent pas pendant le rabattement, de sorte qu'il suffit de déterminer le rabattement d'un autre point de chacune de ces droites, par exemple le rabattement o_1 de leur point de rencontre (o, o'). Rappelons d'ailleurs qu'en vertu de la règle du triangle rectangle (176), le point o_1 s'obtient en menant par le point o, d'une part la perpendiculaire $o\omega$, d'autre part la parallèle oo_2 à la projection horizontale ab de la charnière, en portant ensuite sur la dernière de ces

Fig. 245

zontale ab de la charnière, en portant ensuite sur la dernière de ces droites la longueur oo_2 égale à la distance $o'\omega_1$ du point (o, o') au plan horizontal H', et en reportant enfin sur $o\omega$ la longueur ωo_1 égale à l'hypoténuse ωoo_2 du triangle rectangle ωoo_2.

Le point o_1 étant ainsi obtenu, on a en $o_1 a$ et $o_1 b$ les projections horizontales des droites données après le rabattement; par suite, l'angle $ao_1 b$ et son supplément mesurent les angles de ces droites dans l'espace.

213. Cas particulier. — *Le plan des deux droites données est perpendiculaire à l'un des plans de projection.*

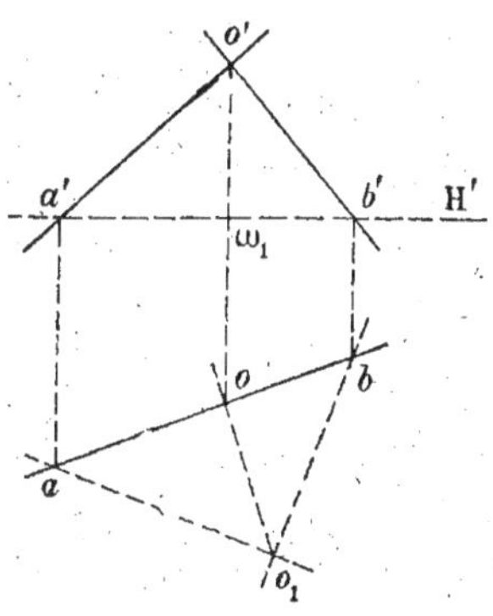

Fig. 246

Supposons, par exemple (*fig. 246*), que les deux droites données $(oa, o'a')$, $(ob, o'b')$ aient même projection horizontale ab; elles sont alors contenues l'une et l'autre dans le plan vertical ab. On rabat, comme plus haut, ce plan vertical sur un plan horizontal quelconque H'; les points (a, a') et (b, b') où les droites données rencontrent H' ne bougent pas pendant le rabattement et il suffit encore de rabattre leur point de rencontre (o, o'); pour cela, on porte sur la perpendiculaire élevée en o à ab la longueur oo_1 égale à la distance $o'\omega_1$ du point (o, o') au plan horizontal H'. Les droites données sont alors, après le rabattement, projetées horizontalement en $o_1 a$ et $o_1 b$, et leurs angles sont mesurés par l'angle $ao_1 b$ et son supplément.

214. Problème. — *Déterminer les angles formés par deux droites* $o(1)a(4)$ *et* $o(1)b(4)$, *définies par leurs projections cotées (fig. 247).*

Rabattons le plan OAB des deux droites données sur le plan horizontal de cote 4 par exemple; la charnière est l'horizontale $a(4)b(4)$ du plan OAB, et les points $a(4)$ et $b(4)$ où les droites données rencontrent cette charnière ne bougent pas pendant le rabattement. En déterminant alors la projection o_1 du rabattement du point $o(1)$ où se coupent les deux droites, on a, en $o_1 a$ et $o_1 b$, les projections des rabattements de ces deux droites ; leurs angles sont alors mesurés par l'angle ao_1b et son supplément.

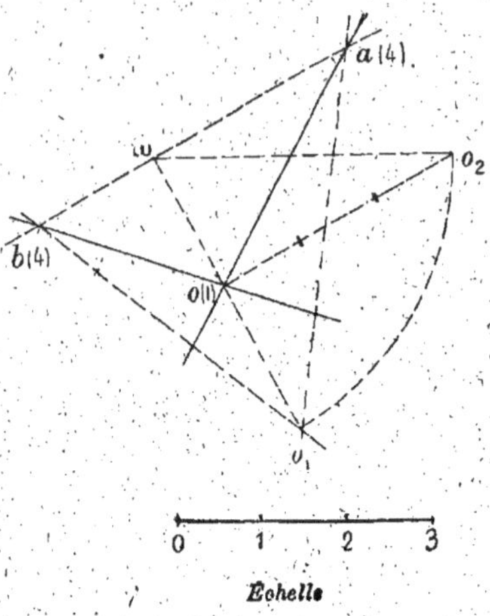

Fig. 247

215. Cas particulier. — *Les deux droites données ont même projection horizontale.*

Soit à déterminer l'angle des deux droites $a(o)$ $b(4)$ et $c(1)$ $d(2)$, qui

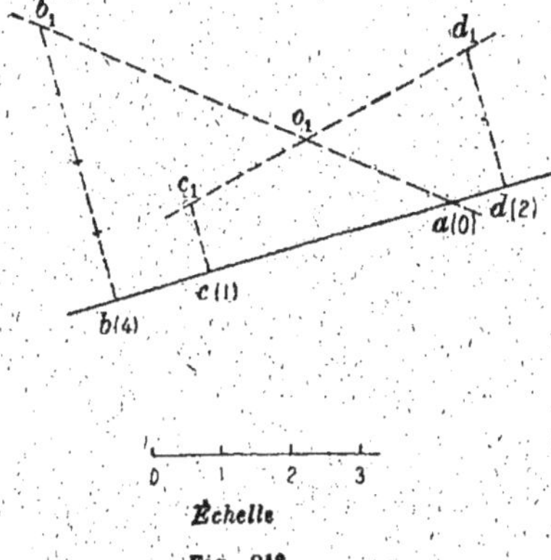

Fig. 248

ont même projection horizontale (fig. 248). Ces deux droites sont alors contenues dans le même plan vertical ab. Rabattons ce plan vertical sur le plan de comparaison ; le point $a(o)$ ne bouge pas et les points $b(4)$, $c(1)$, $d(2)$ se rabattent respectivement en b_1, c_1, d_1, à des distances de la charnière ab mesurées par leurs cotes. Les angles formés par les droites données sont alors ceux que forment leurs rabattements ab_1 et c_1d_1.

II.

Angles de deux plans.

216. Définitions. — Rappelons qu'on appelle *angle plan* ou *rectiligne* d'un angle dièdre PABQ (*fig.* 249) l'angle rectiligne COD obtenu en coupant les deux faces du dièdre par un plan perpendiculaire à l'arête.

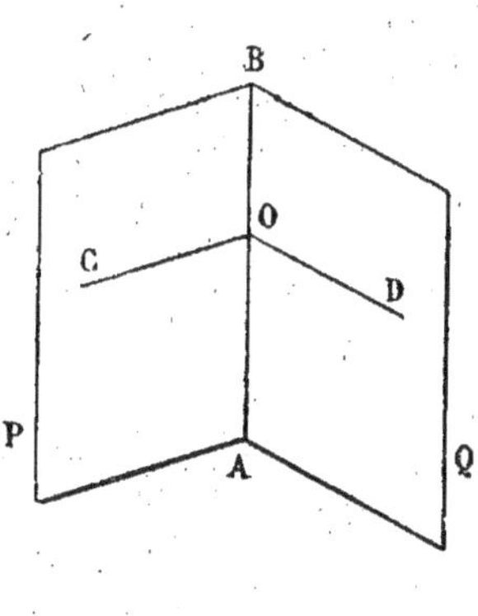

Fig. 249

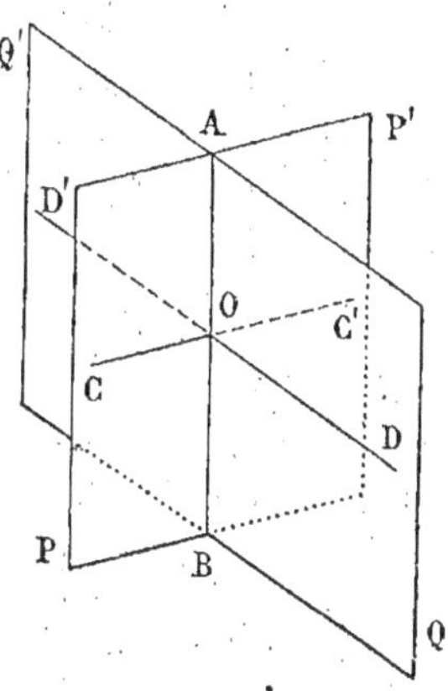

Fig. 250

217. Deux plans indéfinis PP′, QQ′, qui se coupent suivant une droite AB (*fig.* 250), déterminent quatre dièdres ; un troisième plan R, perpendiculaire à AB, coupe les deux plans donnés suivant deux droites indéfinies concourantes, COC′ et DOD′, formant quatre angles plans qui sont respectivement les rectilignes de ces quatre dièdres.

218. Première méthode pour déterminer les angles formés par deux plans. — Il résulte de ce qui précède que la détermination des angles formés par deux plans P et Q comporte la résolution de *quatre* problèmes distincts :

1° *Détermination de l'intersection des deux plans* P *et* Q ;

2° *Construction d'un plan* R *perpendiculaire à cette intersection* ;

3° *Détermination des deux droites d'intersection* D *et* D' *de ce plan* R *avec les plans* P *et* Q ;

4° *Détermination des angles formés par les deux droites* D *et* D'.

Nous allons faire l'application de cette méthode générale à quelques exemples.

219. Problème. — *Déterminer les angles formés par deux plans définis par leurs traces, ainsi que les bissecteurs des dièdres formés par ces plans* (deux plans de projection).

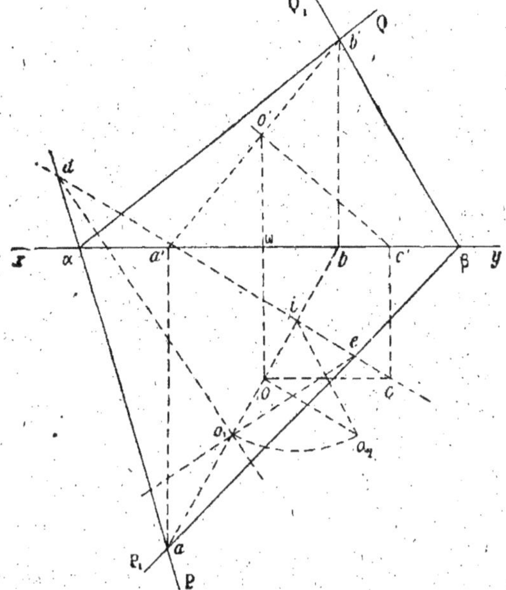

Fig 251

Soient PαQ, P₁βQ₁ les deux plans donnés (*fig.* 251). Leur intersection est $(ab, a'b')$. Construisons le plan perpendiculaire à cette droite, passant par le point (o, o') choisi arbitrairement sur ladite droite (172).

En menant $o'c'$ perpendiculaire à $a'b'$ et oc parallèle à xy, on a d'abord une frontale $(oc, o'c')$ de ce plan. Sa trace horizontale est la perpendiculaire à ab menée par la trace horizontale c de la frontale ainsi obtenue ; elle rencontre les traces horizontales des plans donnés respectivement en d et e. Par suite, l'intersection du plan que nous venons de construire et du plan $P\alpha Q$ est la droite joignant le point (o, o') au point d du plan horizontal ; de même, son intersection avec le plan $P_1\beta Q_1$ est la droite joignant (o, o') au point e du plan horizontal.

Il nous reste alors à chercher les angles formés par ces droites dont nous n'avons pas tracé les projections sur l'épure, parcequ'elles ne nous seraient d'aucune utilité. En effet, en rabattant le plan autour de sa trace horizontale de, on remarquera que les points d et e qui appartiennent à la charnière ne bougent pas ; le point (o, o') se rabat en o_1 sur ab et à une distance io_1 de de égale à l'hypoténuse io_2 du triangle rectangle ioo_2 dont les côtés sont respectivement égaux aux distances oi et $o'\omega$ des projections de ce point aux projections de même nom de la charnière.

Les deux droites sont alors rabattues suivant o_1d et o_1e, et l'angle do_1e et son supplément mesurent les dièdres formés par les plans donnés.

220. Cas particuliers. — 1° *Les deux plans sont perpendiculaires*

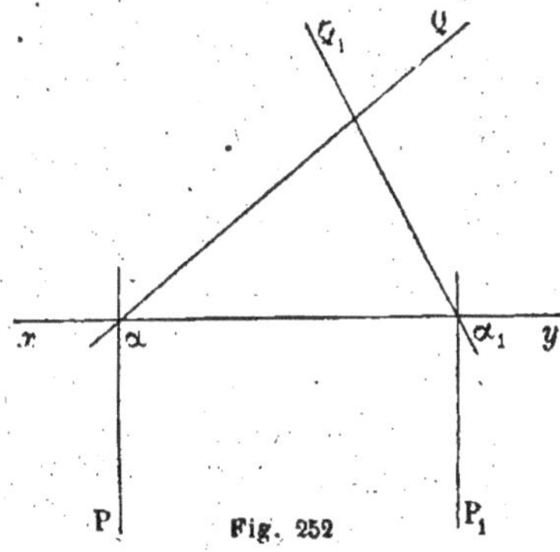

Fig. 252

au même plan de projection. — Soit, par exemple, a déterminer les

angles des deux plans de bout $P\alpha Q$ et $P_1\alpha_1 Q_1$ (*fig.* 252) ; le plan
vertical étant perpendiculaire à la fois aux deux plans, est perpendiculaire à leur intersection et coupe chacun d'eux suivant sa trace
verticale ; il en résulte que *les angles dièdres formés par les deux
plans de bout sont mesurés par les angles rectilignes formés par leurs
traces verticales.*

On verrait de la même manière que *les angles dièdres de deux plans
verticaux sont mesurés par les rectilignes formés par leurs traces
horizontales.*

2° *Deux traces de même nom des deux plans sont parallèles.* — Soit,
par exemple, à déterminer les angles des deux plans $P\alpha Q$ et $P_1\alpha_1 Q_1$

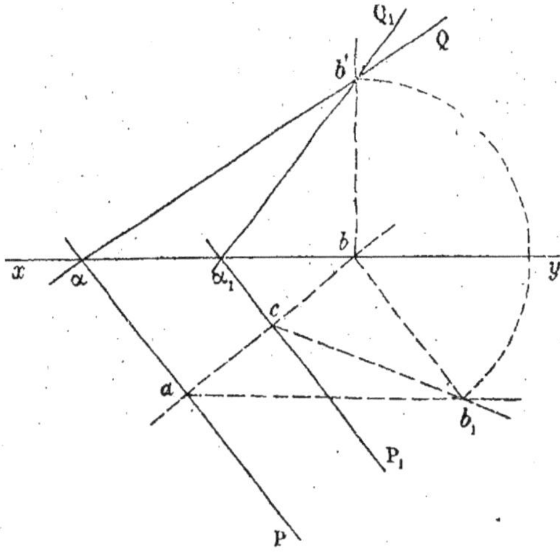

Fig. 253

dont les traces horizontales αP et $\alpha_1 P_1$ sont parallèles (*fig.* 253).
Nous savons que l'intersection de ces deux plans est une horizontale
parallèle à la direction commune de leurs traces horizontales (152).
Les plans perpendiculaires à cette intersection sont donc les plans
verticaux perpendiculaires à αP et $\alpha_1 P_1$. Construisons celui de ces
plans qui passe par le point (b, b') où se rencontrent les traces verticales des plans donnés ; sa trace horizontale ac est alors la perpendiculaire abaissée de b sur αP. Rabattons ce plan vertical ac sur le
plan horizontal ; le point (b, b') se rabat en b_1 sur la perpendiculaire

élevée en b à ac, à une distance de cette droite égale à bb' ; par suite, les droites d'intersection du plan vertical ac et des plans donnés sont rabattues suivant ab_1 et cb_1. L'angle ab_1c et son supplément mesurent alors les dièdres formés par les plans $P\alpha Q$ et $P_1\alpha_1Q_1$.

5° *Les deux plans sont parallèles à la ligne de terre.* — Soit (*fig.* 254) à déterminer les angles des deux plans $(P\alpha, Q\beta)$, $(P_1\alpha_1, Q_1\beta_1)$ paral-

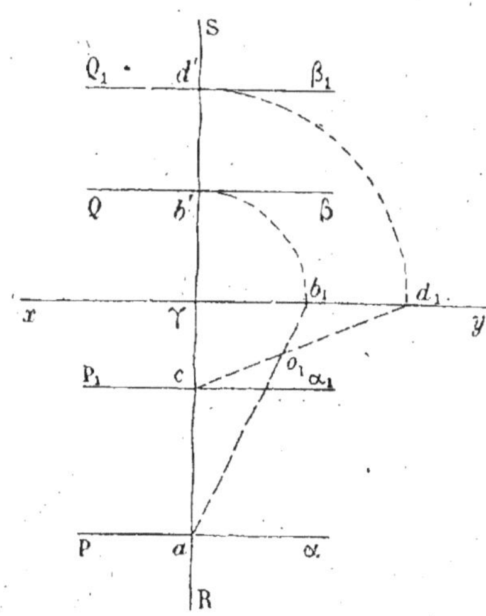

Fig. 254

lèles à xy. L'intersection de ces deux plans étant une parallèle à xy, les plans perpendiculaires à cette intersection sont des plans de profil. Soit donc $R\gamma S$ un plan de profil quelconque ; il coupe les plans donnés suivant deux droites de profil ayant pour traces, la première a et b', la seconde c et d' ; il faut maintenant déterminer les angles formés par ces droites. Pour cela, rabattons sur le plan horizontal le plan de profil $R\gamma S$ qui les contient (185, 2°) ; les deux droites sont rabattues respectivement en ab_1 et en cd_1 ; leur point de rencontre est rabattu en o_1. Les angles cherchés sont alors $\widehat{ao_1c}$ et son supplément $\widehat{ao_1d}$.

221. Angles d'un plan avec les plans de projection. — Ce problème se résout en appliquant encore la méthode générale exposée au n° 218.

1° Ainsi, soit à déterminer les angles formés par le plan PαQ avec le plan horizontal (*fig. 255*). Le plan horizontal et le plan donné se coupent suivant la droite αP ; tout plan perpendiculaire à cette intersection est donc un plan vertical dont la trace horizontale est perpendiculaire à αP. Soit ab un tel plan, il coupe le plan horizontal suivant la droite (ab, xy) et le plan donné suivant la droite $(ab, a'b')$; il faut maintenant déterminer les angles de ces deux droites. Pour cela, on rabat le plan vertical ab sur le plan horizontal ; la première droite (ab, xy) étant la charnière du rabattement ne bouge pas ; quant à la seconde $(ab, a'b')$, elle se rabat en ab_1 (185, 1°) ;

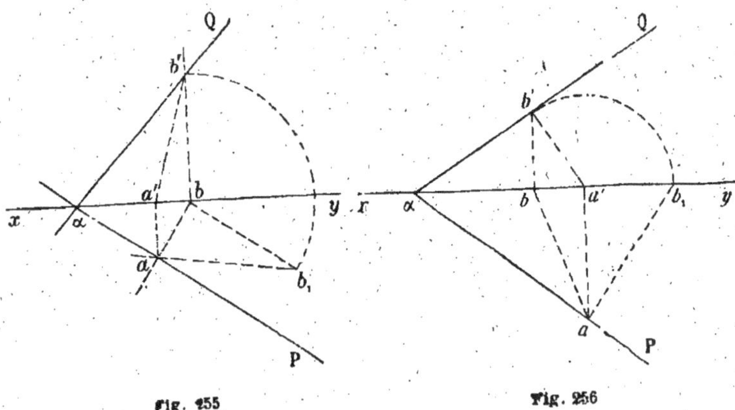

Fig. 255   Fig. 256

les dièdres formés par le plan horizontal et le plan PαQ sont alors mesurés par l'angle bab_1 et son supplément.

2° Pour déterminer les angles d'un plan PαQ avec le plan vertical de projection (*fig. 256*), on procède d'une manière analogue en utilisant un plan de bout tel que $a'b'$, perpendiculaire à la trace verticale du plan donné ; le plan de bout coupe le plan vertical suivant $(xy, a'b')$ et le plan PαQ suivant $(ab, a'b')$; en le rabattant sur le plan horizontal, les droites précédentes se rabattent en $a'b_1$ et ab_1 et les angles cherchés sont $\widehat{a'b_1a}$ et son supplément.

3° Si le plan donné est déterminé par deux droites concourantes $(oa, o'a')$ et $(ob, o'b')$ (*fig. 257*), les constructions nécessaires pour

déterminer les angles de ce plan avec les plans de projection ne sont
pas plus compliquées. Ainsi, pour déterminer ses angles avec le plan
horizontal de projection, ou, ce qui revient au même, avec un plan
horizontal quelconque H′, on détermine d'abord l'horizontale

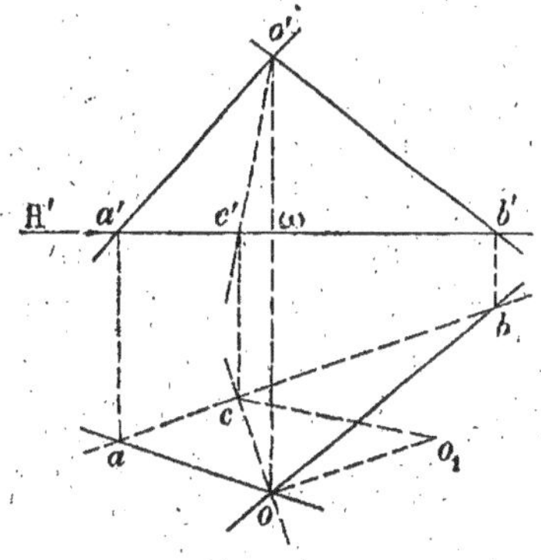

Fig. 257

$(ab, a'b')$ suivant laquelle H′ coupe le plan donné; puis on considère
le plan vertical oc perpendiculaire à cette horizontale, plan qui
coupe le plan horizontal H′ suivant l'horizontale $(oc, a'b')$ et le plan
donné suivant la droite $(oc, o'c')$. On rabat ensuite ce plan vertical
sur le plan horizontal H′; la première des droites précédentes, étant
la charnière du rabattement, ne bouge pas; la deuxième se rabat
en o_1c (le segment oo_1 perpendiculaire à oc étant pris égal à $o'\omega$), de
sorte que les dièdres formés par le plan donné avec les plans horizontaux sont mesurés par l'angle oco_1 et son supplément.

REMARQUE. — Il est aisé de se rendre compte, dans les épures précédentes, que l'angle mesurant le dièdre aigu formé par un plan
avec le plan horizontal n'est autre que l'angle de rabattement du
plan donné, lorsqu'on amène ce plan à coïncider avec un plan horizontal.

Par exemple, dans la figure 257, le triangle rectangle oco_1 est
manifestement égal au triangle du rabattement du point (o, o') lorsqu'on rabat le plan des deux droites $(oa, o'a')$ et $(ob, o'b')$ sur le plan
horizontal H′; or nous venons de voir que l'angle aigu oco_1 de ce triangle est l'un des angles qui mesurent les dièdres aigus formés par
le plan donné avec les plans horizontaux.

Cette remarque confirme d'ailleurs celles que nous avons faites à propos de la théorie du rabattement (178, Rem. II).

222. Cas particuliers. — 1° *Angles d'un plan de bout avec le plan horizontal.* — Soit à déterminer les angles du plan de bout PαQ avec

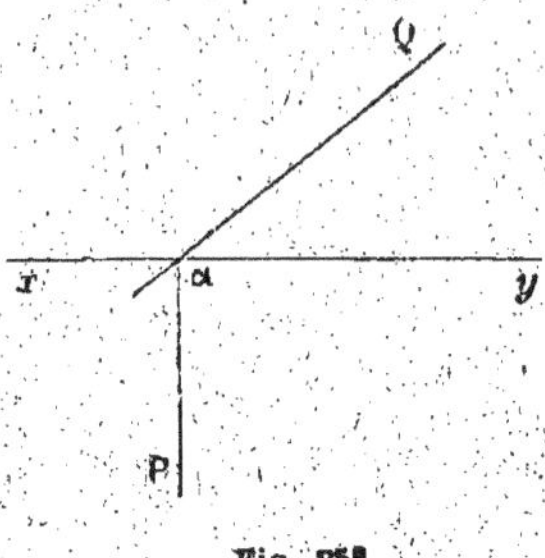

Fig. 258

le plan horizontal (*fig.* 258) ; le plan vertical de projection est perpendiculaire à l'intersection αP de ces deux plans, il coupe le premier suivant sa trace verticale αQ, le deuxième suivant la ligne de terre xy ; il en résulte donc que *les dièdres formés par un plan de bout avec le plan horizontal sont mesurés par les angles formés par la trace verticale du plan de bout donné avec la ligne de terre.*

On verrait de la même manière que les dièdres formés par un plan vertical quelconque avec le plan vertical de projection ou un plan de front quelconque sont mesurés par les angles que fait la trace horizontale du plan vertical donné avec la ligne de terre.

223. Problème. — *Déterminer les angles de deux plans définis chacun par une échelle de pente.*

Soient P et Q les plans donnés (*fig.* 259) ; construisons leur intersection $a(2)\ b(3)$, et par le point $a(2)$ menons le plan R perpendiculaire à cette intersection. Celle des lignes de pente du plan R qui passe par $a(2)$ a sa projection confondue avec ab et l'on obtient son intervalle ad en construisant l'inverse de l'intervalle ab de la droite d'intersection des deux plans ; cette ligne de pente est donc la droite $a(2)\ d(3)$. Il en résulte que l'horizontale de cote 3 du plan R a pour projection la perpendiculaire def menée par *d* à *ab* ; cette horizontale rencontre les horizontales de cote 3 des plans P et Q aux points *e*(3) et *f*(3), en sorte que le plan R coupe le plan P suivant la droite *a*(2) *e*(3) et le plan Q suivant la

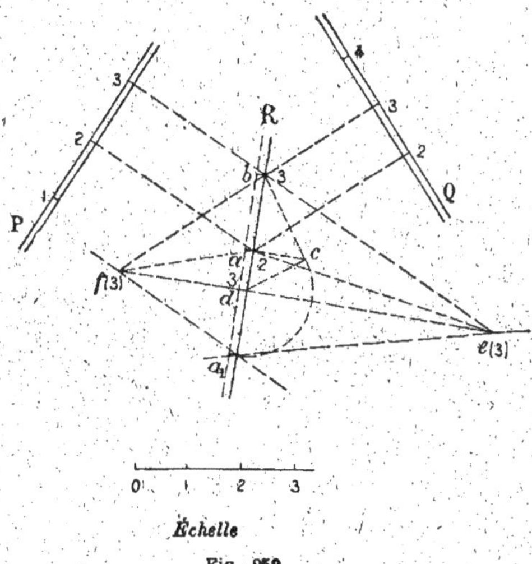

Échelle

Fig. 259

droite *a*(2) *f*(3). Il reste maintenant à trouver les angles de ces deux droites ; pour cela, on rabat leur plan R sur le plan horizontal de cote 3 autour de *e*(3) *f*(3) comme charnière. Puisque, par construction, *ac* a pour longueur l'unité de l'échelle du dessin, le triangle *cad* est le triangle de rabattement du point *a*(2) ; pour obtenir le rabattement *a₁* de ce point, il suffit donc de porter sur *ad* la longueur *da₁* égale à l'hypoténuse *dc* de ce triangle.

L'angle *ea₁f* et son supplément sont les angles cherchés.

224. Cas particuliers. — 1° *Les échelles de pente des plans P et Q sont parallèles (fig. 260).* — Dans ce cas, l'intersection des deux plans est une horizontale commune à ces plans ; tout plan vertical tel que *xy*, dont la trace horizontale est parallèle aux échelles de pente des plans donnés, est donc perpendiculaire à leur intersection. Or, ce plan coupe le plan P suivant la droite *a*(2) *b*(3) et le plan Q suivant la droite *c*(2) *d*(3). Pour construire les angles formés par ces deux droites, rabattons le plan vertical *xy* sur le plan horizontal de cote 2 par exemple ; la droite $a(2)\ b(3)$ est rabattue en ab_1, la

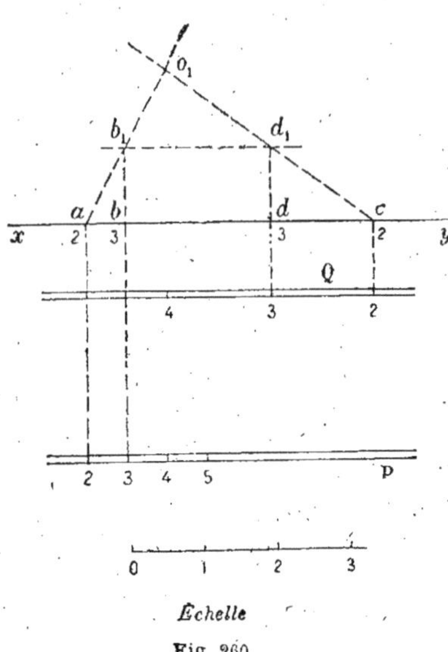

Échelle
Fig 260

droite $c(2)\ d(3)$ est rabattue en cd_1 et l'angle ao_1c et son supplément sont les angles plans des dièdres formés par les deux plans.

2° *Les plans donnés sont verticaux.* — Les dièdres formés par deux plans verticaux ab et cd (*fig.* 261) sont évidemment mesurés par les angles formés par leurs traces horizontales.

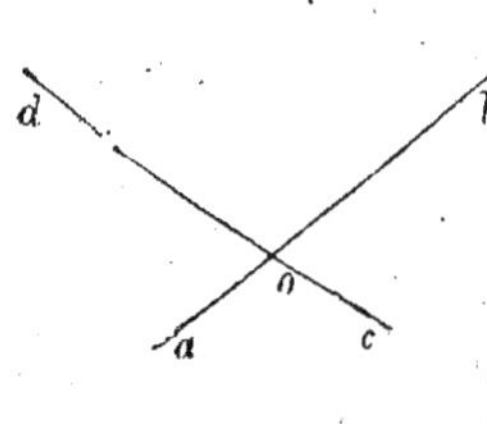

Fig. 261

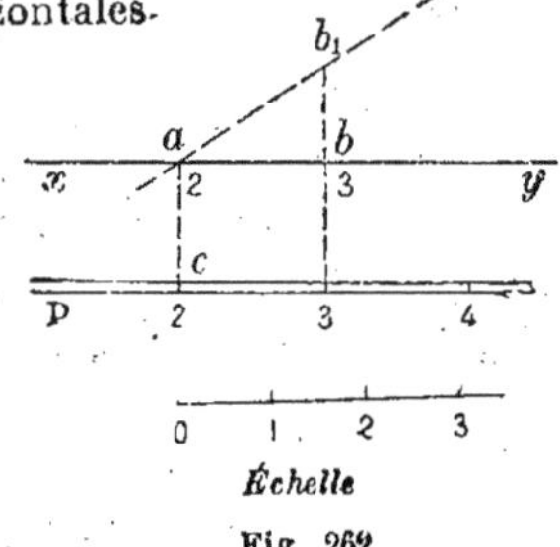

Échelle
Fig. 262

225. Problème. — *Déterminer les angles d'un plan* P *défini par une échelle de pente avec les plans horizontaux* (*fig.* 262). — Le plan horizontal de cote 2, par exemple, coupe le plan P suivant l'horizontale $a(2)\,c(2)$; soit alors xy un plan vertical perpendiculaire à cette horizontale ; ce plan vertical coupe le plan horizontal de cote 2 suivant l'horizontale $xy(2)$ et le plan P suivant la droite $a(2)\,b(3)$.

Pour déterminer les angles de ces deux droites, il suffit de rabattre le plan vertical xy sur le plan horizontal de cote 2 ; la première droite $xy(2)$ étant la charnière du rabattement ne bouge pas, la seconde se rabat en ab_1, de sorte que les angles cherchés sont l'angle bab_1 et son supplément.

REMARQUE. — Le rabattement ab_1 de la droite $a(2)\,b(3)$ suivant laquelle le plan vertical xy coupe le plan P n'est pas autre chose que la trace verticale de ce dernier plan dans le système de deux plans de projection défini par le plan horizontal de cote 2 et le plan vertical xy ; comme d'ailleurs, dans ce système, le plan P est de bout, on peut ainsi ramener le problème précédent au problème traité au n° 222 (1°).

226. Deuxième méthode pour déterminer les angles de deux plans. — On utilise le théorème suivant :
Les angles de deux plans P et Q sont égaux aux angles des perpendiculaires ME *et* MF *menées à ces plans par un point quelconque* M *de l'espace.*

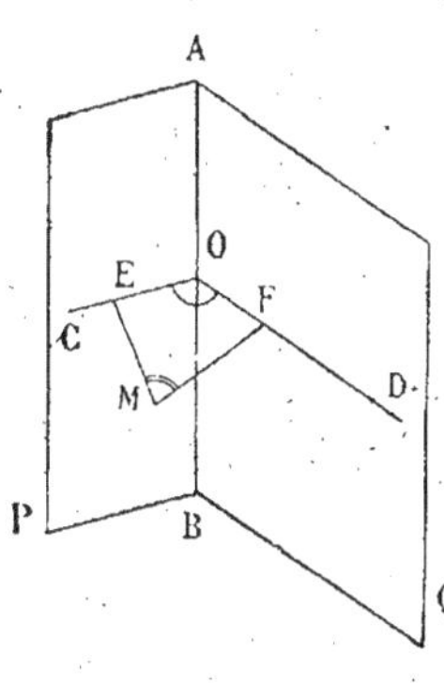

Fig. 263

En effet, le plan défini par les perpendiculaires ME et MF est perpendiculaire aux plans P et Q et par suite à leur intersection AB (*fig.* 263) ; il coupe donc leur dièdre suivant un rectiligne $\widehat{COD}$. Les angles EMF et COD à côtés perpendiculaires deux à deux et situés dans un même plan sont par suite égaux ou supplémentaires.

Il suffit donc, pour déterminer les angles formés par les plans P et Q, de construire ceux formés par les droites ME et MF.

Les constructions auxquelles conduit cette nouvelle méthode sont généralement plus simples que les précédentes.

227. Problème. — *Déterminer les angles de deux plans définis par leurs traces.*

Soient les deux plans définis par leurs traces PαQ, RβS (*fig. 264*). Par le point arbitrairement choisi $(m,\ m')$, menons les droites

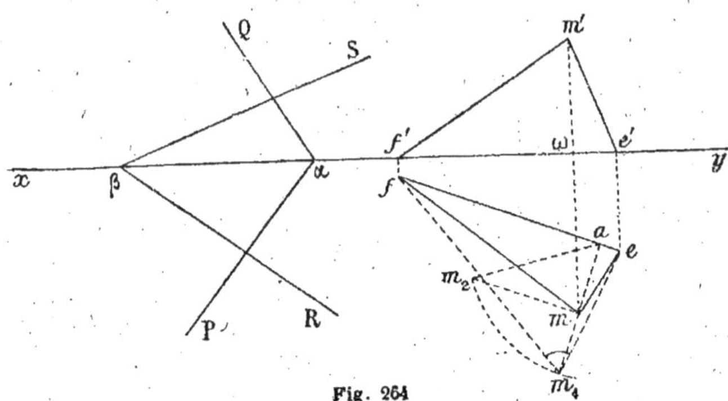

Fig. 264

$(me,\ m'e')$ et $(mf,\ m'f)$ respectivement perpendiculaires aux plans RβS et PαQ (171, 1°).

Rabattons le plan de ces deux droites sur le plan horizontal de projection autour de la charnière $(ef,\ e'f')$; les points e et f situés sur la charnière ne bougent pas ; le point $(m,\ m')$ se rabat en m_1. L'angle cherché est l'angle fm_1e ou son supplément.

228. Problème. — *Déterminer les angles de deux plans définis chacun par une échelle de pente.*

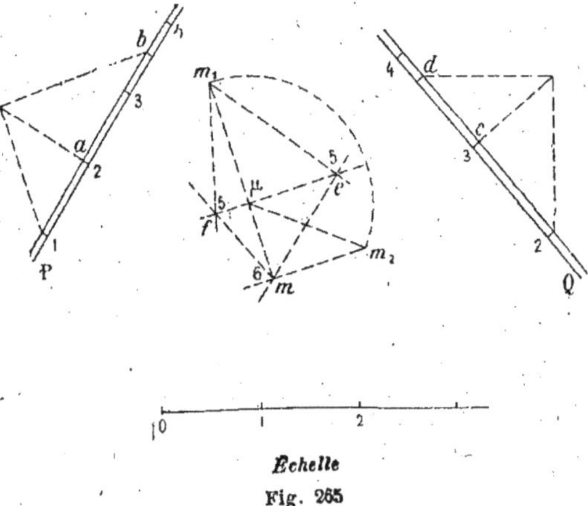

Echelle

Fig. 265

Ce problème a déjà été traité au n° 223 : nous allons en donner une deuxième solution basée sur le théorème précédent (226).

Soient P et Q les plans donnés (*fig.* 265) ; après avoir construit (73) les inverses *ab* et *cd* des intervalles des plans P et Q, abaissons d'un point quelconque *m* (6) les perpendiculaires *m*(6) *e*(5) et *m*(6) *f*(5) sur ces plans. Pour déterminer ensuite les angles formés par ces deux perpendiculaires, rabattons leur plan sur le plan horizontal de cote 5, autour de *e*(5) *f*(5) comme charnière ; le point *m* se rabat en m_1 et les angles cherchés sont ceux formés par les droites $m_1 e$ et $m_1 f$.

§ III.

Angle d'une droite avec un plan.

229. Définition. — On appelle angle d'une droite AB avec un plan P, qui n'est ni perpendiculaire, ni parallèle à cette droite,

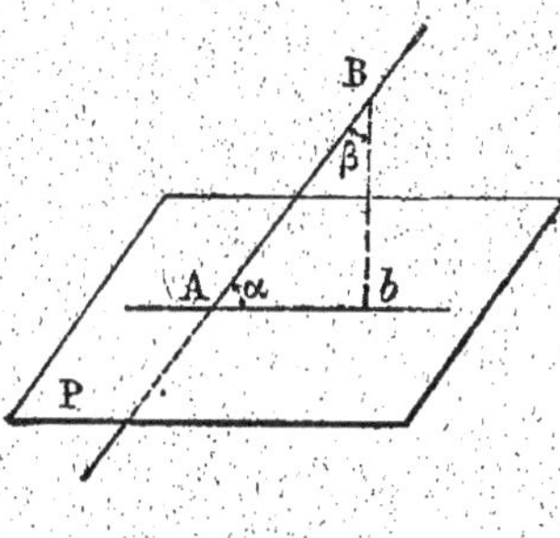

Fig. 266

l'angle aigu α formé par la droite AB avec sa projection A*b* sur le plan (*fig.* 266).

Pour déterminer l'angle α en géométrie descriptive ou en géométrie cotée, on peut donc d'abord déterminer la projection A*b* de la droite AB sur le plan P, c'est-à-dire construire le plan AB*b* projetant la droite sur le plan P, et chercher l'intersection A*b* de ce plan avec le plan P.

Mais on peut remarquer que l'angle aigu β formé par la droite AB avec la perpendiculaire B*b* abaissée d'un point quelconque B de cette droite sur le plan P est le complément de l'angle cherché α ; la détermination de cet angle β évite la recherche de l'intersection du plan P avec le plan AB*b*, elle est préférable lorsque le plan P n'est ni horizontal, ni de front.

Cette dernière méthode s'applique en particulier pour déterminer l'angle d'une droite donnée par ses projections avec un plan défini par ses traces. Nous laissons au lecteur le soin de tracer l'épure très simple de ce problème, qui résulte de la réunion sur une même figure des constructions déjà faites aux n°s 171 et 212.

230. Problème. — *Déterminer l'angle d'une droite donnée par ses projections avec un plan défini par deux droites concourantes.*

Soit à déterminer (*fig.* 267) l'angle de la droite (*ab*, *a'b'*) avec le

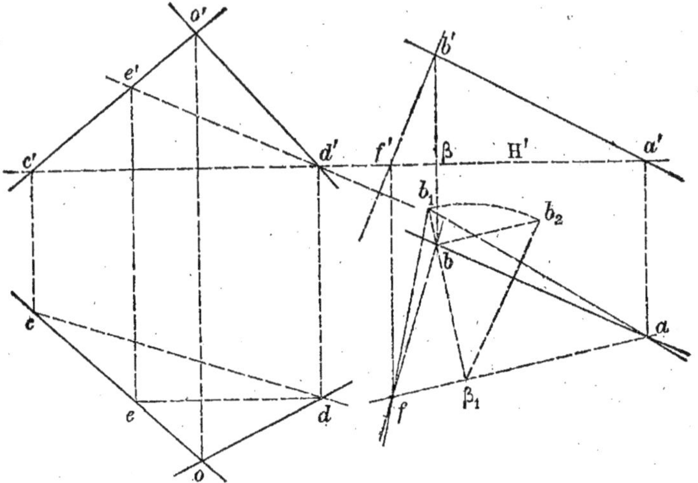

Fig. 267

plan défini par les droites concourantes (*oc*, *o'c'*) et (*od*, *o'd'*). Déterminons d'abord une horizontale (*cd*, *c'd'*) et une frontale (*de*, *d'e'*) du plan donné, puis menons par un point quelconque (*b*, *b'*) de la droite (*ab*, *a'b'*) la perpendiculaire (*bf*, *b'f'*) à ce plan (171, 2°). Il reste maintenant à déterminer l'angle aigu que fait cette perpendiculaire avec la droite donnée (*ab*, *a'b'*); pour cela, il suffit de rabattre le plan de ces deux droites sur un plan horizontal H'; la charnière (*af*, *a'f'*) rencontre les droites en (*a*, *a'*) et (*f*, *f'*), le point (*b*, *b'*) se rabat en *b₁* et l'on a en $\widehat{ab_1f}$ le complément de l'angle cherché.

231. Problème. — *Déterminer l'angle d'une droite définie par sa projection cotée avec un plan défini par une échelle de pente.*

Soit (*fig.* 268) à déterminer l'angle de la droite *a*(2) *b*(4) avec le plan P. Du point *a*(2) de la droite, abaissons la perpendiculaire

$(2'$ $c(4)$ sur le plan (74) et déterminons l'angle des deux droites

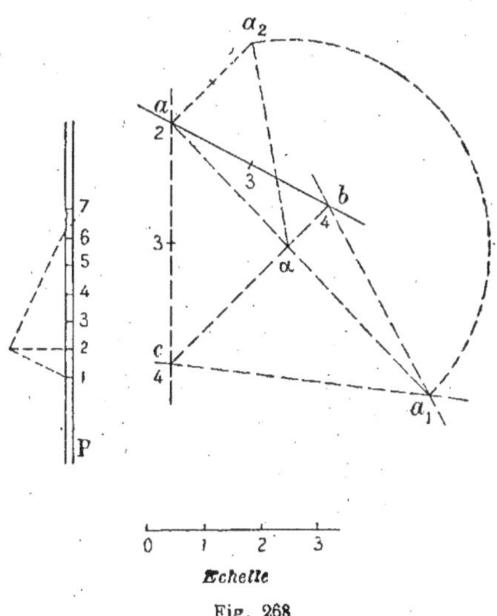

Fig. 268

$a(2)$ $b(4)$ et $a(2)$ $c(4)$; pour cela, rabattons le plan $a(2)$ $b(4)$ $c(4)$ sur le plan horizontal de cote 4 en le faisant tourner autour de l'horizontale $b(4)$ $c(4)$ comme charnière. Le point $a(2)$ se rabattant en a_1, l'angle cherché est l'angle ba_1c s'il est aigu, son supplément dans le cas où cet angle est obtus.

232. Angles d'une droite avec les plans de projection. — D'après la définition donnée au n° 229, l'angle d'une droite avec le plan horizontal est l'angle aigu que fait la droite avec sa projection horizontale : de même, l'angle d'une droite avec le plan vertical est l'angle aigu que fait la droite avec sa projection verticale.

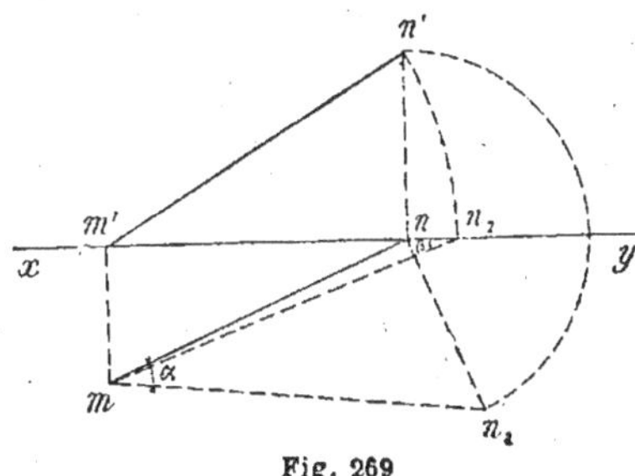

Fig. 269

Soit alors (fig. 269) à déterminer les angles de la droite $(mn, m'n')$ avec les deux plans de projection.

La droite donnée et sa projection horizontale mn sont contenues dans le plan vertical mn; en rabattant ce plan sur le plan horizontal, la droite $(mn, m'n')$ se rabat en mn_1 et l'angle qu'elle fait avec le plan horizontal est $\widehat{nmn_1}$.

De même, la droite donnée et sa projection verticale $(xy, m'n')$ sont contenues dans le plan de bout $m'n'$; après avoir rabattu ce plan sur le plan horizontal, la droite $(mn, m'n'')$ se rabat en mn_2, la droite $(xy, m'n')$ se rabat en xy et l'angle de la droite donnée avec le plan vertical de projection est $\widehat{mn_2m'}$.

Remarque. — Si la droite est de front, le plan vertical qui la projette horizontalement est un plan de front, l'angle de la droite avec sa projection horizontale se projette donc en vraie grandeur sur le plan vertical (192).

Par suite, *l'angle d'une droite de front avec le plan horizontal est égal à l'angle aigu de sa projection verticale avec la ligne de terre (fig. 146).*

De même, *l'angle d'une droite horizontale avec le plan vertical est égal à l'angle de sa projection horizontale avec la ligne de terre.*

233. Angle d'une droite définie par sa projection cotée avec les plans horizontaux. — Par définition, l'angle de la droite $a(2)\,b(3)$ (*fig. 270*) avec les plans horizontaux est l'angle *aigu* que fait cette droite avec sa projection sur l'un de ces plans, c'est-à-dire avec toutes les horizontales projetées en ab. Or, ces horizontales et la droite donnée sont contenues dans le plan vertical ab; si l'on rabat ce plan sur le plan horizontal de cote 2 par exemple, la droite $a(2)\,b(3)$ se rabat en ab_1 et, puisque la charnière est une des horizontales projetées en ab, l'angle cherché est,

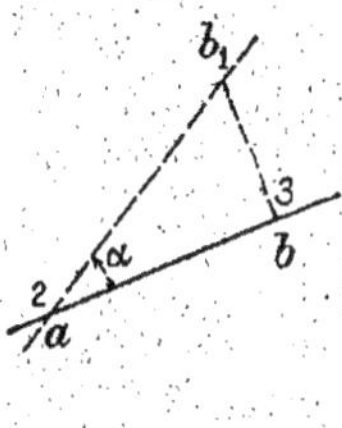

Fig. 270

$$\alpha = \widehat{bab_1}.$$

Remarque. — Le triangle rectangle bab_1 donne

$$\operatorname{cotg}\alpha = \frac{ab}{bb_1};$$

or, par construction, bb_1 a pour longueur l'unité et ab représente l'intervalle i de la droite; on a donc

$$\operatorname{cotg}\alpha = i,$$

résultat que nous connaissons déjà.

EXERCICES

1° Deux plans de projection.

1. Trouver les angles formés par une horizontale et une frontale données.

2. Trouver les angles formés par la ligne de terre et une droite quelconque qui la rencontre. Tracer les projections des bissectrices de ces angles.

3. Trouver les angles formés par une droite de profil et une droite quelconque.

4. Mener par un point une droite faisant un angle donné : 1° avec une horizontale donnée ; 2° avec une frontale donnée ; 3° avec une droite quelconque ; 4° avec la ligne de terre ; 5° avec une droite de profil. (La droite cherchée doit rencontrer la droite donnée.)

5. On donne les projections horizontales de deux droites concourant en un point donné, ainsi que l'un des angles formés par ces droites. Tracer leurs projections verticales.

6. Trouver les angles formés par les plans projetant une droite donnée sur les deux plans de projection.

7. Mener par une droite donnée un plan faisant un angle donné avec le plan horizontal (ou vertical) de projection. Examiner successivement les cas suivants : 1° la droite est horizontale ; 2° la droite est de front ; 3° la droite est quelconque.

8. Déterminer l'angle formé par la ligne de terre avec un plan quelconque.

9. Étant donnée une droite AB par ses projections, mener par la trace horizontale de cette droite, dans le plan horizontal, une droite faisant un angle donné avec la première. *(Baccalauréat.)*

10. On donne un point M et une droite de profil D. Déterminer une droite passant par M et rencontrant la droite de profil en faisant avec elle un angle donné. *(Baccalauréat.)*

11. On donne les projections d'une droite parallèle au plan horizontal et un point A sur la ligne de terre. Déterminer sur la droite donnée deux points B et C de manière que le triangle ABC soit équilatéral. *(Baccalauréat.)*

12. On donne deux plans par leurs traces et une droite par ses

deux projections; trouver sur la droite un point équidistant des deux plans.
(*Navale.*)

13. On donne les traces verticales de deux plans et leur angle. Trouver leurs traces horizontales, sachant qu'elles sont parallèles.
(*Navale.*)

14. Mener par deux points donnés deux plans qui sont perpendiculaires, dont l'intersection a une direction donnée et rencontre la ligne de terre.
(*Navale.*)

15. Par la trace horizontale d'une droite de front donnée, mener une deuxième droite faisant avec la première un angle donné, telle qu'en outre le segment intercepté sur elle par les deux plans de projection ait une longueur donnée.
(*Baccalauréat.*)

16. On donne deux droites concourantes D et D'; trouver sur une troisième droite Δ ne passant pas par leur point d'intersection les points équidistants de D et D'.

17. Trouver l'angle que fait avec le deuxième plan bissecteur une droite dont les deux projections sont également inclinées sur la ligne de terre.
(*Saint-Cyr.*)

2° Géométrie cotée.

18. Déterminer les angles de deux droites graduées dont les projections sont parallèles.

19. Déterminer la graduation d'une droite dont on connaît la projection, sachant qu'elle rencontre une droite donnée et fait avec elle un angle donné. Examiner d'abord le cas où la droite donnée est horizontale.

20. On donne une droite et un point. Trouver l'angle du plan ainsi défini avec le plan projetant la droite donnée. (*Saint-Cyr.*)

21. Mener par une droite donnée un plan faisant avec le plan horizontal un angle donné.

22. On donne une horizontale et deux points; déterminer l'angle de la droite qui joint les deux points et du plan déterminé par l'un d'eux et l'horizontale donnée.
(*Saint-Cyr.*)

23. On donne deux droites concourantes, dont l'une est horizontale. Mener par l'autre un plan faisant avec l'horizontale la moitié de l'angle que font entre elles les deux droites.
(*Saint-Cyr.*)

24. On donne un plan par une échelle de pente et une droite dont la projection est parallèle à la projection de l'échelle de pente. Déterminer l'angle de la droite et du plan. Mener par la droite un plan faisant avec le plan donné un angle donné
(*Saint-Cyr.*

25. On donne deux droites. Mener par l'une le plan faisant avec l'autre l'angle maximum.

(Navale.)

26. On donne trois droites et un point M. Mener par M une droite faisant avec les trois droites données des angles égaux.

(Navale.)

27. Un plan est défini par une horizontale et un point extérieur. Mener par l'horizontale un plan faisant un angle donné avec le premier.

(Saint-Cyr.)

CHAPITRE IV

CHANGEMENT DU PLAN VERTICAL

---

§ I.

Théorie du changement de plan vertical.

234. Le lecteur a déjà pu remarquer que les constructions nécessaires pour résoudre les divers problèmes étudiés jusqu'ici sont particulièrement aisées lorsque les données occupent des positions remarquables par rapport aux plans de projection.

Ainsi, on obtient sans construction le point d'intersection d'une droite et d'un plan lorsque ce plan est *vertical* ou *de bout* (160). De même, la détermination de la perpendiculaire abaissée d'un point sur une droite est immédiate si la droite donnée est une horizontale ou une frontale (173), etc., etc.

C'est pourquoi, dans beaucoup de problèmes, on a intérêt, pour simplifier les constructions, à substituer au plan vertical de projection d'abord choisi un autre plan vertical occupant une position particulière par rapport aux données. Cette substitution porte le nom de *changement de plan vertical.*

235. *Le problème général* qui se pose, dans le changement de plan vertical, est le suivant :

Connaissant les projections d'une figure (F) *sur deux plans de projection* H *et* V, *trouver les nouvelles projections de cette figure lorsqu'on a remplacé le plan vertical* V *par un autre plan vertical* V₁.

La solution de ce problème repose sur les deux remarques suivantes :

1° Comme le plan horizontal de projection $\overline{d}$ ne change pas, les projections horizontales des points de la figure (F) ne changent pas non plus.

2° Pour la même raison, les cotes de ces points, c'est-à-dire leurs distances respectives au plan horizontal H, restent invariables.

Mais, après un changement de plan vertical, les lignes de rappel n'ont plus, dans l'épure, la même direction et les nouveaux éloignements sont, en général, différents des anciens.

236. Problème I. — *Effectuer le changement de plan vertical pour un point donné* A (*fig.* 271 *et* 272).

Soit V_1 le nouveau plan vertical; il est défini dans l'épure par sa trace horizontale x_1y_1, qui est la nouvelle ligne de terre.

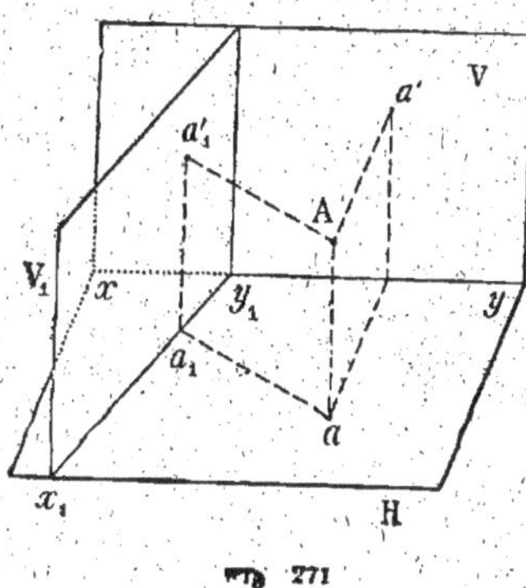
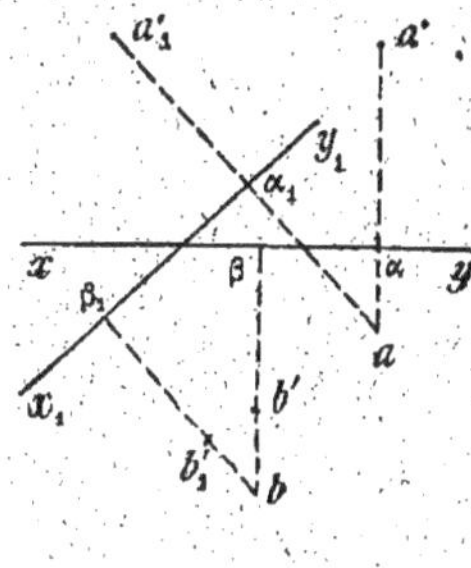

Fig. 271   Fig. 272

Soient a et a' les projections du point A sur les plans de projection H et V dont l'intersection xy est la ligne de terre primitive.

Le point a reste la projection horizontale du point A (235, 1°). Les cotes n'étant pas altérées par un changement de plan vertical (235, 2°), la nouvelle projection verticale du point A est le point a_1' obtenu en portant sur la nouvelle ligne de rappel $a\alpha_1$, perpendiculaire à la nouvelle ligne de terre x_1y_1, la distance α_1a_1' égale à la longueur $\alpha a'$ qui mesurait primitivement la cote de A (83 et 86).

Remarque I. — On peut placer arbitrairement d'un côté ou de l'autre de x_1y_1 la nouvelle projection verticale du point A, car le rabattement du plan vertical V_1 sur le plan H peut s'effectuer à volonté dans les deux sens. Mais, si l'on a besoin ensuite d'effectuer le changement de plan pour d'autres points, il faut avoir bien soin de ne figurer d'un même côté de x_1y_1 que les projections verticales des points dont les cotes ont le même signe, tandis qu'on doit placer de part et d'autre de x_1y_1 les projections verticales des points dont les cotes sont de signes contraires.

Ainsi, la cote du point (b, b') *(fig. 272)* est évidemment de signe contraire à celle du point (a, a'), parce que les anciennes projections verticales a' et b' de ces deux points sont de part et d'autre de xy; donc leurs nouvelles projections verticales a_1' et b_1' devront être de part et d'autre de x_1y_1. Si, au contraire, a' et b' étaient du même côté de xy, il faudrait placer a_1' et b_1' du même côté de x_1y_1.

REMARQUE II. — Si l'on donne les projections a et a_1' du point **A** dans le système x_1y_1 (c'est là une manière abrégée de désigner le système des deux plans de projection H et V_1), on passe à ses projections a et a' dans le système xy par une construction identique à la précédente.

237. Problème II. — *Effectuer le changement de plan vertical pour une droite définie par ses deux projections.*

Il suffit de faire le changement de plan pour deux points quelconques de la droite.

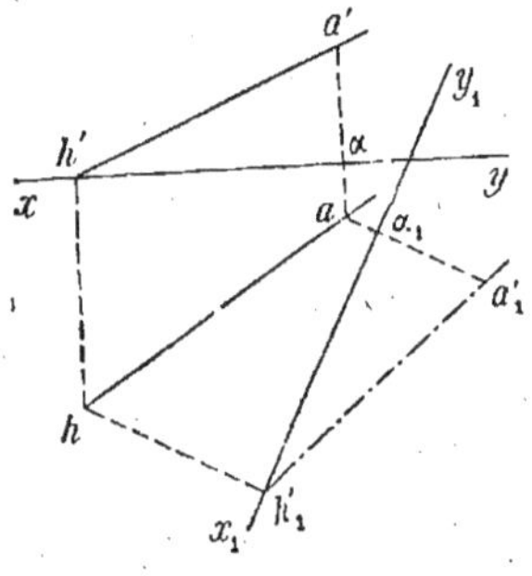

Fig. 273

Dans la figure 273, représentant l'épure de la droite ah, $a'h'$, le changement de plan a été fait :

1° pour la trace horizontale (h, h'), dont la cote est nulle et dont la nouvelle projection verticale est, par conséquent, le point h_1' où la nouvelle ligne de rappel du point h rencontre x_1y_1 ;

2° pour un point quelconque (a, a') dont la nouvelle projection verticale est le point a_1', obtenu comme il a été dit au n° 236, en prenant $\alpha_1 a_1' = \alpha a'$.

La nouvelle projection verticale de la droite est ainsi $a_1'h_1'$.

238. Problème III. — *Effectuer le changement de plan vertical pour un plan.*

Il suffit de faire le changement soit pour trois points du plan non en ligne droite, soit pour deux droites du plan.

Dans le cas où le plan donné PαQ est défini par ses traces dans

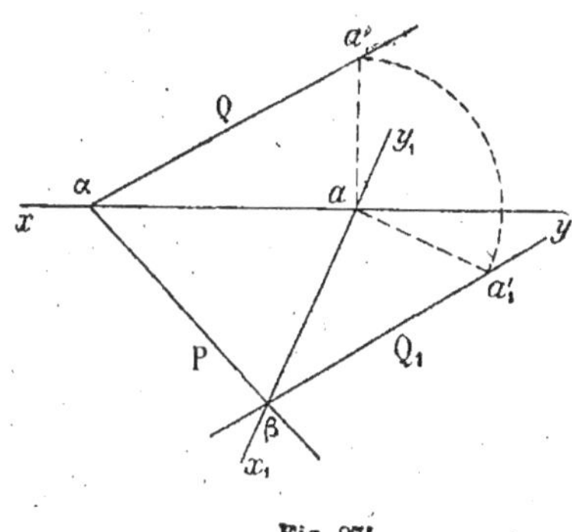

le système primitif (*fig.* 274), on remarque que la trace horizontale est commune aux deux systèmes, puisque le plan horizontal reste le même. Les projections de cette trace horizontale sont (αP, xy) dans le premier système, (αP, x_1y_1) dans le nouveau.

Pour achever le changement de plan vertical, il suffit donc de déterminer les projections, dans le nouveau sys-

Fig. 274

tème, d'un point du plan donné, pris en dehors de la trace horizontale.

On choisit de préférence le point (a, a') projeté horizontalement au point de rencontre des deux lignes de terre. La nouvelle projection verticale a_1' de ce point s'obtient en portant sur la perpendiculaire élevée en a à x_1y_1 la longueur aa_1' égale à aa'. Puisque sa projection horizontale a est sur les deux lignes de terre, ce point appartient à la fois aux traces verticales du plan dans les deux systèmes de projection; donc la nouvelle trace verticale βQ$_1$ de ce plan s'obtiendra en joignant le point a_1' au point β où la trace horizontale αP rencontre x_1y_1.

239. Remarque. — La construction précédente permet d'obtenir très simplement la trace verticale du plan donné dans le système de projection x_1y_1; mais dans bien des cas elle n'est pas applicable, parce que l'un ou l'autre des points β, a ou a' est en dehors des limites de l'épure. On détermine alors la nouvelle trace verticale du plan, c'est-à-dire la droite suivant laquelle il coupe le nouveau plan vertical de projection x_1y_1, en cherchant directement les projections verticales, dans le nouveau système, de deux points quelconques de cette droite.

Ainsi, pour déterminer la trace verticale du plan PαQ dans le système de projection x_1y_1 (*fig.* 275), on se donne arbitrairement, sur x_1y_1, les projections horizontales b et c de deux points de cette trace ; on cherche les projections verticales b' et c' de ces points, dans le système xy, en utilisant les horizontales du plan (bd, $b'd'$), (ce, $c'e'$) passant par ces points (124). On en déduit ensuite, comme nous l'avons montré au n° 236, leurs nouvelles projections verticales b_1' et c_1' : la droite $b_1'c_1'$ est la trace verticale du plan donné dans le nouveau système de projection.

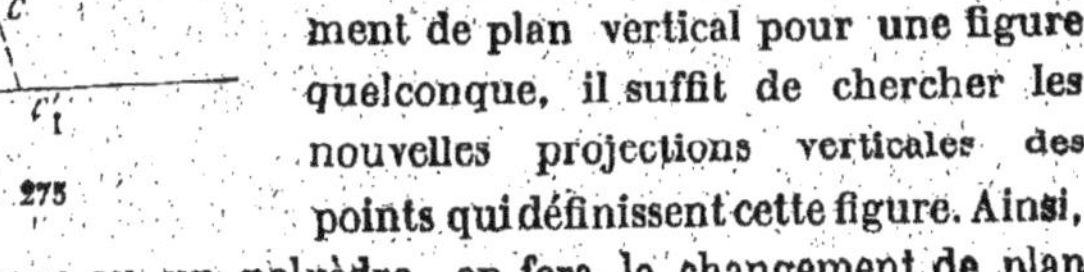

Fig. 275

240. Si l'on veut faire un changement de plan vertical pour une figure quelconque, il suffit de chercher les nouvelles projections verticales des points qui définissent cette figure. Ainsi, pour un polygone ou un polyèdre, on fera le changement de plan pour tous les sommets

§ II.

Quelques applications du changement de plan vertical.

241. Problème 1. — *Faire un changement de plan vertical de manière à amener une droite donnée* $(ab, a'b')$ *(fig. 276) à être de front dans le nouveau système.*

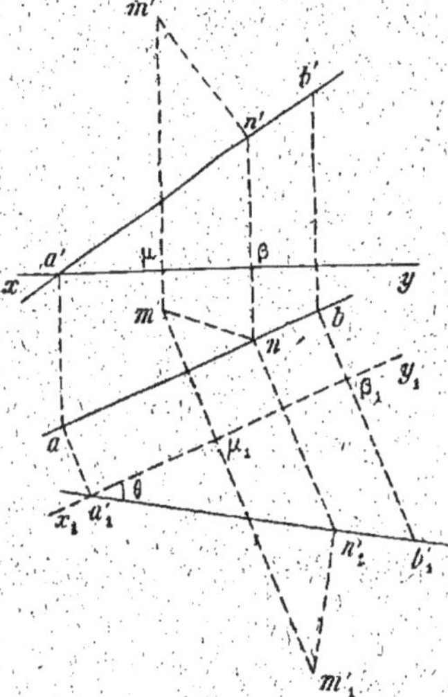

Fig. 276.

Pour qu'une droite soit de front, il faut et il suffit (106,2°) que sa projection horizontale soit parallèle à la ligne de terre. On obtient donc un système de projection dans lequel la droite donnée est de front en prenant la nouvelle ligne de terre x_1y_1 parallèle à ab. Pour obtenir la nouvelle projection verticale de la droite, on fait ensuite le changement de plan pour deux quelconques de ses points.

Dans notre épure (*fig.* 276), nous avons fait le changement de plan pour la trace horizontale (a, a') de la droite et pour le point (b, b') ;

les projections de la droite donnée, dans le système x_1y_1, sont alors ab et $a_1'b_1'$.

242. Problème II. — *Trouver l'angle formé par une droite donnée $(ab, a'b')$ avec le plan horizontal.*

On sait (232, Rem.) que l'angle d'une droite de front avec le plan horizontal est égal à l'angle aigu que sa projection verticale forme avec la ligne de terre.

Par conséquent, si l'on fait un changement de plan vertical de manière à amener la droite $(ab, a'b')$ (fig. 276) à être de front (241), l'angle aigu $b_1'a_1'\beta_1$ formé par la nouvelle projection verticale $a_1'b_1'$ et la nouvelle ligne de terre x_1y_1 mesure l'angle θ de la droite donnée et du plan horizontal.

243. Problème III. — *Construire la perpendiculaire abaissée d'un point donné (m, m') sur une droite donnée $(ab, a'b')$ (fig. 276).*

Si l'on fait un changement de plan vertical qui amène la droite à être de front (241), après avoir déterminé les projections verticales m_1' et $a_1'b_1'$ du point et de la droite dans le système de projection x_1y_1, on est ramené à abaisser du point (m, m_1') la perpendiculaire sur la frontale $(ab, a_1'b_1')$. Or on sait (173, *Cas part.*) que cette perpendiculaire se projette verticalement suivant la perpendiculaire $m_1'n_1'$ abaissée de m_1' sur $a_1'b_1'$. On rappelle ensuite le point n_1' en n sur ab, puis n en n' sur $a'b'$: la droite $(mn, m'n')$ est la perpendiculaire demandée.

244. Problème IV. — *Changer le plan vertical de manière qu'un plan quelconque soit de bout dans le nouveau système de projection.*

Pour qu'un plan soit de bout dans un système de deux plans de projection rectangulaires, il faut et il suffit (130) que la direction de ses horizontales soit perpendiculaire à la ligne de terre.

Pour qu'un plan donné dans un système devienne de bout dans un autre système, il suffit donc de choisir la ligne de terre qui définit le nouveau système perpendiculaire aux horizontales du plan.

245. Premier cas. — *Le plan donné PαQ (fig. 277) est défini par ces deux traces.*

Pour que le plan devienne de bout, il suffit, d'après ce que nous

venons de dire, de prendre une ligne de terre x_1y_1 perpendiculaire
à la trace horizontale αP. Or, puisque tous les points d'un plan de

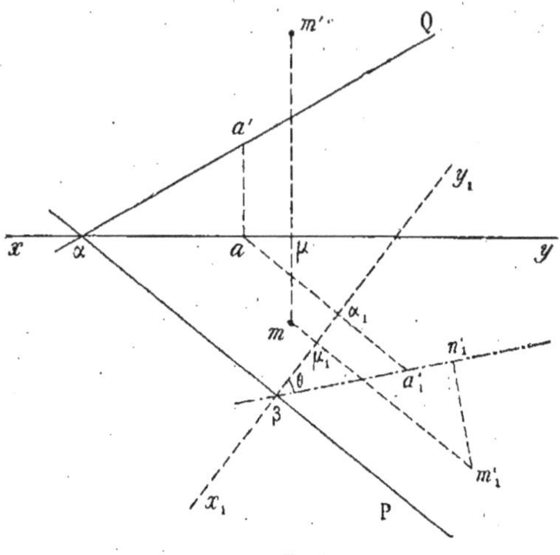

Fig. 277

bout se projettent verticalement sur sa trace verticale (130, 4°), en
déterminant la nouvelle projection verticale a_1' d'un seul point (a, a')
du plan $(\alpha_1 a_1' = aa')$, et en joignant a_1' au point β où αP rencontre
x_1y_1, on a immédia-
tement la nouvelle
trace verticale βQ
du plan donné.

**246. Deuxième
cas.** — *Le plan est
défini par deux droi-
tes concourantes
$(oa, o'a')$, $(ob, o'b')$
(fig. 278).*

On commence par
tracer dans le plan
une horizontale
$(ab, a'b')$ dont on
se donne arbitraire-

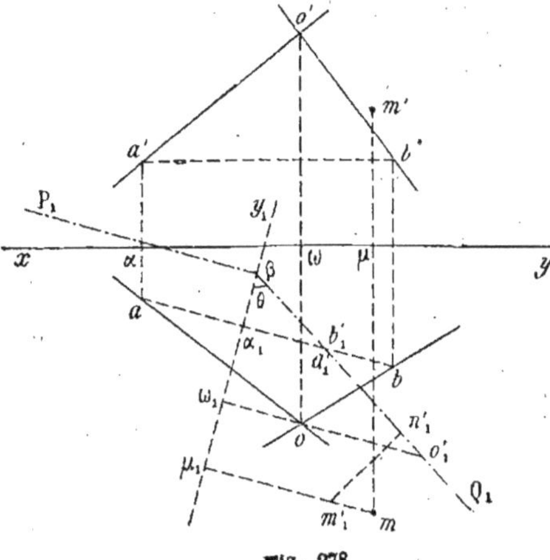

Fig. 278

ment la projection verticale $a'b'$, parallèle à xy ; puis on prend comme ligne de terre définissant le nouveau plan vertical de projection une droite x_1y_1 perpendiculaire à ab. On fait alors le changement de plan pour les deux points (a, a'), (o, o') en prenant $\alpha_1a_1' = \alpha a'$ et $\omega_1o_1' = \omega o'$; le plan donné étant de bout dans le système x_1y_1, sa trace verticale βQ_1 dans le système est la droite $a_1'o_1'$ joignant les nouvelles projections verticales des deux points considérés (130). On en déduit aisément sa trace horizontale βP_1, qui est perpendiculaire à x_1y_1.

247. Problème V. — *Déterminer l'angle d'un plan donné avec le plan horizontal.*

On sait (222, 1°) que l'angle d'un plan de bout avec le plan horizontal est égal à l'angle formé par sa trace verticale et la ligne de terre.

Donc, étant donné un plan quelconque, en faisant préalablement un changement de plan vertical qui rende le plan donné de bout, et en déterminant, comme au n° précédent, la nouvelle trace verticale de ce plan, l'angle θ formé par cette nouvelle trace verticale et la nouvelle ligne de terre x_1y_1 (*fig.* 277 et 278) est l'angle cherché.

248. Problème VI. — *Déterminer la distance d'un point donné à un plan donné.*

Nous avons fait remarquer (200) que la distance d'un point donné à un plan de bout est mesurée par la distance de la projection verticale du point à la trace verticale du plan.

Donc, en rendant le plan de bout par un changement de plan vertical, comme nous l'avons indiqué aux n°s 244 et suivants, et en déterminant la nouvelle projection verticale m_1' du point donné (m, m') et la nouvelle trace verticale βQ_1 du plan (*fig.* 277 et 278), la distance cherchée est égale à la distance $m_1'n_1'$ du point m_1' à la trace βQ_1.

§ III.

Applications du changement de plan vertical aux problèmes concernant les droites de profil et les plans parallèles à la ligne de terre.

249. Nous avons eu souvent l'occasion de faire remarquer dans les Chapitres II (95) et V (170) que les méthodes générales employées pour résoudre les principaux problèmes concernant le plan et la droite ne sont plus applicables aux droites de profil et aux plans parallèles à la ligne de terre. En faisant un changement de plan vertical tel que dans le nouveau système de projection ces droites ou ces plans ne soient plus perpendiculaires ou parallèles à la ligne de terre, on peut alors appliquer les méthodes générales aux nouvelles projections.

Nous allons traiter quelques exemples qui mettront en évidence l'utilité du changement de plan vertical pour traiter les cas d'exception que nous avons dû réserver précédemment.

250. Problème I. — *Étant donnée l'une des projections d'un point d'une droite de profil, trouver l'autre projection.*

Soit par exemple (*fig.* 279 et 280) une droite de profil définie par

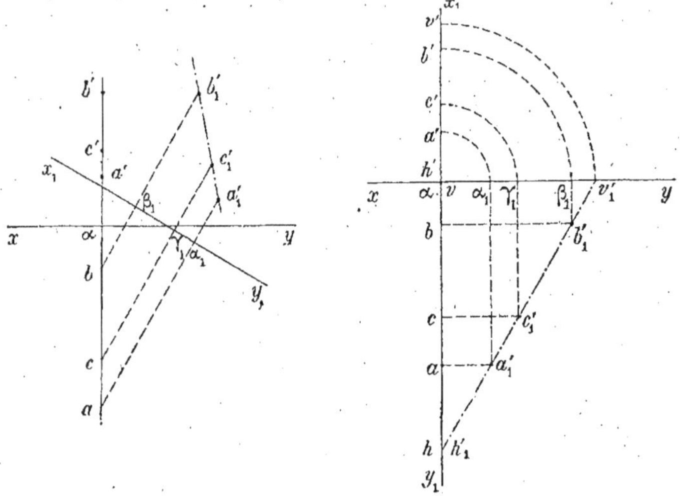

Fig. 279   Fig. 280

deux points (a, a'), (b, b'); proposons-nous de déterminer la projection verticale du point de cette droite dont la projection horizontale est c. La méthode ordinaire (95) ne réussit pas, car la ligne de rappel du point c est confondue avec la projection verticale de la droite.

Effectuons un changement de plan vertical. Nous pouvons choisir arbitrairement la nouvelle ligne de terre $x_1 y_1$ (*fig.* 279) et déterminer, comme nous l'avons indiqué au n° 236, les nouvelles projections verticales a_1' et b_1' des deux points définissant la droite donnée : $a_1' b_1'$ est alors la nouvelle projection verticale de cette droite.

La ligne de rappel $c\gamma_1$, menée dans le nouveau système de projection par le point c, rencontre $a_1' b_1'$ en c_1', projection verticale, dans le système x_1y_1, du point cherché. La cote de ce point étant $\gamma_1 c_1'$, on en déduit sa projection verticale c' dans le système primitif xy en portant sur $a'b'$ la longueur $\alpha c'$ égale à $\gamma_1 c_1'$.

On peut aussi prendre comme nouveau plan vertical de projection le plan de profil contenant la droite donnée ; la nouvelle ligne de terre x_1y_1 coïncide alors avec ab (*fig.* 280), et les nouvelles lignes de rappel sont parallèles à xy. De là résultent les constructions nécessaires pour déterminer la nouvelle projection verticale a_1' du point (a, a') de la droite : 1° une rotation de 90° autour du point α, qui amène $\alpha a'$ en $\alpha\alpha_1$; 2° une translation parallèle à x_1y_1 et d'amplitude αa, qui amène $\alpha\alpha_1$ en aa_1' sur la nouvelle ligne de rappel du point a. Une construction identique donne en b_1' la nouvelle projection verticale du point (b, b').

On a alors immédiatement la projection verticale c_1' dans le système x_1y_1 du point de la droite projeté horizontalement en c. En effectuant les constructions précédemment faites dans l'ordre inverse et en renversant le sens de chaque déplacement, on passe du point c_1' au point c', projection verticale du même point dans le système primitif xy.

251. **REMARQUE I.** — 1° Le changement de plan particulier opéré dans la figure 280 permet de déterminer la trace horizontale (h, h_1') de la droite (ab, a_1b_1'). Dans le système xy, cette trace est (h, h').

2° De même, on a immédiatement, dans le système x_1y_1, les projections du point (v, v_1') où la droite $(ab, a_1'b_1')$ rencontre le plan vertical de projection xy. Ce point, dont les projections dans le système primitif sont v et v' $(\alpha v' = \alpha v_1')$, est évidemment la trace verticale de la droite de profil donnée.

3° La droite de profil donnée est contenue dans le plan vertical x_1y_1 ; par suite les segments portés par cette droite se projettent verticalement en vraie grandeur dans le nouveau système. Ainsi le segment AB est égal à $a_1'b_1'$, le segment AC est égal à $a_1'c_1'$, etc.

4° Dans l'épure de la figure 280, les angles $\alpha h v_1'$ et $\alpha v_1' h$ sont respectivement égaux aux angles de la droite de profil $(ab, a'b')$ avec le plan horizontal et le plan vertical xy.

252. **REMARQUE II.** — L'épure de la figure 280 n'est autre que celle que l'on obtient en rabattant le plan de profil x_1y_1 sur le plan hori-

zontal de projection. Il est aisé de se rendre compte que dans ce cas particulier la théorie du rabattement et la théorie du changement de plan vertical sont identiques.

253. Problème II. — *Trouver le point d'intersection de deux droites $(ab, a'b')$, $(cd, c'd')$ (fig. 281) contenues dans un même plan de profil.*

La méthode générale qui donne l'intersection de deux droites

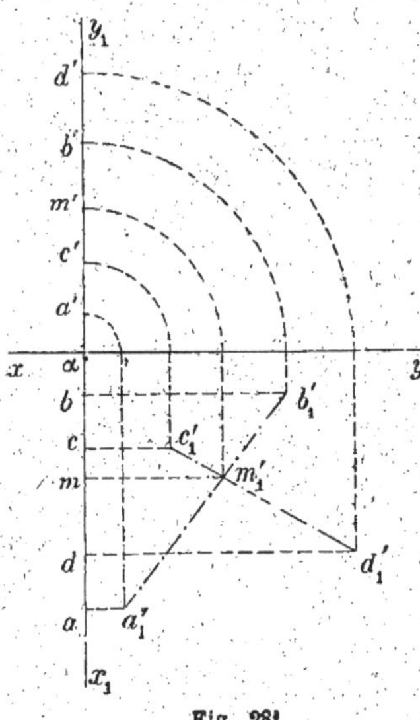

Fig. 281

situées dans un même plan est en défaut (100), puisque dans le problème que nous avons à résoudre les projections de même nom des deux droites sont confondues.

On fait alors un changement de plan vertical en prenant comme nouvelle ligne de terre $x_1 y_1$, la droite $aba'b'$ (250) et l'on détermine les projections verticales $a_1'b_1'$, $c_1'd_1'$ des deux droites dans ce nouveau système de projection; $a_1'b_1'$, $c_1'd_1'$ se coupent au point m_1', projection verticale dans le nouveau système du point de rencontre des deux droites; en abaissant la perpendiculaire $m_1'm$ sur $x_1 y_1$ et en portant à partir du point α, sur $x_1 y_1$, la longueur $\alpha m' = mm_1'$, on obtient en (m, m') le point commun aux deux droites de profil.

254. Problème III. — *Reconnaître si deux droites de profil sont parallèles.*

Nous avons déjà dit (103, Rem.) que les conditions nécessaires et suffisantes pour que deux droites soient parallèles ne sont pas applicables aux droites de profil. Mais on les rend applicables en faisant un changement de plan vertical. En effet, dans le nouveau système les droites données ne sont plus de profil, à condition que l'on ait eu soin de choisir la nouvelle ligne de terre non parallèle à l'ancienne ; il suffit alors de vérifier que les nouvelles projections verticales des deux droites sont parallèles, puisque, par hypothèse, leurs projections horizontales le sont déjà.

255. Problème IV. — *Mener par un point donné (c, c') la parallèle à une droite de profil donnée (ab, a'b') (fig. 282).*

D'après les propriétés des droites parallèles, la parallèle menée par (c, c') à la droite de profil $(ab, a'b')$ est une autre droite de profil dont les projections sont dirigées suivant la ligne de rappel cc'. Mais pour définir complètement cette parallèle, il faut en connaître un point autre que (c, c') (94).

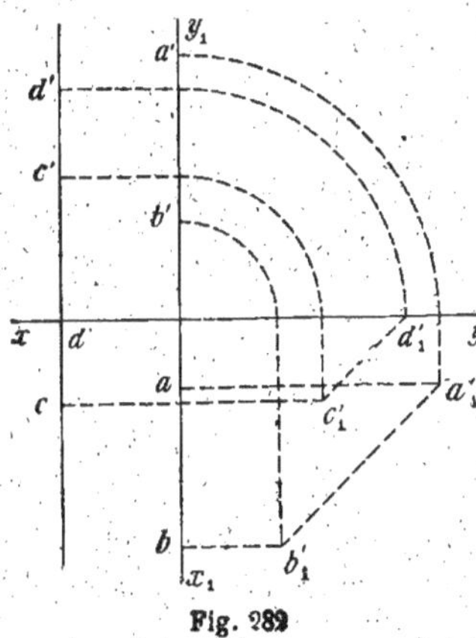

Fig. 282

Pour obtenir ce second point, on fait un changement de plan vertical, en prenant, par exemple, comme nouvelle ligne de terre x_1y_1 la droite $bab'a'$. On détermine, par les procédés connus (250), les nouvelles projections verticales c_1' et $a_1'b_1'$ du point et de la droite donnés. La parallèle $c_1'd_1'$ menée à $a_1'b_1'$ par le point c_1' est alors la projection verticale, dans le système x_1y_1, de la droite cherchée. Sa trace verticale est le point (d, d') (251, REM. I, 2°) et la droite de profil $(cd, c'd')$ est la parallèle demandée.

256. Problème V. — *Reconnaître si une droite de profil et une droite donnée sont concourantes.*

On change de plan vertical de façon qu'aucune des deux droites ne soit de profil dans le nouveau système et on est alors ramené à reconnaître si deux droites *quelconques* sont concourantes ou non (100 et 104).

257. Problème VI. — *Trouver le point commun à un plan et à une droite de profil (ab, a'b'), définie par deux de ses points.*

MÉTHODE. — On peut choisir comme plan auxiliaire le plan de profil contenant la droite donnée, plan qui est d'ailleurs le plan projetant à la fois horizontalement et verticalement cette droite. Ce plan

de profil coupe le plan donné suivant une certaine droite, également
de profil, et l'on est ramené à trouver le point commun à deux droites
situées dans un même plan de profil, problème traité précédemment
(253), et qui se résout par un changement de plan vertical.

Exemple. — *Le plan est donné par ses traces.*

Soit PαQ le plan donné (*fig.* 283) ; le plan de profil contenant la

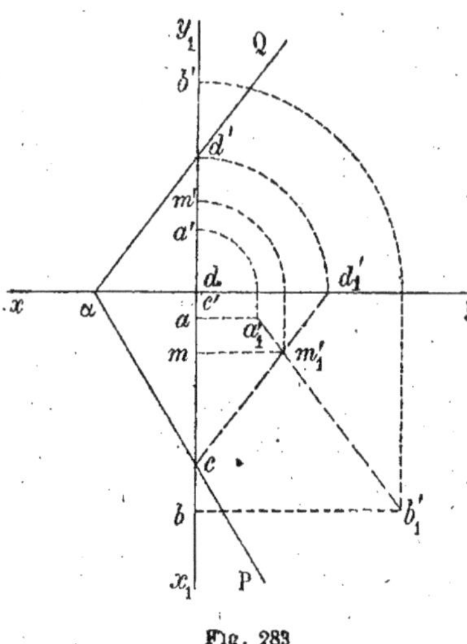

Fig. 283

droite (*ab*, *a'b'*) coupe ce plan
suivant la droite de profil
(*cd*, *c'd'*) (151) et on est conduit, comme nous l'avons dit
plus haut, à chercher le point
de rencontre des deux droites
de profil (*ab*, *a'b'*) et (*cd*, *c'd'*).
Pour cela (253), on fait un
changement de plan vertical,
en prenant comme nouvelle
ligne de terre x_1y_1 la droite
ab a'b', et l'on détermine les
projections verticales $a_1'b_1'$ et
cd_1' des deux droites dans ce
nouveau système de projection ; $a_1'b_1'$ et cd_1' se coupent au
point m_1', qui est la projection verticale dans le nouveau
système du point de rencontre des deux droites de profil ; on en déduit
facilement les projections *m* et *m'* de ce point dans le système primitif.

258. Problème VII. — *Abaisser d'un point* (*m*, *m'*) *la perpendiculaire sur un plan* (Pα, Qβ) *parallèle à la ligne de terre* (*fig.* 284).

En appliquant la règle ordinaire (169), c'est-à-dire en abaissant des
projections *m* et *m'* du point les perpendiculaires *mn* et *m'n'* sur les
traces de même nom du plan, on obtient une droite de profil que
ses projections ne suffisent pas à définir.

Pour obtenir un point de la perpendiculaire autre que (*m*, *m'*), on
fait alors un changement de plan vertical en prenant, comme nouvelle
ligne de terre x_1y_1, une perpendiculaire à *xy*.

Le plan donné devient, dans le nouveau système, un plan de bout :
sa nouvelle trace verticale $α_1Q_1$ s'obtient par la construction indiquée

au n° 238. On détermine la nouvelle projection verticale m_1' du point (m, m'), et en menant par m_1' la perpendiculaire $m_1'n_1'$ à $\alpha_1 Q_1$, on a

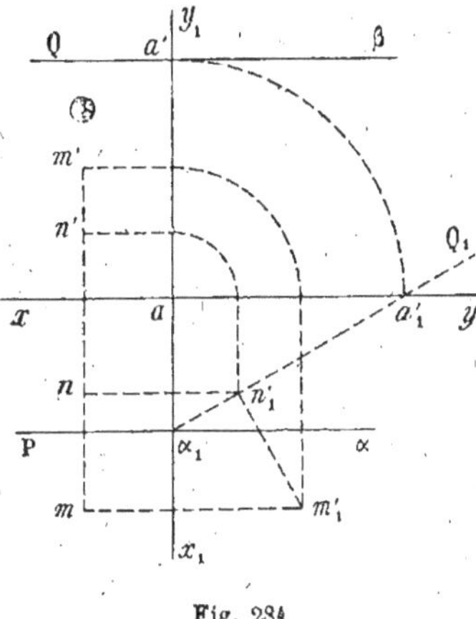

Fig. 284

la projection verticale n_1' dans le nouveau système, du pied de la perpendiculaire cherchée. En déterminant ensuite les projections n et n', dans le système primitif xy, du point projeté verticalement en n_1' dans le système $x_1 y_1$, on achève de définir la perpendiculaire demandée.

Le point (n, n') est le pied de la perpendiculaire abaissée du point (m, m') sur le plan $(\text{P}\alpha,\ \text{Q}\beta)$; la distance de ce point au plan est mesurée par le segment $m_1'n_1'$.

259. Problème VIII. — *Mener par un point donné (m, m') le plan perpendiculaire sur une droite de profil définie par deux points (a, a') et (b, b') (fig. 285).*

On sait (172) qu'en menant par les projections d'un point les perpendiculaires sur les projections de même nom d'une droite, on définit une horizontale et une frontale du plan passant par le point et perpendiculaire à la droite.

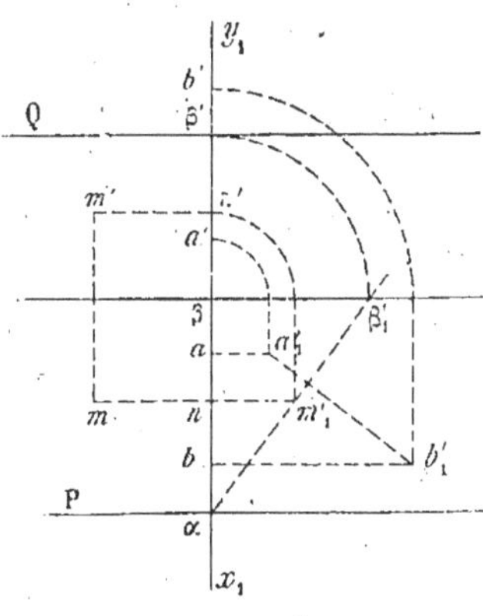

Fig. 285

Mais, dans le cas particulier qui nous occupe, cette horizontale et cette frontale se confondent l'une et l'autre avec la parallèle $(m\ n,\ m'\ n')$ à xy menée par le point (m, m'). Le plan cherché, qui, d'ailleurs, est parallèle à xy, n'est pas complètement défini par cette droite.

Pour achever de le déterminer, on fait un changement de plan vertical, en prenant comme nouvelle ligne de terre x_1y_1 la droite $aba'b'$, et l'on détermine (236 et 237) les nouvelles projections verticales m_1' et $a_1'b_1'$ du point et de la droite. Dans le nouveau système, la droite $(ab, a_1'b_1')$ est de front et la perpendiculaire $m_1'\alpha$ abaissée de m_1' sur $a_1'b_1'$ est la nouvelle trace verticale du plan cherché. En menant par le point α où elle rencontre x_1y_1 la parallèle à xy, on a la trace horizontale $P\alpha$ de ce plan.

Le plan cherché est alors défini dans le système primitif par les deux droites $(mn, m'n')$ et $(\alpha P, xy)$. Si l'on veut avoir sa trace verticale, il suffit d'en connaître un point, par exemple celui qui se projette horizontalement au point de rencontre β des deux lignes de terre. Ce point se projette verticalement en β_1' dans le système x_1y_1, en β' dans le système xy. La trace verticale du plan est la parallèle $\beta'Q$ à xy menée par le point β'.

EXERCICES

1. Reconnaître si un point donné dans un plan de profil appartient à une droite donnée dans le même plan.

2. Trouver le point commun à une droite de profil et à un plan déterminé par la ligne de terre et un point donné.

3. Trouver les projections d'un deuxième point d'une droite de profil, connaissant les projections d'un point de cette droite et l'angle qu'elle fait avec le plan horizontal.

4. Reconnaître, par un changement de plan vertical, si deux droites de profil situées dans un même plan de profil sont parallèles. Dans le cas contraire, déterminer leur intersection et leur angle.

5. Trouver, par un changement de plan vertical, l'angle de deux plans dont les horizontales sont parallèles. (On rend les deux plans de bout.)

6. Déterminer les angles d'un plan quelconque avec un plan de profil. Construire l'un des plans bissecteurs des dièdres formés par ces deux plans.

7. Déterminer les angles formés par deux plans dont l'intersection est une droite de profil. Construire l'un des plans bissecteurs des dièdres formés par ces plans.

8. Déterminer l'angle formé par une droite quelconque avec un plan parallèle à la ligne de terre. Cas où la droite est de profil.

9. On donne par leurs projections deux points (a, a'), (b, b') dans un même plan de profil. Construire les projections d'un carré, situé dans ce plan de profil, admettant ces deux points comme sommets opposés.

10. On donne trois points quelconques par leurs projections. Changer de plan vertical de façon que les nouvelles projections verticales des trois points soient en ligne droite.

11. On donne un plan par ses traces. Changer de plan vertical de façon que les nouvelles traces soient confondues sur l'épure.

12. Un plan a ses deux traces parallèles à la ligne de terre et confondues sur l'épure. Un point a ses deux projections confondues et situées sur les traces du plan. Trouver la distance du point au plan.

(Saint-Cyr.)

COMPLÉMENTS (*)

CHAPITRE V
REPRÉSENTATION DES PYRAMIDES ET DES PRISMES

§ I.

Représentation d'un polyèdre par ses projections.

260. En géométrie descriptive, on représente un polyèdre en construisant les projections de tous ses sommets et de toutes ses arètes. Ces deux projections constituent l'*épure* du polyèdre.

261. **Parties vues; parties cachées.** — Pour faciliter la lecture de l'épure d'un polyèdre, et pour qu'à la seule inspection de cette épure on puisse se faire une idée nette de la forme et de la position du corps, on fait, dans la mise à l'encre, sur les deux projections, la distinction des parties vues et des parties cachées.

1° Pour faire cette distinction sur la projection horizontale, on suppose l'observateur à l'infini *au-dessus* du plan horizontal de projection, dans une direction perpendiculaire à ce plan, supposé opaque, c'est-à-dire arrêtant les rayons lumineux. Cet observateur regarde vers le bas, ses rayons visuels sont donc dirigés verticalement de haut en bas. Il en résulte que si une verticale OZ (*fig.* 286) rencontre la surface *opaque* d'un corps en plusieurs points A_1, A_2, A_3, A_4, le seul de ces points vu par l'observateur est celui qui a la plus grande cote, à condition, toutefois, qu'il

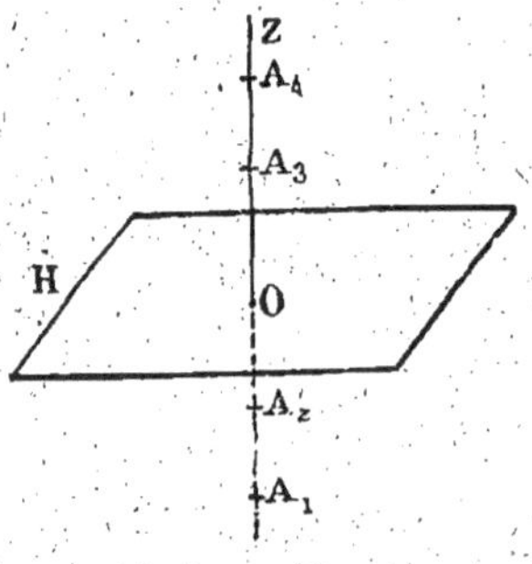

Fig. 286

vateur est celui qui a la plus grande cote, à condition, toutefois, qu'il

---

(*) Ces Compléments (chapitres V, VI, VII) ne figurent pas au programme des classes de Première C et D; ils sont plus spécialement destinés aux candidats aux Écoles (Saint-Cyr, Institut agronomique). Voir la note de la page IV.

soit situé *au-dessus du plan horizontal*. Ainsi, dans la figure 286, le seul point vu sur la verticale OZ est le point A_4.

Le point A_3 est caché par le point A_4; A_1 et A_2 sont cachés par le plan horizontal, supposé *opaque*; ils seraient encore cachés, même si A_3 et A_4 n'existaient pas.

2° Pour faire la distinction des parties vues et des parties cachées sur la projection verticale, on suppose l'observateur à l'infini *en avant* du plan vertical de projection, dans une direction perpendiculaire à ce plan, supposé opaque. Cet observateur voit alors tout point isolé placé en avant du plan vertical, et ses rayons visuels ont la direction des droites de bout. Il en résulte que si une droite de bout rencontre la surface *opaque* d'un corps en plusieurs points A_1, A_2, ..., le seul de ces points vu par l'observateur est celui qui a le plus grand éloignement, à condition toutefois qu'il soit *en avant du plan vertical*. Dans la figure 287, le seul point vu sur la droite de bout OZ est le point A_2.

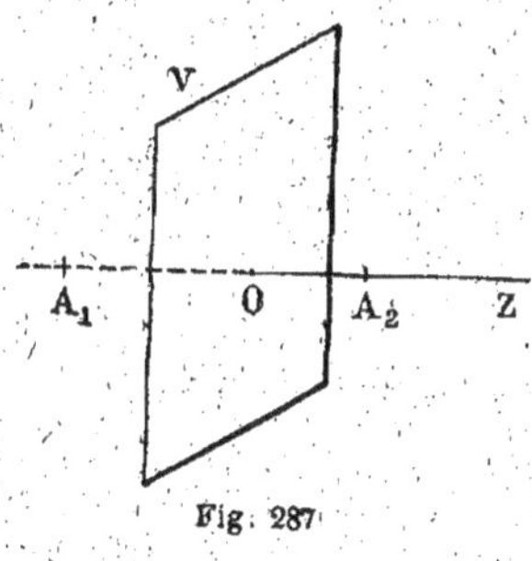

Fig. 287

262. De ce qui précède, il résulte que dans une épure un point d'un corps peut être caché soit par les plans de projection supposés opaques, soit par le corps lui-même. En général, on suppose que le corps à représenter est tout entier situé dans le premier dièdre; de cette manière, les plans de projection ne cachent aucune partie du corps et il reste uniquement à distinguer sur chaque projection les points qui sont cachés par le corps lui-même de ceux qui restent visibles. Avec cette restriction, on est conduit aux deux règles suivantes:

1° *Pour qu'un point M de la surface d'un corps supposé opaque soit vu en projection horizontale, il faut et il suffit que la verticale ascendante issue de ce point ne rencontre pas le corps en d'autres points;*

2° *Pour qu'un point M de la surface d'un corps supposé opaque soit vu en projection verticale, il faut et il suffit que la droite de bout issue de ce point et dirigée en avant du plan vertical ne rencontre pas le corps en d'autres points.*

263. Ponctuation. — Lorsqu'on a fait sur chacune des projections d'un polyèdre la distinction entre les parties vues et les parties cachées, on observe dans la mise à l'encre les conventions suivantes :

1° Les arêtes ou portions d'arêtes *vues* sont dessinées en traits pleins noirs (————————————) d'une épaisseur de ¼ de millimètre environ ;

2° Les arêtes ou portions d'arêtes *cachées* se dessinent en trait pointillé (————————————). Le trait pointillé est formé d'une succession de points ronds, très fins, d'égale épaisseur, équidistants les uns des autres ;

3° Les lignes de construction et les lignes de rappel se tracent soit en traits continus et très fins à l'encre de couleur, soit en *traits de construction* (————————————) ;

4° Certaines lignes du corps que l'on a dû figurer pour faire l'épure, mais qui ne doivent pas subsister dans la représentation de la portion cherchée du corps, se tracent en trait *enlevé* (————————————). Il en est de même de certaines lignes de construction importantes.

Il arrive souvent, dans les épures, que certaines portions de lignes ne devant pas être représentées avec le même trait, coïncident. On convient alors de donner la priorité au trait *vu* sur le trait *caché* et au trait *caché* sur le *trait de construction* ou sur le trait *enlevé*.

L'application des règles précédentes constitue ce qu'on appelle la *ponctuation de l'épure.*

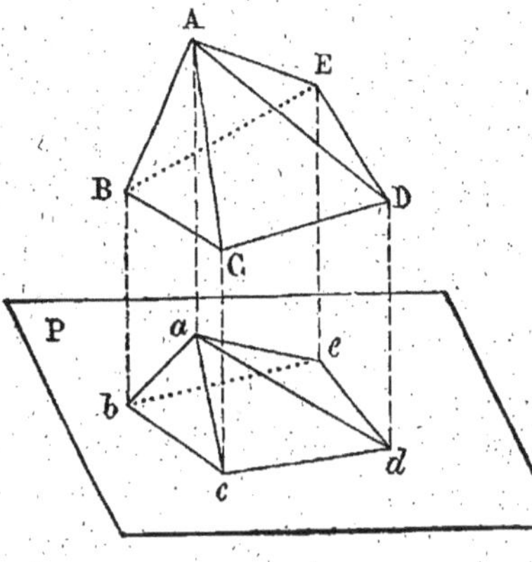

Fig. 288

264. Contours apparents d'un polyèdre. — Supposons qu'un observateur placé à l'infini, dans une direction perpendiculaire au plan P, regard par exemple le polyèdre ABCDE (*fig.* 288). Pour cet observateur, les faces ABC, ACD, ADE sont *vues*, tandis que les faces ABE et BCDE sont *cachées* ; la ligne polygonale gauche ABCDE qui sépare les faces vues des faces cachées s'appelle *le conto v-*

apparent du polyèdre par rapport au plan P, et sa projection *abcde* sur le plan P se nomme le *contour apparent du polyèdre en projection sur le plan* P ; ce dernier contour jouit de la propriété de contenir à son intérieur les projections de tous les points de la surface du polyèdre.

265. Dans l'épure d'un polyèdre, il y a alors à considérer le contour apparent par rapport au plan horizontal ou, plus simplement, le *contour apparent horizontal*, et le contour apparent par rapport au plan vertical ou, plus simplement, le *contour apparent vertical*. La projection horizontale du premier se nomme le *contour apparent en projection horizontale ;* la projection verticale du second s'appelle le *contour apparent en projection verticale.*

266. Il est évident que le contour apparent par rapport à chaque plan de projection est vu tout entier, puisqu'il limite des faces vues ; par conséquent, sa projection sur le plan de projection correspondant doit être dessinée en traits pleins noirs. Il faut ensuite distinguer, parmi les arêtes du polyèdre projetées à l'intérieur de ce contour, celles qui sont vues de celles qui sont cachées. Relativement aux polyèdres convexes, qui sont les seuls dont nous nous occuperons

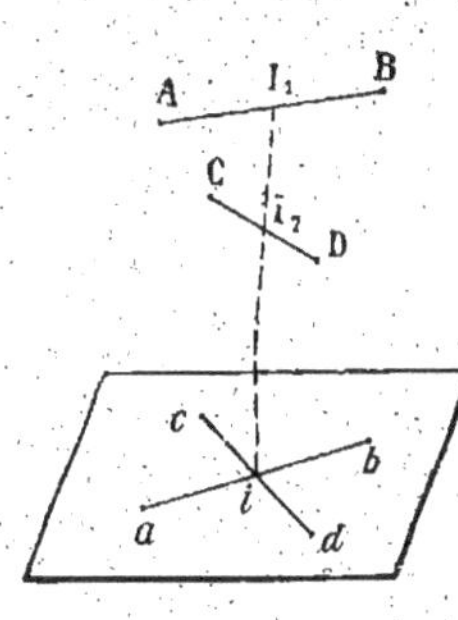

dans la suite, on peut faire les deux remarques suivantes :

1° *Si les projections sur un plan de deux arêtes* AB *et* CD *d'un polyèdre se croisent à l'intérieur de la projection du contour apparent correspondant, l'une de ces arêtes est vue, l'autre est cachée.*

En effet, le rayon visuel aboutissant au point *i* (*fig.* 289) où se rencontrent les projections *ab* et *cd* de ces deux arêtes rencontre nécessairement le polyèdre en deux points I_1 et I_2 appartenant aux

Fig. 289

deux arêtes considérées, et en ces deux points seulement, puisque par hypothèse le polyèdre est convexe. Or, un seul de ces points I_1 peut être vu, l'autre I_2 est nécessairement caché : donc l'arête AB sur laquelle se trouve le point vu sera vue et l'autre sera cachée.

2° *Les arêtes aboutissant à un sommet n'appartenant pas au contour apparent sont vues si ce sommet est vu, cachées si le sommet considéré est caché.*

Cette règle est évidente d'elle-même. Elle n'est d'ailleurs plus applicable si le sommet que l'on considère appartient au contour apparent.

267. Application. — *Établir la ponctuation du tétraèdre ayant pour sommets les quatre points* (a, a'), (b, b'), (c, c'), (d, d') *(fig. 290).*

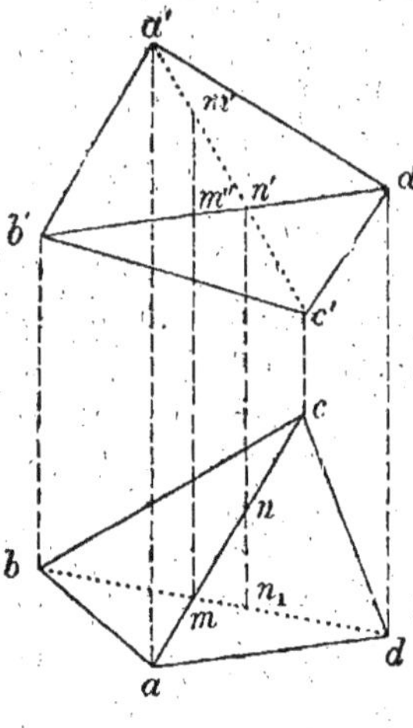

Fig. 290

1° *Projection horizontale.* — Le contour apparent en projection horizontale est le quadrilatère $abcd$, à l'intérieur duquel se projettent horizontalement tous les points du tétraèdre ; il est vu. Des deux arêtes ac et bd qui se croisent à l'intérieur de ce contour, l'une sera vue, l'autre cachée (266, 1°) ; or, la verticale du point m où se coupent les deux droites ac et bd rencontre l'arête $(ac, a'c')$ au point (m, m') et l'arête $(bd, b'd')$ au point (m, m''). Comme le point (m, m') a une cote supérieure à celle du point (m, m''), il est vu, et il en est de même de l'arête $(ac, a'c')$ sur laquelle il se trouve ; au contraire, l'arête $(bd, b'd')$ est cachée. Par suite, la droite ac doit être tracée en trait plein et la droite bd en pointillé.

2° *Projection verticale.* — Le contour apparent en projection verticale est le quadrilatère $a'b'c'd'$; il est vu. Des deux arêtes $a'c'$ et $b'd'$, qui se croisent à l'intérieur de ce contour, l'une doit être vue, l'autre cachée ; or, la droite de bout menée par le point n' où se coupent les droites $a'c'$ et $b'd'$ rencontre l'arête $(ac, a'c')$ en (n, n') et l'arête $(bd, b'd')$ en (n_1, n') ; c'est ce dernier point qui a le plus grand éloignement, donc l'arête $(bd, b'd')$ est vue, tandis que l'arête $(ac, a'c')$ est cachée. Par suite, la droite $b'd'$ doit être dessinée en trait plein, la droite $a'c'$ en pointillé.

268. Nous allons maintenant appliquer les théories exposées dans les chapitres précédents à la construction de certains polyèdres simples.

Dans ce genre de problèmes figurent deux sortes de données, les unes qui définissent la forme et la grandeur du polyèdre à représenter, les autres qui déterminent sa position par rapport au plan de projection.

Il est impossible de formuler une règle générale sur la façon d'utiliser ces données. Dans chaque cas, on doit s'inspirer des propriétés du polyèdre à construire, pour le constituer, à partir des éléments donnés, au moyen des constructions les plus simples.

§ II.

Représentation de la pyramide.

269. *En général*, pour construire une pyramide, on construit d'abord, en se servant des données du problème, les projections de sa base, puis les projections de son sommet ; on joint ensuite chacune des projections des sommets aux projections de même nom de tous les sommets de la base.

270. Problème I. — *Représenter une pyramide connaissant sa base dans le plan horizontal, sa hauteur et le pied de sa hauteur.*

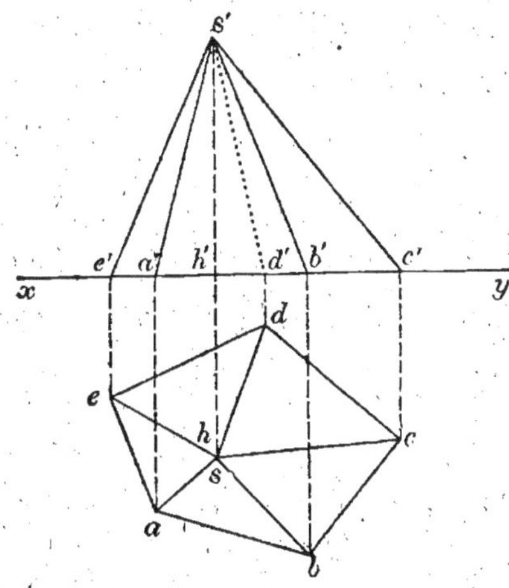

Fig. 291

Supposons par exemple que la base soit un pentagone situé dans le plan horizontal (*fig.* 291). On construit ce pentagone *abcde* en grandeur et position ; sa projection verticale *a'b'c'd'* est située sur la ligne de terre. On construit ensuite le pied de la hauteur (*h, h'*) qui coïncide avec la projection horizontale *s* du sommet de la pyramide ; quant à la projection verticale *s'* de ce sommet, on l'obtient en portant sur la ligne de rappel du point s, au-dessus de la ligne de terre, la longueur $h's'$ égale à la hauteur de la pyramide ; on joint ensuite le point s à tous les points a, b, c, d, e, et le point s' à tous les points a', b', c', d', e' : on a ainsi les arêtes latérales.

La ponctuation ne présente aucune difficulté : en projection horizontale, toutes les arêtes sont vues ; en projection verticale, l'arête $s'd'$ est seule cachée.

271. Problème II. — *Construire un tétraèdre* SABC *connaissant les longueurs de ses six arêtes, et en supposant la face* ABC *horizontale.*

La face ABC horizontale se projette en vraie grandeur (192), et comme l'énoncé laisse son orientation et la cote de son plan indéter-

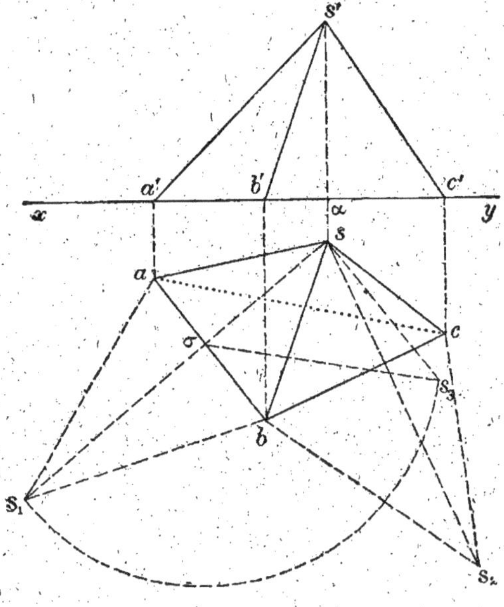

Fig. 292

minées, nous la supposerons placée dans le plan horizontal de projection. En construisant alors sur l'epure (fig. 292) un triangle abc ayant pour côtés les longueurs données pour les arêtes AB, BC, CA, nous aurons la projection horizontale de la face ABC ; sa projection verticale $a'b'c'$ est située sur la ligne de terre.

Cela fait, si l'on suppose le plan de la face SAB rabattu sur le plan horizontal, on aura le rabattement s_1 du sommet S en construisant le triangle s_1ab dont on connaît les trois côtés, savoir : ab déjà construit, s_1a et s_1b respectivement égaux aux longueurs données des arêtes SA et SB ; de même, si l'on suppose le plan de la face SB rabattu sur le plan horizontal, on aura le rabattement s_2 du sommet S en construisant le triangle s_2bc dont on connaît encore les trois côtés.

Si l'on relève maintenant les deux faces rabattues, il est évident, en vertu des règles établies pour le relèvement d'un point, que la projection horizontale du sommet s de la pyramide se trouve à l'intersection des perpendiculaires abaissées respectivement des points s_1 et s_2 sur les charnières des rabattements correspondants, ab et bc.

Il reste à trouver ensuite la projection verticale du sommet de la pyramide, et pour cela il suffit de connaître sa cote. Menons par le point s la parallèle ss_3 à ab, et soit σ le point où ss_1 rencontre ab ; du point σ comme centre, décrivons le cercle de rayon σs_1 qui coupe ss_3 au point s_3 ; le triangle rectangle $s\sigma s_3$ est manifestement le triangle de rabattement du sommet S considéré dans le plan de la face SAB ; par suite, la cote de ce point est mesurée par la longueur ss_3. Sur la ligne de rappel du point s, portons alors, à partir de la ligne de terre, la longueur $\alpha s' = ss_3$: le point s' ainsi obtenu est la projection verticale du sommet de la pyramide.

En menant sa, sb, sc, puis $s'a'$, $s'b'$ et $s'c'$, on a les projections des arêtes latérales de la pyramide.

La ponctuation est immédiate : sur la projection horizontale, la seule arête cachée est ac ; la projection verticale est vue tout entière.

272. Mesure des éléments d'un tétraèdre. — Le problème précédent donne le moyen de trouver les grandeurs liées à un tétraèdre solide. Pour cela, on mesure les arêtes de ce tétraèdre, ce qui est possible, puisque, situées à l'extérieur du solide, elles peuvent se prêter à une mesure directe.

Puis en réduisant, si besoin est, ces longueurs à une échelle convenable (14), on construit, comme nous venons de le montrer, les projections (ou la projection cotée) du solide.

Ensuite, on peut déterminer, par exemple, les hauteurs du tétraèdre en cherchant la distance d'un sommet au plan de la face opposée (n°ˢ 108 et suivants). C'est ce qu'on a fait dans l'épure précédente (*fig.* 292) pour la hauteur issue du sommet S, hauteur qui est égale à la cote du point S, à cause du choix particulier du plan horizontal de projection.

On peut, de même, déterminer les dièdres du tétraèdre (angle de deux plans, n°⁸ 216 et suivants).

Il y a là un exemple intéressant de *l'emploi de la géométrie descriptive pour la détermination de longueurs et d'angles qui ne se prêtent pas à une mesure directe.*

Nous nous bornons à cette seule remarque que le lecteur pourra répéter aisément dans les exemples suivants.

273. Problème III. — *Dans un plan de bout* $P\alpha Q$ (*fig.* 293), *on donne l'un des sommets* (a, a') *d'un rectangle ABCD situé dans ce plan. Ce rectangle, dont on connaît les dimensions, est la base d'une pyramide de hauteur donnée et dont toutes les arêtes latérales sont égales. Construire les deux projections de cette pyramide.*

Pour construire les projections du rectangle ABCD, on rabat le plan $P\alpha Q$ autour de sa trace horizontale αP ; soient a_1 le rabattement du point (a, a') et $a_1 b_1 c_1 d_1$ le rabattement en grandeur et position du rectangle donné. On relève alors horizontalement le sommet b_1 en b, au moyen de la droite $a_1 b_1$ qui rencontre la charnière en β et se relève en βa ; puis on relève de la même manière le sommet d_1 en d, au moyen de la droite $a_1 d_1$ qui rencontre la charnière en δ et se relève en δa. On a ainsi les projections horizontales ab et ad de deux des côtés du rectangle ; on en déduit facilement les deux autres dc et bc, respectivement parallèles à ab et ad. Quant aux projections verticales qui sont des sommets du rectangle, elles s'obtiennent immédiatement en rappelant leurs projections horizontales en a', b', c', d' sur la trace verticale du plan de bout donné.

Reste à construire le sommet de la pyramide. Toutes les arêtes étant égales, le pied de la hauteur coïncide avec le centre (o, o') du rectangle de base. Les projections de la perpendiculaire menée par ce point au plan de base sont les droites oe, $o'e'$ respectivement perpendiculaires aux traces de ce plan ; comme cette perpendiculaire est parallèle au plan vertical, la hauteur de la pyramide se projette verticalement en vraie grandeur, et l'on obtient la projection verticale s' du sommet en portant sur $o'e'$ la longueur $o's'$ égale à la hauteur donnée ; on en déduit sa projection horizontale en rappelant s' en s sur oe. En menant ensuite les droites $(sa, s'a')$, $(sb, s'b')$, $(sc, s'c')$,

(sd, $s'd'$), on a les projections des arêtes latérales de la pyramide, dont la construction se trouve ainsi achevée.

Pour ponctuer la projection horizontale de cette pyramide, on

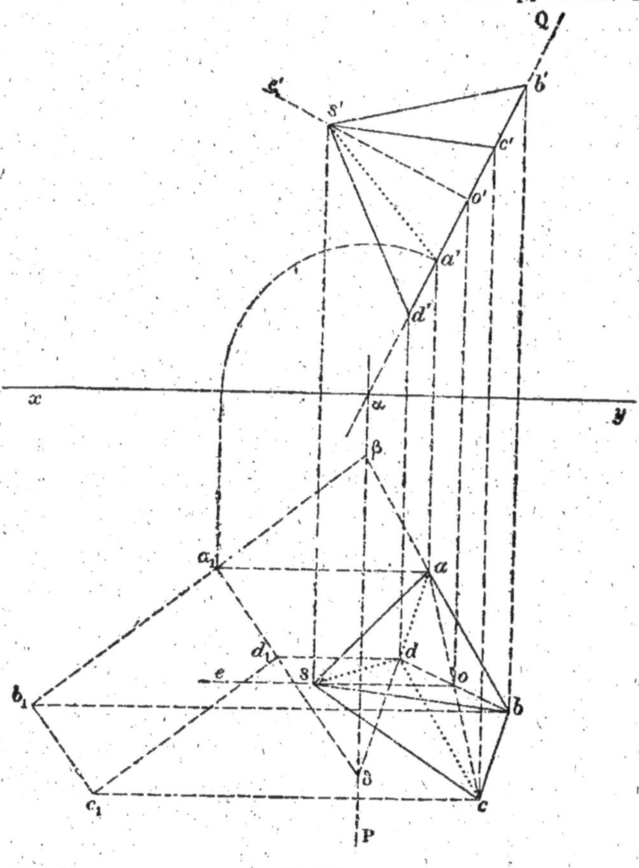

Fig. 293

remarque que le contour apparent en projection horizontale est le quadrilatère $sabc$; ce contour est donc *vu*. On voit ensuite aisément, en regardant la projection verticale, que l'arête (sb, $s'b'$) est la plus haute; donc sa projection horizontale sb est également *vue*. Enfin, la projection verticale montre aussi que le sommet (d, d') est celui qui a la cote la moins élevée; il est donc nécessairement *caché* en projection horizontale, et il en est de même des projections horizontales *sd*, *ad* et *cd* des arêtes aboutissant à ce sommet.

Sur la projection verticale, le contour apparent *s'b'd'* est *vu*. L'arête (*sc*, *s'c'*) étant celle qui est le plus en avant par rapport au plan vertical, ainsi que le montre la projection horizontale de la pyramide, sa projection verticale *s'c'* est nécessairement *vue*. Au contraire, on voit que l'arête (*sa*, *s'a'*) est celle qui est la plus rapprochée du plan vertical ; par conséquent elle est *cachée* en projection verticale par la surface opaque de la pyramide.

§ III.

Construction de tétraèdres réguliers ou trirectangles.

274. Tétraèdre régulier. — Un tétraèdre est dit *régulier* lorsque toutes ses arêtes sont égales. Un tel polyèdre est donc défini par la donnée d'une seule longueur. celle de son arête.

Pour trouver les projections d'un *tétraèdre régulier* reposant par une face sur le plan horizontal, on peut reprendre les constructions indiquées au n° 271, en remarquant que l'on a, dans ce cas, SA = SB = SC = AB = BC = CA; ou bien on peut utiliser la remarque suivante :

Chaque sommet d'un tétraèdre régulier se projette sur la face opposée au centre de cette face.

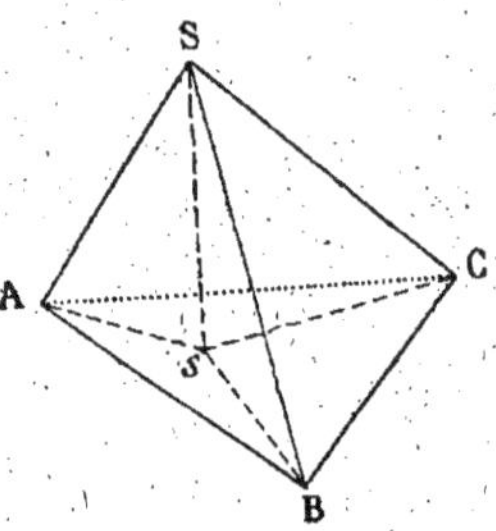

Fig. 294

En effet, si *s* désigne la projection du sommet S sur le plan ABC (*fig.* 294), comme les obliques SA, SB, SC sont égales, elles s'écartent également du pied de la perpendiculaire *sS* ; on a donc *sA* = *sB* = *sC*, ce qui montre bien que le point *s* est le centre du triangle équilatéral ABC.

275. Cette remarque permet d'effectuer facilement la mise en place du tétraèdre, si l'on suppose la face ABC horizontale. On construit d'abord (*fig.* 295) le triangle équilatéral *abc* ayant pour côté la longueur donnée de l'arête du tétraèdre, réduite à l'échelle du dessin, s'il y a lieu. Ce triangle est la projection horizontale de la face ABC et son centre *s*, qu'on détermine au moyen de deux médianes ou de

deux hauteurs, est d'après la remarque précédente, la projection horizontale du sommet opposé S. En rabat-
tant ensuite sur le plan horizontal le
triangle rectangle ASs, dont on connaît
deux côtés, sa et SA $= ac$, le rabattement
ss_1 du troisième côté Ss donne la cote du
sommet s. Cette cote sera positive ou
négative, suivant qu'on suppose S au-dessus ou au-dessous du plan de comparaison.
La ponctuation a été faite en plaçant S au-
dessus du plan ABC; toutes les arêtes sont

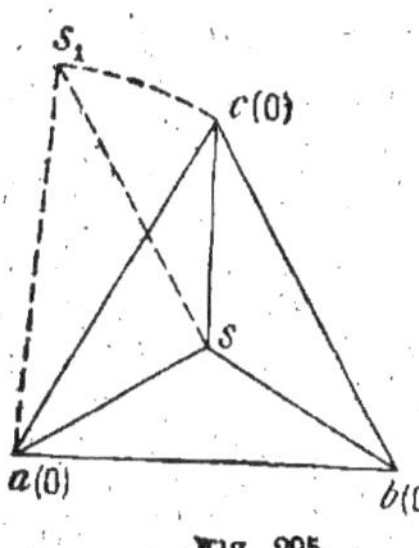

Fig. 295

alors vues. On observera que la construction de la cote de S revient
d'ailleurs à celle de la hauteur du tétraèdre.

276. Problème. — *Dans un plan* P *défini par son échelle de pente*
(*fig.* 296), *on donne deux points* $a(o)$ *et* $b(2)$.

1° *Construire un des triangles équilatéraux* ABC *ayant pour côté* AB
et situés dans le plan P.

2° *Construire la projection cotée du tétraèdre régulier ayant pour*
base ce triangle et situé au-dessus du plan P.

1° Pour construire le triangle ABC, on rabat le plan P sur le plan
de comparaison; le point $a(o)$ situé sur la charnière ne bouge pas.
On rabat le point $b(2)$ de l'échelle de pente en b_1 à l'aide du
triangle rectangle $\beta bb'$ qui a pour côtés $b\beta$ et $bb' = 2$ unités de
l'échelle (177, Règle). Puis sur le côté ab_1 on construit le triangle
équilatéral ab_1c_1, vraie grandeur de la base rabattue.

On relève ensuite le point c_1 en c à l'aide de la droite c_1b_1i relevée en
bi et de la perpendiculaire $c_1\gamma$ à la charnière (190), et l'on cote le
point c (approximativement 3,4) à l'aide de l'échelle de pente du plan
P. On obtient ainsi la projection abc de la base du tétraèdre.

2° Pour définir le quatrième sommet S du tétraèdre, on cherche
d'abord le pied de la hauteur issue de ce sommet. Comme nous
l'avons fait remarquer (274), ce pied est le centre du triangle de base
ABC; sa projection est donc le point de rencontre σ des médianes am
et bn de abc (8, Conséq. II). On cote σ en le considérant comme un
point du plan P, ou encore on remarque que sa cote est la moyenne
arithmétique des cotes des points A, B, C $\left(\dfrac{0+2+3,4}{3} = 1,8 \right)$.

Il reste maintenant à élever au point $\sigma(1,8)$ la perpendiculaire au plan P et à porter sur cette perpendiculaire à partir de $\sigma(1,8)$ une longueur égale à la hauteur du tétraèdre régulier d'arête ab_1.

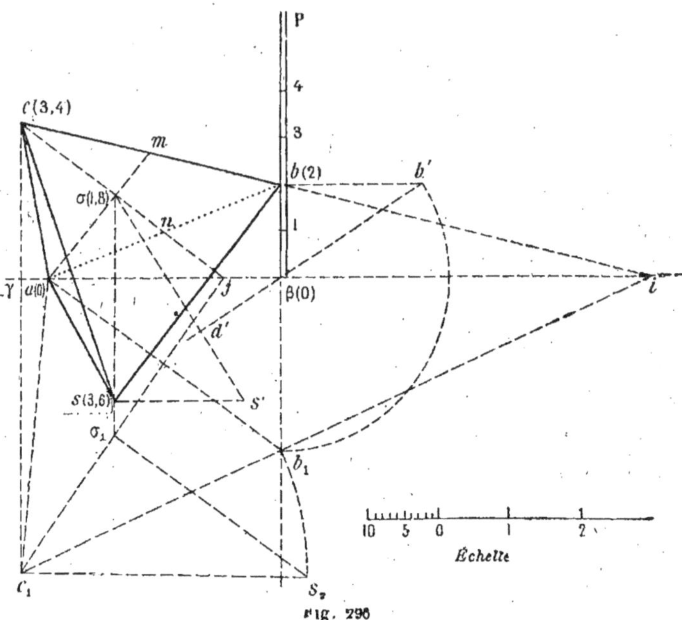

Fig. 296

Déterminons d'abord la longueur de la hauteur du tétraèdre en procédant comme au n° 275, c'est-à-dire en considérant cette longueur comme le deuxième côté de l'angle droit d'un triangle rectangle dont l'hypoténuse est égale à la longueur de l'arête et dont d'autre côté de l'angle droit est égal au rayon du cercle circonscrit à l'une des faces. A cet effet, construisons le centre σ_1 du triangle équilatéral ab_1c_1 ; ce point, qui est le rabattement du point $\sigma(1,8)$ lorsqu'on rabat le plan P sur le plan de comparaison, s'obtient à l'aide de la droite $c\sigma j$ rabattue en $c_1 j$ et de la parallèle menée par σ à l'échelle de pente du plan. En construisant alors le triangle rectangle $c_1\sigma_1 s_2$ dont $c_1\sigma_1$ est un côté de l'angle droit et dont l'hypoténuse $c_1 s_2 = c_1 b_1$, nous avons en $\sigma_1 s_2$ la vraie grandeur de la hauteur du tétraèdre régulier.

La perpendiculaire élevée du point $\sigma(1,8)$ sur le plan P est projetée suivant $\sigma\sigma_1$ (74); comme nous avons à porter une certaine longueur sur cette droite, rabattons le plan vertical qui la projette sur le plan horizontal passant par le point $\sigma(1,8)$. Le rabattement de la perpendiculaire que nous voulons construire est une droite qui passe évidemment par σ, puisque le point $\sigma(1,8)$ appartient à la charnière ; d'autre part, cette droite doit faire avec la charnière $\sigma\sigma_1$ l'angle complémentaire de celui que fait le plan P avec le plan horizontal, angle qui est par conséquent égal à l'angle $bb'\beta$ du triangle de rabattement du point $b(2)$ construit au début ; d'après cela, on voit que la perpendiculaire élevée au plan P par le point $\sigma(1,8)$ se rabat suivant la perpendiculaire $\sigma d'$ abaissée de σ sur $\beta b'$.

Portons ensuite sur $\sigma d'$ la longueur $\sigma s'$ égale à la distance $\sigma_1 s_2$, nous avons en s' le rabattement du sommet S : ce sommet se relève en s, sur $\sigma\sigma_1$, et sa cote est égale à 1,8 augmenté du nombre mesurant ss' (approximativement dans l'épure 3,6). $s(3,6)$ $a(o)$ $b(2)$ $c(3,4)$ est donc le tétraèdre cherché.

Ponctuation. — Le contour apparent $sacb$ est vu. Pour ponctuer les arêtes sc et ab qui se coupent à l'intérieur de ce contour apparent, on remarque aisément que la verticale du point n où se coupent ces droites rencontre l'arête SC au-dessus de l'arête AB : donc sc est *vue*, ab est *cachée*.

277. Problème. — *Construire la projection cotée d'un tétraèdre régulier ayant deux arêtes opposées horizontales.*

Remarquons d'abord que *dans un tétraèdre régulier les arêtes opposées sont orthogonales et que la droite qui joint les milieux de ces arêtes est en même temps leur perpendiculaire commune.*

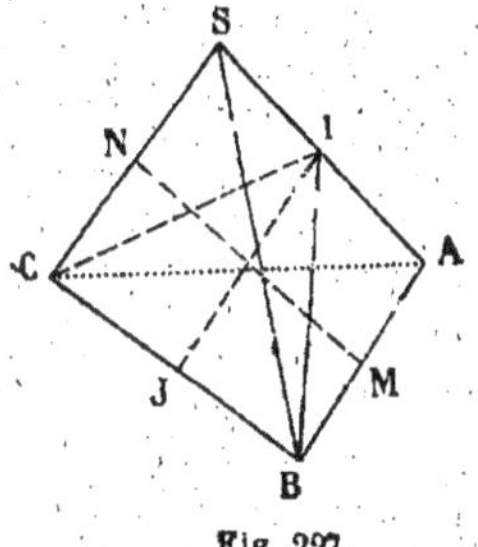

Fig. 297

En effet, soient I et J les milieux des arêtes opposées SA et BC (*fig.* 297) ; comme le tétraèdre est régulier,

$$CS = CA \quad \text{et} \quad BS = BA ;$$

par suite, les deux points C et B équidistants de S et A sont dans le plan Q perpendiculaire à SA en son milieu I. Il en résulte : 1° que l'arête SA est orthogonale à BC, droite du plan Q ; 2° qu'elle est aussi perpendiculaire à IJ, droite du plan Q. Pour une raison analogue, IJ est aussi perpendiculaire à BC, ce qui démontre la proposition.

Soit alors SABC un tétraèdre régulier dont les arêtes opposées SA et BC sont placées horizontalement.

La droite joignant les milieux des arêtes horizontales SA et BC du

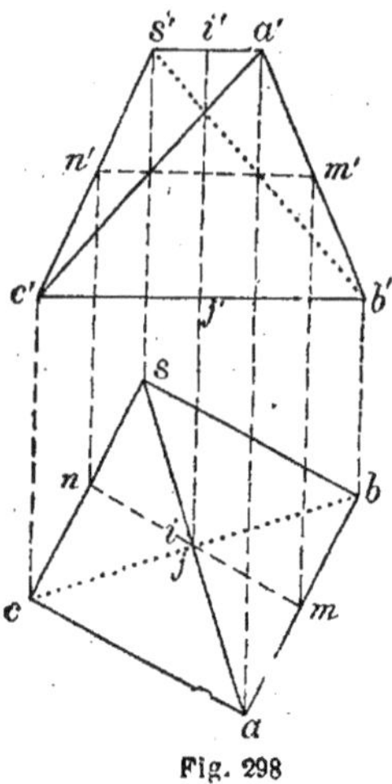

Fig. 298

tétraèdre donné, étant, comme nous venons de le rappeler, la perpendiculaire commune IJ à ces arêtes, est verticale; par suite, les deux arêtes SA et BC se projettent horizontalement en vraie grandeur (*fig.* 298) suivant deux segments égaux sa et bc se coupant en leurs milieux, à angle droit; la longueur de ces segments est d'ailleurs égale à celle des arêtes du tétraèdre. Quant aux autres arêtes, elles sont projetées horizontalement suivant les côtés du carré $sbca$.

Les arêtes horizontales sont projetées verticalement suivant deux segments $s'a'$ et $b'c'$ perpendiculaires aux lignes de rappel et distants l'un de l'autre d'une longueur égale à IJ. Or, il est évident que la droite IJ a même longueur que la droite MN, joignant les milieux des arêtes opposées AB et SC; comme, d'autre part, cette droite MN est horizontale (elle est située dans le plan horizontal équidistant des plans horizontaux contenant SA et BC), elle se projette horizontalement en vraie grandeur en mn. Par suite, la distance des segments $s'a'$ et $b'c'$ est aussi égale à mn. Ayant alors choisi la droite $b'c'$ suivant laquelle se projette verticalement la plus basse des arêtes horizontales données, la plus haute de ces arêtes se projettera sur la parallèle à cette droite menée à une distance égale à mn (ou ab) dans le sens des cotes croissantes. On aura ensuite immédiatement les projections verticales des quatre sommets du tétraèdre en menant les lignes de rappel de leurs projections horizontales.

La ponctuation ne présente aucune difficulté : nous laissons au lecteur le soin de la justifier.

278. Tétraèdre trirectangle. — Un tétraèdre SABC (*fig.* 299) est dit trirectangle en S lorsque les trois arêtes aboutissant en S sont deux à deux rectangulaires.

Dans un tel tétraèdre, *le sommet S se projette sur le plan de la face opposée au point de rencontre des hauteurs de cette face.*

En effet, soit s la projection de S sur le plan de la face ABC. La

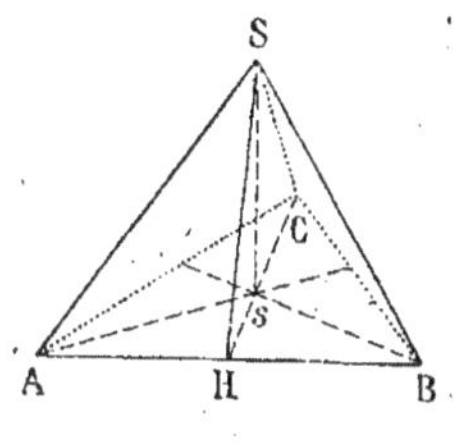

Fig. 299

droite CS, perpendiculaire par hypothèse aux deux droites AS et BS est perpendiculaire à leur plan ASB, et par suite perpendiculaire à la droite AB de ce plan. La droite Ss, perpendiculaire au plan ABC, est également perpendiculaire à AB. La droite AB, étant ainsi perpendiculaire aux deux droites CS et Ss, est perpendiculaire à leur plan, et par suite perpendiculaire aussi à la droite Cs contenue dans ce plan ; autrement dit Cs est une hauteur du triangle ABC. On verrait de la même manière que As et Bs sont les deux autres hauteurs du triangle ABC ; donc s est bien le point de concours des hauteurs de ce triangle.

279. Problème. — *Construire la projection cotée d'un tétraèdre SABC, trirectangle en S, et reposant par la face ABC sur le plan de comparaison.*

Soit a(o) b(o) c(o) (*fig.* 300) la base du tétraèdre dans le plan horizontal. Il résulte de la propriété précédente (278) que la projection du sommet S est le point de rencontres des hauteurs du triangle abc.

Pour obtenir la cote de S, on remarque que si l'on désigne par CH la hauteur issue de C dans le triangle ABC (*fig.* 299), le triangle CSH est rectangle en S : en effet. CS perpendiculaire au plan ASB est perpendiculaire à la droite SH contenue dans ce plan.

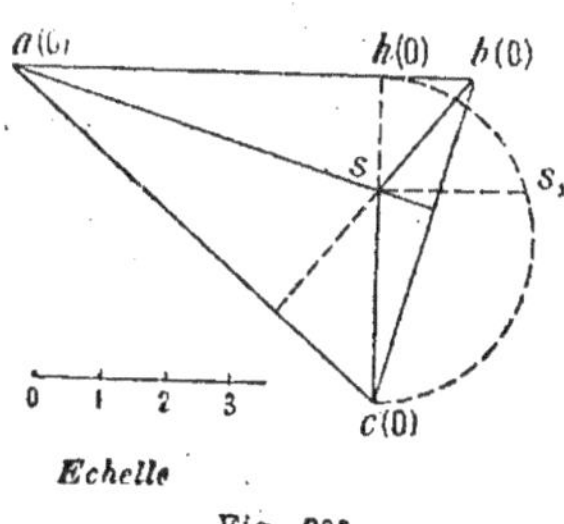

Echelle

Fig. 300

Si l'on rabat alors le plan vertical qui contient le triangle rectangle CSH sur le plan de comparaison, le sommet de l'angle droit S se rabat, d'une part, sur la circonférence de diamètre *ch* (*fig.* 300), et d'autre part, sur la perpendiculaire élevée à *ch* au point *s* ; l'intersection de cette perpendiculaire avec la circonférence donne le rabattement s_1 de S ; la distance ss_1 est la cote cherchée du sommet S (approximativement 2 unités 2 dixièmes de l'échelle).

REMARQUE. — La construction précédente ne détermine la cote du point S que si s est entre c et h, à l'intérieur du triangle, ce qui exige que les trois angles du triangle abc soient aigus.

Ponctuation. — On a ponctué le tétraèdre en supposant la cote de S positive. En la supposant négative, on aurait obtenu le tétraèdre symétrique de celui qu'on a représenté par rapport au plan de comparaison.

§ IV.

Représentation du prisme.

280. *En général,* pour construire un prisme limité à deux bases parallèles, on donne l'une des bases en grandeur et position, la direction des arêtes, et enfin la longueur de ces arêtes, ou bien encore la hauteur du prisme.

281. Problème I. — *Construire les projections d'un prisme ayant une base donnée dans le plan horizontal et dont on connaît la direction et la longueur des arêtes latérales.*

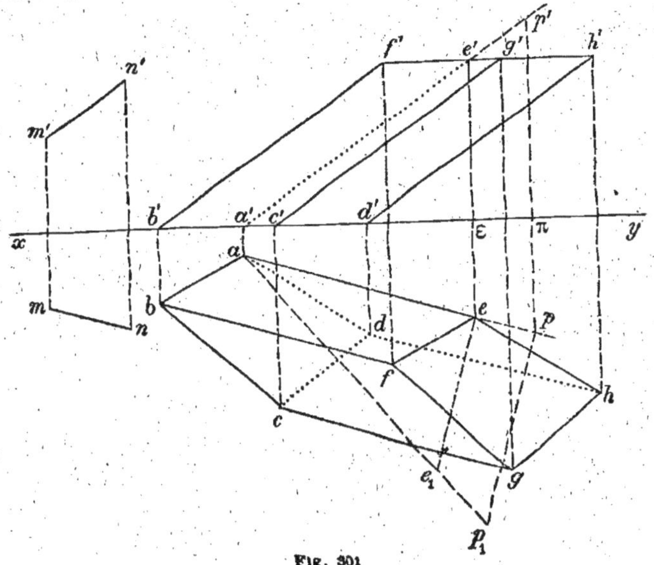

Fig. 301

Supposons que la base située dans le plan horizontal soit le quadrilatère *abcd* (*fig.* 301) en grandeur et position ; sa projection verticale $a'b'c'd'$ est tout entière sur la ligne de terre.

Soit maintenant (*mn, m'n'*) la direction des arêtes du prisme cherché ; en menant par le point (a, a') la parallèle ($ap, a'p'$) à cette droite, on a l'une des arêtes du prisme en position. Il faut alors obtenir le sommet de la base supérieure situé sur cette arête ; pour cela, on doit porter sur la droite ($ap, a'p'$) et à partir du point (a, a'), une longueur égale à la longueur donnée des arêtes du prisme.

Pour cela (197), rabattons le plan vertical *ap* projetant horizontalement la droite sur le plan horizontal. Le point *a* situé sur la charnière ne bouge pas ; le point (p, p') se rabat en p_1 sur la perpendiculaire menée par *p* à la charnière *ap* et à une distance de *p* égale à sa cote $\pi p'$. Portons alors sur ap_1, à partir de *a*, une longueur ae_1 égale à la longueur donnée des arêtes du prisme ; le point e_1 est le rabattement du sommet de la base supérieure appartenant à l'arête considérée ; en abaissant alors la perpendiculaire e_1e sur *ap*, on a la projection horizontale *e* de ce sommet ; sa projection verticale e' est à l'intersection de $a'p'$ et de la ligne de rappel $e\varepsilon$.

Il ne reste plus qu'à mener les segments *bf, cg, dh* égaux et parallèles au segment *ae*, et à construire le quadrilatère *efgh* pour avoir la projection horizontale complète du prisme. Quant à la projection verticale, elle s'achève en menant par les points b', c' et d' les parallèles à $a'e'$, qu'on limite à la parallèle à xy menée par le point e'.

Ponctuation. — Sur la projection horizontale, le contour apparent est le polygone *abcghe* ; ce contour est donc *vu*. Les projections horizontales des deux arêtes (*bf, b'f'*) et (*cd, c'd'*) se rencontrant, l'une de ces arêtes est vue en projection horizontale tandis que l'autre est cachée ; or, l'arête (*cd, c'd'*) étant tout entière dans le plan horizontal est manifestement au-dessous de (*bf, b'f'*) ; donc *cd* est *cachée* et *bf* est *vue*. Le sommet *d*, qui n'appartient pas au contour apparent, étant sur une arête cachée *cd* est lui-même *caché*, ainsi que les deux autres arêtes *ad* et *dh* qui y aboutissent. Au contraire le sommet *f*, qui n'appartient pas non plus au contour apparent, est *vu* comme appartenant à une arête *vue bf* ; donc les deux autres arêtes *ef* et *fg* aboutissant à ce sommet sont également *vues*.

En projection verticale, le contour apparent est le parallélogramme $b'f'h'd'$; il est donc *vu*. Le sommet c' est *vu*, tandis que le sommet

a' est *caché* ; comme ces sommets ne sont pas sur le contour apparent, l'arête $c'g'$ est *vue*, l'arête $a'e'$ est *cachée*.

REMARQUE. — Si, au lieu de donner la longueur des arêtes, on donnait la hauteur du prisme, les constructions seraient simplifiées. En effet, on aurait immédiatement les projections verticales des sommets de la base supérieure à l'intersection de la parallèle $f'h'$ menée à xy, à une distance de cette droite égale à la hauteur donnée, avec les parallèles à $m'n'$ menées par les points a', b', c', d'. Les projections horizontales de ces sommets s'obtiendraient ensuite en rappelant respectivement leurs projections verticales sur les parallèles à mn menées par les points a, b, c, d.

282. **Problème II.** — *Pour définir un parallélépipède ABCDEFGH (fig. 302), on se donne les projections cotées de quatre sommets $a(1)$, $b(3)$, $c(4)$, $f(10)$ appartenant aux trois arêtes concourant en $b(3)$ (fig. 303). Trouver la projection cotée du solide et la ponctuer.*

1° *Projection.* — Les faces du parallélépipède sont, par définition, des parallélogrammes ; leurs côtés opposés, qui sont parallèles, ont leurs projections parallèles (6) ; par suite, toutes les faces se projettent suivant des parallélogrammes. On déterminera donc, de proche en proche, les projections des sommets inconnus, en achevant les parallélogrammes $abcd$, $bcgf$, $abfe$ puis $efgh$.

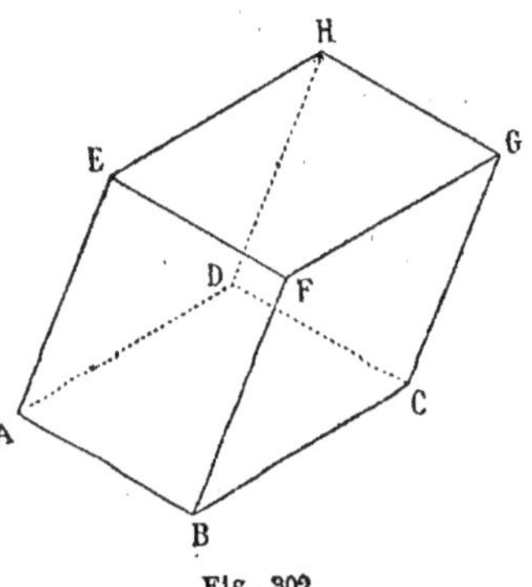

Fig. 302

Les segments AE et BF, égaux et parallèles dans l'espace, se projettent suivant des segments égaux et parallèles, ae et bf ; en outre, la différence des cotes des points E et A est la même que celle des points F et B ; elle vaut donc 7 unités ; par suite, le point E a pour cote $1 + 7 = 8$. On obtient de la même façon les cotes des autres sommets.

2° *Ponctuation.* — Le contour apparent $abfghd$ est vu. En considérant le point i commun à cd et eh, on voit, d'après les cotes des sommets, que la verticale de ce point coupe CD en un point de cote inférieure à 4, et EH en un point de cote supérieure à 8. L'arête $e(8)$ $h(9)$ est donc vue et l'arête $c(4)$ $d(2)$ est cachée. Par suite, les arêtes qui concourent en e sont vues et celles qui concourent en c sont cachées.

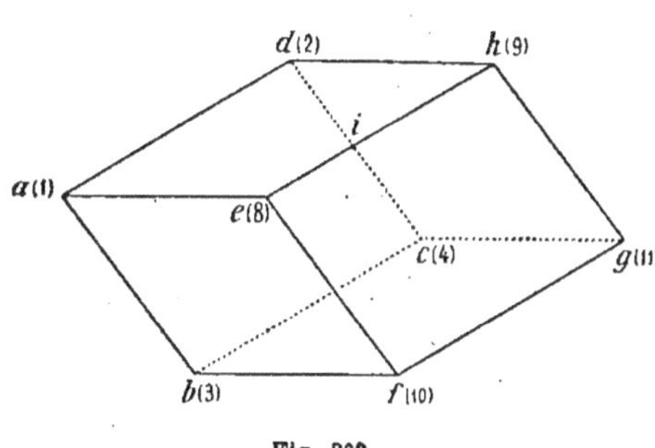

Fig. 303

283. Problème III. — *Construire les projections d'un cube ayant une face dans le plan déterminé par le point* (b, b') *et l'horizontale* $(ai, a'i')$ *(fig. 304), sachant que deux des sommets de cette face coïncident avec les points* (a, a') *et* (b, b').

(Pour construire la face du cube située dans le plan donné, rabattons ce plan autour de l'horizontale $(ai, a'i')$; le point (a, a') ne bouge pas, puisqu'il est sur la charnière du rabattement ; le point (b, b') se rabat en b_1 au moyen du triangle rectangle $b\beta b_2$ dont les côtés de l'angle droit sont respectivement égaux aux distances des projections de ce point aux projections de même nom de la charnière $(bb_2 = b'\beta_1)$ (176, Règle). Cela fait, en construisant sur le segment ab_1 le carré $ab_1c_1d_1$, on a, en vraie grandeur, le rabattement de la face considérée.

Le sommet c_1 étant ensuite relevé en (c, c') au moyen de la droite auxiliaire b_1c_1 (187), qui rencontre la charnière en (γ, γ') et se relève en $(b\gamma, b'\gamma')$, on a immédiatement les projections $(ab, a'b')$ et $(bc, b'c')$ de deux des côtés du carré rabattu en $ab_1c_1d_1$; on en déduit facilement les projections des deux autres côtés $(ad, a'd')$ et $(cd, c'd')$, puisque ces projections sont respectivement parallèles aux projections de même nom des deux côtés déjà tracés. On obtient ainsi *séparément* les projections d et d' du quatrième sommet du carré, et l'on vérifie l'exactitude des constructions précédentes en s'assurant que ces projections sont sur une même ligne de rappel.

Il reste maintenant à construire la face du cube opposée à la face $(abcd, a'b'c'd')$. Ces deux faces étant réunies par des arêtes perpendiculaires à leurs plans, après avoir construit la droite de front $(aj, a'j')$ du plan donné, menons la droite ap perpendiculaire à ai et la droite $a'p'$ perpendiculaire à $a'j'$: nous avons ainsi les projections ap

et $a'p'$ de la perpendiculaire élevée en (a, a') au plan déterminé par le point (b, b') et l'horizontale $(ai, a'i')$, c'est-à-dire la droite suivant

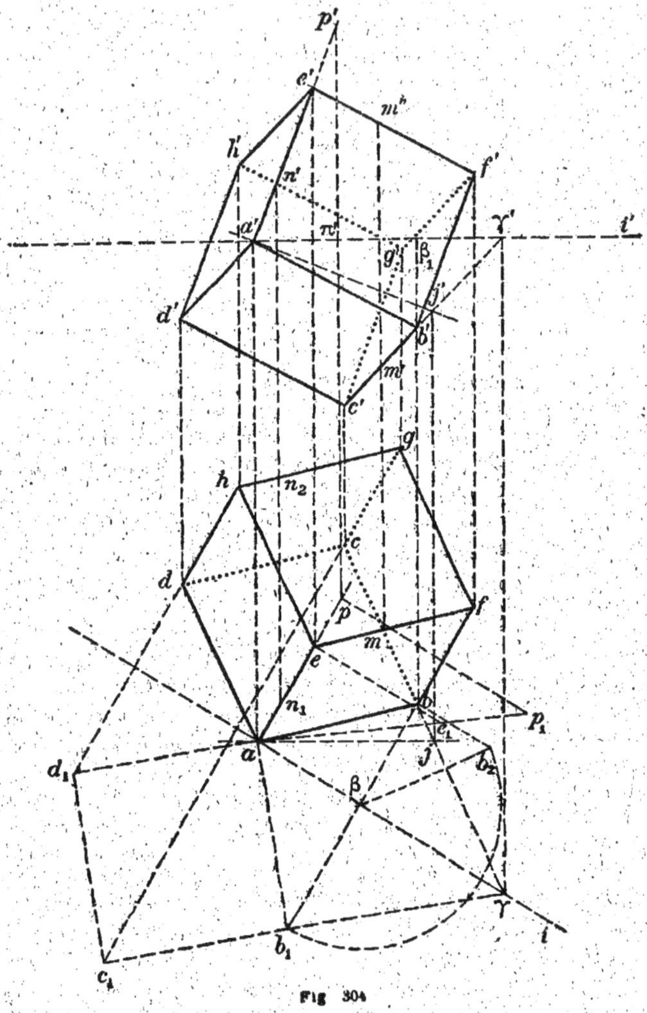

Fig. 304

laquelle est dirigée la troisième des arêtes du cube aboutissant au point (a, a'). Pour obtenir le deuxième sommet appartenant à cette arête, il faut porter sur la droite $(ap, a'p')$, à partir du point (a, a'), une longueur égale à celle des arêtes du cube, c'est-à-dire égale à l'un des côtés du carré $ab_1c_1d_1$. Pour cela, marquons un point quelconque (p, p') sur la droite $(ap, a'p')$ et rabattons le plan vertical projetant cette droite sur le plan horizontal $a'i'$; le point (a, a') étant sur la charnière ne bouge pas, et le point (p, p') se rabat en p_1 sur la perpendiculaire élevée en p à ap, à une distance pp_1 de cette droite égale à sa distance $p'\pi'$ au plan horizontal de rabattement. La droite $(ap, a'p')$ est donc rabattue en ap_1, et si l'on porte sur ce rabattement la longueur $ae_1 = ab_1$, on obtient en e_1 le rabattement du sommet cherché; la projection horizontale de ce sommet est alors le pied e de la perpendiculaire abaissée de e_1 sur ap, et sa projection verticale est le point e' où la ligne de rappel du point e rencontre $a'p'$.

Connaissant les projections d'une base du cube et celles d'une arête latérale $(ae, a'e')$, la représentation s'achève sans difficulté en menant par chacun des autres sommets (b, b'), (c, c'), (d, d') obtenus précédemment des segments égaux et parallèles au segment $(ae, a'e')$. On obtient ainsi les deux projections du cube $abcdefgh$ et $a'b'c'd'e'f'g'h'$.

Ponctuation. — En projection horizontale, le contour apparent est le polygone $abfghd$; il est donc *vu*. Les arêtes projetées en bc et ef se croisent au point m; or, la verticale de ce point rencontre dans l'espace la première de ces arêtes en un point (m, m') plus bas que le point (m, m'') où elle rencontre la seconde; donc bc est *cachée* tandis que ef est *vue*. Le point e n'appartenant pas au contour apparent et étant situé sur une arête *vue* est également *vu*; de même, les deux autres arêtes ef et eh aboutissant à ce sommet sont *vues*. Au contraire, le sommet c, qui n'appartient pas non plus au contour apparent et qui se trouve sur une arête cachée bc, est également *caché*; donc les deux autres arêtes cd et cg aboutissant à ce sommet sont *cachées*.

En projection verticale, le contour apparent est le polygone $b'c'd'h'e'f'$; il est donc *vu*. Les deux arêtes projetées en $a'e'$ et $g'h'$ se croisent au point n'; or, la droite de bout menée par ce point rencontre la première de ces arêtes au point (n_1, n'), plus en avant par rapport au plan vertical que le point (n_2, n') où elle rencontre la deuxième; donc $a'e'$ est *vue*, $h'g'$ est *cachée*. Le sommet a', appartenant à l'arête *vue* $a'e'$, est également *vu*, et il en est de même des arêtes $a'b'$ et $a'd'$ aboutissant à ce sommet. Au contraire, le sommet

g', appartenant à l'arête cachée $g'h'$, est *caché*, et il en est de même des deux arêtes $c'g'$ et $f'g'$ aboutissant à ce sommet.

EXERCICES

Tétraèdre.

13. Construire un tétraèdre SABC ayant une face donnée ABC dans le plan horizontal et connaissant en outre :

1° les trois dièdres ayant pour arêtes les côtés du triangle ABC ;

2° les pentes des trois faces qui passent par le sommet S ;

3° les angles SAB, SAC et le dièdre BC ;

4° les dièdres d'arêtes AB et AC, et la hauteur relative à la face ABC ;

5° l'angle SAB, la longueur de l'arête SA et la pente de la face SBC ;

6° les angles SAB, SAC et la longueur de l'arête SA ;

7° les angles SAB, SAC et la hauteur relative à la face ABC ;

8° les longueurs des arêtes SB et SC et la hauteur relative à la face ABC ;

9° la hauteur relative à ABC et sachant que les arêtes opposées sont orthogonales deux à deux ;

10° les longueurs des hauteurs issues des trois sommets S,A,B ;

11° les longueurs des trois hauteurs issues des trois sommets A,B,C.

14. Construire un tétraèdre connaissant :

1° les projections horizontales de ses quatre sommets A,B,C,D ;

2° trois plans donnés contenant respectivement les trois sommets A,B,C ;

3° sachant que l'arête CD est orthogonale à AB.

(Navale.)

15. Construire un tétraèdre connaissant les graduations de trois arêtes issues d'un même sommet et en outre :

1° soit la projection cotée du point de rencontre des médianes de la face opposée à ce sommet ;

2° soit la projection cotée du point où se rencontrent les droites joignant chaque sommet au point de concours des médianes de la face opposée.

Tétraèdre régulier.

16. Construire les projections d'un tétraèdre régulier, sachant que l'un des sommets est dans le plan horizontal et que parmi les trois arêtes aboutissant à ce sommet l'une est verticale, tandis qu'une autre fait un angle de 30° avec le plan vertical.

(Baccalauréat.)

17. Construire un tétraèdre régulier, connaissant les projections de l'un de ses sommets et sachant que :

1° l'une des arêtes n'aboutissant pas à ce sommet est dirigée suivant une horizontale donnée ;

2° les deux autres arêtes aboutissant à ce sommet sont dans un même plan de bout.

18. Construire la projection cotée d'un tétraèdre régulier, connaissant les projections cotées de deux sommets $a(o)$, $b(3)$ et la projection de la droite an qui porte une autre arête issue du sommet $a(o)$.

19. Construire un tétraèdre régulier, connaissant son centre (point de concours des hauteurs du tétraèdre) et sachant que l'une des arêtes doit se trouver sur une droite donnée.

20. Construire un tétraèdre régulier dont on donne un sommet sur la ligne de terre, sachant que la face opposée est dans un plan donné et a un côté horizontal.

21. Trouver la projection d'un tétraèdre régulier dont une arête est verticale, en supposant connue la longueur de son arête.

Tétraèdre trirectangle.

22. Construire un tétraèdre SABC trirectangle en S, connaissant les projections des sommets S et A et la projection horizontale de l'arête SB. On suppose la face ABC horizontale.

23. Construire un tétraèdre SABC trirectangle en S, connaissant les projections horizontales des trois arêtes issues de S et la trace horizontale de l'une d'elles. On suppose en outre la face ABC horizontale.

24. Construire un tétraèdre SABC trirectangle en S, connaissant les projections horizontales des sommets A,B,S. On suppose en outre la face ABC horizontale.

25. Construire un tétraèdre SABC trirectangle en S, connaissant les projections des trois sommets A·B·C, dont les cotes sont différentes.

Pyramides et prismes.

26. Une pyramide régulière à base hexagonale repose sur le plan de comparaison par une de ses faces latérales. Trouver sa projection cotée, connaissant les longueurs de son arête latérale et du côté de la base.

27. On donne les projections d'un point A et d'une droite D. Construire d'abord le triangle équilatéral ayant un de ses sommets en A et les deux autres sommets sur la droite D ; construire ensuite le prisme droit de hauteur donnée ayant ce triangle comme base.

28. Un prisme droit $ABCDA_1B_1C_1D_1$ de hauteur donnée a pour bases les deux quadrilatères $ABCD$ et $A_1B_1C_1D_1$. On donne les projections horizontales et verticales des sommets A, B, C, ainsi que la projection horizontale du point D. Construire les deux projections du prisme.

29. On donne dans un plan de bout deux points O et A par leurs projections. Le point O est le centre d'un pentagone régulier situé dans ce plan et l'un des sommets de ce pentagone coïncide avec le point A. Construire les projections d'une pyramide régulière ayant ce pentagone pour base, connaissant en outre la longueur de ses arêtes latérales.

Parallélépipède.

30. Construire un parallélépipède, connaissant les projections de trois arêtes aboutissant à un même sommet.

31. Construire les projections d'un parallélépipède droit, connaissant les projections de deux arêtes consécutives de l'une des bases, ainsi que la hauteur du parallélépipède relative à cette base.

32. Construire les projections d'un parallélépipède, connaissant les projections de trois arêtes non situées deux à deux dans un même plan.

33. On donne un carré ABCD dans le plan horizontal ; construire les projections d'un parallélépipède de hauteur donnée ayant ce carré comme base, connaissant en outre les angles dièdres que font avec le plan horizontal les faces latérales passant respectivement par les côtés AB et BC du carré. Combien y a-t-il de solutions ?

34. Construire un parallélépipède, connaissant :

1° soit trois sommets d'une même face et le centre de la face opposée;

2° soit deux sommets situés aux extrémités d'une diagonale et les trois directions d'arêtes.

35. On donne les projections horizontales de tous les sommets d'un parallélépipède rectangle et la projection verticale d'un seul de ses sommets. Déterminer les projections verticales des autres sommets.

Cube.

36. Un cube d'arête donnée repose par une de ses faces sur le plan de comparaison. Représenter le cube symétrique par rapport à une droite donnée.

37. Construire un cube, qui a une diagonale donnée dans un plan de front, sachant qu'une deuxième diagonale se trouve dans le même plan.

38. Construire un cube d'arête donnée, connaissant les traces horizontales de trois arêtes issues d'un même sommet.

39. Construire un cube, connaissant les projections cotées $a(o)$, $b(5)$ de deux sommets d'une même arête et la projection bc d'une autre arête passant par $b(5)$.

40. Construire un cube, connaissant les projections (a, a'), (b, b') de deux sommets d'une même arête et la projection horizontale ag de la droite qui porte la diagonale du cube issue de (a, a').

41. Construire un cube, connaissant les projections (a, a'), (c, c') de deux sommets opposés de la base et sachant que la diagonale du cube issue de (a, a') rencontre une droite donnée.

42. Représenter un cube ayant une diagonale verticale. (On remarquera d'abord que les extrémités des trois arêtes issues d'un sommet de la diagonale considérée sont dans un même plan horizontal, qui partage cette diagonale en deux segments dont l'un est double de l'autre. La projection horizontale du cube est un *hexagone régulier*.

Polyèdres.

43. Dans un cube, on considère les huit plans passant par les milieux des trois arêtes qui aboutissent à un même sommet. Représenter l'octaèdre limité par ces plans.

44. Par chaque sommet d'un parallélépipède, on mène le plan parallèle à celui qui contient les trois sommets voisins; représenter le polyèdre convexe limité par ces huit plans.

CHAPITRE VI

SECTIONS PLANES DES PYRAMIDES ET DES PRISMES

§ I.

Sections planes des polyèdres.

284. La section d'un polyèdre par un plan est un polygone dont les côtés sont les droites d'intersection des diverses faces du polyèdre et du plan sécant, et dont les sommets sont les points de rencontre des arêtes et de ce plan. De là, deux méthodes pour déterminer la section d'un polyèdre par un plan.

1**re** *Méthode.* — On détermine successivement les divers côtés du polygone d'intersection et l'on est ramené ainsi au problème de l'intersection de deux plans.

2e *Méthode.* — On détermine successivement les divers sommets du polygone d'intersection et l'on est ramené ainsi au problème de l'intersection d'une droite et d'un plan. Cette méthode est celle que l'on emploie plus particulièrement dans la recherche des sections planes des prismes et des pyramides, ainsi que nous le verrons plus loin.

Remarque. — L'intersection du plan sécant P avec le plan d'une face ABC du polyèdre (*fig.* 3o5) est une droite indéfinie $\Delta\Delta'$: la partie de cette droite qui limite la section est le segment EF situé à l'intérieur de la face. Si la droite $\Delta\Delta'$ ne pénétrait pas à l'intérieur de la face ABC, elle ne limiterait pas la section.

De même, le point d'intersection d'une droite indéfinie qui porte une arête du polyèdre avec le plan sécant n'est un sommet de la section que si ce point est sur l'arête elle-même et non sur ses prolongements.

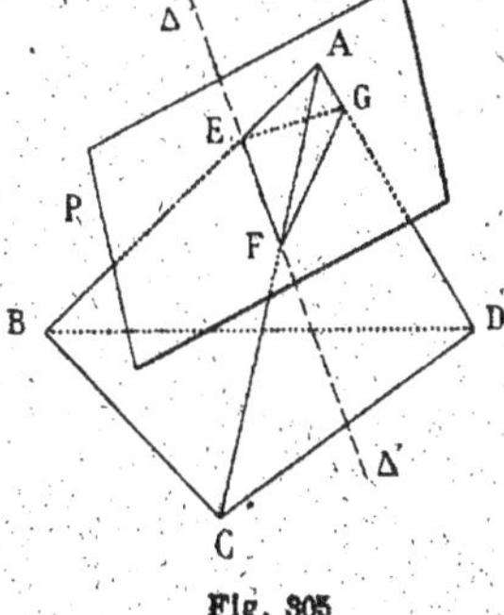

Fig. 305

Il se peut donc qu'en cherchant sans précaution les points communs aux arêtes du polyèdre et au plan sécant, on détermine des points qui ne sont pas des sommets. Nous nous appliquerons à montrer dans les exemples qui seront traités dans ce chapitre comment l'on peut éviter ces constructions inutiles.

285. Cas particulier : Section d'un polyèdre par un plan perpendiculaire à l'un des plans de projection. — La détermination de la section d'un polyèdre par un plan sécant perpendiculaire à l'un des plans de projection est particulièrement simple, car on a immédiatement, sans aucune construction, l'une des projections de cette section ; l'autre projection s'en déduit ensuite par des lignes de rappel.

286. Exemple. — *Déterminer les projections de la section faite dans le tétraèdre (sabc, s'a'b'c') par le plan de bout* $P\alpha Q$ *(fig. 306).*

Les divers sommets de la projection verticale sont les points m', n', p', q' où les projections verticales des arêtes du tétraèdre rencontrent la trace verticale du plan sécant (160); leurs projections horizontales m, n, p, q s'obtiennent ensuite par des lignes de rappel.

Ponctuation. — Nous avons établi la ponctuation en supposant la surface du tétraèdre opaque et le plan sécant transparent.

En projection horizontale, les côtés mn et pq du polygone d'intersection sont *vus*, parce qu'ils appartiennent aux faces *sab*, *sac* qui sont vues ; au contraire, les côtés np et mq sont *cachés*, puisqu'ils sont dans les faces cachées *sbc* et *abc*.

En projection verticale, les côtés $m'n'$ et $n'p'$ sont *cachés*, car ils appartiennent aux faces cachées $s'a'b'$ et $s'b'c'$; néanmoins, toute la projection verticale est vue, à cause des côtés $m'q'$ et $q'p'$ qui sont *vus* comme appartenant aux faces vues $a'b'c'$ et $s'a'c'$.

Vraie grandeur de la section. — On obtient la vraie grandeur de la section en rabattant le plan sécant sur le plan horizontal de projec-

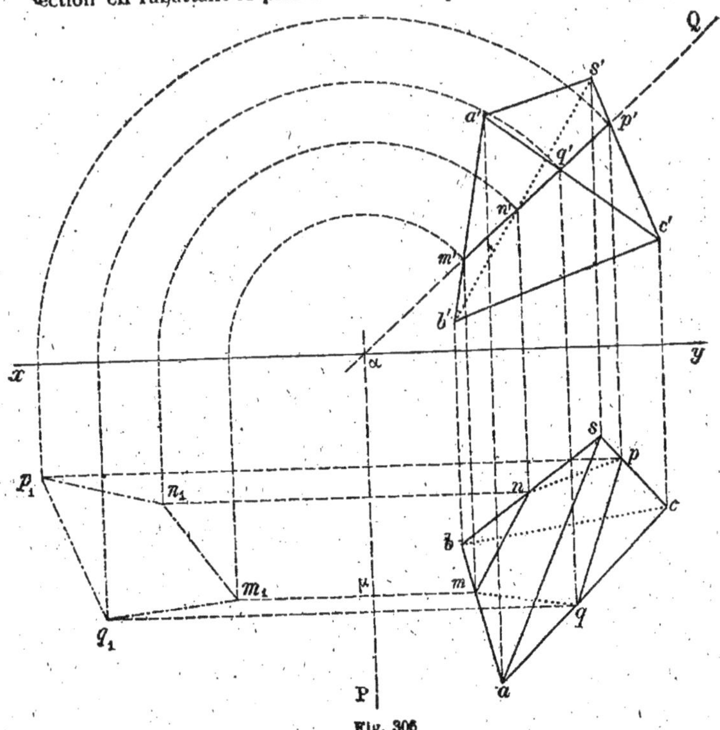

Fig. 306

tion. Le rabattement du sommet (m, m') est le point m_1, obtenu (179) en portant sur la perpendiculaire menée par m à la charnière αP une longueur μm_1 égale à $\alpha m'$; les rabattements des autres sommets s'obtiennent d'une manière analogue, et l'on a en $m_1 n_1 p_1 q_1$ la vraie grandeur du polygone d'intersection.

287. Cas général : Section d'un polyèdre par un plan quelconque.

Méthode. — On ramène ce cas au précédent *en changeant de plan vertical de façon que le plan sécant soit de bout dans le nouveau système.*

288. Exemple. — *Déterminer la section faite dans la pyramide triangulaire* $(sabc, s'a'b'c')$ *par le plan sécant* PαQ *(fig.* 307).

En prenant une nouvelle ligne de terre x_1y_1 perpendiculaire à αP, on rend le plan sécant de bout (244). On cherche la nouvelle trace verticale $\beta h_1'$ de ce plan et la nouvelle projection verticale $s_1'a_1'b_1'c_1'$ de la pyramide au moyen des procédés indiqués dans le chapitre du changement de plan vertical.

On obtient alors immédiatement la projection verticale $f_1'g_1'k_1'$ de la section dans le nouveau système ; on rappelle les sommets de cette

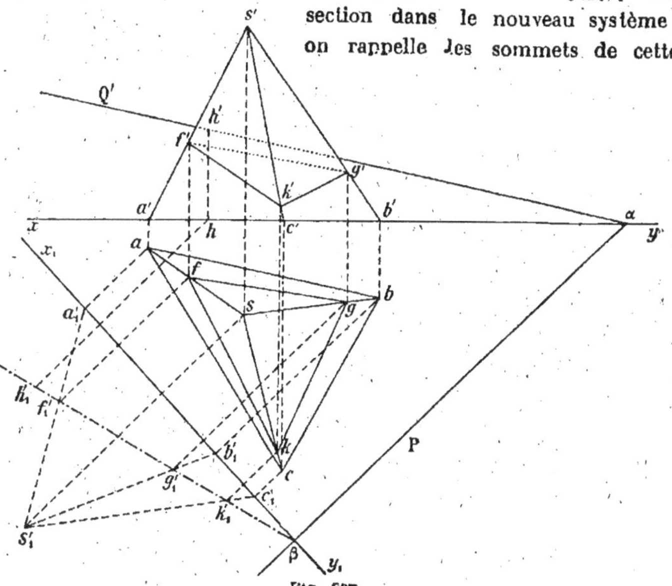

Fig. 307

section d'abord en f, g, k, sur la projection horizontale, puis en f', g', k' sur la projection verticale primitive de la pyramide.

Ponctuation. — On a représenté la pyramide solide, conservée tout entière, avec la section tracée sur sa surface, en supposant le plan sécant transparent.

§ II.

Sections planes des pyramides.

289. Nous avons déjà dit (284) qu'on détermine la section plane d'une pyramide en construisant les sommets de cette section, c'est-à-dire en cherchant les points de rencontre des arêtes de la pyra-

mide avec le plan sécant. Pour obtenir ces points, on peut rendre le plan sécant de bout et procéder comme dans le problème précédent. Mais il est aussi simple d'employer une autre méthode que nous allons exposer en détail :

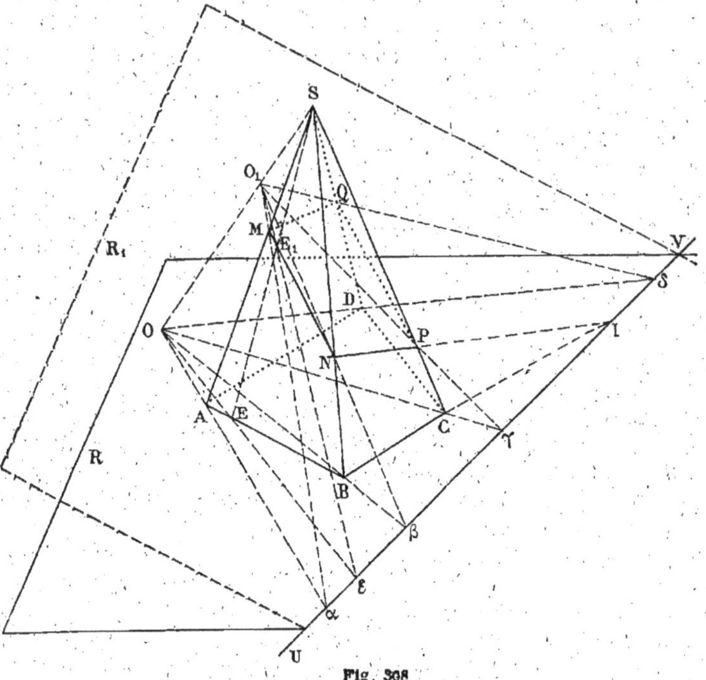

Fig. 308

Soit, par exemple, à chercher l'intersection de la pyramide SABCD (*fig* 308) et du plan R₁ :

1° Figurons la droite d'intersection UV du plan R₁ avec le plan R contenant la base de la pyramide;

2° Menons par le sommet une droite auxiliaire quelconque SOO₁ qui rencontre le plan de base au point O et le plan sécant au point O₁;

3° Pour trouver l'intersection des arêtes latérales de la pyramide avec le plan R₁, nous emploierons les plans auxiliaires déterminés successivement par la droite SOO₁ et chacune de ces arêtes. Tous ces plans auxiliaires passant par la droite fixe SO, leurs traces sur le plan R passent toutes par le point O ; de même, leurs traces sur le plan sécant R_1 passent toutes par le point O_1.

Cela posé, cherchons par exemple le point où l'arête SA perce le plan sécant R_1. Le plan auxiliaire déterminé par l'arête SA et la droite SO a évidemment pour trace sur le plan R la droite OA joignant les traces O et A des droites SO et SA. Si l'on désigne par α le point où cette droite OA rencontre l'intersection UV des plans R et R_1, il est bien évident que ce point α appartient à la trace du plan auxiliaire considéré sur le plan R_1; or, nous connaissons un autre point de cette trace, le point O_1; par conséquent, le plan auxiliaire OSA coupe le plan sécant R_1 suivant la droite αO_1, laquelle rencontre à son tour SA en un point M, qui est un des sommets du polygone d'intersection cherché.

On fait le même raisonnement pour obtenir les sommets appartenant à toutes les arêtes latérales; les constructions deviennent alors mécaniques. Ainsi, pour obtenir le sommet situé sur l'arête SB, on mène la droite OB qui rencontre UV au point β; on joint ensuite ce point β au point O_1; le point N où la droite βO_1 rencontre SB est le sommet cherché. On aura de la même manière les sommets P et Q situés sur les arêtes SC et SD.

Pour joindre entre eux les divers sommets ainsi obtenus de manière à obtenir les côtés de la section, il faut avoir soin de ne joindre que des sommets appartenant à une même face de la pyramide. Ainsi, on joindra les sommets M et N appartenant aux arêtes SA et SB qui déterminent la face SAB et l'on aura ainsi le côté MN du polygone d'intersection situé dans cette face; on joindra ensuite les sommets N et P qui donneront le côté du polygone situé dans la face SBC, puis les sommets P et Q qui donneront le côté PQ appartenant à la face SCD, et enfin les sommets Q et M qui donneront le côté QM appartenant à la face SDA.

Le polygone d'intersection est alors le quadrilatère MNPQ.

290. REMARQUES. — I. Pour joindre les divers sommets obtenus, il est commode de faire tourner d'une manière continue le plan auxiliaire autour de la droite SOO_1. La trace de ce plan sur R tourne autour du point O et passe par les sommets de la base dans l'ordre où on les rencontre (A, B, C, D), en décrivant le contour de la base toujours dans le même sens, pendant que la trace de ce plan sur R_1 tourne autour de O_1 et passe successivement par les sommets correspondants de la section MNPQ dans l'ordre où il faut les joindre.

II. — Il peut arriver que certaines des droites joignant le point O, où la droite auxiliaire SOO_1 perce le plan de base de la pyramide, aux divers sommets de cette base, ne rencontrent pas la droite UV dans les limites de l'épure. On peut alors être embarrassé pour obtenir les sommets correspondants du polygone d'intersection. Voici comment on tourne la difficulté. Supposons par exemple qu'après avoir obtenu, comme nous l'avons montré, le sommet M appartenant à l'arête SA, on ne puisse pas obtenir par le même procédé le sommet N situé sur l'arête SB, parce que la droite OB, trace du plan auxiliaire SOB sur le plan de base de la pyramide, ne rencontre pas la droite UV dans les limites de l'épure, ce qui rend alors impossible la construction de la droite βO_1. On cherche alors, tout à fait de la même manière, le point E_1 où une droite quelconque SE, *menée par le sommet S dans la face SAB*, rencontre le plan sécant R_1 ; il est évident que le point E_1 ainsi déterminé appartient au côté du polygone d'intersection situé dans la face SAB; par conséquent ce côté est dirigé suivant la droite ME_1 et le point N où cette droite rencontre l'arête SB est le sommet appartenant à cette arête.

III. — Si la droite UV, suivant laquelle le plan sécant R_1 coupe le plan R, traverse le polygone de base, il est bien clair que les points de rencontre de cette droite avec les côtés du polygone de base sont des sommets de la section de la pyramide par le plan R_1; il faudra donc tenir compte de ces sommets pour tracer le polygone d'intersection. On ne rencontrera d'ailleurs aucune difficulté en prenant les précautions que nous avons indiquées lorsque nous avons montré de quelle manière on doit joindre les sommets du polygone d'intersection entre eux.

IV. — La droite auxiliaire SOO_1 est une droite menée arbitrairement par le sommet de la pyramide : on la choisit de manière à avoir des constructions aussi simples que possible. Ainsi, si la base est un quadrilatère, on place généralement le point O au point de concours des diagonales; l'avantage de ce choix apparaîtra dans l'exemple traité au n° 292.

La droite SOO_1 peut encore être une arête latérale de la pyramide. Dans ce cas, le point O_1 où elle perce le plan sécant est un des sommets de la section cherchée.

V. — Les droites BG et NP, côtés de la base et de la section situés dans la face SBC, concourent en un point I qui appartient aux plans R et R_1 ; I doit donc se trouver sur UV, intersection de R et de R_1.

On peut utiliser cette remarque : 1° soit pour déterminer P, si N est connu ; 2° soit pour vérifier l'exactitude des constructions des sommets, si l'on n'a pas utilisé cette remarque pour les déterminer.

291. Application I. — *Déterminer la projection de la section faite*

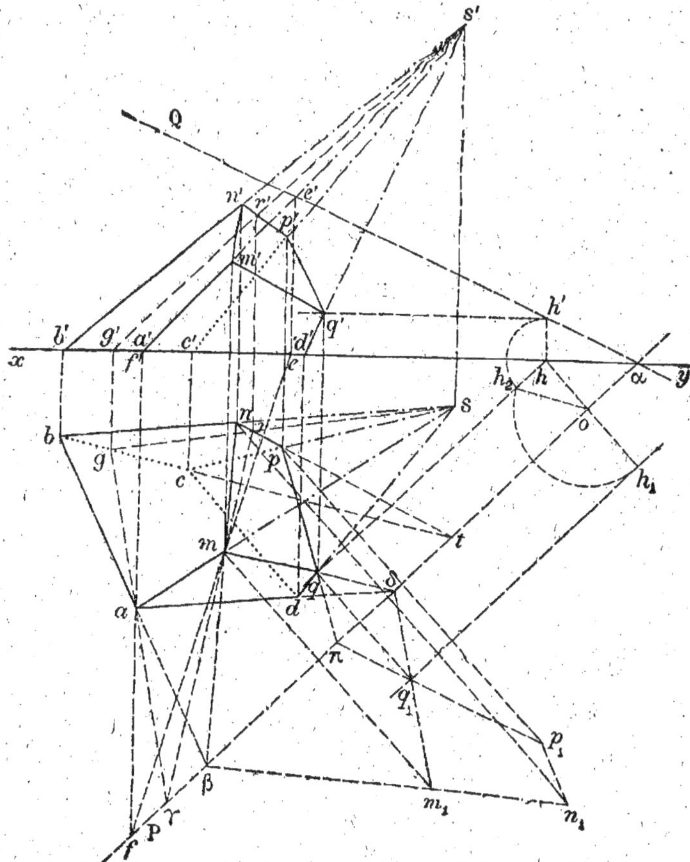

par le plan PαQ (fig. 309) dans la pyramide (sabcd, s'a'b'c'd'), dont la face (abcd, a'b'c'd') est située dans le plan horizontal.

Les constructions que nous avons indiquées au n° précédent pour déterminer la section plane d'une pyramide dans l'espace sont projectives, car elles reposent uniquement sur des considérations d'alignements (points en ligne droite) ou de droites concourantes, propriétés qui subsistent en projection.

Elles peuvent être répétées mot pour mot sur chaque projection ; toutefois, il suffit de les effectuer sur une seule projection ; l'autre s'en déduit ensuite par des lignes de rappel.

Nous avons pris dans l'épure comme droite auxiliaire l'arête $(sa, s'a')$; la trace de cette arête sur le plan de base de la pyramide, c'est-à-dire sur le plan horizontal, est le point (a, a') ; on détermine facilement sa trace (m, m') sur le plan PαQ au moyen du plan de bout $s'a'$, qui la projette verticalement, employé comme plan auxiliaire ; d'ailleurs, le point obtenu (m, m') est l'un des sommets du polygone d'intersection cherché.

La droite d'intersection du plan de base et du plan sécant étant la trace horizontale αP de ce dernier plan, pour avoir, par exemple, le sommet situé sur l'arête $(sb, s'b')$, on prolonge ab jusqu'au point β où cette droite rencontre αP, on joint le point β au point m et on marque le point n où la droite βm ainsi menée rencontre sb ; c'est la projection horizontale du sommet cherché et sa projection verticale s'obtient en rappelant n en n' sur $s'b'$.

On détermine, d'une manière analogue, le sommet (q, q'), situé sur l'arête $(sd, s'd')$. On ne peut pas employer la même méthode pour obtenir le sommet situé sur l'arête $(sc, s'c')$, car la droite ac ne rencontre pas αP dans les limites de l'épure ; on choisit alors, comme nous l'avons fait remarquer plus haut (290, II), une droite quelconque $(sg, s'g')$ du plan de la face SBC et l'on détermine le point (r, r') où elle rencontre le plan sécant ; le côté du polygone d'intersection situé dans cette face SBC est $(nr, n'r')$, qui rencontre l'arête $(sc, s'c')$ au sommet (p, p').

On peut encore remarquer (290, V) que le point t où bc rencontre αP est la projection horizontale d'un point de l'intersection du plan sécant avec le plan de la face $(sbc, s'b'c')$; or, on connaît déjà la projection horizontale n d'un autre point de cette intersection ; celle-ci est donc la droite projetée horizontalement suivant nt et le point (p, p') où elle rencontre l'arête $(sc, s'c')$ est le sommet appartenant à cette arête.

La jonction des sommets du polygone d'intersection ne présente aucune difficulté, et l'on a immédiatement en $mnpq$ et $m'n'p'q'$ les projections de ce polygone.

Ponctuation. — Nous avons représenté le polyèdre solide et opaque obtenu en supprimant la portion de la pyramide située au-dessus du plan sécant PαQ; nous engageons le lecteur à essayer, à titre d'exercice, de justifier la ponctuation.

Vraie grandeur de la section. — Nous avons figuré en $m_1n_1p_1q_1$ la vraie grandeur de la section obtenue précédemment en rabattant le plan sécant PαQ sur le plan horizontal. Nous avons commencé par chercher le rabattement h_1q_1 de l'horizontale $(hq, h'q')$ passant par le sommet (q, q') (183), et nous en avons déduit aisément le rabattement q_1 de ce sommet. Pour obtenir ensuite le rabattement p_1 du sommet (p, p'), nous avons employé la droite auxiliaire $(pq, p'q')$, qui rencontre la charnière αP du rabattement au point projeté horizontalement en π et qui se rabat suivant πq_1; les rabattements m_1 et n_1 des deux autres sommets ont été obtenus par des procédés analogues.

292. Application II. — *Une pyramide* SABCD *a pour base un parallélogramme* ABCD. *On donne les projections cotées* $s(8)$, $a(0)$, $b(4)$, $c(6)$ *des sommets* S, A, B, C. *Déterminer la section faite dans cette pyramide par un plan* R_1 *défini par une échelle de pente* (*fig.* 310).

Il faut d'abord achever de construire la pyramide, c'est-à-dire construire le sommet D. Or, la base ABCD est un parallélogramme, sa projection est également un parallélogramme $abcd$, qu'il est aisé de construire puisqu'on en connaît déjà trois sommets. La différence des cotes des sommets D et C est d'ailleurs égale à la différence entre celles des sommets A et B, c'est-à-dire à 4 unités : il en résulte que la cote de D est $6 - 4 = 2$ unités.

Nous allons maintenant appliquer la méthode exposée au n° 289 à la détermination de la section de la pyramide par le plan R_1.

D'abord, il nous faut déterminer la droite d'intersection du plan sécant R_1 et du plan R de la base ABCD. Coupons ces plans par les plans horizontaux de cotes 2 et 0. L'horizontale de cote 2 du plan R est la droite $d(2)$ $e(2)$, joignant le sommet $d(2)$ au milieu $e(2)$ du segment $a(0)$ $b(4)$; elle rencontre l'horizontale de cote 2 du plan R_1 au point $j(2)$. De même, l'horizontale de cote o du plan R, qui se projette suivant la parallèle af menée par a à la droite de, rencontre l'horizontale de cote o du plan R_1 au point $i(0)$. La droite d'intersection des plans R et R_1 est donc la droite $i(0)$ $j(2)$.

Prenons comme droite auxiliaire la droite $s(8)$ $o(3)$ joignant le

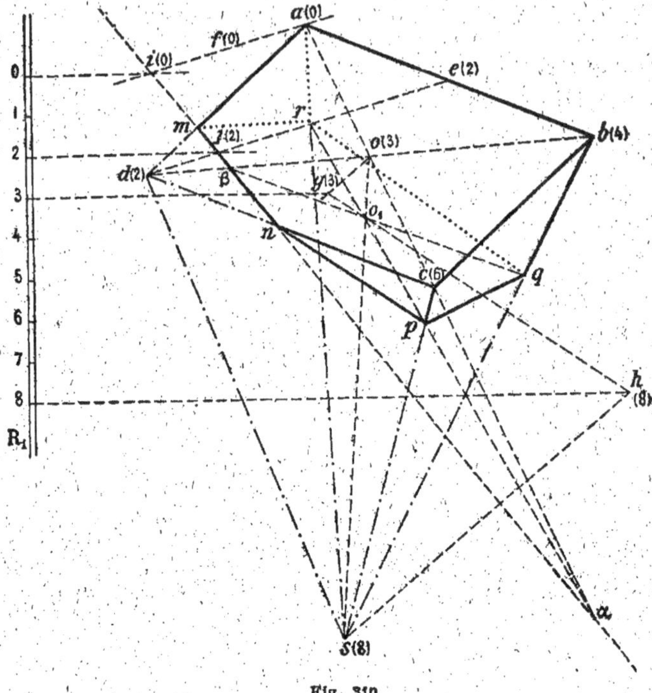

Fig. 310

sommet $s(8)$ de la pyramide au point de rencontre $o(3)$ des diagonales
de la base (290, IV). Sa trace sur le plan de base R de la pyramide est
le point $o(3)$ lui-même; pour déterminer sa trace sur le plan sécant R_1,
considérons le plan auxiliaire passant par cette droite et dont les horizontales ont la direction og (nous avons choisi arbitrairement cette
direction); les projections og et sh des horizontales de cotes 3 et 8 de
ce plan auxiliaire rencontrent les horizontales de même cote du
plan R_1 aux points $g(3)$ et $h(8)$, et la droite gh rencontre so au
point o_1; ce point o_1 est alors la projection horizontale de la trace de
la droite SO sur le plan R_1.

Il ne nous reste plus qu'à déterminer les intersections des différentes arêtes latérales de la pyramide avec le plan R_1 en considérant
successivement les plans déterminés par ces arêtes et la droite SO.

Or le plan SAO, par exemple, est en même temps plan auxiliaire pour les arêtes SA et SC ; sa trace sur le plan de base de la pyramide est ac; elle rencontre la projection ij de l'intersection des plans R et R_1 en x, et les points r et p où la droite xo_1 coupe sa et sc sont les projections de deux sommets de l'intersection.

De même, le plan SBO est à la fois plan auxiliaire pour les arêtes SB et SD ; sa trace bd sur le plan de base rencontre ij en β ; la droite βo_1 rencontre sb en q, mais le point où elle rencontre sd est extérieur au segment sd. Le point q est alors la projection du sommet de la section situé sur SB et il n'existe aucun sommet sur SD.

L'arête SD est donc tout entière d'un même côté du plan R_1, tandis que les autres arêtes latérales SA, SB, SC coupent ce plan ; cela tient à ce que le plan sécant R_1 coupe le polygone de base aux deux points projetés en m et n, à l'intersection de ij avec ad et dc; ces deux points sont d'ailleurs deux sommets de la section cherchée (290, III).

La jonction des sommets obtenus ne présente aucune difficulté ; on a en $mnpqr$ la projection du polygone d'intersection. Les cotes des sommets de ce polygone s'obtiennent en considérant ces points comme appartenant soit au plan sécant R_1, soit aux arêtes de la pyramide.

Ponctuation. — Pour établir la ponctuation, nous avons encore représenté la portion de pyramide solide et opaque située au-dessus du plan sécant R_1.

§ III.

Sections planes des prismes.

293. On détermine la section plane d'un prisme en construisant encore *un à un* les sommets de cette section par un procédé analogue à celui employé pour les pyramides.

Soit, par exemple, à chercher l'intersection de la surface prismatique ABCDEFGH (*fig.* 311) par le plan R_1.

1° Figurons la droite d'intersection UV de ce plan R_1 avec le plan R de la base ABCD du prisme.

2° Menons, d'une façon arbitraire, une parallèle OO_1 aux arêtes latérales de la surface prismatique et déterminons sa trace O sur le plan de base et sa trace O_1 sur le plan sécant.

3° Pour trouver l'intersection d'une des arêtes latérales de la surface prismatique avec le plan R_1, nous emploierons les plans auxiliaires déterminés successivement par la droite OO_1 et chacune de ces arêtes. Ces plans sont ainsi définis par deux droites parallèles.

Il suffit alors de répéter, mot pour mot, les constructions que nous

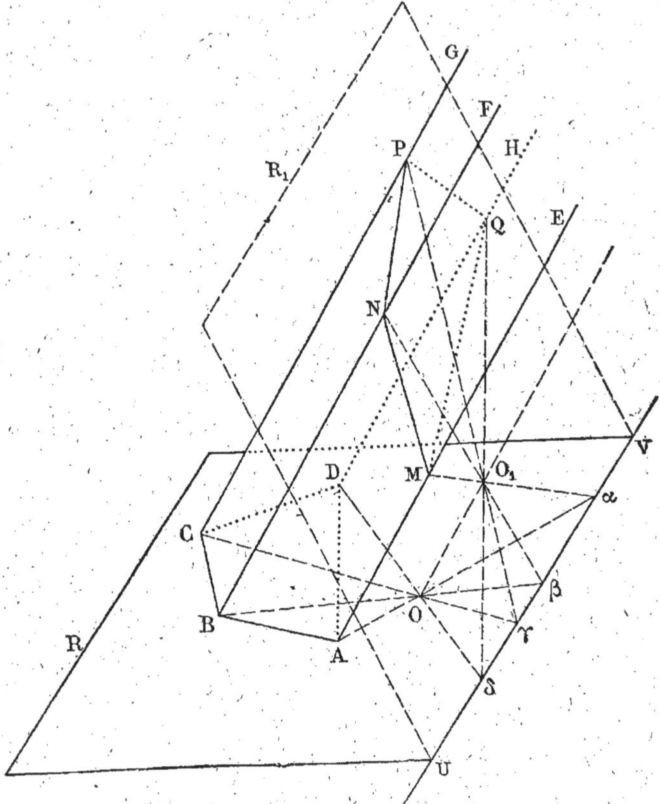

Fig. 311

avons faites au n° 289, à propos de la section plane d'une pyramide.
On obtient ainsi aisément le polygone d'intersection MNPQ.

Les remarques que nous avons faites au n° 290 sont également
applicables à la recherche des sections planes des prismes.

REMARQUE. — Si l'on suppose que, dans une pyramide, le sommet
s'éloigne indéfiniment en se déplaçant sur une droite D, le polygone
de base P restant fixe, la pyramide a pour limite un prisme de
base P et dont les arêtes sont parallèles à D. La droite SOO_1
(*fig.* 308) a pour limite, si O reste fixe, la parallèle à D menée par O.

Ainsi apparaît l'analogie complète des constructions qui permettent d'obtenir la section plane d'une pyramide et celle d'un prisme, la deuxième surface étant considérée comme la limite de la première.

294. Application I. — *Une surface prismatique a pour base dans*

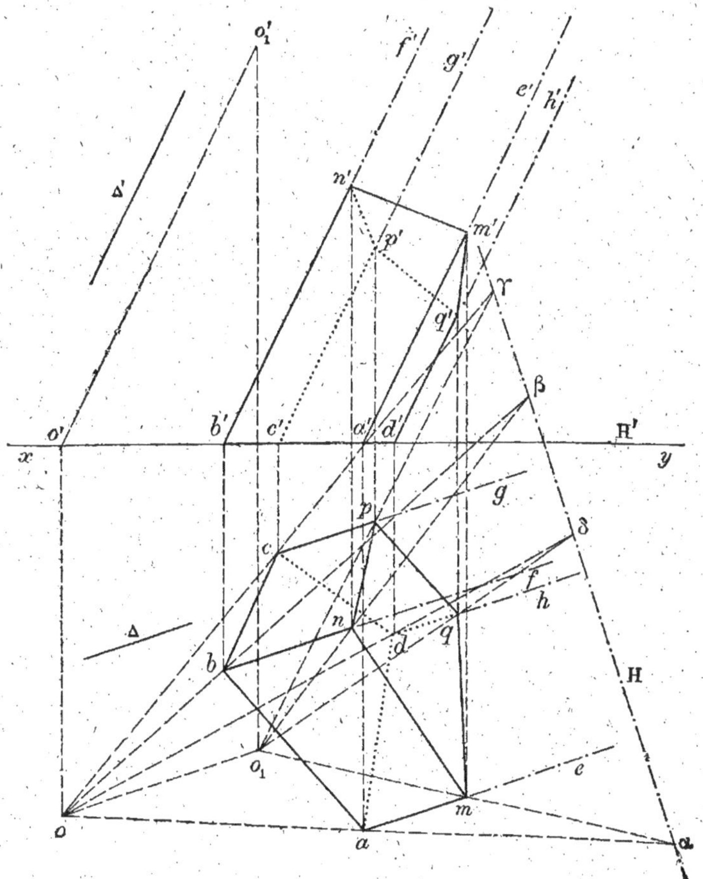

Fig. 312.

le plan horizontal le quadrilatère (abcd, a'b'c'd') et ses arêtes latérales sont parallèles à la direction (Δ, Δ') *(fig. 312); on demande de construire les projections de la section déterminée dans cette surface par le plan passant par le point* (o_1, o'_1) *et ayant pour trace horizontale la droite* (H, H′).

Choisissons comme droite auxiliaire la parallèle (o_1o, o'_1o') menée à la direction (Δ, Δ′) par le point (o_1, o'_1), et déterminons sa trace horizontale (o, o'); sa trace sur le plan sécant est évidemment le point (o_1, o'_1).

Cela fait, pour obtenir, par exemple, le sommet du polygone d'intersection situé sur l'arête (ae, $a'e'$) du prisme, on mène la droite oa qui rencontre H au point α, et l'on joint ce point α au point o_1 ; le point m où la droite αo_1 ainsi menée rencontre ae est la projection horizontale du sommet cherché; la projection verticale de ce sommet s'obtient ensuite en rappelant m en m' sur $a'e'$.

Les sommets de la section situés sur les autres arêtes du prisme se déterminent de la même manière. En les joignant deux à deux, avec les précautions que nous avons indiquées à propos des pyramides (289), on obtient finalement le polygone d'intersection ($mnpq$, $m'n'p'q'$).

Pour établir la ponctuation, nous avons supposé qu'on représentait le polyèdre solide et opaque, limité par la surface prismatique donnée, sa base et la section déterminée plus haut.

Enfin, on aurait encore la vraie grandeur de la section ($mnpq$, $m'n'p'q'$) en rabattant le plan sécant sur le plan horizontal.

295. Application II. — *Un prisme pentagonal est défini par sa base ABCDE située dans le plan de comparaison et par l'arête a(o) f(5) issue du sommet A. Déterminer la section faite dans ce prisme par le plan R_1 dont on donne une échelle de pente (fig.* 313).

L'intersection du plan sécant et du plan de base est ici la trace horizontale U(o) V(o) du plan R_1.

Prenons comme droite auxiliaire l'arête AF. Sa trace sur le plan de base est le point a(o). Pour trouver sa trace sur le plan sécant R_1, considérons le plan auxiliaire FAD défini par cette droite et l'arête issue de D et cherchons son intersection avec le plan sécant R_1. Pour cela coupons successivement ces deux plans par les plans horizontaux de cotes o et 5. L'horizontale a(o) d(o) du plan FAD rencontre l'horizontale U(o) V(o) du plan R_1 au point δ(o); de même, l'horizontale f(5) g(5) du plan FAD, dont la projection est la parallèle menée par f à la droite ad, rencontre l'horizontale de cote 5 du plan R_1 au point

$h(5)$. La droite $\delta(o)\, h(5)$ est alors l'intersection des plans FAD et R_1 et

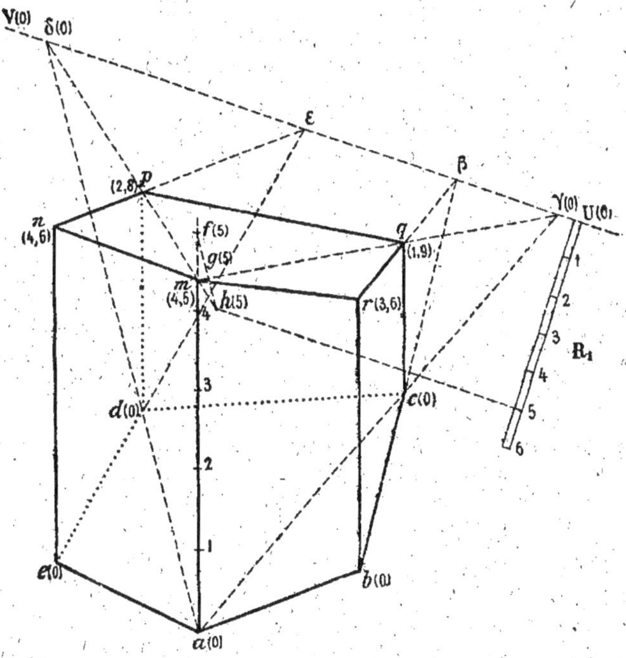

Fig. 313

le point de rencontre m de δh et de af est la projection de la trace de l'arête AF sur le plan sécant R_1.

Remarquons d'ailleurs (290, IV) que le point m est la projection du sommet du polygone d'intersection situé sur AF ; de même, le point p où δh rencontre la projection de l'arête du prisme issue du sommet D est la projection du sommet du polygone situé sur cette arête.

Pour avoir le sommet situé sur l'arête issue du point C, on trace, en suivant la méthode générale, la droite ac qui rencontre UV au point γ ; on joint ensuite le point γ au point m, et le point q où la droite γm ainsi menée rencontre la projection de l'arête considérée est la projection du sommet de la section appartenant à cette arête.

Il n'est pas possible de déterminer de la même manière le sommet situé sur l'arête issue du point B, car la droite ab ne rencontre pas

UV dans les limites de l'épure. On substitue alors à l'arête AF, primitivement choisie comme droite auxiliaire, l'arête issue de C ; la trace de cette arête sur le plan de base est c, sa trace sur le plan sécant R_1 est le point projeté en q déterminé précédemment. On prolonge alors b_k jusqu'au point β où cette droite rencontre UV, et le point r où la droite βq coupe l'arête issue de B est la projection du sommet du polygone d'intersection situé sur cette arête.

De même, pour avoir le sommet situé sur l'arête issue de E, on substitue à la droite AF l'arête issue de D qui rencontre respectivement le plan de base du prisme et le plan sécant aux points dont les projections sont d et p. On marque le point ε où le prolongement de ed rencontre UV, puis on obtient la projection n du sommet cherché à l'intersection de εp avec la projection de l'arête issue de E.

Tous les sommets du polygone d'intersection étant maintenant déterminés, il ne reste plus qu'à les joindre, de façon à obtenir la projection $mnpqr$ de ce polygone. On peut déterminer les cotes de ces sommets en les considérant comme appartenant, soit aux arêtes du prisme, qu'il est facile de graduer, soit au plan sécant R_1.

Ponctuation. — Nous avons établi la ponctuation en représentant la portion solide du prisme comprise entre le plan de base et le plan sécant.

§ IV.

Intersection d'une droite avec un polyèdre.

296. Pour déterminer les points de rencontre d'une droite Δ avec un polyèdre :

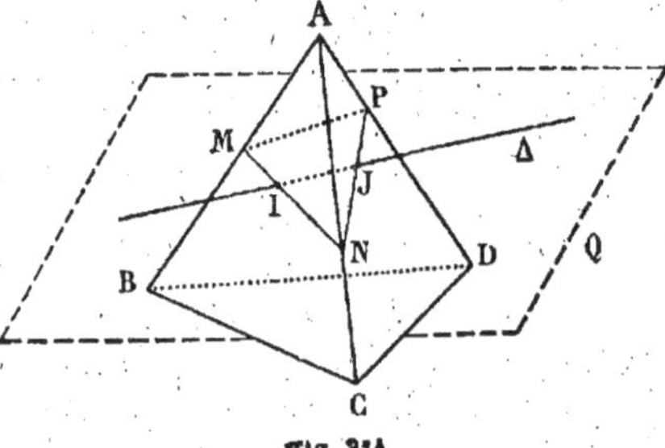

Fig. 314

1° *On fait d'abord passer par la droite Δ un plan auxiliaire Q (fig. 314);*

2° *On détermine le polygone d'intersection MNP de ce plan Q et de la surface du polyèdre (286 et 287);*

3° *La droite donnée rencontre le contour de ce polygone aux points demandés I et J.*

Pratiquement, on prend en général comme plan auxiliaire l'un des plans projetant cette droite, à cause de la simplicité des constructions qui permettent d'obtenir la section du polyèdre par un tel plan (285 et 286).

297. Exemple. — *Trouver les points d'intersection d'une droite $h(o)$ $k(4)$ (fig. 315) avec un polyèdre qui a pour bases dans les plans horizontaux de cotes o et 4 deux triangles ABC et DEF et dont les autres faces sont les triangles DAB, DAF, CFA, CFE, BEC, BED.*

Le plan vertical V projetant horizontalement la droite coupe les arêtes du polyèdre aux points projetés en m, n, p, q, r, s, dont on détermine les cotes sur ces arêtes elles-mêmes. Pour trouver les points où la droite coupe le contour du polygone formé par ces points, on rabat le plan vertical V sur le plan de comparaison. Les sommets $m(o)$, $n(o)$

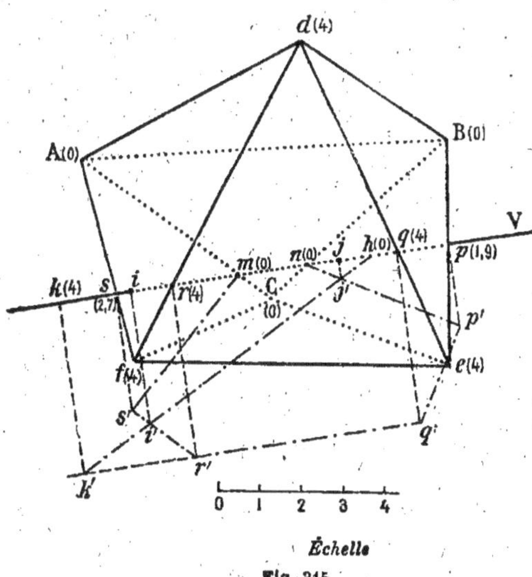

Échelle

Fig. 315

situés sur la charnière ne bougent pas, les autres viennent en p', q', r', s' sur des perpendiculaires à la charnière, à des distances respectivement égales à leurs cotes. On obtient ainsi le rabattement $mnp'q'r's'$ de la section faite dans le polyèdre par le plan vertical V. La droite donnée se rabat en hk' : h situé sur la charnière n'a pas bougé, $k(4)$ est venu en k', à la distance $kk' = 4$ unités.

La droite hk' coupe le contour du polygone $mnp'q'r's'$ aux points i' et j' qui se relèvent en i et j sur hk; ils ont pour cotes respectives les longueurs ii' et jj'. Ce sont les points de rencontre de la droite et du polyèdre donnés.

Ponctuation. — On a supposé le polyèdre réduit à sa surface opaque.

La droite pénètre en I dans le polyèdre par la face DAF qui est vue tout entière, par suite le segment IK extérieur au polyèdre est *vu*. Le segment IJ, intérieur au polyèdre, est évidemment caché. En J, la droite sort du solide par la face CBE qui est cachée. Cette droite est ainsi à sa sortie au-dessous du polyèdre, par suite sa projection est cachée depuis le point J jusqu'à sa sortie du contour apparent, en P, où elle redevient *vue*.

298. Intersection d'une droite avec une surface pyramidale. — Pour déterminer les points de rencontre d'une pyramide et d'une

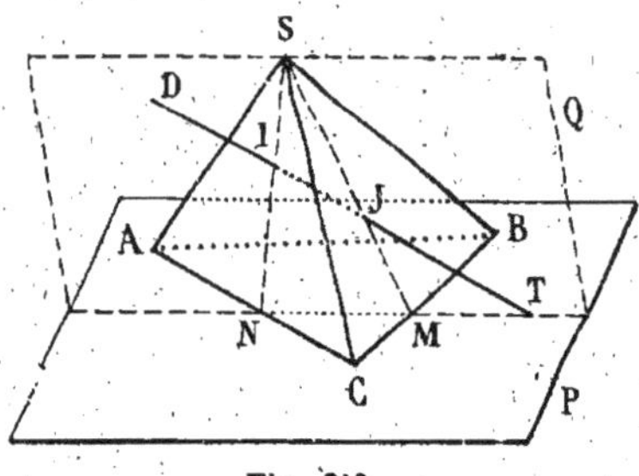

Fig. 316

droite D, on prend le plus souvent, comme plan auxiliaire, le plan Q (fig. 316) défini par la droite donnée et le sommet de la pyramide. Ce plan coupe la surface pyramidale suivant un triangle SMN dont l'un des sommets est, d'après le choix du plan, le sommet S de la pyramide. On obtient d'ailleurs ce triangle en joignant le sommet S aux points de rencontre M et N de la base ABC avec la trace du plan auxiliaire sur le plan P de cette base. Le périmètre du triangle SMN rencontre la droite D aux points cherchés I et J.

299. Exemple I. — *On donne la pyramide s(10) a(o) b(o) c(o) et la droite d(1) e(5) (fig. 317). Trouver les points communs à la droite et à la surface de la pyramide.*

Pour trouver l'intersection du plan de base avec le plan s(10) d(1) e(5), on cherche la trace de la droite d(1) e(5) sur le plan de base, c'est-à-dire sur le plan de comparaison. Cette trace t(o) s'obtient en graduant la droite.

On cherche ensuite sur la même droite le point f de cote 10, de façon à obtenir la direction sf des horizontales du plan auxiliaire SDE; la parallèle t(o) a(o) à sf est alors la trace horizontale du plan SDE; elle coupe la base aux points m(o) et n(o); les points i et j où la droite ef rencontre sm et sn sont les projections des points d'intersection de la droite donnée avec la surface de la pyramide. On cote ces points en les considérant comme appartenant aux droites $m(o)\ s(io)$ et $n(o)\ s(io)$.

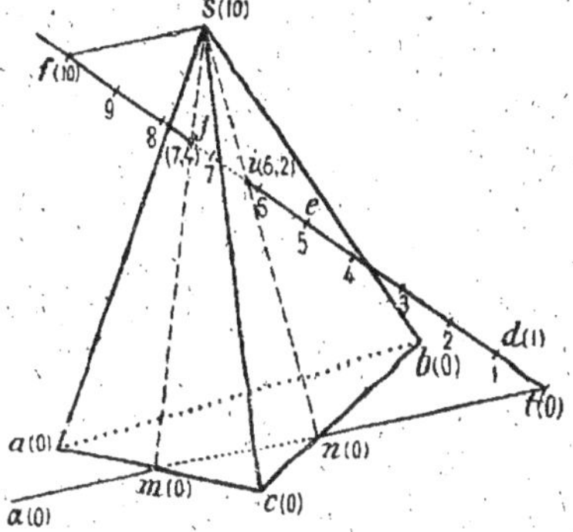

Fig. 317

Ponctuation. — En supposant opaque la surface de la pyramide, le segment IJ est caché puisqu'il est intérieur à la pyramide. Le reste de la droite est vu.

300. Exemple II. — *Déterminer les points où la droite (nn p'q') rencontre la surface de la pyramide (sabcd, s'a'b'c'd') dont la base est un quadrilatère (abcd, a'b'c'd'), situé dans le plan horizontal (fig. 3i8).*

Le plan déterminé par le sommet de la pyramide et la droite donnée a pour trace horizontale la droite (eg, e'g') obtenue en joignant la trace horizontale (e, e') de la droite (pq, p'q') à la trace horizontale (g, g') d'une autre droite (sf, s'f') de ce plan. Cette trace rencontre la base de la pyramide aux

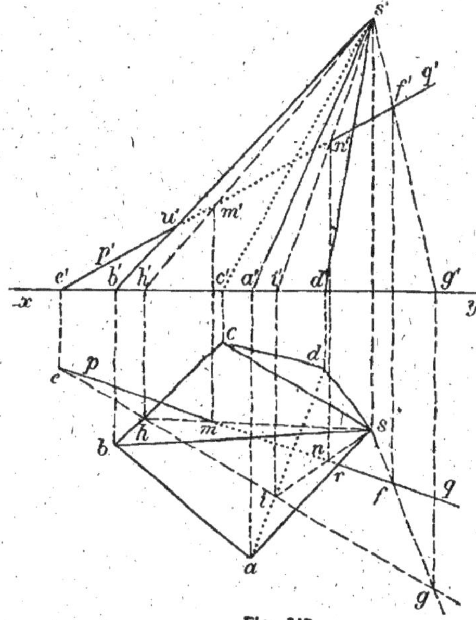

Fig. 318

points (h, h'), (i, i'); par suite, le plan considéré coupe la surface de la pyramide suivant les droites $(sh, s'h')$, $(si, s'i')$, droites qui rencontrent $(pq, p'q')$ aux points demandés (m, m') et (n, n').

Ponctuation. — Si l'on suppose la surface de la pyramide opaque, il est bien évident que le segment $(mn, m'n')$, intérieur à la pyramide, est *caché* aussi bien sur la projection horizontale que sur la projection verticale.

En outre, sur la projection horizontale, le segment nr de la droite étant au-dessous de la face cachée asd est également *caché*; tout le reste est *vu*. De même, sur la projection verticale, le segment $m'n'$ étant en arrière de la face cachée $s'b'c'$ est *caché*; tout le reste est *vu*.

301. Intersection d'une droite avec une surface prismatique. — Pour déterminer les points de rencontre d'une droite Δ avec la surface d'un prisme, *on prend généralement comme plan auxiliaire le plan Q mené par la droite donnée parallèlement aux arêtes latérales du prisme (fig. 319).* Ce plan coupe la surface du prisme suivant un quadrilatère MNRS dont deux côtés, situés dans les faces latérales, sont des droites parallèles aux arêtes. Ces droites s'obtiennent

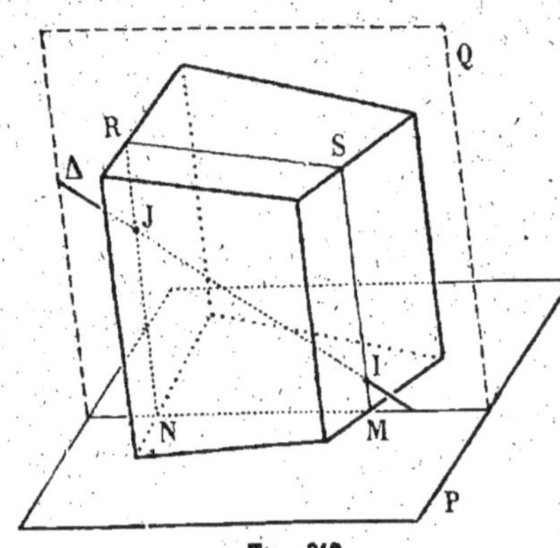

Fig. 319

en menant les parallèles aux arêtes latérales par les points M et N où la trace du plan auxiliaire considéré sur le plan de base du prisme rencontre le contour de cette base.

302. Exemple I. — *Un parallélépipède a pour base le parallélogramme $a(o)$ $b(o)$ $c(o)$ $d(o)$ dans le plan de comparaison et l'arête du sommet A est $a(o)$ $e(6)$. Trouver l'intersection de la droite $h(o)$ $k(4)$ avec la surface de ce parallélépipède (fig. 320).*

On cherche la trace horizontale du plan mené parallèlement aux arêtes du prisme par la droite HK. Pour cela, on mène par h la parallèle à *ae* et en portant sur cette parallèle 4 fois l'intervalle de l'arête à partir de *k*. on obtient sa trace horizontale *t*(o). En me-

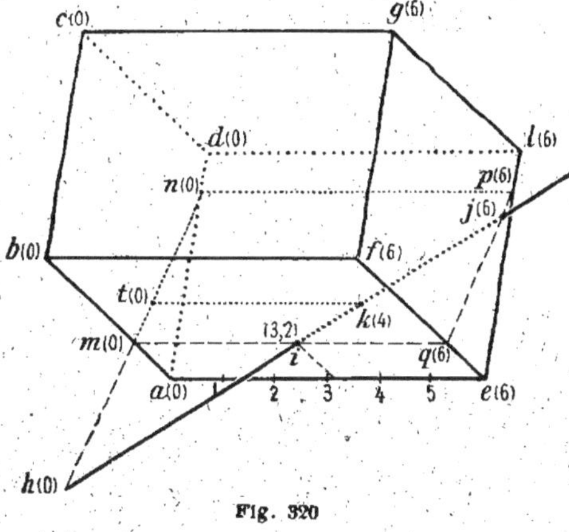

Fig. 320

nant *h*(o) *t*(o), on a la trace du plan auxiliaire sur le plan de base du parallélépipède. Cette droite rencontre le polygone de base aux points *m*(o), *n*(o) ; en menant par ces points les parallèles aux arêtes du prisme, on obtient la section *m*(o) *n*(o) *p*(6) *q*(6) du parallélépipède par le plan auxiliaire.

La droite donnée rencontre les côtés de ce polygone aux points dont les projections sont *i* et *j*; le dernier de ces points a évidemment 6 pour cote; quant au premier, on obtient sa cote en le considérant comme appartenant, soit à la droite *h*(o) *k*(4), soit à la droite *m*(o) *q*(6).

Ponctuation. — La surface du prisme étant supposée opaque, le segment IJ de la droite est caché, puisqu'il est tout entier à l'intérieur du prisme. Tout le reste de la droite est vu.

303. Exemple II. — *Déterminer les points de rencontre de la droite (pq, p'q') avec la surface du prisme triangulaire (abcdef, a'b'c'd'e'f'), dont une base (abc, a'b'c') est située dans le plan vertical de projection (fig. 321).*

Le plan mené par la droite (*pq, p'q'*) parallèlement aux arêtes latérales du prisme a pour trace verticale la droite (*ij, i'j'*) obtenue en joignant les traces verticales (*i, i'*) et (*j, j'*) de deux parallèles (*gi, g'i'*), (*hj, h'j'*) aux arêtes du prisme menées par des points (*g, g'*), (*h, h'*) pris arbitrairement sur la droite (*pq, p'q'*). Cette trace rencontre le contour du triangle (*abc, a'b'c'*) aux deux points (*k, k'*) et (*l, l'*); donc le plan considéré coupe la surface prismatique suivant les parallèles (*kr, k'r'*), (*ls, l's'*) menées par ces points aux arêtes du prisme.

Ces parallèles rencontrent la droite $(pq, p'q')$ aux points cherchés (m, m') et (n, n').

Ponctuation. — La surface du prisme étant supposée opaque, il est

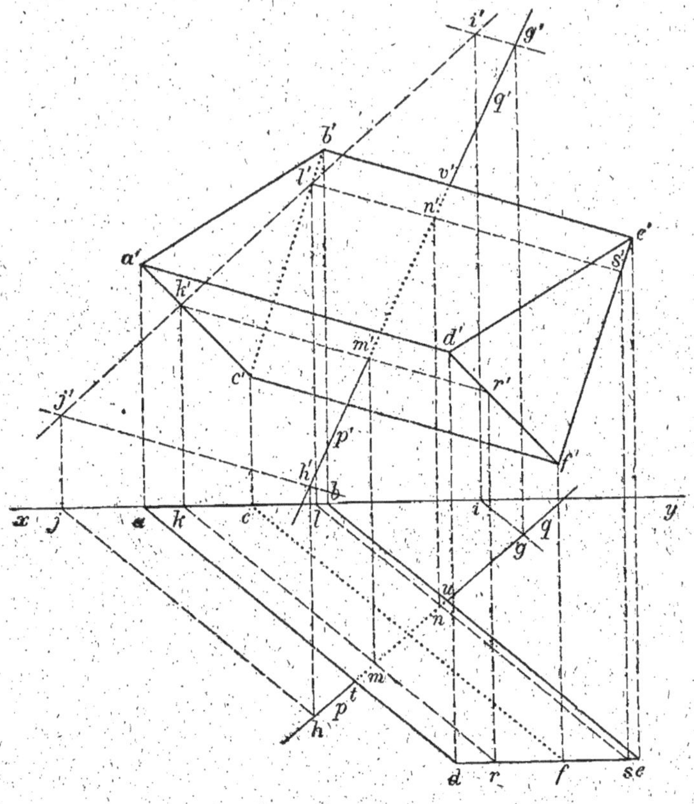

Fig. 321

clair que le segment $(mn, m'n')$ de la droite donnée est *caché*, car il est tout entier à l'intérieur du prisme.

En outre, en projection horizontale, les segments mt et nu sont *cachés*, car ils sont au-dessous des faces cachées *aced* et *bcef*. De même, en projection verticale, le segment $n'v'$ est *caché*, car il est en arrière de la face cachée $b'c'f'e'$.

REMARQUE. — Lorsque la base de la pyramide ou du prisme est

donnée dans un plan quelconque, non parallèle aux plans de projection, la recherche de la droite d'intersection de ce plan et du plan auxiliaire particulier que nous avons employé dans les exemples traités plus haut, donne lieu à des constructions assez longues ; il est alors préférable de suivre la méthode générale indiquée pour les polyèdres quelconques, c'est-à-dire de prendre comme plan auxiliaire l'un des plans projetant la droite, et de chercher l'intersection de ce plan avec la surface pyramidale ou prismatique.

EXERCICES

1° *Deux plans de projection.*

1. Construire la section d'un cube par le plan mené par son centre perpendiculairement à une diagonale.

2. Construire la section d'un cube par le plan contenant les milieux de trois arêtes qui n'aboutissent pas à un même sommet.

3. Un tétraèdre SABC, situé tout entier dans le premier dièdre, repose par l'une de ses faces ABC sur le plan horizontal ; le sommet S opposé à cette face se projette horizontalement au centre de gravité du triangle ABC et sa cote est supérieure à son éloignement. Construire les projections de la section de ce tétraèdre par le premier plan bissecteur. Établir la ponctuation du solide opaque obtenu en enlevant la portion du tétraèdre donné comprise entre le sommet S et le premier bissecteur.

4. Une pyramide régulière de sommet S a pour base dans le plan horizontal un hexagone régulier de centre O dont l'un des côtés est parallèle à la ligne de terre ; sa hauteur est le double du côté de cet hexagone. Construire la section faite dans cette pyramide par le plan qui passe par la ligne de terre et le point situé au tiers de SO à partir du point O. Déterminer la vraie grandeur de cette section. Établir la ponctuation de la pyramide solide et opaque obtenue en enlevant de la première la portion comprise entre le plan horizontal et le plan sécant.

5. Dans un plan de bout faisant un angle de 45° avec le plan horizontal, on construit un triangle ABC ; le côté AB est horizontal et a pour longueur 12^{cm}, sa cote est 10^{cm}, l'éloignement de son milieu est 12^{cm} ; les côtés AC et BC ont pour longueur commune 15^{cm} et le sommet C est au-dessus de AB. Le triangle ABC est la base d'un tétraèdre dont le sommet S, qui a pour cote 25^{cm}, est situé sur la perpendiculaire élevée au plan du triangle ABC au centre du cercle circonscrit à ce triangle. Déterminer la section de ce tétraèdre par le plan perpendiculaire en son milieu à la droite joignant les milieux des arêtes SC et AB. Établir la ponctuation du tétraèdre solide compris entre le plan sécant et le plan de base.

6. Dans un plan donné PαQ, on donne deux points A et C. Construire les projections de la pyramide régulière SABCD, dont la base est le carré ABCD situé dans le plan PαQ et admettant pour diagonale le segment AC, sachant que sa hauteur égale AC. Déterminer la section de cette pyramide par le plan perpendiculaire au milieu de l'arête SA. Vraie grandeur de la section.   (*Baccalauréat.*)

7. On donne dans le plan horizontal un rectangle ABCD tout entier situé en avant de xy et dont l'une des diagonales est perpendiculaire à xy. Ce rectangle est la base d'un prisme dont les arêtes latérales sont des droites de front inclinées à 45° sur le plan horizontal et ont une longueur double de la diagonale du rectangle de base. Soient O le milieu de la droite joignant les centres des deux bases et IJ une droite menée dans le plan horizontal parallèlement à celle des diagonales du rectangle ABCD qui est oblique à xy. Déterminer les projections de la section faite dans ce prisme par le plan défini par le point O et la droite IJ. Vraie grandeur de cette section. Établir la ponctuation de la portion du prisme solide comprise entre le plan horizontal et le plan sécant.

8. Dans un plan de bout faisant un angle de 60° avec le plan horizontal, construire un carré ABCD dont les sommets opposés A et C ont pour cotes respectives 4^{cm} et 6^{cm} et dont la diagonale AC a pour longueur 10^{cm}. Figurer ensuite les projections du cube ABCDEFGH construit sur ce carré comme base et situé au-dessus du plan de bout donné. Déterminer la section de ce cube par le plan qui passe par les milieux des arêtes AE, BC, GH. Déterminer la vraie grandeur de cette section. Établir la ponctuation de la portion du cube solide comprise entre le plan de bout donné et le plan sécant. (*Charruit.*)

9. Construire dans le plan horizontal un losange assez éloigné de xy, puis figurer les deux projections d'un prisme ayant ce losange pour base et dont les arêtes latérales ont leurs projections horizontales et verticales parallèles à une même direction. Construire ensuite les deux projections d'une section droite de ce prisme. Vraie grandeur de cette section. Établir la ponctuation du tronc de prisme solide compris entre cette section droite et le plan horizontal.

10. Figurer les projections de quatre points quelconques. Représenter le tétraèdre ayant pour sommets ces quatre points et déterminer les points de rencontre de la surface de ce tétraèdre avec une horizontale menée par le milieu de la droite joignant les milieux de deux arêtes opposées quelconques.

11. Une pyramide quadrangulaire SABCD a pour base un quadrilatère ABCD situé dans le plan vertical de projection ; son sommet S est dans le plan horizontal. Déterminer les points de rencontre de la surface de cette pyramide : 1° avec une verticale dont le pied est à l'intérieur de la projection du contour apparent horizontal ; 2° avec la perpendiculaire abaissée sur la ligne de terre par le milieu de la droite SO joignant le sommet S au point de rencontre des diagonales du quadrilatère ABCD.

12. Construire dans le plan horizontal un trapèze isocèle ABCD dont les bases sont parallèles à xy; figurer ensuite les deux projections d'un prisme de hauteur donnée dont l'une des bases est le trapèze ABCD et dont les arêtes latérales sont des droites de profil inclinées à 60° sur le plan horizontal. Cela fait, déterminer les points de rencontre de la surface de ce prisme : 1° avec une droite de bout dont la trace verticale est à l'intérieur de la projection du contour apparent vertical du prisme ; 2° avec une droite de front quelconque.

2° *Géométrie cotée.*

13. On donne dans le plan de comparaison un triangle équilatéral ABC, inscrit dans un cercle de 10cm de rayon. Ce triangle est la base d'un tétraèdre SABC dont le sommet S situé au-dessus du plan de comparaison se projette à l'intérieur du triangle ABC. La face SAB a pour pente $\frac{1}{1}$, la face SAC a pour pente $\frac{2}{3}$ et la face SBC $\frac{4}{5}$.

1° Construire la projection cotée du tétraèdre.

2° On considère la parallèle à AB, de cote 3cm, qui rencontre la hauteur issue du sommet S, et par cette droite on fait passer deux plans de pente $\frac{1}{6}$. Représenter la portion du tétraèdre comprise entre ces deux plans et le plan de comparaison.

14. On donne, dans une épure, les deux points $a(12)$, $b(0)$; la longueur $ab = 13$cm. Par AB, on mène les plans de pente $\frac{5}{3}$, puis par A le plan perpendculaire à AB, dont la trace horizontale coupe les traces horizontales des deux plans précédents aux points C et D. Représenter le tétraèdre ABCD, après en avoir enlevé la partie située au-dessous du plan perpendiculaire au milieu de l'arête AC.

15. Un tétraèdre SABC repose par sa base ABC sur un plan de pente 1. Le côté AB est horizontal et a pour cote 12cm ; le sommet S a pour cote 19cm. On donne les longueurs : AB = 6cm, AC = 7cm,5, SA = SB = BC = 8cm.

1° Construire la projection du tétraèdre en donnant à C une cote inférieure à celle de AB et en disposant l'épure de façon que le sommet S se projette à l'intérieur de abc.

2° Construire la section du tétraèdre par le plan perpendiculaire au milieu de la hauteur du tétraèdre issue du sommet S. Représenter le tronc de pyramide ainsi obtenu.

16. Une pyramide régulière dont les arêtes latérales font avec la base un angle de 60° a pour base un pentagone régulier de rayon 7^{cm} et situé dans le plan de comparaison. Le sommet S est au-dessus du plan de base. Par le point M, milieu de la hauteur SO du tétra-èdre, on mène une droite de pente $\frac{2}{5}$ qui rencontre l'arête latérale SA en un point P situé entre S et A. Par cette droite MP, on mène un plan de pente $\frac{4}{3}$ et un plan de pente $\frac{1}{2}$, qu'on choisit de façon que la verticale du sommet soit comprise entre les deux demi-plans dont les cotes vont en décroissant à partir de MP.

Représenter la portion de la pyramide comprise entre ces deux demi-plans et le plan de comparaison.

17. Un parallélépipède droit a pour base un losange ABCD dont l'angle A est de 60°. Le point A est dans le plan de comparaison et l'on donne la projection c du sommet C, située sur l'épure à 12^{cm} du point A. Le losange est dans un plan de pente 1, dont la direction des horizontales fait un angle de 30° avec la droite Ac. La cote de C est positive.

1° Construire le parallélépipède, sachant que son arête latérale est égale à la longueur de la diagonale AC.

2° Par le centre O du parallélépipède, on mène les parallèles aux arêtes qui coupent les faces en 6 points qui sont les sommets d'un octaèdre.

3° Représenter cet octaèdre supposé solide, en figurant sur sa surface la section faite par le plan perpendiculaire à la droite AO au point O.

(On trouvera à la fin du volume, dans les questions proposées aux concours d'admission à différentes Ecoles, des exercices variés sur les constructions et les sections planes des polyèdres).

CHAPITRE VII
OMBRES

304. Lorsqu'on représente un corps par ses projections sur deux plans, ou par sa projection horizontale cotée, pour en rendre le relief plus sensible, on le suppose éclairé par une source lumineuse et on figure sur l'épure les parties qui sont dans l'ombre à l'aide de teintes spéciales. Le présent chapitre a pour but d'indiquer la détermination des ombres dans les cas les plus simples.

§ I.
Ombre d'un point.

305. **Définitions.** — Soient S une source lumineuse (*fig.* 322) que nous supposons réduite à un point géométrique, et P un plan *opaque* qui joue le rôle d'*écran* arrêtant les rayons lumineux. On appelle

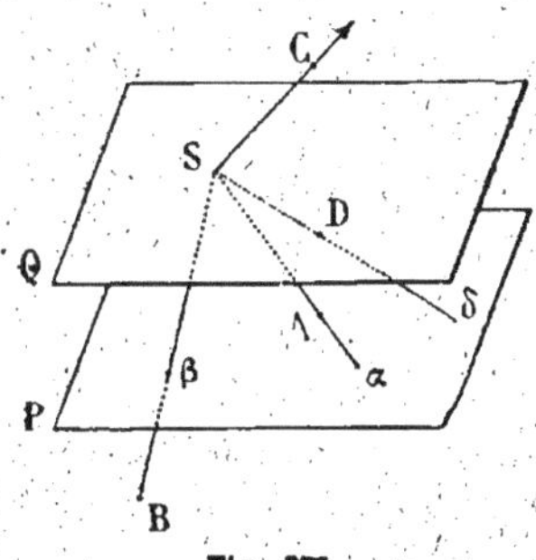

ombre portée par un point A sur le plan P le point α, trace de la demi-droite SA sur le plan P, *à condition que α soit sur le prolongement* de SA.

Un point B situé par rapport au plan P dans la région opposée à celle qui contient S ne porte pas ombre sur le plan P, car ce plan étant supposé opaque arrête le rayon lumineux Sβ, qui n'atteint pas alors le point B.

Fig. 322

Si l'on considère un point C tel que la demi-droite SC ne rencontre pas P, le point C ne porte pas ombre sur P. Par suite, les seuls points qui portent ombre sur le plan P sont dans la région de l'espace comprise entre le plan P et le plan Q mené par S parallèlement à P.

Remarque. — Si l'on imagine qu'un point D serapproche progressivement du plan Q, le rayon SD tend à devenir parallèle au plan P et son ombre δ s'éloigne de plus en plus dans ce plan. Si le point

D vient dans le plan Q, son ombre n'existe plus ; on convient cependant de dire qu'elle est rejetée à l'infini dans le plan P, en considérant ce cas comme le cas limite du précédent.

306. Ombre au soleil. Ombre au flambeau. — On suppose souvent la source lumineuse rejetée à l'infini dans une direction déterminée Δ (*fig.* 323) ; dans ce cas, les rayons lumineux, au lieu d'être concourants, sont parallèles à la direction Δ. C'est le cas des ombres portées par les objets éclairées par le soleil ; ces ombres sont alors désignées sous le nom général *d'ombres au soleil*, par opposition avec les ombres produites par une source lumineuse à distance finie, que l'on désigne sous le nom d'*ombres au flambeau*.

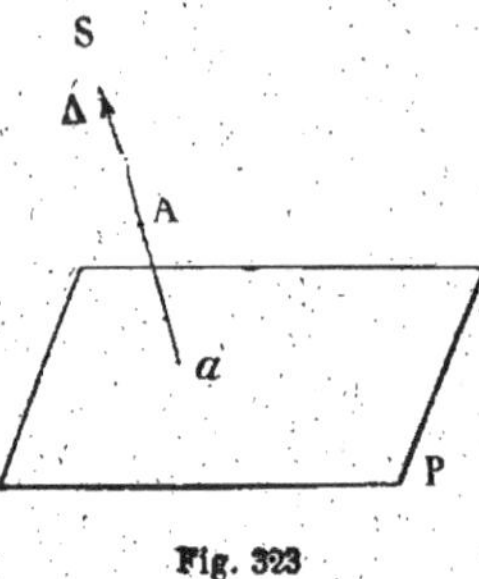

Fig. 323

Dans le cas de l'ombre au soleil, seuls les points situés par rapport au plan P du même côté que la source lumineuse portent ombre sur P ; ceux qui sont situés de l'autre côté du plan P ne portent pas d'ombre.

§ II.

Ombre d'une figure.

307. L'ombre portée sur un plan P par une figure F est la figure φ formée dans le plan P par les ombres des points dont se compose la figure F.

308. Ombre d'une droite. — **Théorème.** — *L'ombre portée sur un plan P par une droite est en général une droite.*

Premier cas : *Ombre au flambeau.* — Soit SB le rayon lumineux qui passe par un point quelconque B de la droite xy (*fig.* 324). Ce rayon appartient au plan R déterminé par le point S et la droite xy ; sa trace β sur le plan P, qui est l'ombre du point B sur P, se trouve donc sur la droite d'intersection Az des plans P et R.

Il convient de remarquer que les demi-droites Ax, située au-dessous de P, et Cy, située au-dessus du plan Q mené par S parallèlement au plan P, ne portent pas d'ombre. Seul le segment AC compris entre les plans P et Q donne une ombre qui est la demi-droite indéfinie Aβz. Lorsque B se rapproche de C, β s'éloigne à l'infini sur la demi-droite Az.

REMARQUE. — Si le plan R est parallèle au plan P, ce qui arrive lorsque xy est dans le plan Q, il n'y a plus d'ombre. Mais on convient de dire, pour ne pas faire de restriction à l'énoncé du théorème, que

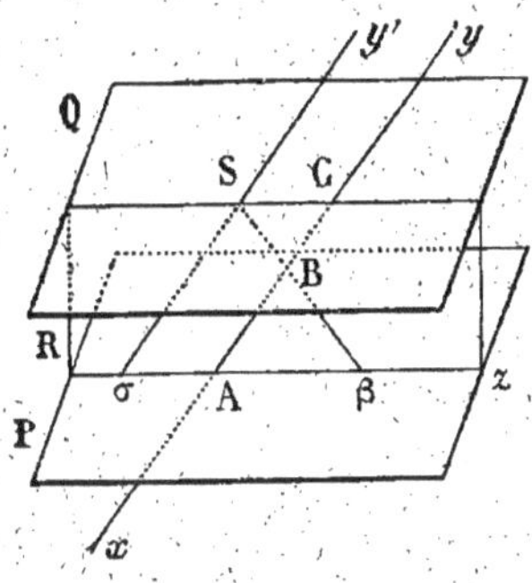

Fig. 324

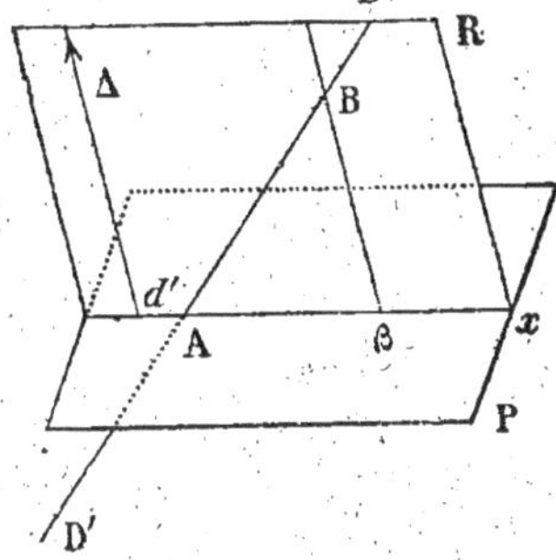

Fig. 325

l'ombre est, dans ce cas, une droite rejetée à l'infini dans le plan P.

Deuxième cas : *Ombre au soleil.* — Soit à déterminer l'ombre portée par la droite DD' sur le plan P, la source lumineuse étant supposée rejetée à l'infini dans la direction Δ (*fig.* 325).

Le rayon lumineux Bβ passant par un point quelconque B de la droite est tout entier dans le plan R mené par DD' parallèlement à la direction Δ. Sa trace β sur le plan P, c'est-à-dire l'ombre du point B, est donc sur la droite d'intersection Ax des plans P et R.

Il est aisé de voir que seuls les points de la demi-droite AD située au-dessus du plan P portent ombre sur le plan P. Cette ombre est la demi-droite Ax.

Cas d'exception. — Dans le cas de l'ombre au flambeau, si la droite donnée D passe par S (*fig.* 326, I), et dans le cas de l'ombre au soleil, si cette droite est parallèle à la direction Δ des rayons lumineux (*fig.* 326, II), les ombres de tous ses points sont confondues au point α, trace de la droite D sur le plan P.

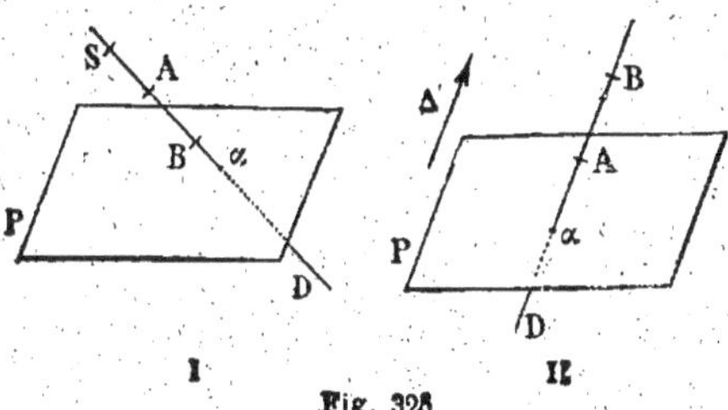

Fig. 326

dues au point α, trace de la droite D sur le plan P.

309. Ombre portée par un polygone. — Soit un polygone plan
ABCD (*fig.* 327), que nous considére-
rons comme une *plaque opaque*. On
obtient l'ombre portée par ce polygone sur un plan P, en cherchant les
ombres portées par ses sommets, puis
en les joignant de manière à obtenir
les ombres portées par les côtés. On
détermine ainsi un polygone *abcd*
qui délimite l'ombre cherchée.

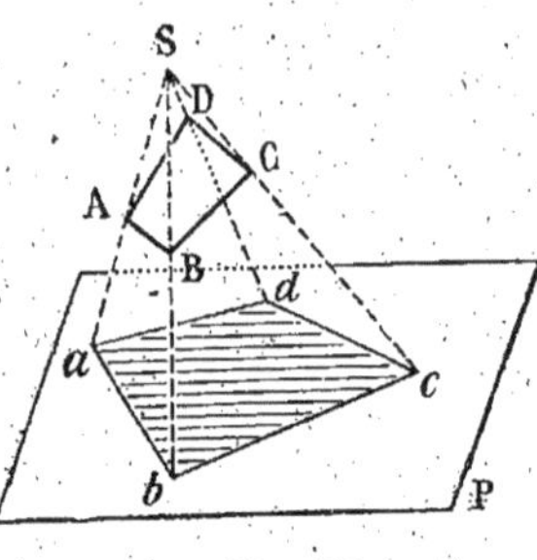

Fig. 327

La détermination de cette ombre
revient, dans le cas de l'ombre au
flambeau, à la recherche de la section de la pyramide SABCD par
le plan P ; dans le cas de l'ombre au soleil, les constructions revien-
nent à déterminer la section, par le plan P, de la surface prismatique de base ABCD dont les arêtes sont parallèles à la direction des
rayons lumineux (*fig.* 328).

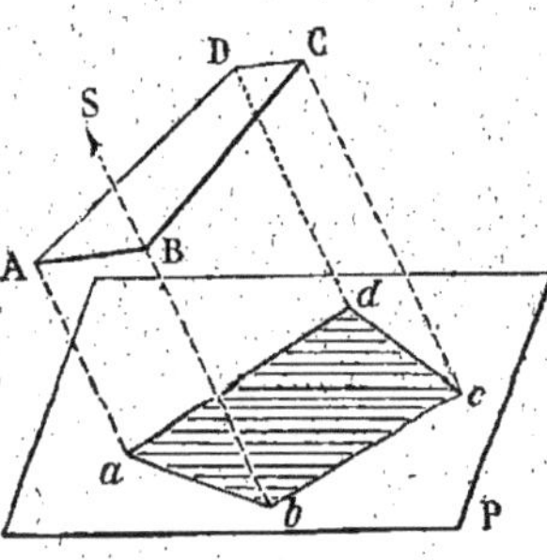

Fig. 328

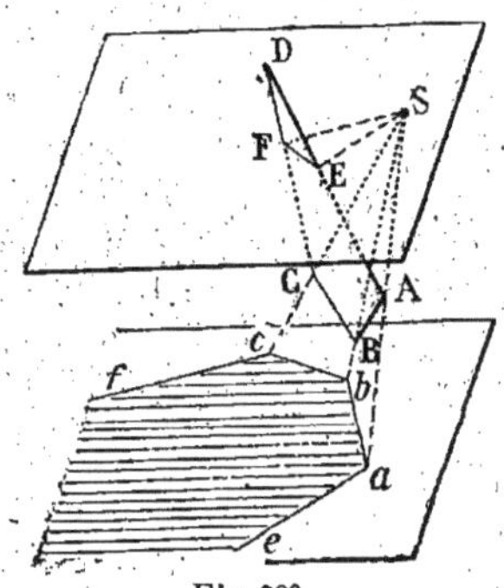

Fig. 329

Dans les épures, on indique les ombres portées, soit en les couvrant
de hachures parallèles, comme dans les figures 327, 328, soit de préférence en lavant les parties ombrées d'une teinte grise uniforme.

310. Remarques. — I. Dans le cas de l'ombre au flambeau, si le
contour du polygone ABCD coupe en E et F le plan Q mené par S
parallèlement au plan P (*fig.* 329), la ligne brisée EDF ne donne pas
d'ombre (308, 1er Cas), et comme E et F ont leurs ombres rejetées à
l'infini dans le plan P, l'ombre portée s'étend à l'infini dans ce plan.

AB et BC ont pour ombres respectives *ab* et *bc*. L'ombre *ae* de
AE et SE sont parallèles comme intersections des deux plans paral-

tèles P et Q par le plan AES. Pour la même raison, *cf* et SF sont parallèles. L'ombre portée, qu'on a couverte de hachures, est limitée par le contour *eabcf* et s'étend à l'infini dans le plan.

311. II. — Si le plan R du polygone ABCD passe par le point S,

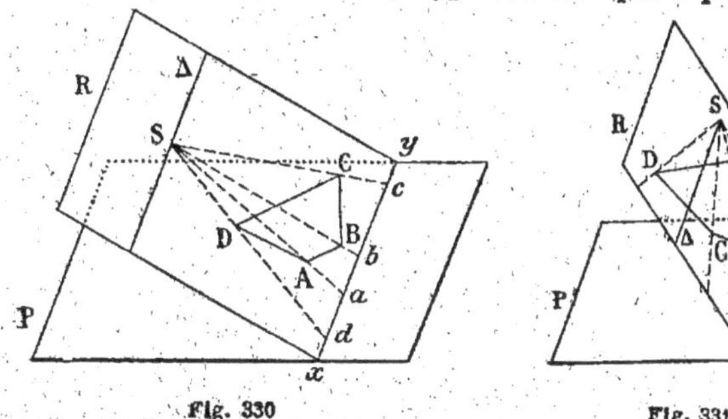

Fig. 330 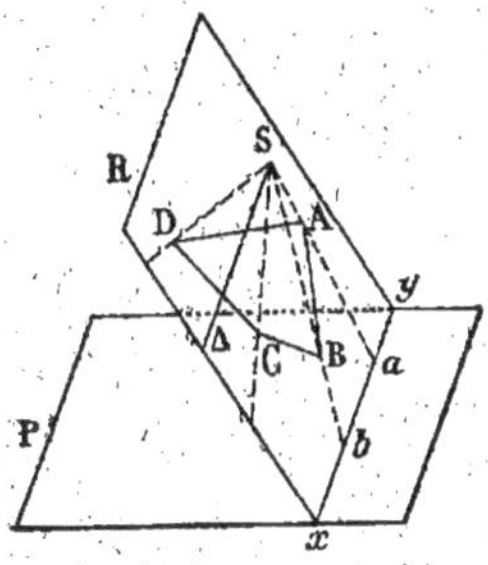   Fig. 331

l'ombre portée sur le plan P par ce polygone se réduit à tout ou partie de l'intersection *xy* des plans P et R.

L'ombre est un segment *dc* de cette intersection (*fig.* 330) lorsque le polygone est compris entre *xy* et la parallèle Δ à *xy* menée par S.

Lorsque Δ coupe le polygone, l'ombre du polygone est une demi-droite *ax* ou la droite *xy* tout entière, suivant que le point S est extérieur (*fig.* 331) ou intérieur (*fig.* 332) au polygone ABCD.

Enfin il n'y a pas d'ombre si le polygone ne pénètre pas dans la région du plan R comprise entre Δ et *xy*.

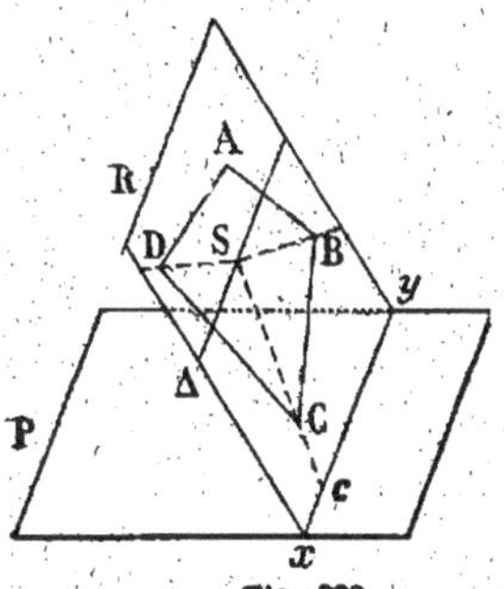

Fig. 332 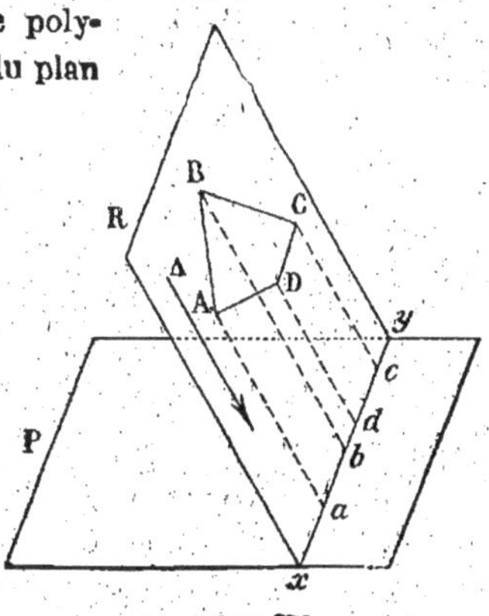   Fig. 333

312. III. — Dans le cas de l'ombre au soleil, si le plan R du polygone ABCD est parallèle à la direction Δ des rayons lumineux, son

ombre portée sur le plan D se réduit à un segment *ac* de l'intersection *xy* des plans P et R (*fig.* 333).

§ III.

Ombre portée sur deux plans concourants.

313. Il arrive souvent qu'on demande de trouver l'ombre portée
par un corps sur deux plans opaques concourants P et Q ; l'un P
est, par exemple, le sol horizontal ; l'autre Q est un talus ou le plan
vertical d'un mur qui se raccorde avec le sol suivant sa trace horizontale *xy* (*fig.* 334).

314. 1. Ombre d'un point. — Considérons un point A situé dans
le dièdre P*xy*Q et supposons

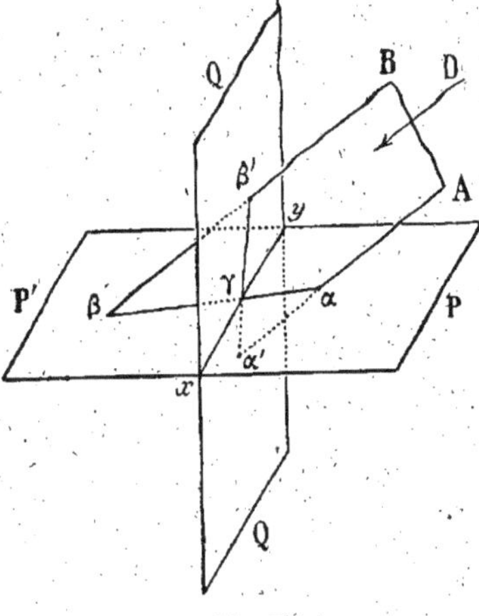

Fig. 334

les rayons lumineux parallèles à la direction D (*fig.* 334).

Si le rayon lumineux qui
passe par le point A rencontre d'abord le plan P en α,
puis le plan Q en α', le point
A ne porte ombre que sur le
plan P en α.

Si l'on considère maintenant
un point B tel que le rayon
lumineux passant par ce
point perce d'abord le plan Q
en β', puis le plan P en β,
B ne porte ombre que sur
le plan Q en β'.

D'une manière générale, un point porte ombre sur le premier plan
rencontré par le rayon lumineux passant par ce point.

315. II. Ombre d'un segment de droite. — Le segment AB
(*fig.* 334) porte ombre sur les deux plans, puisque A porte ombre sur
P et B sur Q. On obtiendra l'ombre de ce segment en cherchant
les traces sur P et Q du plan αABβ' mené par AB parallèlement à
la direction des rayons lumineux. Si ce plan coupe en γ l'intersection
xy des plans P et Q, l'ombre portée par AB est la ligne brisée αγβ'.

REMARQUE. — Dans le cas de l'ombre au flambeau, on remplace le
plan αABβ' par le plan défini par AB et la source lumineuse.

316. Exemple. — *Soit à trouver l'ombre portée sur les deux plans de projection par le segment de droite* $(ab, a'b')$ *(fig. 335). Les rayons lumineux sont parallèles à la droite* (d, d').

1° Cherchons l'ombre de (a, a') en menant par ce point la parallèle à (d, d') (3o6) qui rencontre le plan horizontal au point (α, α') avant de couper le plan vertical. L'ombre portée par (a, a') est au point α.

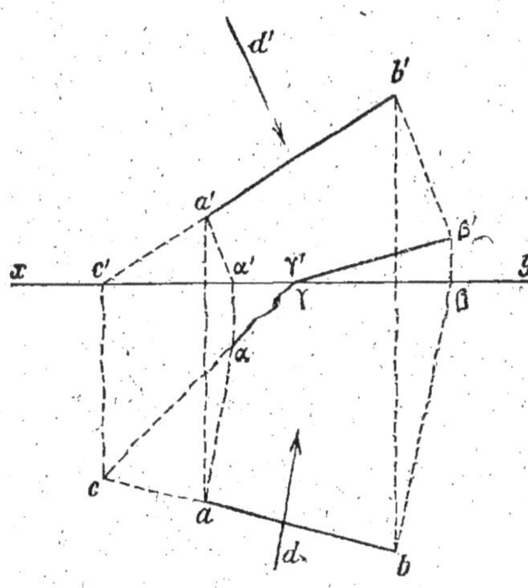

Fig. 335

2° Cherchons de même l'ombre du point (b, b'). Le rayon lumineux $(b\beta, b'\beta')$ perce le plan vertical en (β, β') avant de rencontrer le plan horizontal. L'ombre portée par (b, b') est au point β'.

3° Pour trouver la trace horizontale du plan $(\alpha ab, \alpha'a'b')$, déterminons la trace horizontale (c, c') de la droite $(ab, a'b')$ de ce plan. La trace horizontale du plan s'obtient alors (114) en joignant les deux points c et α, traces de deux droites du plan. Cette trace $c\alpha$ coupe la ligne de terre en (γ, γ') et la trace verticale du plan est la droite $\gamma\beta'$ (113).

On obtient ainsi en $\alpha\gamma\beta'$ l'ombre cherchée.

317. III. Ombre d'un polygone. — *Soit à chercher l'ombre du triangle* ABC *(fig. 336) sur les plans* P *et* Q *lorsque les rayons lumineux sont parallèles à la direction* D.

Menons par A, B, C les parallèles à D et cherchons leurs traces α, β, γ sur le plan P. Si le plan Q n'existait pas, l'ombre du triangle sur P serait le triangle $\alpha\beta\gamma$, mais le plan Q limite les ombres des côtés AC et BC aux segments αE et βF ; l'ombre portée sur le plan P est donc limitée au quadrilatère αEFβ ; les rayons lumineux qui ont leur trace horizontale sur Fγ et Eγ rencontrent le plan Q avant le plan P et, par suite, portent ombre sur Q et non sur P. On détermine alors le point γ' commun à Q et au rayon lumineux du point C, et en menant γ'E et γ'F, on a en γ'EF l'ombre portée sur le plan

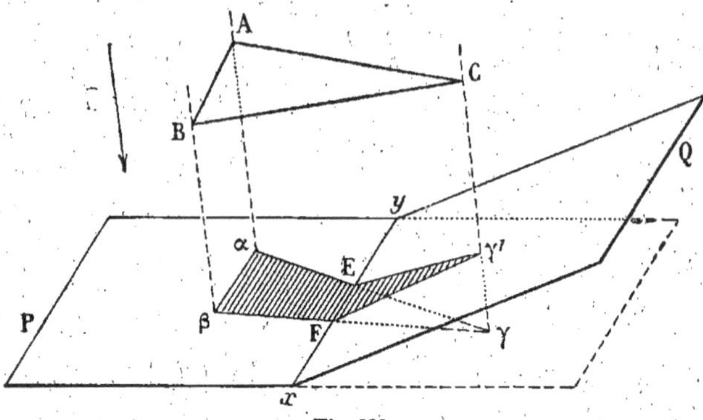

Fig. 336.

318. Exemple. — *On considère un quadrilatère $a(2)\ b(2)\ c(4)\ d(4)$ (fig. 337). Trouver l'ombre qu'il porte sur le plan de comparaison et sur le talus formé par deux plans opaques P et Q qui se coupent suivant la droite $m(5)\ n(o)$. La direction Δ des rayons lumineux est $e(2)\ f(o)$.*

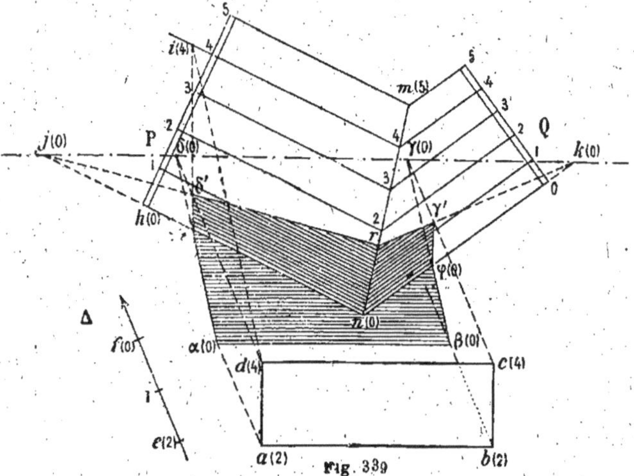

Fig. 337

Pour trouver l'ombre, on mène par a, b, c, d les parallèles à Δ et on cherche leurs traces horizontales $\alpha(o)$, $\beta(o)$, $\gamma(o)$, $\delta(o)$, qu'on obtient en portant sur leurs projections parallèles à ef les longueurs $a\alpha = b\beta = ef$ et $c\gamma = d\delta = 2ef$.

Si les plans P et Q n'étaient pas opaques, l'ombre portée sur le plan de comparaison serait le quadrilatère $\alpha\beta\gamma\delta$; mais les plans P et Q limitent cette ombre à la région $\alpha\varepsilon\eta\varphi\beta$.

Le reste de l'ombre portée se trouve sur les plans P et Q. Pour l'obtenir, on cherche l'intersection avec le plan P du plan $a(2)\ d(4)$ mené par AD parallèlement aux rayons lumineux ; un premier point de cette intersection est le point $\varepsilon(o)$ commun aux traces horizontales $\delta(o)\ \alpha(o)$ et $h(o)\ n(o)$ des deux plans. On obtient un 2ᵉ point $i(4)$ au moyen des horizontales de cote 4 des plans, de sorte que l'intersection cherchée est $\varepsilon(o)\ i(4)$. L'ombre δ' de $d(4)$ sur P est alors le point où cette intersection rencontre le rayon lumineux issu de $d(4)$. On a ainsi en $\varepsilon\delta'$ la portion de l'ombre de AD qui se trouve sur le plan P.

On cherche ensuite l'intersection du plan P avec le plan mené par CD parallèlement aux rayons lumineux. Un premier point de cette intersection est δ', ombre de $d(4)$, et un deuxième point est le point $j(o)$, commun aux traces horizontales des deux plans ; $\delta'r$, portion de la droite $\delta'j$, est alors l'ombre portée sur P par le côté $c(4)\ d(4)$.

On cherche de même l'intersection avec le plan Q du plan mené par CD parallèlement aux rayons lumineux. Un premier point de cette intersection est le point r, un deuxième point est le point $k(o)$ commun aux traces horizontales $\delta\gamma$ et $n\varphi$ des deux plans ; en menant rk on a en γ' l'ombre de C sur Q, et en menant $\gamma'\varphi$ on a l'ombre totale en $\alpha\varepsilon\delta'r\gamma'\varphi\beta$.

L'ombre a été couverte de hachures parallèles aux horizontales de P et Q dans chacun de ces plans et à $\alpha\beta$ dans le plan de comparaison.

§ IV.

Ombre portée par un polyèdre
et ombre propre sur le polyèdre.

319. Pour obtenir l'ombre portée par un polyèdre sur un plan, il suffit de chercher les ombres portées par ses sommets ; on en déduit facilement les ombres portées par l'ensemble des arêtes, puis des faces. Le contour fourni par les ombres de certaines arêtes et contenant à son intérieur les ombres des différentes faces limite l'ombre portée sur le plan.

REMARQUE. — La construction des ombres des sommets se simplifie dans le cas où l'on cherche l'ombre portée par un prisme.

1° Dans le cas de l'ombre au flambeau, les ombres des arêtes latérales du prisme sur le plan P sont en effet (308, 1ᵉʳ Cas) les intersections du plan P avec les plans déterminés par le point lumineux S et chacune des arêtes latérales. Chacun de ces plans contient par suite la parallèle Sσ menée par le point S à la direction des arêtes latérales. Les ombres des arêtes latérales sont donc sur des droites concourant au point σ, trace de Sσ sur le plan P.

2° Dans le cas de l'ombre au soleil, les ombres des arêtes latérales du prisme sont (308, 2ᵉ Cas) les intersections du plan P avec les plans menés par chacune de ces arêtes parallèlement à la direction Δ des rayons lumineux. Ces plans sont alors parallèles entre eux et leurs traces sur le plan P, c'est-à-dire les ombres des arêtes latérales du prisme, sont par suite des droites parallèles.

On utilisera l'un ou l'autre de ces résultats pour la détermination des ombres des arêtes latérales.

320. Ombre propre. *Ligne séparatrice de l'ombre propre.* — On appelle *ombre propre* d'un polyèdre la partie de sa surface qui ne reçoit pas de rayons lumineux. Pour distinguer la partie de la surface qui est éclairée de celle qui est dans l'ombre propre, on considère un rayon lumineux SS' qui perce la surface du polyèdre en E et F (*fig.* 338). Le point E qui est du côté de la source S est éclairé, il en est de même de tout point de la face ABD.

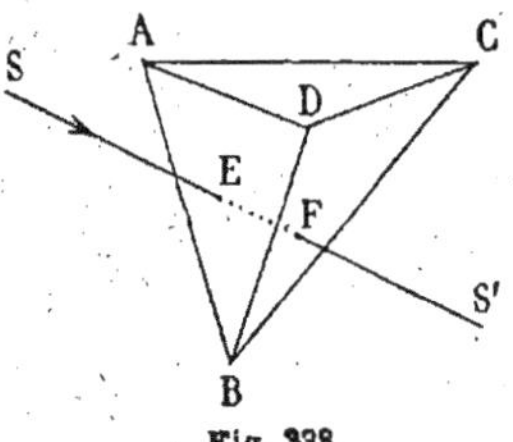

Fig. 338

Au contraire, le point F qui est du côté opposé à la source est dans l'ombre, il en est de même de tout point de la face BDC.

L'ombre propre est séparée de la partie éclairée par un contour formé d'arêtes du polyèdre qu'on nomme la *ligne séparatrice de l'ombre propre*. Les exemples suivants vont montrer comment on détermine l'ombre propre : 1° en cherchant la ligne séparatrice ; 2° en distinguant dans les deux régions déterminées par cette ligne sur la surface du polyèdre celle qui est éclairée de celle qui est obscure.

Remarque. — Si les rayons lumineux sont verticaux, la recherche de l'ombre propre revient à celle de la partie cachée en projection horizontale (262) et la séparatrice d'ombre propre dans ce cas n'est autre que le contour apparent horizontal de la surface (265). La recherche de l'ombre portée sur un plan peut donc être considérée comme celle du contour apparent du polyèdre vue d'un point à distance finie (ombre au flambeau) ou d'un point rejeté à l'infini (ombre au soleil).

321. **Exemple I.** — *Déterminer l'ombre portée sur le plan de comparaison par le prisme triangulaire* $a(0)$ $b(4)$ $c(2,3)$ $d(9)$ $e(13)$ $f(11,3)$ *(fig. 339) et l'ombre propre sur sa surface. Les rayons lumineux sont issus du point* $s(20)$.

1° *Ombre portée.* — L'ombre du point $a(0)$ est le point a lui-même, puisqu'il est dans le plan de comparaison. En cherchant les traces horizontales des droites $s(20)$ $b(4)$ et $s(20)$ $c(2, 3)$, à l'aide de leurs graduations, faciles à établir, on obtient en β et γ les ombres des points $b(4)$ et $c(2,3)$.

Pour utiliser la remarque du n° 319, on mène

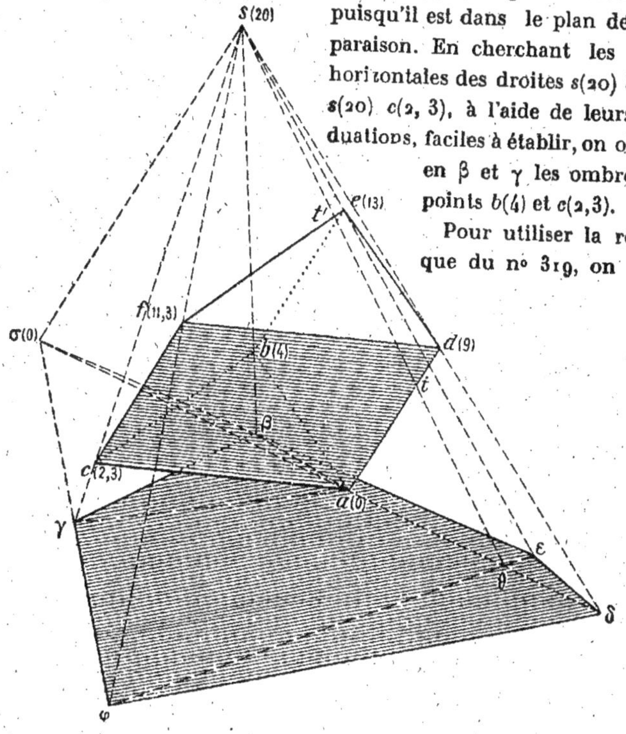

Fig. 339

par le point $s(20)$ la parallèle aux arêtes latérales du prisme, dont on cherche la trace horizontale $\sigma(0)$. Comme les ombres des arêtes latérales passent (319, Rem.) par σ, l'ombre de l'arête $c(2,3)$ $f(11,3)$ est sur la droite $\sigma\gamma$ et par suite l'ombre φ du point $f(11,3)$ est à l'intersection des droites $\sigma\gamma$ et sf.

De même, l'intersection de σa et de sd donne l'ombre δ du point d (9), et l'intersection de σβ et de se, l'ombre ε du point e (13).

Les ombres des faces ABC, DEF, ACFD, ABED, BCFE sont donc les triangles ou quadrilatères αβγ, δεφ, αγδφ, αβεδ, βγφε, dont l'ensemble forme en βγφδε l'ombre portée par le prisme.

On a couvert cette ombre de hachures parallèles à δφ, sauf la région voisine de β qui empiète sur le contour apparent du prisme.

2°. *Ligne séparatrice et ombre propre.* — Les rayons lumineux qui s'appuient sur le contour βγφδε de l'ombre propre sont sur la surface latérale d'une pyramide de sommet S qui contient à son intérieur tous les rayons lumineux rencontrant le prisme en deux points dont l'un est éclairé et l'autre dans l'ombre propre (320). Par suite, le contour BCFDE formé par les arêtes du prisme contenues dans les faces de la pyramide est la *ligne séparatrice de l'ombre propre.*

Pour faire la distinction entre ces deux parties, considérons le rayon s0 qui passe par le point commun aux droites εφ et aδ, ombres des arêtes EF et AD. Ce point θ est par suite l'ombre du point T' de EF projeté au point t', commun à ef et sθ ; il est aussi l'ombre du point T de AD, projeté au point t commun à ad et sθ. Or T' est plus près de S que T, par suite le point T' est éclairé, tandis que le point T ne reçoit pas de lumière. (On remarquera l'analogie du procédé qu'on vient d'utiliser avec celui déjà employé au n° 267 pour la distinction des arêtes vues et des arêtes cachées sur l'une des projections du polyèdre.)

L'arête EF qui passe par le point éclairé T' est évidemment éclairée ; au contraire l'arête AD, qui passe par le point T, est dans l'ombre. Les faces EFBC, EFD, dont toutes les arêtes sont éclairées, sont donc éclairées tout entières. Les faces ABED, ABC, ACFD, dont les seules arêtes éclairées sont celles qui appartiennent au contour de l'ombre propre, sont dans l'ombre ; les deux premières sont d'ailleurs cachées, seule la face ACFD est vue et doit être recouverte de hachures.

322. Exemple II. — *On considère le tétraèdre de sommets (a, a'), (b, b'), (c, c'), (d, d') (fig. 340). Déterminer : 1° l'ombre qu'il porte sur les deux plans de projection supposés opaques ; 2°, l'ombre propre sur sa surface. Les rayons lumineux sont parallèles à la droite (Δ, Δ').*

Ombre portée. — On cherche d'abord les ombres portées par les quatre sommets en menant par chacun d'eux la parallèle à la direction (Δ, Δ'). On obtient ainsi les droites $(a\alpha, a'\alpha')$, $(b\beta, b'\beta')$, $(c\gamma, c'\gamma')$, $(d\delta, d'\delta')$, dont les traces horizontales α, β, γ, δ sont les ombres portées des quatre sommets du tétraèdre sur le plan horizontal.

Si le plan vertical n'était pas opaque, l'ombre portée sur le plan horizontal serait limitée au triangle $\alpha\beta\gamma$, à l'intérieur duquel se

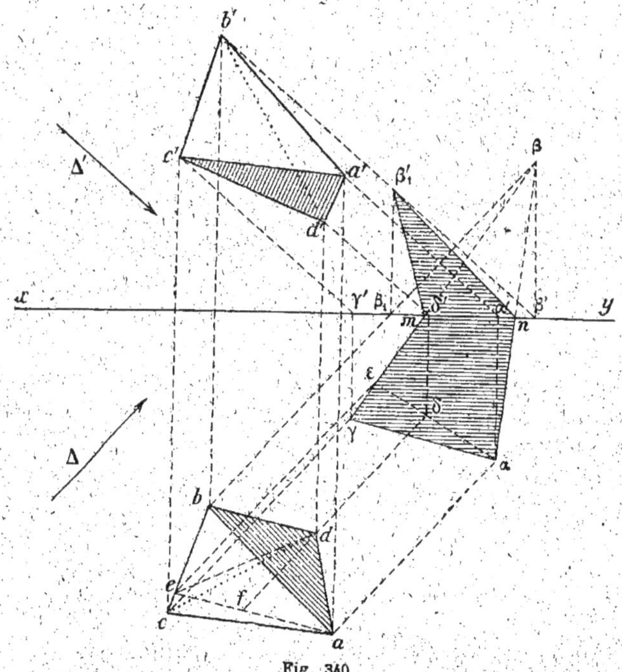

Fig. 340

trouve le point δ. Mais l'opacité du plan vertical limite cette ombre à la partie $\alpha nm\gamma$ située en avant du plan vertical. Le rayon lumineux issu de (b, b') rencontre le plan vertical en (β_1, β_1') ; par suite l'ombre portée par le tétraèdre sur le plan vertical est le triangle $mn\beta_1'$.

On a couvert l'ombre portée de hachures parallèles à xy.

Ligne séparatrice et ombre propre. — Les rayons lumineux qui s'appuient sur le contour $\alpha\beta\gamma$ de l'ombre propre forment une surface prismatique (appelée quelquefois *prisme d'ombre*), qui contient à son intérieur les rayons lumineux qui rencontrent le tétraèdre en deux points dont l'un est éclairé et l'autre dans l'ombre propre (320). Par suite, le contour ABC formé par les arêtes du tétraèdre contenues dans les faces de ce prisme est *la séparatrice de l'ombre propre*.

Pour distinguer sur le tétraèdre la partie éclairée de la partie obscure, considérons la droite $(d\delta, d'\delta')$ qui détermine l'ombre portée par le point (d, d'). Elle coupe la surface du tétraèdre en un deuxième point qu'on obtient en considérant, par exemple, le plan auxiliaire passant par cette droite et le point (a, a'). Ce plan contient la droite $(a\alpha, a'\alpha')$ puisqu'il est parallèle à la direction des rayons lumineux ; sa trace horizontale est donc la droite $\alpha\delta$ qui coupe $\beta\gamma$ au point ε, ombre du point E de l'arête $(bc, b'c')$ projeté horizontalement en e. La section de la pyramide par le plan auxiliaire est projetée en ade. La droite $d\delta$ coupe le contour de ce triangle en f, projection horizontale du deuxième point d'intersection de $(d\delta, d'\delta')$ et du tétraèdre. Or, le point D est évidemment caché par le point F.

Le sommet D se trouve par suite dans l'ombre propre et il en est de même des faces DBC, DCA, DBA qui contiennent le point D.

Seule la face ABC est éclairée.

On a couvert de hachures l'ombre portée et les projections des faces qui sont dans l'ombre propre, lorsque ces faces sont vues dans la projection considérée.

EXERCICES

1. Une droite de profil est définie par les projections de deux de ses points.

1° Trouver son ombre portée sur les deux plans de projection, en prenant une direction arbitraire pour les rayons lumineux.

2° Utiliser l'ombre obtenue pour trouver la projection verticale d'un point de la droite connaissant sa projection horizontale, et réciproquement. En particulier, trouver les traces de la droite.

2. Reprendre le problème précédent dans le cas de l'ombre au flambeau. Le point lumineux est choisi arbitrairement.

3. On donne deux droites d'un même plan de profil définies respectivement par les projections de deux de leurs points. En cherchant leur ombre sur le plan horizontal, trouver leur point de concours ou reconnaître si elles sont parallèles.

4. On donne une droite de profil définie par deux points et un plan P quelconque. Trouver l'ombre portée par la droite sur le plan avec un point lumineux arbitraire ou une direction de rayons quelconque.

En déduire le point d'intersection de la droite et du plan.

5. On donne une pyramide et un plan sécant P.

1º Trouver l'ombre portée par la pyramide sur le plan horizontal, en supposant la direction des rayons lumineux parallèle au plan P.

2º Utiliser cette ombre pour obtenir la section de la pyramide par le plan P.

6. Reprendre le problème précédent avec un point lumineux pris dans le plan P.

7. On donne un quadrilatère plan quelconque ABCD et un plan quelconque P.
Déterminer un point lumineux tel que l'ombre portée par le quadrilatère sur le plan soit un trapèze.

8. On donne un quadrilatère plan quelconque ABCD et un point lumineux S. Déterminer les plans sur lesquels l'ombre du quadrilatère est : 1º un trapèze; 2º un parallélogramme.

9. On donne deux droites quelconques. Déterminer les directions de rayons lumineux qui leur donnent pour ombre sur le plan horizontal deux droites perpendiculaires.

10. On donne trois points A, B, C par leurs projections cotées $a(10)$, $b(5)$, $c(2)$; l'angle abc est droit. Les trois points A, B, C sont trois sommets d'un parallélogramme qui est la section droite d'un prisme qu'on limite à cette section et au plan de comparaison.
Construire les ombres propre et portée de ce prisme en le supposant éclairé par des rayons parallèles, dont la direction est définie par une droite de pente 1 partant de A, dont la projection est parallèle à la bissectrice de l'angle abc et dont la trace horizontale est du même côté de ab que le point c.

11. La trace horizontale d'un plan dont la pente est $\sqrt{3}$ est une droite donnée xy. Dans ce plan, on construit un pentagone régulier de rayon 5cm dont le côté supérieur est horizontal et dont le centre O a pour cote 8. Ce pentagone est la section droite d'un prisme que l'on limitera à cette section droite et au plan de comparaison.

On construira ensuite l'ombre portée par ce tronc de prisme sur le plan horizontal de projection en le supposant éclairé par un point lumineux de cote 18 dont la projection s est située à 6cm de la trace horizontale du plan P du côté où ne se projette pas le tronc et à 20cm de la projection du point O.

NOTE I

HISTORIQUE

---

323. La création de la Géométrie descriptive est due à un savant français, Monge (1746-1818), qui s'est illustré par de remarquables travaux mathématiques. Ministre de la marine sous la Révolution, il fut l'un des premiers professeurs de l'Ecole Polytechnique et l'un des fondateurs de l'Ecole Normale supérieure.

Avant Monge, on se servait des projections pour résoudre des questions pratiques dans certains arts de construction, comme la Coupe des Pierres, la Perspective, la Charpente, la Fortification. Mais beaucoup de constructions étaient inexactes et empiriques. Monge aperçut ou créa les principes et les règles générales qui donnent la solution de ces questions et qui constituent leur fonds commun à peu près comme les règles de l'Arithmétique sont les outils communs à toutes les opérations de calcul. C'est l'ensemble de ces principes qui constitue la Géométrie descriptive. L'application de ces principes simples et invariables substitua des constructions précises et rationnelles aux solutions incertaines et empiriques, et agrandit considérablement le domaine des applications.

Outre l'intérêt capital qu'elle présente dans tous les arts de construction, la Géométrie descriptive est utile aux Mathématiques en général, car elle est une traduction graphique de la Géométrie générale, elle nous familiarise avec les formes des corps, elle fortifie et développe notre puissance de conception.

Nous extrayons de l'éloge de Monge, lu par Arago à l'Académie des Sciences le 11 mai 1846, les passages suivants qui mettent en relief le mérite du créateur de la Géométrie descriptive. On y trouvera les plus intéressants détails :

« ... Indiquons le plus brièvement possible le but de la géométrie descriptive.

« Une figure plane peut être représentée sur une surface plane sans

aucune altération dans les proportions de ses parties. La représentation est, dans ce cas, une sorte de miniature de la figure réelle ; les
lignes qui sont doubles, triples, décuples, etc. les unes des autres

Gaspard Monge (1746-1818).

dans l'objet sont également doubles, triples, décuples, etc. les unes
des autres dans la représentation.

« Il n'en est pas de même d'un corps à trois dimensions, d'un corps
ayant longueur, largeur et profondeur ; sa représentation sur une
surface plane est inévitablement altérée. Des lignes qui, sur le corps,
sont égales entre elles, peuvent être extrêmement inégales dans la
représentation plane. Les angles formés dans l'espace par les arêtes ou
par les diagonales du corps n'éprouvent pas de moindres altérations
comparatives quand elles viennent à être figurées sur un plan...

« Qui n'a vu dans de vastes chantiers une multitude de pierres de
taille numérotées, de grandeurs et de formes variées ? C'est l'image du
chaos. Attendez ! le poseur viendra prendre ces pierres une à une. Il

les superposera dans l'espace, sans qu'elles dévient même de quelques millimètres de la place et de la forme que l'imagination de l'architecte leur avait assignées ; et des arcades à plein cintre naissent sous vos yeux, en affectant une régularité de contours presque mathématique ; et les nervures, les corniches, les dentelles en pierre de l'église gothique se marieront entre elles avec une merveilleuse précision

« Les constructions en charpente ne sont pas moins remarquables. Les nombreuses pièces qui entrent dans la composition d'un grand comble avaient été taillées, façonnées chacune à part ; l'ouvrier monteur n'a eu, pour ainsi dire, qu'à les présenter les unes aux autres, qu'à en faire un tout, comme l'ébéniste compose de pièces rapportées la table d'un échiquier.

« Ces beaux, ces magnifiques problèmes n'auraient pas été solubles, si on n'avait eu pour guide que les représentations pittoresques des objets ; mais en substituant à ces images des dessins assujettis à certaines règles, toutes les relations de grandeur et de forme entre les différentes parties d'une construction quelconque s'obtiennent à l'aide d'opérations très simples.

« Obéissant à une sorte de géométrie naturelle, poussés par la nécessité qui, souvent, produit les mêmes effets que le génie, d'anciens architectes firent usage, dans certains cas, de ces dessins spéciaux où le constructeur peut trouver, presque à vue, les dimensions et les formes des parties dans lesquelles il se voit obligé de décomposer un édifice projeté. Ces architectes seraient les inventeurs de la géométrie descriptive, s'ils avaient fondé leurs épures sur des principes mathématiques, et généralisé la méthode ; mais, loin de là, ils affectaient de considérer les préceptes qui leur servaient de règle comme le fruit d'une pratique aveugle. Aussi, dès qu'on les tirait des cas particuliers traités dans les plans de leurs portefeuilles, ils ne savaient plus marcher, même à tâtons.

« A une époque gouvernée par l'empirisme, les chefs des diverses écoles ne pouvaient être du même avis relativement à la valeur des méthodes en usage. Il n'est pas rare de lire dans leurs traités : « Je parie 10, 20 et même 100 mille livres que mes procédés sont exacts ». Il faut avouer que jamais, à l'occasion de ces défis, on ne tomba d'accord sur le choix des experts qui auraient eu à trancher le différend.

« L'autorité intervint elle-même dans ces débats. Ainsi elle défendit à l'artiste Bosse d'adopter les méthodes de Desargues pour son cours de perspective de l'École royale de peinture. L'autorité fut mal inspirée ;

nous savons aujourd'hui que les méthodes interdites étaient très exactes; mais aussi pourquoi vouloir régler l'art, la science par arrêt du parlement? Des décisions ridicules ont toujours été la conséquence de ces tentatives d'usurpation sur la liberté de la pensée humaine.

« Des hommes de mérite, Desargues en tête, réussirent enfin à rattacher aux règles de la géométrie élémentaire la plupart des méthodes, des tracés en usage dans la coupe des pierres et des charpentes. Malheureusement leurs démonstrations étaient longues, embarrassées; elles devaient toujours rester hors de la portée des simples ouvriers...

« Monge débrouilla ce chaos. Il fit voir que les solutions graphiques de tous les problèmes de la géométrie à trois dimensions se fondaient sur un très petit nombre de principes qu'il expose avec une merveilleuse clarté. Désormais aucune question, parmi les plus complexes, ne devait rester l'apanage exclusif des esprits d'élite; avec des instruments bien définis et une méthode de recherches uniforme, la géométrie descriptive, dont Monge devint ainsi le créateur, pénétra jusque dans les rangs nombreux de la classe ouvrière malgré le peu d'instants qu'elle peut consacrer à l'étude.

« Il faut bien se pénétrer de l'état où des hommes d'un grand talent avaient laissé la *stéréotomie* (*) pour apprécier le haut mérite que Monge déploya dans l'accomplissement de son œuvre. En toutes choses, qu'il s'agisse d'une fable de La Fontaine ou du *Traité de Géométrie Descriptive* de Monge, ce qui est réellement beau paraît simple et semble avoir dû coûter peu d'efforts. Lagrange exprimait une pensée analogue, avec sa finesse habituelle, lorsqu'il disait en sortant d'une leçon de son ami : « Avant d'avoir entendu Monge, je ne savais pas que je savais la géométrie descriptive. »

. . . .

« Les constructeurs de toutes les professions, les architectes, les mécaniciens, les tailleurs de pierre, les charpentiers, soustraits désormais à des principes routiniers, se rappelleront avec reconnaissance que s'ils savent, que s'ils parlent la langue de l'ingénieur, c'est Monge qui l'a créée, qui l'a rendue accessible à tout le monde, qui l'a fait pénétrer dans les plus modestes ateliers. »

(*) *Stéréotomie* veut dire : coupe des solides. On désigne sous ce nom l'ensemble des constructions relatives aux problèmes dans lesquels il est question d'intersections de surfaces et leurs applications à la coupe des pierres et des bois de construction.

NOTE II

PROPRIÉTÉS RELATIVES AUX PLANS BISSECTEURS

---

324. Dans cette note se trouvent réunis des propriétés et problèmes relatifs aux plans bissecteurs. Comme leur étude n'est pas indispensable, tout en étant utile, nous avons jugé bon de ne pas la placer dans l'exposition des résultats fondamentaux.

§ 1.

Points des plans bissecteurs.

325. Théorème. — *Les projections d'un point du premier bissecteur sont équidistantes de la ligne de terre.*

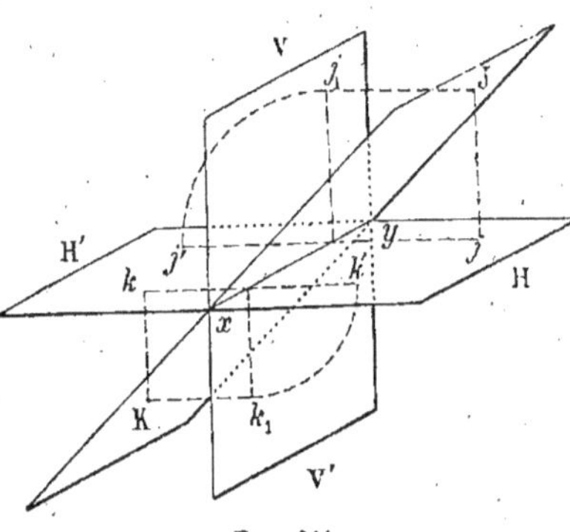

Fig. 341

Les projections d'un point du deuxième bissecteur sont confondues.

1° *Points situés dans le premier plan bissecteur.* — Les points J. K du premier plan bissecteur (*fig.* 341) étant contenus à l'intérieur du 1ᵉʳ ou du 3ᵉ dièdre ont leurs projections de part et d'autre de la ligne de terre (87); de plus, ces points étant équidistants des deux plans de projection d'après une propriété bien connue du plan bissecteur (GRÉVY, *Géom. dans l'espace,* 401), pour chacun d'eux la cote

égale l'éloignement; *leurs projections sont donc équidistantes de xy.*
Tels sont les points (j, j') du 1er dièdre et (k, k') du 3e dièdre (*fig.* 342).

2° *Points situés dans le deuxième plan bissecteur.* — Les points N, P du deuxième plan bissecteur étant contenus à l'intérieur du 2e ou du 4e dièdre (*fig.* 343) ont

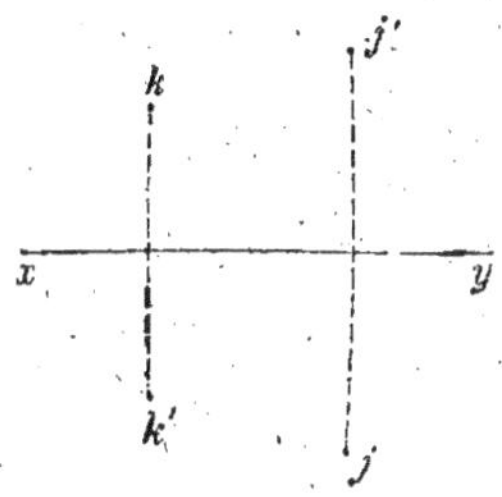

Fig. 342

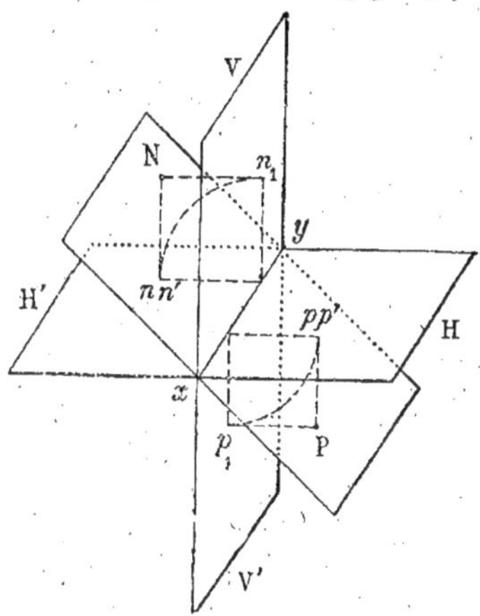

Fig. 343

leurs deux projections d'un même côté de la ligne de terre (87) ; de plus, les valeurs absolues de la cote et de l'éloignement de chacun d'eux sont égales, puisque ces points sont à égale distance des deux plans de projection ; il en résulte que leurs projections sont à la même distance de xy; *elles sont donc confondues.* Tels sont les points (n, n') du 2e dièdre et (p, p') du 4e dièdre (*fig.* 344).

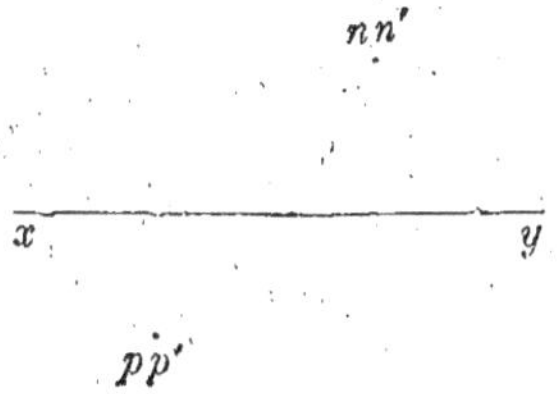

Fig. 344

326. Les *réciproques* de ces deux propositions sont vraies. En effet, si l'épure d'un point remplit l'une ou l'autre de ces conditions, la cote et l'éloignement du point ont leurs valeurs absolues égales ; le point appartient donc à l'un des plans bissecteurs, en vertu d'une propriété connue.

Dans le premier cas, où les projections sont équidistantes de la ligne de terre, la cote et l'éloignement ont le même signe, le point se trouve (87) dans le premier ou le troisième dièdre, donc sur le premier bissecteur.

Dans le second cas, leurs signes diffèrent et le point se trouve, par suite, dans le deuxième ou le quatrième dièdre, donc sur le deuxième bissecteur.

327. Problème. — *Trouver les points de rencontre d'une droite avec les deux plans bissecteurs.*

Soient ab, $a'b'$ les deux projections d'une droite ; le point de rencontre de cette droite avec le deuxième plan bissecteur doit avoir ses

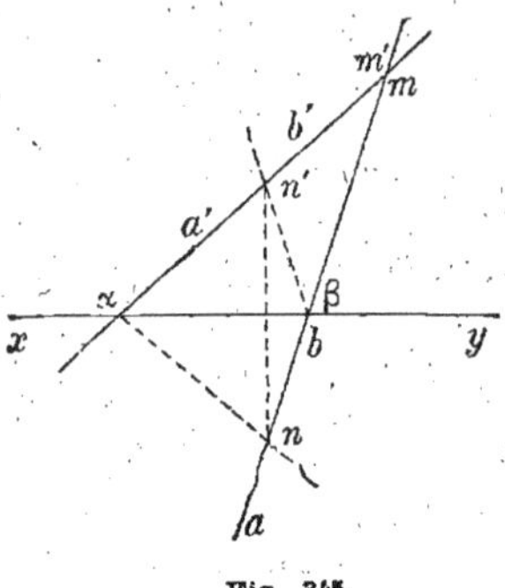

projections confondues (325, 2°); c'est donc le point (m, m') (*fig.* 345) où se rencontrent les deux projections de la droite.

Le point de rencontre de la droite avec le premier plan bissecteur doit avoir ses projections symétriques par rapport à la ligne de terre (325, 1°). Pour l'obtenir (*fig.* 345), on construit la droite αn symétrique de $a'b'$ par rapport à la ligne de terre ; cette droite rencontre ab en n ; on

Fig. 345

rappelle ensuite n en n' sur $a'b'$: (n, n') est le point cherché. On peut également construire la droite $\beta n'$ symétrique de ab par rapport à xy ; cette droite coupe $a'b'$ en n', qu'on rappelle ensuite en n sur ab.

328. Droites des plans bissecteurs. — 1° *Droites du deuxième plan bissecteur.* — Tout point d'une droite du second bissecteur ayant ses projections confondues (325, 2°), les deux projections ab, $a'b'$ de la droite sont elles-mêmes confondues (*fig.* 346 et 347). Ses deux traces

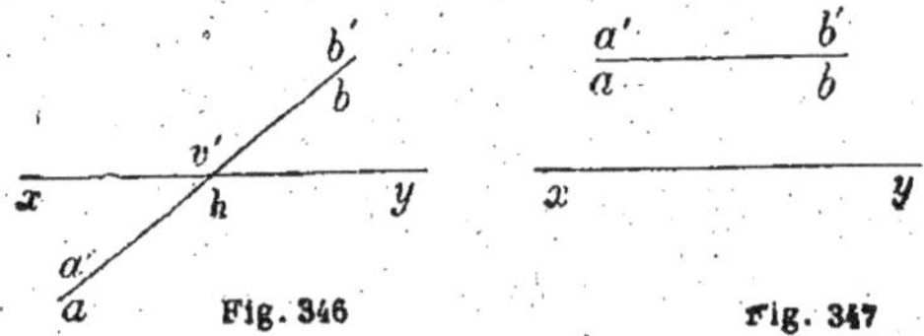

Fig. 346   Fig. 347

h, v' sont *confondues* au point où elle rencontre xy, à moins que la droite ne soit parallèle à la ligne de terre (*fig.* 347), auquel cas elle n'a ni trace horizontale, ni trace verticale.

2° *Droites du premier plan bissecteur.* — Tout point d'une droite du premier bissecteur ayant ses projections symétriques par rapport

à la ligne de terre (325, 1°), les deux projections ab, $a'b'$ de la droite
sont elles-mêmes *symétriques par rapport à* xy (*fig.* 348 et 349). Ses
traces h, v' sont confondues au point où elle rencontre xy, à moins

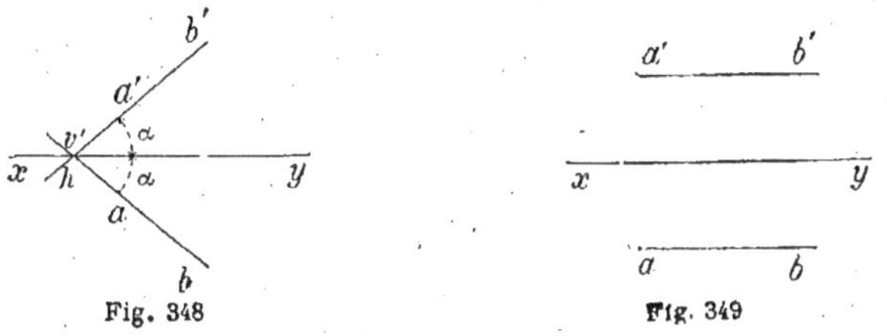

Fig. 348   Fig. 349

que la droite ne soit parallèle à la ligne de terre, auquel cas ab et $a'b'$.
tout en restant symétriques par rapport à xy, lui sont parallèles
(*fig.* 349) : la droite n'a alors ni trace horizontale ni trace verticale.

Les réciproques des cas précédents sont évidentes; au surplus, nous
laissons au lecteur le soin de les démontrer.

§ II.

Droites parallèles aux plans bissecteurs.

329. Droites parallèles au deuxième plan bissecteur. — Soit
$(ab, a'b')$ une droite parallèle au deuxième plan bissecteur (*fig.* 350);
une telle droite est parallèle à une droite $(cd, c'd')$ du deuxième bissecteur; or, les projections de $(cd, c'd')$ sont confondues (328), et comme
elles sont respectivement parallèles à ab et $a'b'$, il s'ensuit que ab et $a'b'$
sont parallèles entre elles.

330. RÉCIPROQUEMENT, *lorsque les deux projections* ab, $a'b'$ *d'une
droite sont parallèles entre elles, la
droite est parallèle au deuxième plan
bissecteur* ; car si l'on mène par un
point (m, m') de xy une parallèle à
cette droite (*fig.* 350), les deux projections cd et $c'd'$ de cette parallèle
sont confondues, ce qui montre
qu'elle est contenue tout entière

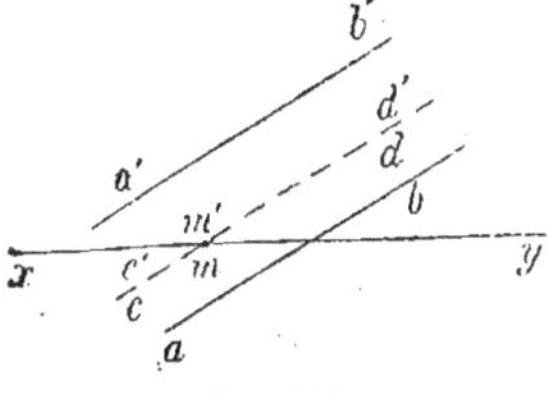

Fig. 350

dans le deuxième bissecteur (328, 1°); donc la droite $(ab, a'b')$, parallèle à une droite (*cd, c'd'*) du deuxième bissecteur, est parallèle à ce plan.

REMARQUE. — Il y a exception pour les droites de profil.

331. Droites parallèles au premier plan bissecteur. — Soit (*ab, a'b'*) une droite parallèle au premier bissecteur (*fig.* 351); cette droite est parallèle à une droite (*cd, c'd'*) du premier bissecteur ; or, les projections de (*cd, c'd'*) sont symétriques par rapport à *xy* (328), et comme elles sont respectivement parallèles à *ab* et *a'b'*, il s'ensuit que *ab* et *a'b'* sont également inclinées sur *xy* (mais en sens contraires), sans toutefois se couper sur la ligne de terre.

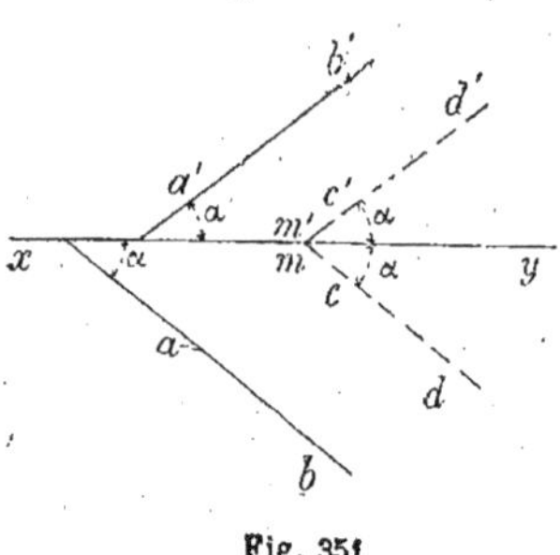

Fig. 351

332. RÉCIPROQUEMENT, *toute droite* (*ab, a'b'*) *dont les projections sont également inclinées sur la ligne de terre dans des sens contraires sans la couper au même point, est parallèle au premier plan bissecteur* ; car si l'on mène par un point (*m,m'*) de *xy* une parallèle à cette droite (*fig.* 351), les deux projections *cd, c'd'* de cette parallèle sont symétriques par rapport à *xy*, ce qui montre qu'elle est contenue tout entière dans le premier plan bissecteur (328) ; donc la droite (*ab, a'b'*), parallèle à une droite (*cd, c'd'*) du premier plan bissecteur, est parallèle à ce plan.

§ III.

Droites perpendiculaires aux plans bissecteurs.

333. Droites perpendiculaires au premier plan bissecteur. — Les droites perpendiculaires au premier plan bissecteur sont des droites de profil, car elles sont perpendiculaires à la ligne de terre ; de plus elles sont parallèles au deuxième plan bissecteur, car les deux plans bissecteurs sont perpendiculaires. Prenons alors sur une même perpendiculaire à *xy* deux points (*a,a'*), (*b,b'*) appartenant au second plan bissecteur (*fig.* 352); la droite (*ab, a'b'*) est alors une droite de profil du deuxième plan bissecteur, par suite une droite perpendiculaire au premier plan bissecteur. Il en résulte que toutes les droites perpendiculaires au premier plan bissecteur

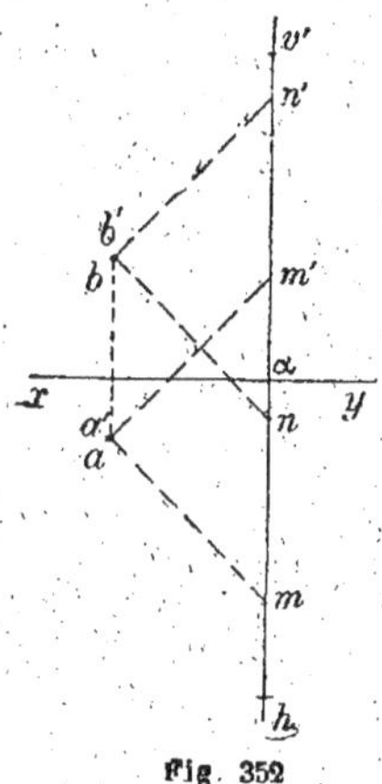

Fig. 352

sont parallèles à la droite $(ab, a'b')$; proposons-nous de mener celle qui passe par un point (m, m') choisi arbitrairement. Pour cela, il suffit de répéter les constructions faites pour mener par un point une parallèle à une droite de profil (105) ; on trace am, $a'm'$, et l'on mène ensuite bn parallèle à am et $b'n'$ parallèle à $a'm'$; ces parallèles rencontrent la ligne de rappel du point (m, m') aux points n et n', et les deux points (m,m'), (n,n') déterminent la droite cherchée.

Les deux parallélogrammes $abnm$, $abn'm'$ montrent que les segments mn, $m'n'$, tous deux égaux au segment ab et de même sens que lui, sont eux-mêmes égaux et de même sens, d'où la conclusion suivante : *Les projections mn, $m'n'$ d'un segment MN porté sur une perpendiculaire au premier bissecteur sont des segments égaux et de même sens.*

334. Le résultat précédent permet de trouver aisément les traces de la droite $(mn, m'n')$; en effet, la trace verticale v', par exemple, ayant pour projection horizontale le point α où la droite mn rencontre la ligne de terre, les segments $m\alpha$, $m'v'$ sont égaux et de même sens, et il suffit, par conséquent, de porter dans le même sens que $m\alpha$ une longueur $m'v' = m\alpha$ pour avoir le point v'. La trace horizontale h s'obtient de même en portant dans le même sens que $m'\alpha$ une longueur $mh = m'\alpha$. D'ailleurs, puisque le segment hv' de la droite a pour projections $h\alpha$ et $\alpha v'$, les segments $h\alpha$ et $\alpha v'$ sont égaux et de même sens, ou encore : *Les traces d'une perpendiculaire au premier bissecteur sont symétriques par rapport à la ligne de terre.*

335. Les deux propriétés que nous venons de démontrer relativement aux droites perpendiculaires au premier bissecteur comportent chacune une réciproque :

Lorsque les projections d'un même segment MN d'une droite de profil sont égales et de même sens, la droite est perpendiculaire au premier bissecteur.

En effet, soient (m, m'), et (n, n') les points qui déterminent la droite de profil $(mn, m'n')$ et supposons que les segments mn, $m'n'$ soient égaux et de même sens (*fig.* 352) ; par un point quelconque (a, a') du deuxième plan bissecteur menons la parallèle à cette droite de profil ; il suffit pour cela de porter sur la ligne de rappel du point (a, a') des segments ab, $a'b'$ respectivement égaux aux segments mn, $m'n'$ et de même sens (105) : la droite $(ab, a'b')$ est la parallèle cherchée. Or, en vertu de l'hypothèse faite sur les segments mn, $m'n'$, il est évident que les points b et b' coïncident, donc le point (b, b') est dans le deuxième plan bissecteur ; la droite $(ab, a'b')$ est donc une droite de profil contenue dans le deuxième plan bissecteur, puisqu'elle a deux points dans ce plan; il en résulte qu'elle est perpendiculaire au premier plan bissecteur et il en est de même de sa parallèle $(mn, m'n')$.

336. La seconde réciproque : *Toute droite dont les traces h, v' sont symétriques par rapport à la ligne de terre est perpendiculaire au premier plan bissecteur*, est un cas particulier de la première. En effet, d'abord la droite est de profil, car ses deux projections sont dirigées suivant la même perpendiculaire hv' à la ligne de terre (*fig.* 352), et, d'autre part, en désignant par α le point où cette perpendiculaire rencontre xy, on voit que les deux projections $h\alpha$ et $\alpha v'$ du segment compris entre les traces de la droite sont des segments égaux et de même sens.

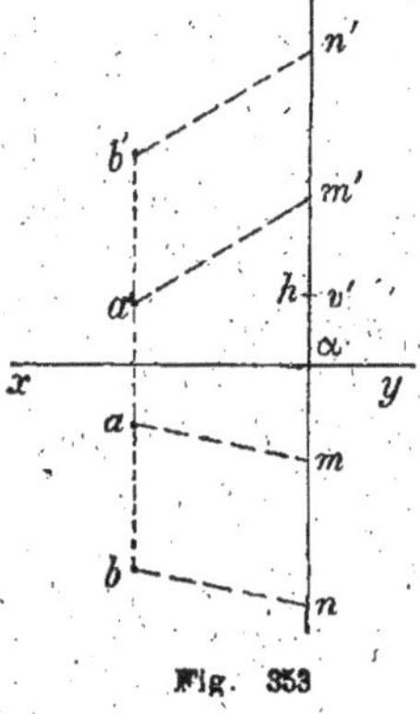

Fig. 353

337. **Droites perpendiculaires au deuxième plan bissecteur.** — Les droites perpendiculaires au deuxième plan bissecteur sont des droites de profil parallèles au premier plan bissecteur. Prenons alors sur une même perpendiculaire à xy deux couples de points a, a' et b, b' tels que les points de chaque couple soient symétriques par rapport à la ligne de terre (*fig.* 353) ; les points dont les projections sont (a, a') et (b, b') sont deux points du premier plan bissecteur, et la droite $(ab, a'b')$ est une droite de profil

contenue tout entière dans ce plan, elle est donc perpendiculaire au deuxième plan bissecteur. Il en résulte que toutes les perpendiculaires au deuxième plan bissecteur sont parallèles à la droite $(ab, a'b')$; construisons celle qui passe par un point (m, m') arbitrairement donné.

Pour cela, traçons am et $a'm'$ et menons bn parallèle à am, $b'n'$ parallèle à $a'm'$ (105); si l'on désigne par n et n' les points où ces parallèles rencontrent la ligne de rappel du point (m, m'), les points (m, m'), (n, n') définissent la droite cherchée. Par construction, les segments ab et $a'b'$ sont égaux et de sens contraires; les parallélogrammes $abmn$, $a'b'm'n'$ montrent que les segments ab, mn sont égaux et de même sens, ainsi que les segments $a'b'$, $m'n'$; il en résulte que les segments mn, $m'n'$ sont égaux et de sens contraires, d'où la conclusion suivante :

Les projections mn, $m'n'$ d'un segment MN porté sur une perpendiculaire au deuxième plan bissecteur, sont des segments égaux et de sens contraires.

338. Ce résultat permet, comme dans le cas précédent, de construire aisément les traces de la droite $(mn, m'n')$; pour avoir la trace verticale v' on porte en sens contraire de $m\alpha$ la longueur $m'v'$ égale à $m\alpha$, et pour avoir la trace horizontale h on porte en sens contraire de $m'\alpha$ la longueur $mh = m'\alpha$. D'ailleurs le segment hv' de l'espace limité par les traces de la droite ayant pour projections $h\alpha$ et $\alpha v'$, il en résulte que les segments $h\alpha$ et $\alpha v'$ sont égaux et de sens contraires, ou bien encore que les segments αh et $\alpha v'$ sont égaux et de même sens, ce qui exige nécessairement que les points h et v' coïncident. Donc :

Les traces d'une perpendiculaire au deuxième plan bissecteur sont confondues.

339. Ces deux propriétés des droites perpendiculaires au deuxième plan bissecteur donnent lieu aux deux réciproques suivantes :

Lorsque les projections d'un segment MN d'une droite de profil sont des segments égaux et de sens contraires, la droite est perpendiculaire au deuxième plan bissecteur.

En effet, soient (m, m'), (n, n') les points qui déterminent la droite de profil $(mn, m'n')$, et supposons les segments mn, $m'n'$ égaux et de sens contraires (fig. 353). Par un point quelconque (a, a') du premier

plan bissecteur, menons la parallèle à la droite de profil $(mn, m'n')$;
pour cela, sur la ligne de rappel du point (a, a'), portons les segments ab et $a'b'$ respectivement égaux aux segments mn et $m'n'$, et de même sens : la droite de profil $(ab, a'b')$ est la parallèle cherchée. Or, puisque mn et $m'n'$ sont des segments égaux et de sens contraires, il en est de même des segments ab et $a'b'$; et comme a et a' sont symétriques par rapport à la ligne de terre, b et b' sont alors dans le même cas, par suite le point (b, b') est un point du premier plan bissecteur. La droite $(ab, a'b')$ est donc une droite de profil contenue tout entière dans le premier plan bissecteur, puisqu'elle a deux points dans ce plan ; il en résulte qu'elle est perpendiculaire au deuxième plan bissecteur, et il en est de même de sa parallèle $(mn, m'n')$.

340. La deuxième réciproque : *Si une droite a ses deux traces h, v'' confondues, elle est perpendiculaire au deuxième plan bissecteur*, est une conséquence de la première.

En effet, soit α le point où la ligne de rappel du point h (ou v') rencontre xy (*fig.* 353) ; les deux projections de la droite étant dirigées suivant la même perpendiculaire $h\alpha$ (ou $v'\alpha$) à la ligne de terre, cette droite est de profil. D'autre part, il est évident que les projections $h\alpha$, $\alpha v'$ du segment limité par les traces de la droite sont égaux et de sens contraires.

§ IV.

Plans perpendiculaires aux plans bissecteurs.

341. **Plans perpendiculaires au premier plan bissecteur.** —

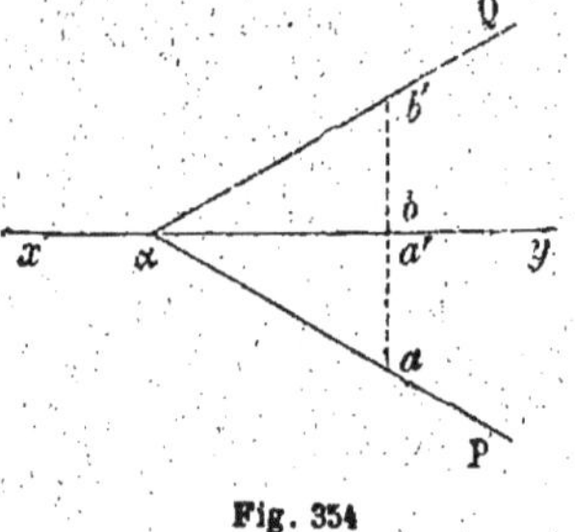

Fig. 354

Les traces de tout plan perpendiculaire au premier plan bissecteur sont symétriques par rapport à la ligne de terre.

En effet, figurons une perpendiculaire $(ab, a'b')$ au premier plan bissecteur (*fig.* 354) ; c'est une droite de profil dont les traces a et b' sont symétriques par rapport à xy (334).

Tout plan PαQ passant par la droite $(ab, a'b')$ est lui-même perpendiculaire au premier plan bissecteur ;

ses traces αP et αQ passent respectivement par *a* et *b'*, elles sont donc symétriques par rapport à *xy*.

Réciproquement, tout plan dont les traces sont symétriques par rapport à la ligne de terre est perpendiculaire au premier plan bissecteur.

En effet, soit PαQ (*fig.* 354) un plan dont les traces sont symétriques par rapport à *xy*; traçons dans ce plan une droite de profil quelconque (*ab, a'b'*); ses traces *a* et *b'* sont respectivement situées sur les traces du plan, et comme celles-ci sont, par hypothèse, symétriques par rapport à *xy*, il en est de même des points *a* et *b'*; la droite (*ab, a'b'*) est donc perpendiculaire au premier plan bissecteur (336), et le plan PαQ qui la contient est aussi perpendiculaire au premier plan bissecteur.

342. Plans perpendiculaires au deuxième plan bissecteur. — *Les traces de tout plan perpendiculaire au deuxième plan bissecteur sont confondues.*

En effet, figurons une perpendiculaire (*ab, a'b'*) au deuxième plan bissecteur (*fig.* 355); c'est une droite de profil dont les traces *a* et *b'* sont confondues (338). Tout plan PαQ passant par la droite (*ab, a'b'*) est lui-même perpendiculaire au deuxième plan bissecteur; ses traces αP et αQ, joignant un même point α de la ligne de terre à deux points confondus *a* et *b'*, sont donc confondues.

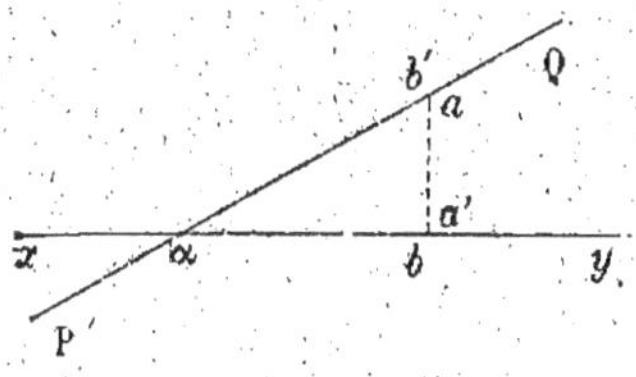

Fig. 355

Réciproquement, tout plan dont les traces sont confondues est perpendiculaire au deuxième plan bissecteur.

En effet, soit PαQ un plan dont les traces sont confondues (*fig.* 355); traçons dans ce plan une droite de profil quelconque (*ab, a'b'*). Ses traces *a* et *b'* sont respectivement situées sur les traces du plan, et comme celles-ci sont confondues par hypothèse, les points *a* et *b'* sont eux-mêmes confondus; la droite (*ab, a'b'*) est donc perpendiculaire au deuxième plan bissecteur (340) et le plan PαQ qui la contient est aussi perpendiculaire au deuxième plan bissecteur.

§ V.

Plans parallèles aux plans bissecteurs.

343. Plans parallèles au deuxième plan bissecteur. — *Les traces de tout plan parallèle au deuxième plan bissecteur sont parallèles et symétriques par rapport à la ligne de terre.*

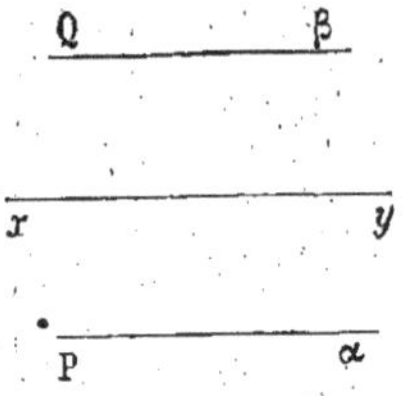

En effet, un tel plan étant à la fois parallèle à la ligne de terre et perpendiculaire au premier plan bissecteur, ses traces Pα et Qβ (*fig.* 356) sont, d'une part, parallèles à xy (113) et, d'autre part, symétriques par rapport à xy (341).

Fig. 356

La réciproque est vraie ; elle se démontre comme au n° 341.

344. Plans parallèles au premier plan bissecteur. — *Les traces d'un plan parallèle au premier plan bissecteur sont confondues suivant une parallèle à la ligne de terre.*

En effet, un tel plan étant à la fois parallèle à la ligne de terre et perpendiculaire au deuxième plan bissecteur, ses traces Pα et Qβ (*fig.* 357) sont, d'une part, parallèles à xy (113) et, d'autre part, confondues (342).

Fig. 357

La réciproque se démontre comme au n° 342.

§ VI.

Intersections de plans.

345. Problème. — *Trouver l'intersection d'un plan avec l'un des plans bissecteurs.*

I. *L'un des plans est le deuxième plan bissecteur.* — 1° Si l'autre plan est défini par deux droites (oa, o'a') et (ob, o'b') (*fig.* 358), il suffit de chercher les points (m, m') et (n, n') où ces deux droites coupent respectivement le deuxième plan bissecteur (327). La droite $(mn, m'n')$

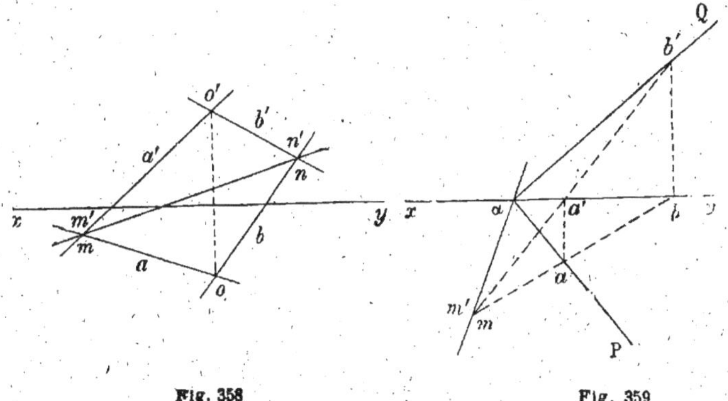

Fig. 358   Fig. 359

est l'intersection du plan donné avec le deuxième plan bissecteur.

2° Si le deuxième plan PαQ est défini par ses traces et rencontre xy au point α (*fig.* 359), ce point appartient à l'intersection cherchée, et

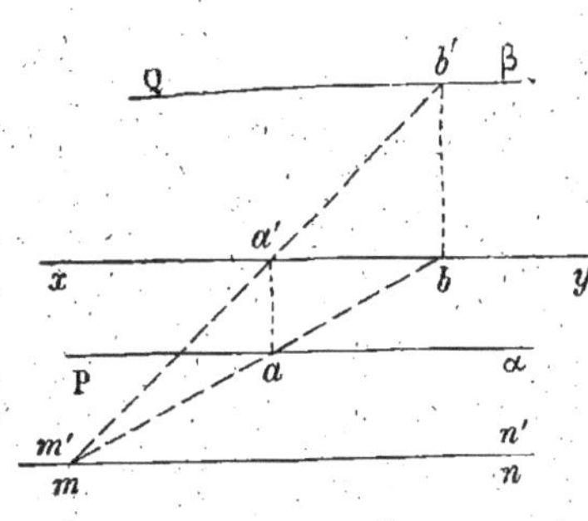

Fig. 360

il suffit d'en trouver un second point. Pour cela, on construit une droite quelconque $(ab, a'b')$ du plan PαQ et l'on détermine le point (m, m') où elle rencontre le deuxième plan bissecteur (327) ; la droite d'intersection du plan PαQ avec le deuxième plan bissecteur est alors $(\alpha m, \alpha m')$.

3° Enfin, si le deuxième plan parallèle à xy est défini par ses traces Pα et Qβ (*fig.* 360), il est évident que l'intersection cherchée est elle-même parallèle à xy ; on cherche alors comme précédemment le point (m, m') où une droite quelconque $(ab, a'b')$ du plan donné perce le deuxième plan bissecteur (327), et la droite demandée est la parallèle $(mn, m'n')$ à xy.

II. *L'un des plans est le premier plan bissecteur.* — 1° Supposons d'abord l'autre plan défini par deux droites $(oa, o'a')$ et $(ob, o'b')$ (*fig.* 361) ; on cherche alors les points où ces droites rencontrent le premier plan bissecteur (327). Pratiquement, on marque les points c et d où les projections verticales des droites données rencontrent xy et l'on construit le symétrique o_1 du point o' par rapport à xy. Les droites o_1c et o_1d rencontrent respectivement les projections horizontales oa et ob des droites données en

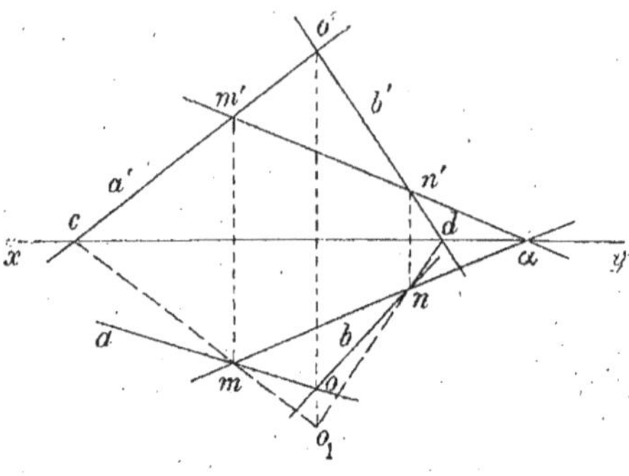

Fig. 361

des points m et n, qu'on rappelle verticalement en m' et n' sur $o'a$ et $o'b'$. Les points (m, m') et (n, n') sont les points de rencontre des droites définissant le plan donné avec le premier plan bissecteur, et par suite la droite $(mn, m'n')$ est l'intersection de ces deux plans.

La droite obtenue doit être parallèle à xy ou la rencontrer, car xy est également dans le premier plan bissecteur.

$2°$ Si le deuxième plan PαQ est défini par ses traces et rencontre xy au point α (*fig.* 362), ce point est un premier point de l'intersection

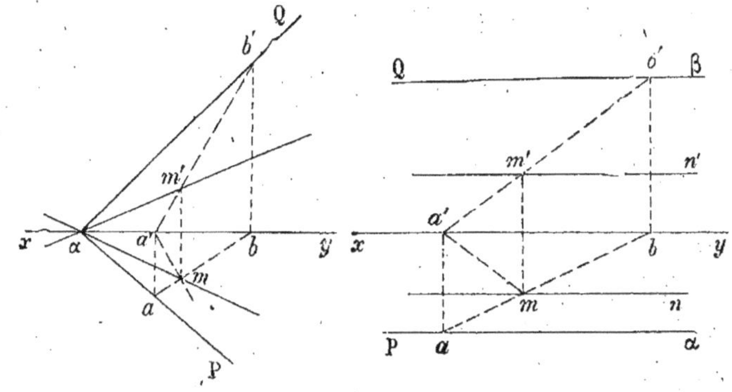

Fig. 362   Fig. 363

cherchée, de sorte qu'il suffit d'en trouver un second point ; pour cela, on construit une droite quelconque $(ab, a'b')$ du plan PαQ, et

l'on détermine le point (m, m') où elle rencontre le premier plan bissecteur (327); la droite d'intersection du plan PαQ avec le premier
plan bissecteur est alors $(\alpha m, \alpha m')$.

3º Enfin, si le deuxième plan donné parallèle à xy est défini par
ses traces Pα et Qβ (*fig.* 363), l'intersection cherchée est elle-même
parallèle à xy ; on cherche alors, comme plus haut, le point (m, m')
où une droite quelconque $(ab, a'b')$ du plan (Pα, Qβ) perce le premier
plan bissecteur, et par ce point on mène la parallèle $(mn, m'n')$ à xy :
c'est la droite demandée.

346. Intersection de deux plans. — L'intersection d'un plan
quelconque avec les plans bissecteurs, et en particulier avec le second,
ne nécessitant que des constructions simples, on emploie quelquefois
les plans bissecteurs comme plans auxiliaires pour obtenir l'intersection de deux plans quelconques.

347. Premier exemple. — Reprenons le problème du nº 150 :
*Déterminer l'intersection de deux plans définis chacun par deux droites
concourant au même point.*

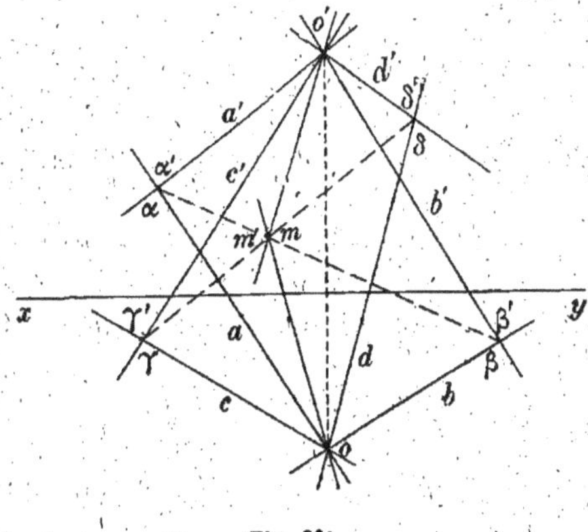

Soient $(oa, o'a')$ et
$(ob, o'b')$ les droites
définissant le pre-
mier plan, $(oc, o'c')$ et
$(od, o'd')$ les droites
définissant le second
(*fig.* 364). Ces quatre
droites percent res-
pectivement le deu-
xième plan bissec-
teur aux points
(α, α'), (β, β'), (γ, γ')
et (δ, δ') ; donc les

Fig. 364

plans donnés coupent eux-mêmes le deuxième plan bissecteur suivant
les droites $(\alpha\beta, \alpha'\beta')$ et $(\gamma\delta, \gamma'\delta')$, lesquelles se rencontrent au point
(m, m') ; ce point appartient à l'intersection cherchée, et comme
(o,o') en est un autre point, cette intersection est la droite $(om, o'm')$.

L'épure à laquelle conduit ce raisonnement ne contient que *deux*
droites auxiliaires, tandis que l'épure de la figure 190, qui résout le

même problème, en contient *huit.*

Malheureusement, dans un grand nombre de cas, l'utilisation du second plan bissecteur comme plan auxiliaire donne lieu à des constructions sortant des limites de l'épure.

348. Deuxième exemple. — *Trouver l'intersection de deux plans définis chacun par deux droites concourantes.*

Le premier plan est défini par les deux droites (*oa*, *o'a'*), (*ob*, *o'b'*)

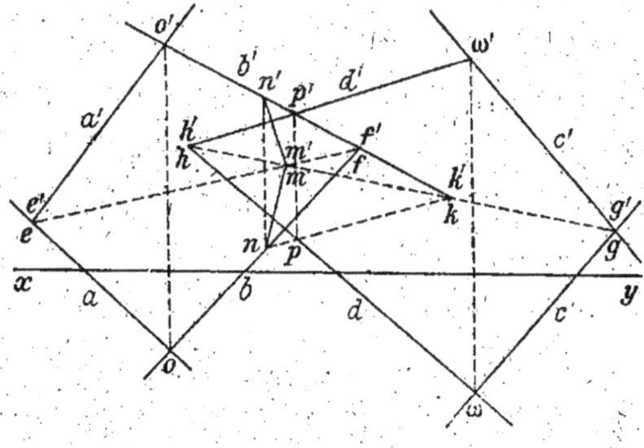

Fig. 365

(*fig.* 365), le deuxième par les droites (*ωc*, *ω'c'*), (*ωd*, *ω'd'*).

Prenons d'abord comme plan auxiliaire le deuxième plan bissecteur qui coupe chacun des plans suivant les droites (*ef*, *e'f'*) et (*gh*, *g'h'*); ces droites ont en commun le point (*m*, *m'*), premier point de l'intersection des deux plans.

Prenons maintenant comme nouveau plan auxiliaire le plan de bout projetant la droite (*ob*, *o'b'*), plan qui a pour trace verticale *o'b'*. Il coupe le premier plan suivant la droite (*ob*, *o'b'*) et le deuxième suivant la droite (*pk*, *p'k'*), si l'on considère ce plan comme défini par les deux droites (*ωd*, *ω'd'*) et (*gh*, *g'h'*). Les droites *ob* et *kp* se coupent en *n*, qui se rappelle en *n'* sur *o'b'*.

L'intersection est la droite (*mn*, *m'n'*).

349. Remarque. — La construction précédente n'exige que le tracé de *deux* droites pour la détermination du point (*m*, *m'*) et de *trois* droites pour celle du point (*n*, *n'*); soit en tout *cinq* droites à tracer, alors que l'épure du n° 155 en exige *huit.*

EXERCICES

1. Figurer les échelles de pente des deux plans bissecteurs.

2. Mener par un point donné :
1° le plan parallèle au premier plan bissecteur ;
2° le plan parallèle au deuxième plan bissecteur.

3. Mener par une droite donnée :
1° le plan perpendiculaire au premier plan bissecteur ;
2° le plan perpendiculaire au deuxième plan bissecteur.

4. Déterminer les points communs à une droite de profil donnée et aux deux plans bissecteurs.

5. Mener par un point donné :
1° une parallèle au premier plan bissecteur rencontrant une droite de profil donnée ;
2° une parallèle au deuxième plan bissecteur rencontrant une droite de profil donnée.

6. Déterminer les angles d'une droite donnée avec les deux plans bissecteurs.

7. Déterminer les angles d'un plan donné avec les deux plans bissecteurs.

8. Déterminer les distances d'un point donné aux deux plans bissecteurs.

9. Reconnaître si une droite de profil est parallèle à l'un des plans bissecteurs.

10. Trouver l'intersection d'une droite avec un plan perpendiculaire au deuxième plan bissecteur.

11. Trouver les projections du symétrique d'un point donné par rapport aux deux plans bissecteurs. En déduire le résultat relatif aux projections de deux figures symétriques par rapport à l'un de ces plans.

12. Trouver les traces d'un plan défini par deux droites, dont les projections de noms contraires sont confondues (expliquer le résultat).

13. Trouver l'intersection de deux plans dont les traces de noms contraires coïncident (expliquer le résultat).

14. Trouver l'intersection de deux plans définis par des droites concourantes, sachant que les projections des droites qui définissent l'un de ces plans coïncident avec les projections de noms contraires des droites qui définissent l'autre (expliquer le résultat).

15. Étant donnée une droite D dont les deux projections sont confondues, mener par cette droite un plan P ayant ses traces confondues. Déterminer la droite D de telle sorte que l'angle que forment ses projections avec les traces du plan ait une valeur donnée.

NOTE III

PROBLÈMES SUR LES DROITES DE PROFIL ET LES PLANS PARALLÈLES A LA LIGNE DE TERRE

350. Nous avons déjà dit (249) que les méthodes générales indiquées pour résoudre les problèmes relatifs à la droite et au plan sont souvent en défaut, lorsque la droite est de profil ou le plan parallèle à la ligne de terre.

On a fait rentrer ces cas particuliers dans les méthodes générales par le changement du plan vertical (n°ˢ 249, 250 et suivants).

L'objet de la présente Note est de résoudre ces problèmes sans faire de changement de plan. On peut la considérer comme présentant une suite d'applications des résultats fondamentaux.

351. **Problème.** — *Sur une droite de profil définie par les projections de deux de ses points (a,a'), (b,b'), on donne la projection horizontale c d'un troisième point ; trouver la projection verticale de ce point (fig. 366).*

Si l'on désigne par A et B les points de l'espace dont les projections sont respectivement (a,a') et (b,b') et par C le point de la droite de profil AB dont la projection horizontale est c, en désignant sa projection verticale par c', les segments AC, BC portés par la droite AB sont proportionnels à leurs projections de même nom (7) et l'on a

$$\frac{AC}{BC} = \frac{ac}{bc} = \frac{a'c'}{b'c'}.$$

Le problème revient donc encore à déterminer le point c' qui divise le segment $a'b'$ dans le rapport connu $\dfrac{ac}{bc}$, ce point c' étant à l'intérieur ou à l'extérieur du segment $a'b'$ suivant que c est lui-même intérieur ou extérieur au segment ab.

Cette construction peut se réaliser (*fig.* 366) en menant par *a* et *b* deux droites quelconques parallèles entre elles qui coupent en α et β deux autres parallèles menées par *a'* et *b'*.

Par *c*, on mène ensuite la parallèle *cγ* à *ax*, qui coupe αβ en γ, et par γ la parallèle à *aa'*, qui coupe *a'b'* au point cherché *c'*. L'application répétée du théorème de Thalès donne en effet

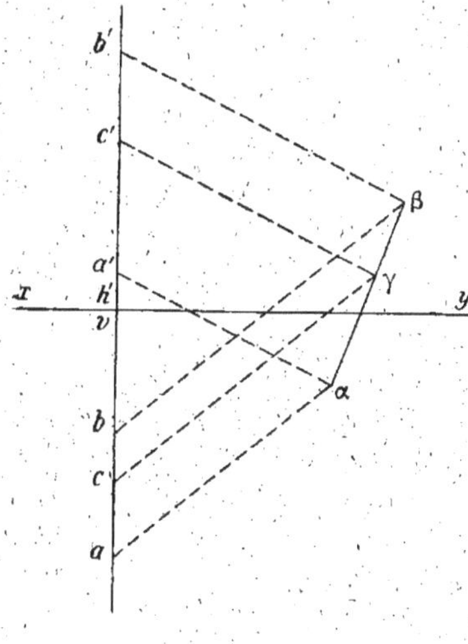

Fig. 366

$$\frac{ac}{cb} = \frac{\alpha\gamma}{\gamma\beta} = \frac{a'c'}{c'b'}.$$

C. q. f. d.

REMARQUE. — Une construction analogue permet :
1° connaissant *c'*, de trouver *c*;

2° d'obtenir les traces horizontale *h* ou verticale *v'* de la droite, car on connaît *a priori* une des deux projections de ces points : *h'* ou *v*. Nous laissons au lecteur le soin de résoudre ce dernier problème.

352. Problème. — *Trouver les traces d'une droite de profil définie par deux points (a, a'), (b, b').*

La solution est basée sur ce que les traces de toute droite d'un plan sont des points situés sur les traces de même nom du plan. Soient (*ab*, *a'b'*) la droite de profil donnée et (*o, o'*) un point quelconque de l'espace (*fig.* 367) ; les deux droites

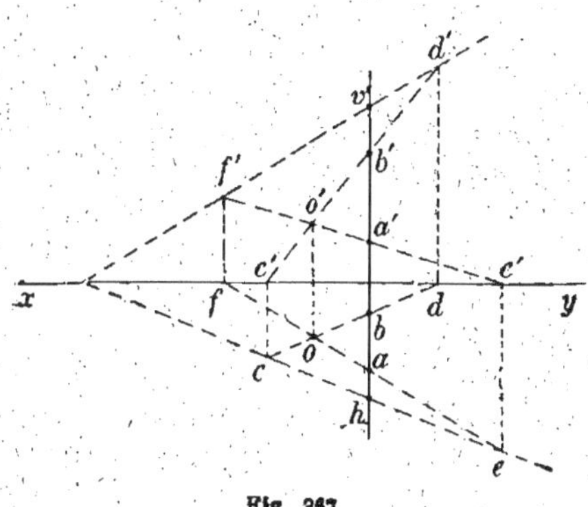

Fig. 367

(*oa, o'a'*), (*ob, o'b'*) déterminent un plan qui contient la droite de profil ; construisons, comme nous l'avons expliqué, les traces *ce* et *d'f'* de ce plan (114) et soient *h* et *v'* les points où ces traces rencontrent la droite *aba'b'*; *h* et *v'* sont respectivement la trace horizontale et la trace verticale de la droite de profil.

Remarque. — La méthode précédente est applicable à la recherche des traces d'une droite quelconque, mais elle ne présente réellement d'avantage que dans le cas où la droite est de profil.

353. Problème. — *Reconnaître si une droite de profil rencontre une autre droite quelconque.*

Soient une droite de profil (*ab*, *a'b'*) déterminée par les projections de deux de ses points (*a*, *a'*) et (*b*, *b'*) et une deuxième droite quelconque (*cd*, *c'd'*) (*fig.* 368). Les projections de même nom de ces deux droites se coupent bien en deux points *o*, *o'* situés sur une même ligne de rappel, mais le point (*o*, *o'*) qui appartient à la droite (*cd*, *c'd'*) n'appartient pas nécessairement à la droite de profil. Pour vérifier que les droites données se rencontrent, on procède comme au n° 104 : on choisit deux points quelconques (*m*, *m'*), (*n*, *n'*) sur la droite (*cd*, *c'd'*) et l'on mène les droites (*am*, *a'm'*),

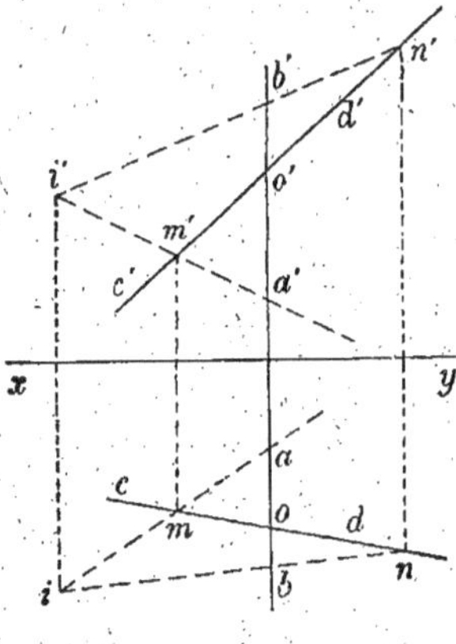

Fig. 368.

(*bn*, *b'n'*) ; ces droites doivent être ou parallèles ou concourantes (104, Rem.), c'est-à-dire que leurs projections de même nom doivent être parallèles ou se couper en deux points *i*, *i'* situés sur une même ligne de rappel.

Remarque. — Pour vérifier si le point (*o*, *o'*) appartient à la droite de profil, on peut également vérifier si la proportion

$$\frac{oa}{ob} = \frac{o'a'}{o'b'}$$

est satisfaite (351), les points *o* et *o'* divisant, bien entendu, de la même manière les segments *ab* et *a'b'*; mais les constructions nécessitées par cette vérification ne sont pas plus simples que celles de la figure 368.

354. Problème. — *Reconnaître si deux droites de profil appartenant à des plans de profil différents sont parallèles.*

Soient (a, a'), (b, b') les points qui définissent la première droite de profil, (c, c'), (d, d') les points qui définissent la seconde (*fig.* 369 et 370). Si ces droites sont parallèles, les droites $(ac, a'c')$, $(bd, b'd')$

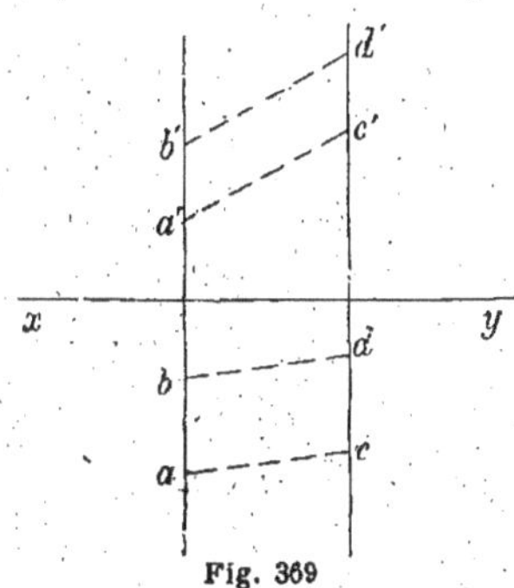

Fig. 369

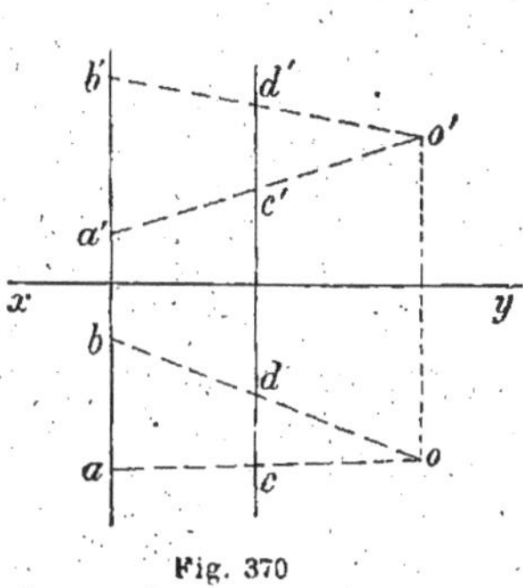

Fig. 370

doivent être ou parallèles ou concourantes (104, Rem.); par suite, leurs projections de même nom doivent être parallèles (*fig.* 369) ou se couper en deux points o et o' situés sur une même ligne de rappel (*fig.* 370).

355. Problème. — *Reconnaître si deux droites de profil situées dans un même plan de profil sont parallèles.*

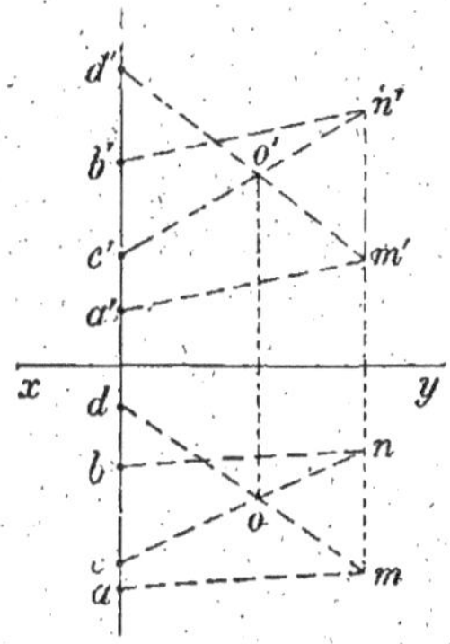

Fig. 371

Soient quatre points (a, a'), (b, b'), (c,c'), (d, d') dont les projections sont sur une même ligne de rappel (*fig.* 371); pour reconnaître si les deux droites de profil $(ab, a'b')$, $(cd, c'd')$ sont parallèles, menons par un point quelconque (m, m') la parallèle $(mn, m'n')$ à la première (105); si les deux droites données sont parallèles, il en est de même des droites $(cd, c'd')$, $(mn, m'n')$, et réciproquement, de sorte qu'on est ramené à vérifier le parallélisme de deux droites de profil non situées dans un même plan de profil : pour cela on construit, par exemple, les droites $(cn, c'n')$, $(dm, d'm')$ et l'on vérifie que leurs projections de même nom se coupent en deux points o et o'' situés sur une même ligne de rappel (354).

REMARQUE. — Si les droites de profil sont parallèles, les segments de l'espace AB, CD sont parallèles, et, puisque leurs projections sur un même plan sont proportionnelles (7), on a

$$\frac{AB}{CD} = \frac{ob}{cd} = \frac{a'b'}{c'd'}.$$

Il est du reste évident, à cause des égalités $ab = mn$, $a'b' = m'n$ que la vérification de la proportion $\dfrac{ab}{cd} = \dfrac{a'b'}{c'd'}$ revient à vérifier que les points o et o' sont sur une même ligne de rappel.

356. Théorème. — *Pour que deux plans parallèles à la ligne de terre soient parallèles entre eux, il faut et il suffit que les distances de la ligne de terre aux traces du premier soient proportionnelles aux distances de la ligne de terre au traces de même nom de l'autre.*

La démonstration de ce théorème est une application du problème résolu au n° 354.

En effet, soient $P\alpha$ et $Q\beta$ les traces de l'un des plans, $P_1\alpha_1$ et $Q_1\beta_1$ les traces de l'autre (fig. 372). Menons au point b (ou a') de la ligne de terre la perpendiculaire à cette droite et soient a, b', a_1, b'_1 les points où elle rencontre respectivement les traces des deux plans. La droite de profil définie par les deux points (a, a') et (b, b') appartient au plan $(P\alpha, Q\beta)$, car les traces a et b' sont situées sur les traces de ce plan ; de même, la droite de profil définie par les points (a_1, a') et (b, b'_1) appartient au plan $(P_1\alpha_1, Q_1\beta_1)$.

Si les plans sont parallèles, ces deux droites de profil étant les droites suivant lesquelles ils sont coupés par un même plan de profil sont elles-mêmes parallèles, et l'on a (7)

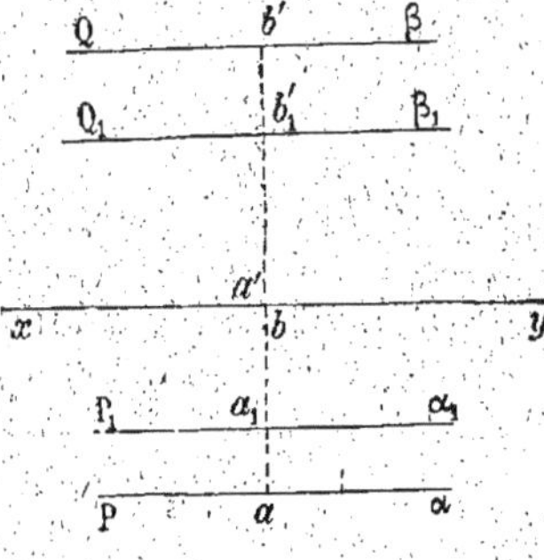

Fig. 372

$$\frac{AB}{A_1B_1} = \frac{ab}{a_1b} = \frac{a'b'}{a'b'_1}.$$

Réciproquement, cette relation est une condition suffisante pour le parallélisme des deux plans, car si elle est vérifiée, les droites de

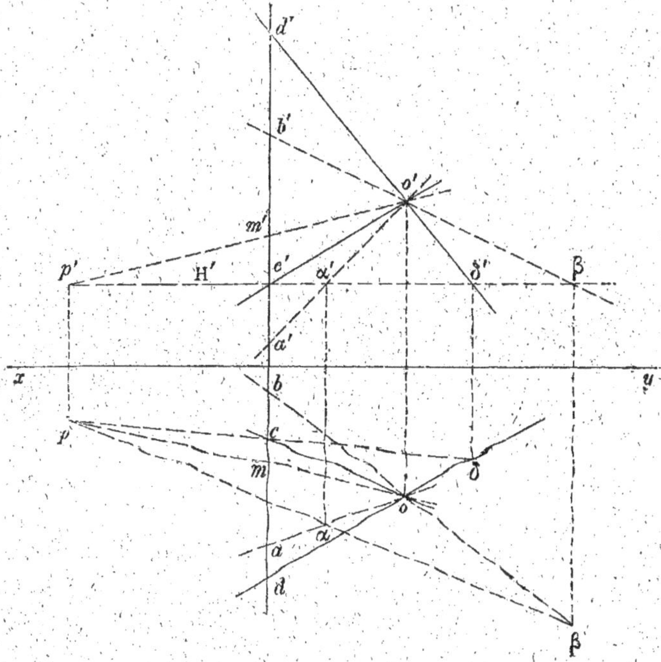

Fig. 373

profil $(ab, a'b')$, $(a_1b, a'b'_1)$ sont parallèles, d'après la réciproque du théorème de Thalès appliquée aux deux triangles $Aa'B$ et $A_1a'B_1$; et comme les deux plans sont parallèles à deux droites de directions différentes, la ligne de terre et la droite $(ab, a'b')$, ils sont parallèles.

357. Problème. — *Trouver l'intersection d'un plan et d'une droite de profil.*

1° *Le plan est défini par deux droites concourantes.* — Soit à trouver le point de rencontre de la droite de profil $(ab, a'b')$ avec le plan défini par les droites $(oc, o'c')$ et $(od, o'd')$ ($fig.$ 373). Ce plan est coupé par le plan de profil contenant la droite $(ab, a'b')$ suivant la droite de profil $(cd, c'd')$.

Pour déterminer le point commun à ces deux droites, nous prendrons comme plan auxiliaire le plan défini par le point (o, o') et la droite de profil donnée, plan qui est déterminé encore par les droites $(oa, o'a')$ et $(ob, o'b')$, et nous chercherons la droite d'intersection de ce plan et du plan donné (149). Prenons un plan auxiliaire horizontal H', qui coupe les deux plans suivant les horizontales $(\alpha\beta, \alpha'\beta')$ et $(c\delta, c'\delta')$; ces horizontales se rencontrent au point (p, p'), qui appartient à l'intersection des deux plans, de sorte que cette intersection est la droite $(op, o'p')$; elle rencontre la droite de profil $(ab, a'b')$ au point (m, m'), qui est le point d'intersection de cette droite avec le plan donné.

Remarque I. — Le raisonnement que nous venons de faire et l'épure de la figure 373 résolvent le problème traité au n° 253 : *Trouver le point (m, m') commun à deux droites $(ab, a'b')$, $(cd, c'd')$ situées dans un même plan de profil*, sans qu'il soit nécessaire de faire un changement de plan vertical. Lorsque le problème est posé de cette façon, le point (o, o') est alors un point choisi arbitrairement dans l'espace

Remarque II. — On pourrait, au lieu de prendre un plan auxiliaire horizontal H', prendre aussi bien un plan vertical, de bout, ou de front.

358. 2° *Le plan contient la ligne de terre.* — Soit à trouver le point de rencontre de la droite de profil $(ab, a'b')$ avec le plan défini par la droite xy et le point (o, o') (*fig.* 374). Nous prendrons encore comme plan auxiliaire le plan des deux droites $(oa, o'a')$ et $(ob, o'b')$,

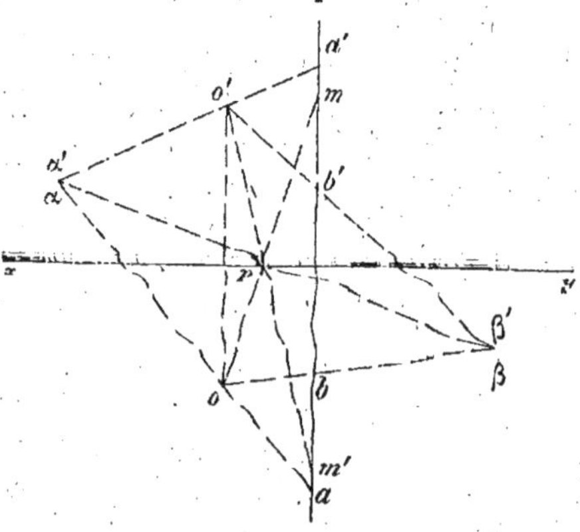

qui contient le point (o, o') et la droite de profil donnée, et nous chercherons son intersection avec le plan donné ; le point (o, o') en est un premier point, de sorte qu'il suffit d'en chercher un second point. Pour cela, nous aurons recours au deuxième

Fig. 374

plan bissecteur, qui coupe le plan donné suivant xy, et le plan auxiliaire choisi suivant la droite $(\alpha\beta,\ \alpha'\beta')$ (345, 1°), laquelle rencontre à son tour xy au point p, deuxième point cherché.

La droite d'intersection du plan donné avec le plan auxiliaire

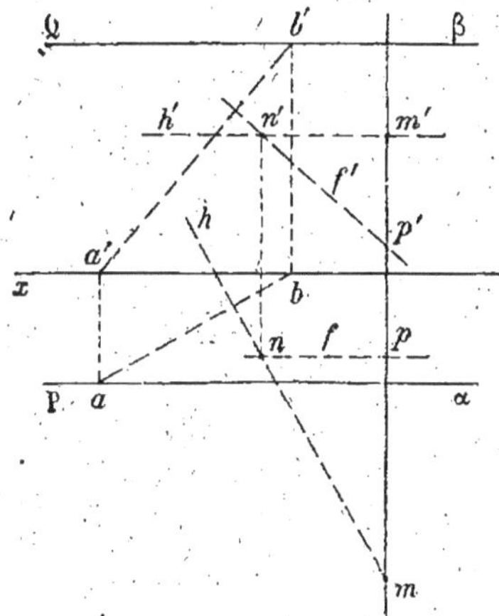

défini plus haut est donc $(o\rho,\ o'\rho)$, elle rencontre la droite de profil $(ab,\ a'b')$ au point $(m,\ m')$; c'est le point d'intersection de cette droite avec le plan donné.

359. Problème. — *A baisser d'un point donné une perpendiculaire sur un plan parallèle à la ligne de terre.*

Soit à mener par le point (m,m') la perpendiculaire au plan défini par ses traces P₂ et Qβ parallèles à xy (*fig.* 375).

La méthode générale suivie au n° 171 n'est pas applicable dans ce cas particulier, car la perpendiculaire cherchée est une droite de profil. On peut alors déterminer cette perpendiculaire en la considérant comme l'intersection de deux plans passant par le point $(m,\ m')$ et perpendiculaires au plan donné, par exemple le plan de profil mm' et le plan mené par $(m,\ m')$ perpendiculairement à une droite quelconque $(ab,\ a'b')$ du plan $(P\alpha,\ Q\beta)$; or, on peut construire immédiatement l'horizontale $(mh,\ m'h')$ de ce deuxième plan $(mh$ est perpendiculaire sur $ab)$, puis, en prenant un point quelconque (n,n') sur cette horizontale, construire une droite de front $(nf,n'f')$ de ce même plan $(n'f'$ est perpendiculaire sur $a'b')$; ces deux droites rencontrent respectivement le plan de profil mm' aux points $(m,\ m')$ et $(p,\ p')$, de sorte que la perpendiculaire cherchée est $(mp,m'p')$.

360. Problème. — *Mener par un point donné un plan perpendiculaire sur une droite de profil donnée.*

Soit à mener par le point (m,m') le plan perpendiculaire à la droite de profil $(ab,a'b')$ (*fig.* 376); le plan cherché est le lieu des perpendiculaires à la droite de profil menées par le point (m,m'); pour le définir, il suffit donc de déterminer deux de ces perpendiculaires.

On peut prendre, par exemple la parallèle (mn, m'n') à xy menée par le point (m, m'), puis la perpendiculaire élevée en ce même point au plan qu'il détermine avec la droite de profil donnée, plan qui est encore défini par les droites (ma, m'a'), (mb, m'b'); on construit d'abord une horizontale (ac, a'c') et une droite de front (cd, c'd') de ce plan, et en menant mp perpendiculaire à ac, m'p' perpendiculaire à c'd', on a les projections de la perpendiculaire cherchée. Le plan demandé est défini par les droites (mn, m'n')

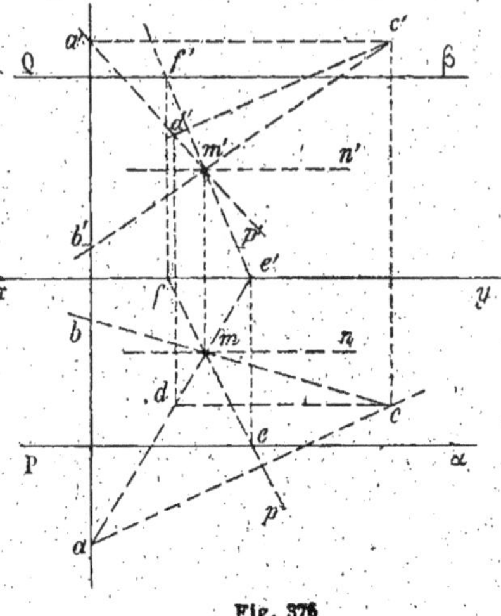

Fig. 376

et (mp, m'p'); en déterminant les traces e et f' de la droite (mp, m'p') et en menant par ces points les parallèles Pα et Qβ à xy, on a les traces de ce plan.

ÉPURES

PROPOSÉES AUX CONCOURS D'ADMISSION
AUX ÉCOLES

INSTITUT AGRONOMIQUE

On donne un tétraèdre ABCD reposant par sa base ABC sur le plan horizontal de projection. Les longueurs de ses arêtes, exprimées en centimètres, sont les suivantes :

$$AB = AC = 14, \qquad BC = AD = 12. \qquad BD = CD = 13..$$

1° On demande de construire, au moyen d'une première épure, les angles plans des dièdres qui ont pour arêtes respectives BC et AD. (On indiquera chacun de ces angles au moyen d'un arc de cercle de 2 centimètres de rayon, décrit de son sommet comme centre et compris entre ses côtés).

2° Après avoir reporté sur une seconde épure les données et les résultats de la première qu'il y a lieu d'utiliser, on construit le point E, symétrique du sommet A par rapport au plan de la face BCD, et on fixe invariablement au tétraèdre ABCD un nouveau tétraèdre ayant pour sommet le point E et pour base la face BCD du premier. On coupe ensuite le solide ABCDE ainsi obtenu par un plan horizontal mené à une hauteur de $0^m,03$ au-dessus du plan horizontal de projection ; on en retranche la partie située au-dessus du plan sécant, et on demande de représenter en projection horizontale la partie conservée du solide ABCDE.

(1889, 1re session.)

On donne un carré ABCD dont le côté a $0^m,08$ de longueur, dont le sommet A repose sur un plan horizontal de projection et dont les deux sommets B et D, voisins du sommet A, sont à $0^m,03$ au-dessus de ce plan horizontal.

1° Représenter, en projection horizontale, le cube construit sur le carré ABCD et au-dessus du plan de ce carré.

2° Représenter la section du cube ainsi défini par un plan horizontal mené à $0^m,05$ au-dessus du plan horizontal de projection.

3° Trouver en vraie grandeur les angles que font respectivement avec le plan horizontal de projection la face ABCD et l'une quelconque des deux autres faces de l'angle solide qui ont leur sommet en A.

(1889, 2e session.)

1° Construire dans le plan horizontal un triangle équilatéral ABC dont le côté AB, perpendiculaire à la ligne de terre, a pour longueur $0^m,10$.

2° Construire le prisme qui a pour base ABC et dont l'arête AD satisfait aux conditions suivantes : l'arête AD est au-dessus du plan horizontal et égale à $0^m,15$; elle fait avec AB un angle de 30° et la face DAB fait avec la face ABC un dièdre AB égal à 60°.

3° Mener par D la section droite DEF de ce prisme. Au tracé à l'encre on figurera le tronc de prisme ABCDEF, en distinguant les parties vues des parties cachées. (1892.)

Une pyramide pentagonale régulière SABCDE repose par sa base ABCDE sur le plan horizontal. Le diamètre du cercle circonscrit à la base a pour longueur $0^m,06$. L'arête latérale a pour longueur la diagonale AD.

1° Déterminer cette pyramide et trouver la perpendiculaire commune PQ au côté AB et à l'arête SD.

2° Trouver sur la surface de la pyramide le lieu des points également distants des pieds P et Q de la perpendiculaire commune.

Nota. — Au tracé à l'encre, on représentera la *projection horizontale* de la surface opaque de la pyramide, avec le tracé du lieu géométrique, puis la tige PQ, prolongée d'une longueur égale à PQ de part et d'autre des points P et Q. (1893.)

Construire les projections d'un cube dont une diagonale est verticale, le sommet le plus bas étant dans le plan horizontal. On donne les projections a et a' de l'extrémité d'une des arêtes issues du sommet situé dans le plan horizontal. La ligne de terre étant tracée parallèlement aux plus petits côtés de la feuille de papier et à égale distance de ces côtés, la ligne de rappel $a\alpha a'$ est à $0^m,02$ du centre de la feuille, la cote $\alpha a'$ est égale à $0^m,04$, l'éloignement $a\alpha$ à $0^m,03$; enfin, la projection horizontale de l'arête considérée rencontre la ligne de terre à droite de a et fait avec elle un angle de 75°. En outre, la diagonale verticale est à gauche du sommet (a, a'). (1895.)

On trace dans le plan horizontal un carré $abcd$ vers la gauche de la feuille et au-dessous de xy ; $ab = 5^{cm}$; le centre o du carré est à une distance oe de xy égale à 10^{cm} ; oa fait 60° avec xy à gauche de oe. Déterminer, sur la verticale de o, deux points S et S_1 tels que les triangles ayant ces points pour sommets et les côtés du carré pour bases soient équilatéraux ; déterminer aussi les intersections mutuelles des plans Sad, Sbc, S_1cd, S_1ab et représenter le solide formé par ces quatre plans.

Faire la même chose pour les plans Sab, Scd, S_1ad et S_1bc après avoir fait préalablement subir au solide $SabcdS_1$ une translation parallèle à xy, de gauche à droite et de 12^{cm}. (1897.)

On donne un plan P passant par xy (xy est le petit axe de la feuille) et faisant avec la partie antérieure du plan horizontal et au-dessus de ce plan un angle de 30°.

Dans ce plan est situé un pentagone régulier ABCDE dont le rayon du cercle circonscrit est 4ᶜᵐ. A est à une distance de xy égale à 16ᶜᵐ; c'est le point le plus en avant du pentagone et il se projette sur le grand axe de la feuille.

Ce pentagone est la base d'une pyramide située au-dessus du plan P, dont la hauteur est 12ᶜᵐ et dont le sommet se projette horizontalement en un point s situé à 8ᶜᵐ à droite du grand axe et à 3ᶜᵐ en avant du petit axe.

Représenter par deux projections (parties vues et cachées) le volume de la pyramide compris entre le plan P et le plan bissecteur du dièdre aigu que fait le plan P avec le plan vertical.   (1898.)

La ligne de terre est le petit axe de la feuille.

Un cube dont l'arête a 8ᶜᵐ a l'un de ses sommets A dans le plan horizontal, sur le grand axe de la feuille et à 10ᶜᵐ en avant du plan vertical. La diagonale de ce cube issue de A est verticale et dirigée vers le haut, l'une des arêtes issue de A est située dans le plan de profil de ce point et dirigée en arrière. Représenter ce cube par ses deux projections, ainsi que sa section par le plan qui passe par son centre et la ligne de terre. Donner aussi le rabattement de cette section sur le plan horizontal. On fera la distinction des parties vues et des parties cachées.   (1899.)

La ligne de terre xy est le petit axe de la feuille, x étant à gauche. Dans le plan horizontal se trouve un triangle rectangle isocèle $\alpha\beta\gamma$. dont le sommet α est sur le grand axe de la feuille, à 10ᶜᵐ en avant de xy, et dont la base $\beta\gamma$ coïncide avec xy, β étant à gauche. La droite $\alpha\beta$ est la trace horizontale d'un plan P dont la partie supérieure fait un angle de 30° avec la partie du plan horizontal qui contient γ.

Dans le plan P se trouve un octogone régulier de 5ᶜᵐ de rayon, dont le centre se projette horizontalement au point milieu de $\alpha\gamma$; de plus, l'une des diagonales qui passe par deux sommets opposés de cet octogone est horizontale. Cet octogone est la base d'une pyramide régulière située au-dessus du plan P ayant 10ᶜᵐ de hauteur.

Représenter cette pyramide par ses deux projections.

On fera la distinction des parties vues et cachées en supposant la pyramide pleine et opaque.   (1900.)

La ligne de terre xy est le petit axe de la feuille; zoz' en est le grand axe (z au-dessous de xy) et o le centre.

On porte $oA = oB = 10$ᶜᵐ sur xy et $oC = 10$ᶜᵐ sur oz. AC est la trace horizontale d'un plan P dont la partie supérieure fait 60° avec le demi-plan horizontal qui contient le point o; c'est aussi la trace horizontale de deux plans P' et P" dont les parties supérieures font avec le même demi-plan horizontal des angles respectivement égaux à 45° et 75°.

Le point du plan P qui se projette horizontalement au milieu de BC est le centre d'un carré situé dans le plan P et ayant une diagonale horizontale égale à 10^{cm}. Ce carré est la base commune de deux pyramides régulières ayant chacune 5^{cm} de hauteur.

Représenter la partie solide de l'octaèdre ainsi formé qui est comprise *entre les plans* P' *et* P". (1901.)

***

La ligne de terre *xy* est le petit axe de la feuille.

Un point O situé dans le plan horizontal, sur le grand axe de la feuille, à 8^{cm} en avant du plan vertical, est le centre d'un carré de 10^{cm} de côté, dont les sommets consécutifs sont A, B, C, D; AB est parallèle à *xy*, est dirigé de la gauche vers la droite et est le côté le plus en avant du carré. Ce carré est la base d'un cube situé au-dessus du plan horizontal et dont les arêtes sont AA', BB', CC', DD'. On fait tourner le cube autour de la diagonale A'C' de la base supérieure d'un angle de 45°; le sens de cette rotation est de la droite vers la gauche pour un observateur couché le long de A'C', les pieds en C', la tête en A'.

Représenter le cube dans sa nouvelle position; faire la distinction des parties vues et cachées en supposant les plans de projection transparents. (1902.)

***

La ligne de terre *xy* est le petit axe de la feuille.

Un tétraèdre régulier SABC a sa base ABC située dans le plan bissecteur du premier dièdre et est placé au-dessus de ce plan. Le triangle ABC a 8^{cm} de côté, le côté BC est parallèle à *xy*; le sommet A est en avant et se projette sur le grand axe de la feuille; la vraie distance de A à *xy* est de 12^{cm}. Sur les faces SAB et SAC comme bases, et en dehors du tétraèdre, on construit deux prismes droits dont la hauteur est égale à celle du tétraèdre.

On demande de représenter par ses deux projections le solide formé par la réunion du tétraèdre et des deux prismes, ainsi que la section faite dans ce solide par le plan horizontal qui en contient le sommet le plus à droite. (1904.)

***

La ligne de terre *xy* est le petit axe de la feuille.

Un cube a une diagonale AB verticale, égale à 12^{cm}: le point B est dans le plan horizontal sur le grand axe de la feuille, à 6^{cm} en avant de *xy*. Une seconde diagonale est de front, dont l'extrémité la plus haute est aussi la plus à droite. Soit P le plan passant par le centre du cube, perpendiculaire à celle des deux autres diagonales dont la trace verticale est la plus basse.

Représenter la trace horizontale du plan P, les deux projections du cube et celles de sa section par le plan P.

On fera la distinction des parties vues et cachées en supposant le cube opaque.   (1915.)

[Pour la mise en place d'un cube à diagonale verticale, voir *Problèmes et Épures de Géométrie Descriptive* de M. Mineur, p. 108.]

ÉCOLE NAVALE

On donne un hexagone régulier de côté égal à 3^{cm} ; le centre et le milieu de l'un des côtés sont dans la partie antérieure du plan horizontal ; le centre est à 5^{cm} de la ligne de terre ; le plan de l'hexagone fait un angle de 39° avec le plan horizontal et la trace horizontale fait un angle de 53° avec la ligne de terre.

Cet hexagone est la base d'une pyramide régulière dont la hauteur est de 15^{cm} et dont le sommet est dans le second dièdre.

Trouver les projections de la pyramide et celles de la section faite par le plan bissecteur du premier dièdre.   (1881.)

On donne un point H dans le plan horizontal à 0^m,04 de la ligne de terre, et un point V dans le plan vertical, éloigné de la ligne de terre de 0^m,06 ; on donne la longueur de la droite HV de l'espace, longueur qui est de 0^m,107. Mener par cette droite un plan faisant un angle de 50° avec le plan bissecteur du premier dièdre.   (1882.)

On a un point A situé dans le second dièdre, distant de 0^m,04 du plan horizontal et de 0^m,03 du plan vertical. Mener par ce point une droite faisant avec le plan horizontal un angle de 35° et avec le plan vertical un angle de 41°. Parmi les droites qui satisfont au problème, considérer seulement celle qui a sa trace verticale la plus éloignée du plan horizontal et située sur la gauche du plan de profil contenant A. Déterminer la plus courte distance de cette droite et de la ligne de terre.   (1883.)

Tracer les projections d'un tétraèdre SABC satisfaisant aux conditions suivantes. On donne les projections (a, a') de A (aα = 0^m,040, a'α = 0^m,060). Le plan prolongé de la base ABC fait un angle de 40° avec la partie postérieure du plan horizontal et passe par un point donné ω de xy (aω = 0^m,110). Le sommet B est dans le plan horizontal, à l'intersection de la perpendiculaire abaissée de A sur la trace horizontale du plan prolongé de ABC. L'arête SC est perpendiculaire au plan de la base ABC et son prolongement coupe xy en un point donné γ (aγ = 0^m,040.) La longueur de l'arête SC est égale à 0^m,070 et S est supposé au-dessus du plan de la base.

(1884.)

On donne un plan de bout P faisant un angle de 45° avec le plan horizontal de projection. Sa trace verticale coupe xy en un point α à 3^{cm} à droite du centre de la feuille; la portion de cette trace qui est au-dessus du plan horizontal de projection va de droite à gauche à partir de α.

Dans ce plan se trouve l'une des faces ABCD d'un cube ABCDEFGH. Le sommet A est celui des sommets de la face ABCD qui a la plus grande cote; sa cote est 6^{cm}, son éloignement est 5^{cm}. Le sommet B est celui des sommets B et D qui a le plus grand éloignement; la longueur de AB est de 5^{cm} et la droite AB fait avec le plan horizontal un angle de 30°. Le cube est situé au-dessus du plan P.

On prend un point M sur la droite qui joint les centres des faces ABCD et EFGH, entre ces deux faces à 4^{cm} du plan P. Construire la section du cube par le plan qui passe par M et qui est parallèle à xy et à AB.

Représenter la partie solide du cube comprise entre le plan sécant et le plan P; xy passe par le centre de la feuille et est parallèle à ses petits côtés. (1901.)

----

xy est parallèle aux petits côtés de la feuille et à 17^{cm} du bord inférieur.

On donne dans le plan de profil du centre de la feuille un point S de cote o et d'éloignement $+$ 7^{cm}, et aussi un point H de cote $+$ 8^{cm} et d'éloignement $+$ 11^{cm}.

1° Mener par S, perpendiculairement à SH, une droite dont la projection horizontale fait l'angle de 45° avec xy et rencontre xy à gauche de s', puis placer sur la droite obtenue le point A d'éloignement $+$ 2^{cm}.

2° SA est une arête d'un tétraèdre SABC dont l'arête BC passe par H et est perpendiculaire à SH et à SA. L'arête AB est de profil et l'arête SC est de front.

Couper ce tétraèdre par le plan mené par le milieu de SH, parallèlement à xy, également incliné sur les deux plans de projection et coupant le plan vertical de projection au-dessus de xy.

Représenter celle des deux parties solides du tétraèdre déterminées par le plan sécant à laquelle appartient le sommet A. (1902.)

Tracer xy à 15^{cm} du bord inférieur de la feuille parallèlement à ses petits côtés. Le sommet S d'une pyramide régulière à base carrée ABCD a pour côté 2^{cm}, pour éloignement 6^{cm} et sa ligne de rappel est à o^{m},045 à gauche de la feuille. Le point C a pour éloignement 8^{cm}, pour cote 8^{cm}, et sa ligne de rappel est à o^{m},045 à droite du centre de la feuille. L'arête SA est verticale et dirigée vers le haut et l'éloignement de B est supérieur à celui de D.

Construire la section de la pyramide par le plan mené par D perpendiculairement à SB et représenter la partie solide de la pyramide comprise entre la base ABCD et le plan sécant.   (1903.)

ÉCOLE SPÉCIALE MILITAIRE DE SAINT-CYR

Dans la pyramide quadrangulaire SABCD dont le sommet est en S, on donne   SA $=$ SB $=$ SD $=$ 88^{mm},   AB $=$ 79^{mm},   AD $=$ 58^{mm}, angle DAB $=$ 90°,   angle ADC $=$ 111°,   angle ABC $=$ 69°.

On demande de construire les projections du solide en plaçant à volonté la base ABCD sur le plan horizontal.

On déterminera ensuite :

1° l'angle des faces SAB, ABCD et celui des faces SBC, SCD ; ces angles seront mesurés à l'aide du rapporteur ;

2° les projections et la vraie grandeur de la section faite dans le solide par le plan bissecteur de l'angle dièdre dont AB est l'arête.

                                              (1863.)

————

Dans un tronc de pyramide régulière à base hexagonale, le côté de la grande base est égal à 50^{mm}, chaque arête latérale a 65^{mm}, et les angles que font les arêtes latérales avec les côtés adjacents de la grande base valent chacun 80° ; déterminer les projections du tronc en l'appuyant par la grande base sur le plan horizontal. Ce tronc étant supposé réduit à sa surface et la partie supérieure étant enlevée, on déterminera les parties visibles de la surface intérieure du tronc, en supposant l'œil placé à une hauteur de 71^{mm} au-dessus du plan horizontal sur la verticale menée par l'un des sommets de la grande base.   (1864.)

————

Trouver les projections de l'intersection d'une pyramide régulière pentagonale dont la base est sur le plan horizontal avec une perpendiculaire au plan vertical. Le côté du pentagone de base est égal à 0^{m},07 ; l'un des côtés est situé sur une parallèle à la ligne de terre menée à une distance de 0^{m},30. La hauteur de la pyramide est 0^{m},1. Le plan sécant fait un angle de 30° avec le plan horizontal et est à une distance de 0^{m},05 du sommet de la pyramide.

Après avoir déterminé les projections de l'intersection, on cherchera l'angle de deux faces de la pyramide.   (1865.)

————

Un prisme droit a pour base un hexagone régulier ABCDEF dont le côté vaut 0^{m},034. Sur les arêtes latérales qui partent des sommets A, B, C de la base, on prend des longueurs AG $=$ 0^{m},068, BH $=$ 0^{m},053, CI $=$ 0^{m},025. Par les trois points G, H, I on fait passer un plan P qui détermine le tronc de prisme compris entre ce plan et la base ABCDEF, et l'on demande de construire les projections horizontale et verticale de ce tronc en posant la base sur le plan horizontal de manière que le côté AB soit perpendiculaire à la ligne de terre.   (1866.)

Un tétraèdre régulier SABC, dont les arêtes ont pour valeur commune 58^{mm}, repose par sa base ABC sur le plan horizontal, de manière que l'arête AB soit parallèle à la ligne de terre et le sommet C en avant de AB. Sur chacune des faces latérales SAB, SAC, SBC, comme base, on construit un prisme droit dont la hauteur est égale à l'arête du tétraèdre. On obtient ainsi un polyèdre P, composé de l'ensemble du tétraèdre et des trois prismes, et l'on demande de construire :

1° les deux projections de ce polyèdre P ;

2° la section du polyèdre P par un plan horizontal mené par le centre de gravité du tétraèdre.   (1867.)

1° Un prisme droit a pour base un hexagone régulier. Le côté de la base égale 31^{mm}, et la hauteur du prisme est quintuple du côté de la base. Une face latérale coïncide avec le plan horizontal de projection, les arêtes latérales faisant avec la ligne de terre un angle de 30°. On demande de construire les projections horizontale et verticale de ce prisme.

2° Soit O le point milieu de celle des deux arêtes latérales supérieures qui est le plus en avant du plan vertical de projection ; on considère les points situés sur les arêtes latérales et qui sont à la même distance du point O, distance égale au double du côté de la base ; on joint chacun de ces points au point voisin situé sur l'arête suivante : on obtient ainsi une ligne polygonale tracée sur la surface du prisme. On demande de construire les projections de cette ligne.
   (1869.)

Une pyramide régulière dont le sommet est S a pour base l'hexagone régulier ABCDEF. Chaque arête latérale vaut 127^{mm} et chaque côté de la base 53^{mm}. La face latérale SAB est appliquée sur le plan horizontal de projection de telle sorte que AB est perpendiculaire à la ligne de terre et le point A plus près de cette ligne que le point B. Ceci posé, on demande de construire :

1° les projections de cette pyramide ;

2° les projections d'une seconde pyramide régulière de même base que la première et dont les arêtes latérales sont les 2/3 de celles de la première, le sommet de cette seconde pyramide étant placé au delà de la base commune par rapport au sommet S ;

3° les projections et la vraie grandeur de la section faite dans l'ensemble des deux pyramides par un plan vertical mené par le point B et le point situé aux 2/3 de l'arête SA à partir du point S. (1870.)

Une pyramide triangulaire SABC a sa base ABC appliquée sur la partie antérieure du plan horizontal. L'arête AB est parallèle à la ligne de terre et le sommet C en avant de l'arête AB. On donne en millimètres AB = AC = 116, BC = 147, SA = SB = SC = 104.

Cela posé, on demande de construire :

1° les projections de la pyramide ;

2° les projections de la section faite par un plan perpendiculaire a l'arête SA mené par le point de cette arête situé au quart de sa longueur, à partir du sommet S ;

3° les projections des points situés sur l'arête SA d'où l'on voit l'arête BC sous un angle droit.   (1872.)

Une pyramide régulière a pour sommet le point S et pour base l'hexagone régulier ABCDEF. La face SAB est appliquée sur le plan horizontal de manière que le côté AB soit perpendiculaire à la ligne de terre. On donne AB = 45^{mm} et SA est le double de AB. Ceci posé, on demande de construire les projections de la pyramide.   (1873.)

On donne un plan PαQ dont les traces font avec la ligne de terre des angles Pαx = 45°, Qαx = 36° (le point α étant situé à droite et à 100^{mm} du point m, milieu de la ligne de terre).

On donne en outre un point S situé dans le plan PαQ, à 42^{mm} en avant du plan vertical de projection et à 45^{mm} au-dessus du plan horizontal. Ce point est le sommet d'un tétraèdre SABC qui s'appuie par sa base ABC sur le plan horizontal de projection. L'angle solide S est trirectangle ; le plan de la face SAB du tétraèdre est parallèle à la ligne de terre et la face BSC est située dans le plan PαQ. Cela posé, on demande :

1° de construire les projections du tétraèdre ;

2° de prendre les points O et I, milieux des arêtes opposées AC et SB et de tirer la droite OI ;

3° de mener par cette droite OI un plan faisant un angle de 33° avec l'arête SB ;

4° de construire les projections de la section faite dans le tétraèdre par ce plan.   (1878.)

On donne : 1° un plan PαQ dont les traces font avec la ligne de terre des angles Pαy = 45°, Qαy = 36° ; 2° un point S situé dans ce plan à 42^{mm} en avant du plan vertical de projection et à 54^{mm} au-dessus du plan horizontal. Ceci posé, on demande :

1° de construire les projections d'une pyramide triangulaire SABC ayant pour sommet le point S et s'appuyant sur le plan horizontal par sa base ABC (le point A étant le plus éloigné de la ligne de terre), au moyen des données suivantes : le plan de la face ASC est perpendiculaire au plan PαQ et fait un angle de 72° avec le plan horizontal ; la face ASB est située dans le plan PαQ ; l'angle plan ASG égale 75° ; l'angle plan ASB, 66° ;

2° de mener par le centre de gravité G de la pyramide un plan perpendiculaire à la droite SG qui joint ce centre de gravité au sommet S et de construire les projections de la section faite par ce plan dans le solide.   (1880.)

———

On donne dans le premier dièdre un point A dont la cote aa' est 19ᵐᵐ, l'éloignement aa, 22ᵐᵐ ; un point G dont la cote $\gamma g'$ est 53ᵐᵐ, l'éloignement γg, 48ᵐᵐ, et dont la distance au plan de profil de A vers la droite est 52ᵐᵐ. La droite AG est une diagonale d'un parallélépipède rectangle dont une face est horizontale, une autre parallèle au plan vertical.

Trouver les projections du parallélépipède.

Par les milieux M, N, P des trois arêtes DH, BG, EF on fait passer un plan : trouver la section du parallélépipède par ce plan.

Pour la mise à l'encre, on supprimera la portion du parallélépipède située au-dessous du plan sécant.   (1885.)

———

AR est une droite parallèle au bord de droite de la feuille et à 12ᶜᵐ de ce bord ; R est son point de rencontre avec le bord inférieur ; la longueur AR égale 22ᶜᵐ.

Cette droite est l'arête d'un dièdre de 60° situé au-dessus du plan de comparaison, dont une face repose sur ce plan et contient le bord de droite de la feuille. Sur l'autre face se trouve un carré ABCD, dont le côté égale 6ᶜᵐ. A est un de ses sommets et le côté AB fait avec AR un angle de 30°. Ce carré ABCD est la base d'un parallélépipède rectangle P extérieur au dièdre et dont l'arête latérale est 14ᶜᵐ.

Par M, centre de la face latérale passant par AB, on mène dans le plan vertical parallèle à AR une droite Δ faisant un angle de 60° avec le plan horizontal et dont les cotes croissent à partir de M vers le haut de la feuille.

Par Δ, on mène deux plans de pente 2,7 et l'on enlève de P, supposé plein, la partie située à l'intérieur des dièdres formés par ces plans où se trouve la verticale du point M.

Représenter le parallélépipède ainsi entaillé.   (1903.)

———

SECTION PLANE D'UN SOLIDE CONSTITUÉ PAR UN CUBE ÉVIDÉ PAR UN OCTAÈDRE RÉGULIER. — *Cube.* Le côté du cube est de 15ᶜᵐ, le centre est le point ω (0, 0, 10ᶜᵐ) ; un sommet B est sur la partie positive Oy de l'axe des y ; le plan vertical passant par Bω est un plan de symétrie, et la face passant par B, qui est perpendiculaire à ce plan de symétrie, est supposée située au-dessous du centre ω.

Octaèdre. — Il a pour sommets les centres des faces du cube.

Plan sécant. — Il est déterminé par les points A (8ᶜᵐ, 0, 0), B, C

$(0, 0, 11^{cm})$. Représenter la portion du cube extérieure à l'octaèdre et située au-dessous du plan sécant.

Nota. — L'origine O des coordonnées est le centre de la feuille ; l'axe Ox est la parallèle aux petits côtes de la feuille menée vers la droite ; l'axe Oy est la parallèle aux grands côtés menée vers le bas de la feuille ; l'axe Oz est la perpendiculaire à la feuille menée au-dessus de cette feuille.

(1906.)

On considère un cube $ABCD\alpha\beta\gamma\delta$. A a pour coordonnées $X = 1^{cm}$, $Y = -0^{cm},5$, $Z = 25^{cm}$. B a pour coordonnées $X = -6^{cm}$, $Y = 4^{cm},5$, $Z = 19^{cm}$. L'extrémité C de l'arête BC du cube est dans le plan $Z = 12^{cm}$. Il y a deux positions possibles du point C remplissant ces conditions ; on prendra celle pour laquelle l'ordonnée Y de C a la plus grande valeur. L'arête $C\gamma$ du cube, qui est perpendiculaire à la face ABCD, est tout entière au-dessus du plan $Z = 12^{cm}$.

Chaque face de ce cube est surmontée d'une pyramide régulière dont la base est la face considérée du cube et dont la hauteur est égale à l'arête du cube. Le cube et ces six pyramides constituent un solide que l'on demande de représenter.

Les axes OX, OY, OZ sont rectangulaires ; OZ est vertical et dirigé vers le haut ; O est le centre de la feuille ; OX est parallèle au petit côté de la feuille et dirigé vers la droite ; OY est parallèle au grand côté et dirigé vers le bas.

(1910.)

Les axes OX, OY, OZ sont rectangulaires. Le plan OXY est horizontal, OZ est vertical et dirigé vers le haut.

Sur l'épure OY est la parallèle au grand côté de la feuille qui passe par le centre de celle-ci ; O est à 15^{cm} au-dessus du bas de la feuille. OX est dirigé vers la droite, OY est dirigé vers le bas.

Un tétraèdre régulier ABCD a une face ABC dans un plan donné par une de ses lignes de plus grande pente $\alpha\beta$; $\alpha(x = -5^{cm},5 ; y = 8^{cm} ; z = 0)$, $\beta(x = 0 ; y = 0 ; z = 10^{cm})$.

On donne, pour A, $x = 6^{cm}$, $y = 8^{cm}$; pour B, $x = -8^{cm}$, $y = 5^{cm}$.

La cote de C est supérieure à celle de A ; la cote de D est inférieure à celle de A.

On demande de représenter la partie du tétraèdre ABCD qui est extérieure au tétraèdre EFGH donné par les coordonnées de ses sommets.

$$E \ (x = 10^{cm} ; \quad y = -3^{cm} ; \quad z = 1^{cm}),$$
$$F \ (x = -3^{cm} ; \quad y = +3^{cm} ; \quad z = 10^{cm}),$$
$$G \ (x = 5^{cm},5 ; \quad y = -11^{cm} ; \quad z = 15^{cm}),$$
$$H \ (x = 4^{cm} ; \quad y = -3^{cm} ; \quad z = 4^{cm}).$$

(1911.)

TABLE DES MATIÈRES

PREMIÈRE PARTIE

GÉOMÉTRIE COTÉE

Chapitre I. — Le point et la ligne droite 9

Chapitre II. — Le plan. 30

Chapitre III. — Intersection de droites et de plans . . . 47

Chapitre IV. — Droites et plans perpendiculaires 61

DEUXIÈME PARTIE

GÉOMÉTRIE DESCRIPTIVE A DEUX PLANS DE PROJECTION

TROISIÈME PARTIE

CHARTRES. — IMPRIMERIE DURAND, RUE FULBERT. (6-1925).

Librairie VUIBERT, Boulevard Saint-Germain, 63, PARIS.

SCIENCES PHYSIQUES

Ouvrages de M. P. MASSOULIER, professeur au lycée Henri IV.
(Volumes 20/13cm, cartonnés toile.)

Chimie (*classes de 2e C et D*). . . . . 8 fr. 25
— (*classes de 1re C et D*). . . . . 9 fr. »
— (*classe de Mathématiques*). . . . . 9 fr. 75
Éléments de Chimie (*classe de Philosophie*). . . . . . . 9 fr. 75

Éléments de Chimie (*classe de Philosophie*), par P. RIVALS, doyen de la Faculté des Sciences de Marseille, et M. DEVAUD, professeur au lycée. — Vol. 20/13cm. . . . . 8 fr. 25

Ouvrages de M. A. TURPAIN, professeur à la Faculté des Sciences de l'Université de Poitiers.
(Volumes 20/13cm, cartonnés toile.)

Éléments de Physique (*classe de Philosophie*). . . . . . 16 fr. 50
Physique (*classes de 2e et 1re C et D, Mathématiques*). . . . 22 fr. »

Ouvrages de M. J. BASIN, professeur au lycée de Lille.
(Volumes 18/12cm, cartonnés toile.)

Physique (*classes de 2e C et D*). . . . . 9 fr. 75
— (*classes de 1re C et D*). . . . . 13 fr. »
— (*classe de Mathématiques*). . . . . 11 fr. »
Chimie (*classes de 2e C et D*). . . . . 7 fr. 50
— (*classes de 1re C et D*). . . . . 8 fr. 25
— (*classe de Mathématiques*). . . . . 9 fr. 75

Problèmes de Physique et Chimie

À l'usage des candidats aux écoles Centrale, Navale, des Mines de Paris et de Saint-Étienne, et à l'Institut agronomique, des Aspirantes au certificat d'aptitude et à l'agrégation de l'enseignement secondaire des jeunes filles, etc., par E. GREFFE, ancien élève de l'école normale supérieure, professeur agrégé au lycée Saint-Louis. — Volume 22/14cm, avec figures.
16 fr. 50

SCIENCES NATURELLES

Ouvrages de M. E. GAUSTIER, professeur au lycée Saint-Louis.

Anatomie et Physiologie animales et végétales, éd. A. — Vol. 16/11cm, cart. toile. . . . . 11 fr. »
Sciences naturelles et Hygiène : Classes de Philosophie et de Mathématiques. — Vol. 16/11cm, cart. toile. . . . . 13 fr. »
Précis d'Hygiène : Classes de Philosophie et de Mathématiques. — Vol. 16/11cm, broché. . . . . 4 fr. 50
Sciences naturelles : Classes de Philosophie et de Mathématiques. — Vol. 18/12cm, cart. toile. . . . . 14 fr. 25

· Librairie VUIBERT, Boulevard Saint-Germain, 63, PARIS.

L'Éducation mathématique (28ᵉ année : 1925-1926).

Journal 28/22ᶜᵐ, paraissant le 1ᵉʳ et le 15 de chaque mois, du 1ᵉʳ octobre au 15 juillet, et publié par A. DURAND, ancien élève de l'Ecole normale, professeur agrégé au lycée Saint-Louis, et H. VUIBERT. Abonnement annuel remontant au 1ᵉʳ octobre : France et Colonies : 10 fr. ; Etranger, 12 fr. »

Ce journal s'adresse aux élèves et aux candidats qui ne peuvent pas suivre encore le *Journal de Mathématiques élémentaires*. Des questions proposées sont livrées aux recherches des abonnés. Les solutions insérées dans le journal sont rédigées avec les plus grands détails et en rappelant les théorèmes à l'appui. Les fautes qui peuvent se trouver dans les solutions envoyées sont signalées et expliquées d'une façon générale, de manière à faire profiter tous les lecteurs des enseignements qui peuvent se dégager des erreurs de quelques-uns.

Journal de Mathématiques élémentaires
par H. VUIBERT (50ᵉ année).

Journal 28/22ᶜᵐ, avec figures et épures dans le texte, paraissant le 1ᵉʳ et le 15 de chaque mois, du 1ᵉʳ octobre au 15 juillet. — Abonnement annuel remontant au 1ᵉʳ octobre : France et Colonies, 10 fr. ; Etranger. 12 fr. »

Ce journal s'adresse aux candidats aux écoles et aux baccalauréats d'ordre scientifique et aux élèves qui doivent plus tard étudier les sciences. Le journal propose et résout des problèmes (notamment ceux qui ont été posés dans les examens et concours) ; il publie les noms des abonnés ayant envoyé de bonnes solutions.

En dehors du côté scientifique, le journal présente un grand intérêt par les communications de toute nature qu'il fait à ses lecteurs, touchant les modifications survenues dans la réglementation relative aux examens et aux concours, la publication des programmes nouveaux, des livres répondant à de nouveaux programmes d'examens, etc. C'est à cet avis que bon nombre de jeunes gens doivent d'avoir évité des fautes irréparables, ou de s'être engagé dans telle ou telle voie plutôt que telle ou telle autre.

THE NEW ENGLISH GRAMMAR (pour les classes de 4ᵉ à 1ʳᵉ), par J.-R. LUGNÉP-HILIPON, professeur agrégé au lycée Pasteur. — 5ᵉ édit. Vol. 20/13ᶜᵐ de 208 pages, cart. toile. . . . . . . 9 fr. »

THE NEW ENGLISH READER, à l'usage des classes de 4ᵉ et 3ᵉ par J.-R. LUGNÉ-PHILIPON. — Vol. 20/13ᶜᵐ, illustré, cart. toile. 9 fr. 75

THE NEW ENGLISH RECITER, à l'usage des élèves des classes de 6ᵉ à 1ʳᵉ, par J.-R. LUGNÉ-PHILIPON. — Vol. 18/12ᶜᵐ, ill., cart. toile. 4 fr. 50

A VERY SHORT ENGLISH GRAMMAR, by J. MÉJASSON, professor of languages. — 2ᵉ édit. Vol. 18/12ᶜᵐ, cartonné toile. . 2 fr. 50

Ce petit volume pourra servir aux aspirants au baccalauréat pour repasser avant l'examen les formes grammaticales en vue des épreuves orales. Ces épreuves comportent en effet quelques questions grammaticales et littéraires.

CHOIX D'ANECDOTES ANGLAISES *accompagnées d'anglicismes, de verbes irréguliers et de notes explicatives,* par P. PRETEUX, professeur de la Société pour la propagation des langues étrangères en France. — 4ᵉ édition. Volume 18/12ᶜᵐ. . . . . 3 fr. 40

LE THÈME ANGLAIS aux examens du baccalauréat et aux concours, par B.-H. GAUSSERON, professeur agrégé au lycée Janson-de-Sailly. — 3ᵉ édition, 2 vol. 22/14ᶜᵐ, textes et traductions. . . . . . 14 fr. 25

On vend séparément : textes, 9 fr. 75 ; traductions, 4 fr. 80.

LA VERSION ANGLAISE aux examens et aux concours d'admission aux écoles spéciales, par B.-H. GAUSSERON. — 2 vol. 22/14ᶜᵐ, textes et traductions. 14 fr. 25

On vend séparément : textes, 9 fr. 75 ; traductions, 4 fr. 80.

Librairie VUIBERT, Boulevard Saint-Germain, 63, PARIS.

NEUE DEUTSCHE GRAMMATIK (*classes de 4e à 1re*), par H. MASSOUL, professeur au lycée Louis-le-Grand, ancien lecteur à l'Université de Gœttingue. — Vol. 20/13cm, cart. toile. . . . . 9 fr. »

NEUES DEUTSCHES LESEBUCH, à l'usage des classes de 4e et 3e, par H. MASSOUL. — Vol. 20/13cm, illustrations de J. SOURIAU, cartonné toile. . . . . 9 fr. 75

NOUVELLE ORTHOGRAPHE ALLEMANDE (Règles de la). Texte officiel (*Regeln für die deutsche Rechtschreibung*) avec le *Vocabulaire*. — Broch. 20/13cm. . . . . 1 fr. 50
Le même Texte officiel, avec *Traduction française*, par E.-B. LANG. — Vol. 20/13cm. 3 fr. 50

LA COMPOSITION ALLEMANDE AU BACCALAURÉAT et dans les divers examens et concours (*Materialien zu deutschen Aufsätzen*), par HENRY MASSOUL. — Vol. 22/14cm, 3e édition. . . . . 8 fr. 25
Cet ouvrage n'est pas un recueil de compositions toutes faites, ni un choix de *clichés* à l'usage des candidats au baccalauréat. Il contient surtout des sujets de devoirs, des préparations, des *matériaux*. Quelques développements indiqueront aux élèves le but modeste où peuvent atteindre leurs efforts : ce sont en général des travaux de classe, retouchés sans doute par le maître, mais conservant nettement l'empreinte de la première main.

LE THÈME ALLEMAND au baccalauréat et aux concours, par E.-B. LANG, agrégé de l'Université, professeur à l'école militaire de Saint-Cyr et au lycée Janson-de-Sailly. — 3e édition, 2 vol. 22/14cm, textes et traductions. . . . . 14 fr. 25
On vend séparément : textes, 9 fr. 75 ; traductions, 4 fr. 80.

LA VERSION ALLEMANDE aux examens du baccalauréat et aux concours, par E.-B. LANG. — 2e éd., 2 vol. 22/14cm, textes et traductions. 14 fr. 25
On vend séparément : textes, 9 fr. 75 ; traductions, 4 fr. 80.

GUIDE DU VOYAGEUR DANS LES PAYS DE LANGUE ALLEMANDE, par MOUSSARD et SCHUEHMACHER. — Vol. 18/12cm de 224 pages, avec 2 cartes hors texte (1909), br. . . . . . 5 fr. 50
Titres des chapitres : I. Voyages en chemin de fer. — II. La vie matérielle. — III. Le temps, l'argent, les poids et les mesures. — IV. La Poste, les relations internationales. — V. Le commerce et l'industrie. — VI. L'organisation politique et les partis. — VII. La presse. — VIII. L'instruction publique.

POESIE (ITALIANE) SCELTE, à l'usage des élèves des lycées et collèges (Classes de Sixième à Première), par J. MARCHIONI, professeur agrégé au lycée de Nice. — 5e édition. Vol. 18/12cm, cart. toile. 8 fr. 25

IN ITALIA. TRA GLI ITALIANI, per G. PADOVANI, dottor in lettere dell'Università di Bologna. — 2e éd. Vol. 18/12cm, ill., cart. toile. 9 fr. 75

ANEDDOTI, NOVELLE E RACCONTI, par L. GUICHARD, professeur au lycée de Marseille, avec illustrations de G.-M. SALGE. — Vol. 20/13cm, cart. toile. . . . . 9 fr. 75
SOMMAIRE. Parte I : Facezie. — Parte II : Aneddotini, favole e leggende. — Parte III : Novelle. — Parte IV : Novelle antiche. — Parte V. : Aneddoti su alcuni uomini celebri.

DICTIONNAIRES AUTORISÉS
pour le Baccalauréat

CHAMBERS'S Twentieth Century Dictionary *of the English language*. — Vol. de 1216 pag., illustré, format 21/14cm, cart. toile. 42 fr. »
Chambers's *Etymological Dictionary* of the English language. — Vol. 19/13cm de 685 pages. . . . . 16 fr. »

Librairie VUIBERT, Boulevard Saint-Germain, 63, PARIS.

MANUELS DU BACCALAURÉAT
(*Volumes 16/11ᶜᵐ.*)

Première Partie

Histoire ancienne (*Latin-Grec, Latin-Langues*), par L. HOMO, professeur à l'Université de Lyon. Broché.. . . . . 11 fr. »

Histoire moderne, par H. HAUSER, professeur à l'Université de Dijon.. Broché. 4 fr. 50

Géographie (France et Colonies), par H. HAUSER. Broché.. . . 7 fr. »

Mathématiques (*Latin-Sciences, Sciences-Langues*), par MM. GUICHARD, HUMBERT et MINEUR, professeurs agrégés des sciences mathématiques. Cart. toile.. . . . . 9 fr. 75

Physique (*Latin-Sciences, Sciences-Langues*), par L. BOISARD, professeur au lycée Carnot. Broché... . . . . 9 fr. 75

Chimie (*Latin-Sciences, Sciences-Langues*), par P. RIVALS, doyen de la Faculté des sciences de Marseille. Broché.. . . . . 8 fr. 25

Seconde Partie

Philosophie (*Série Philosophie*), par P. JANET, membre de l'Institut, professeur au Collège de France :
  I. *Programme obligatoire*. . . . . 10 fr. »
  II. *Questions complémentaires*, par P. JANET, avec la collaboration de M. Henri PIÉRON, professeur au Collège de France, directeur du laboratoire de psychologie physiologique, et de M. Charles LALO, professeur de philosophie au Lycée Voltaire. . . . . 12 fr. »

Histoire, par P. HAUSER :
  Histoire contemporaine. . . . . 4 fr. 80
  Institutions de la France actuelle, en collaboration avec M. L. CAHEN, professeur au lycée Condorcet. . . . . 5 fr. »

Géographie (Les principales puissances du monde), par H. HAUSER. Broché. . . . . 5 fr. 50

Chimie (*Série Philosophie*), par P. RIVALS et M. DEVAUD, professeur au lycée de Marseille. Broché. . . . . 7 fr. »

Physique (*Série Philosophie*), par A. GALLOTTI. Broché.. . . 11 fr. »

Histoire naturelle (comprenant l'Hygiène), par E. CAUSTIER, professeur au lycée Saint-Louis. Cart. toile. . . . . 13 fr. »

Mathématiques (*Série Mathématiques*), par MM. GUICHARD, HUMBERT, MALUSKI, MINEUR et PAPELIER. Cart. toile.. . . . . . 13 fr. »

Physique (*Série Mathématiques*), par L. BOISARD. Broché. . . 8 fr. 25

Chimie (*Série Mathématiques*), par MM. RIVALS et DEVAUD. Broché. 7 fr. »

Philosophie (*Série Mathématiques*), par P. JANET. Broché. . . 6 fr. 25

Programme des conditions d'admission et de l'enseignement à l'*École d'Électricité industrielle* de Marseille. . . . . 1 fr. 25

Librairie VUIBERT, Boulevard Saint-Germain, 63, PARIS.

Leçons de Géométrie élémentaire

à l'usage des élèves de Seconde, Première et Mathématiques et des candidats aux baccalauréats scientifiques et aux écoles, par Ed. A.-FOUET, professeur à l'Institut catholique de Paris, directeur des études mathématiques à l'Ecole préparatoire Sainte-Geneviève. — Volume 22/14^{cm} . . . . 16 fr. 0

LA COMPOSITION FRANÇAISE AU BACCALAURÉAT

à l'usage des élèves de Seconde et Première A, B, C, D, par Max JASINSKI, docteur ès lettres, professeur au lycée de Caen. — Vol. 22/14^{cm} de 250 pages. . . . . 9 fr. 75

Cet ouvrage renferme des conseils, de nombreux sujets traités et plans développés et comprend en outre plus de 900 sujets proposés depuis quelques années par toutes les Facultés françaises; ces sujets sont groupés par genre; pour la morale, on suit l'ordre logique; on suit l'ordre chronologique pour la littérature et l'histoire. Enfin des renvois permettent de reconstituer le groupe des trois sujets, tel qu'il a été donné à l'examen.

LA VERSION LATINE (*Méthode et textes choisis*), par U.-V. CHATE-LAIN, professeur au lycée Voltaire. — Vol. 22/14^{cm}, 2e édit. . . 9 fr. 75

SYNTAXE LATINE-FRANÇAISE *en vue de la version, à l'usage de toutes les classes de l'enseignement secondaire*, par J. ESTÈVE, professeur au lycée Ampère, à Lyon. — Vol. 18/12^{cm}, 2e édit., cart. toile. 5 fr. 25

COMMENT APPRENDRE LE LATIN A NOS FILS, par J. BEZARD, professeur au lycée Hoche. — Vol. 18/12^{cm} de 424 pages, 2e édition. . . . . 12 fr. »

CAHIER DE LATIN (*Méthode auxiliaire pour l'enseignement de la Syntaxe par l'observation directe*), par R. GÉANT, professeur au lycée Louis-le-Grand. — Vol. 24/18^{cm}, 2e édit., cartonné toile. . . . . 9 fr. »

La dissertation philosophique au Baccalauréat, par J. LEBLOND, professeur agrégé au lycée de Charleville :

I. — *Série Philosophie*, à l'usage des *classes de Philosophie A et B*. — Vol. 22/14^{cm}, broché. 13 fr. »

II. — *Série Mathématiques*, à l'usage des *classes de Mathématiques A et B*. — Vol 22/14^{cm}, broché. . . . . 8 fr. 25

PROBLÈMES DE BACCALAURÉAT

(Mathématiques)

par G. MOREL, ancien élève de l'école normale supérieure, agrégé des sciences mathématiques, professeur au Prytanée militaire. — 2 volumes 22/14^{cm} :

I : Première partie du Baccalauréat (239 *problèmes avec les solutions*). 15 fr. »

II : Deuxième partie du Baccalauréat (217 *problèmes avec les solutions*). . . . . 15 fr. »

Librairie **VUIBERT**, Boulevard Saint-Germain, 63, PARIS.

Ouvrages du Commandant HÉBERT

ANCIEN DIRECTEUR DE L'ENSEIGNEMENT DES EXERCICES PHYSIQUES DANS LA MARINE
ANCIEN DIRECTEUR DU COLLÈGE D'ATHLÈTES

Guide pratique d'Éducation Physique. — Vol. 22/14^{cm}, illustré de 411 gravures, dont 364 photographies et 2 planches hors texte, 4e édition. . . . . **22 fr. »**

L'Éducation physique ou l'Entraînement complet par la Méthode naturelle. — Vol. 25/16^{cm}, illustré de photographies hors texte, 5e édition.. . . . . **9 fr. »**

Le Code de la Force. — Vol. 18/12^{cm}, 2e édition. . . . . . **4 fr. 50**

La Culture virile et les Devoirs physiques de l'Officier combattant. — Vol. 18/12^{cm}, 2e édition. . . . . **6 fr. »**

Leçon-type d'Entraînement complet et utilitaire. — Vol. 18/12^{cm}, illustré, 5e édition. . . . . **7 fr. 50**

Leçon-type de Natation. — Vol. 18/12^{cm}, illustré, 2e édit. **5 fr. »**

La méthode d'éducation physique préconisée par M. Hébert s'impose chaque jour davantage aux suffrages de la jeunesse et des hommes compétents. Des systèmes d'origine étrangère, ternes et fastidieux, avaient dans ces dernières années trouvé crédit chez nous : ils ont fait leur temps, et avec la Méthode Hébert, simple, pratique, toute de bon sens, c'est la tradition française, rajeunie et adaptée à des besoins nouveaux, qui reprend ses droits.

Demander le prospectus illustré détaillé.

L'ÉDUCATION PHYSIQUE

REVUE SCIENTIFIQUE ET CRITIQUE

Président du Comité de rédaction : Georges **HÉBERT**, ancien lieutenant de Vaisseau, ancien directeur du Collège d'Athlètes de Reims. — *Rédacteur en Chef :* **D. STROHL.** — Paraît le 15 de chaque mois (sauf en août et septembre). Format : 25/16^{cm}. — Abonnement annuel : France et Colonies : **15 fr.** — Étranger : **20 fr.** — (*Numéro spécimen sur demande.*)

Donne dans chaque Numéro — soigneusement illustré — des Articles Critiques, Pédagogiques, Historiques, Littéraires, des Études sur le Tourisme, la Vie Sportive, la Vie Physique Coloniale, l'Hygiène, etc..., *des Conseils Pratiques*, par des Collaborateurs les plus qualifiés.

Sa « Revue des Articles » sur l'Éducation Physique paraissant dans les Journaux et Magazines Français et *Étrangers* constitue une véritable Encyclopédie.

L'Éducation Physique publie des **Programmes Mensuels** d'entraînement, inédits, de reproduction interdite, permettant à chacun de travailler ou de faire travailler avec plaisir et avec fruit.

L'Éducation Physique répond à toutes les questions posées par ses abonnés.

www.ingramcontent.com/pod-product-compliance
Lightning Source LLC
LaVergne TN
LVHW050303060726
842525LV00002B/391